电磁理论、计算、应用

（第2版）

盛新庆　著

清華大学出版社
北 京

内 容 简 介

本书以问题为中心，而非知识。主要讲了 4 个问题，分别对应 4 章：①电磁波是如何发现的；②电磁波是怎样传播和传输的；③电磁波是如何辐射的；④电磁波又是怎样散射的。为了讲通、讲透这 4 个问题，本书横穿了现有电磁波理论、天线、计算电磁学、雷达等多门课程知识，纵贯了传统本、硕、博三个阶段的电磁波理论课程知识。本书不求知识点的完备，但求把核心要点讲得通透，以及准确反映核心要点随时代的变化趋势。

本书可供普通高等学校电子信息、通信工程、信息工程等专业作为电磁波课程的教材使用。对于本科生可选择只讲前两个问题，即第 1 章和第 2 章；对于研究生可着重讲后两个问题，即第 3 章和第 4 章。本书还可供电子信息领域的科技工作者参考。

图书在版编目(CIP)数据

电磁理论、计算、应用：第 2 版/盛新庆著. —北京：清华大学出版社，2023.6
ISBN 978-7-302-63404-1

Ⅰ. ①电… Ⅱ. ①盛… Ⅲ. ①电磁理论－高等学校－教材 Ⅳ. ①O441

中国国家版本馆 CIP 数据核字(2023)第 070593 号

责任编辑：鲁永芳
封面设计：常雪影
责任校对：欧　洋
责任印制：沈　露

出版发行：清华大学出版社
网　　址：http://www.tup.com.cn，http://www.wqbook.com
地　　址：北京清华大学学研大厦 A 座　　**邮　　编**：100084
社 总 机：010-83470000　　**邮　　购**：010-62786544
投稿与读者服务：010-62776969，c-service@tup.tsinghua.edu.cn
质量反馈：010-62772015，zhiliang@tup.tsinghua.edu.cn
印 装 者：三河市龙大印装有限公司
经　　销：全国新华书店
开　　本：185mm×240mm　　**印　　张**：20.25　　**字　　数**：408 千字
版　　次：2023 年 7 月第 1 版　　**印　　次**：2023 年 7 月第 1 次印刷
定　　价：69.00 元

产品编号：101918-01

第1版序

在人类文明史上，牛顿力学堪称第一次工业革命的科学基础，而电磁理论则是第二次工业革命的科学基础。在当今信息时代，不论是百姓生活，还是社会运行，乃至国家安全，都一刻也离不开基于电磁理论所发明的各种技术和制造的各种产品。在这些技术发明和产品研制过程中，电磁计算方法起着至关重要的作用。因此，电磁理论及其计算方法成为众多理工科专业和学科的必修课。

在目前国内外大学的教学计划中，既有电磁理论、微波技术方面的专业基础课程，也有天线技术、电磁计算等方面的专业课程，已形成了比较完整的知识传授体系。但绝大多数的课程注重知识传授，尚未充分体现对学生的能力培养和价值塑造。

2007 年，我担任北京理工大学校长后不久，便结识了本书作者盛新庆教授。他自 2005 年受聘教育部"长江学者奖励计划"特聘教授之后，就开始思考电磁理论与计算方法的教学改革。阅读他赠送的两部著作《电磁波述论》和《计算电磁学要论》之后，我能感受到他在撰写中不仅重视传授知识，而且试图探索对学生的能力培养和价值塑造。此后，我不时获悉他对人才培养和学术研究的真知灼见，深感他是一位勇担责任、深入思考的优秀青年学者。

2009 年，北京理工大学在兵器、航天、信息等三个学科试点实施"本硕博贯通培养"工作，培养理论基础扎实、善于实践创新的研究工程师。经过几年探索之后，根据盛新庆教授的建议，学校决定实施"明精计划"，完善"本硕博贯通培养"工作。在"明精计划"框架下，学校邀请若干校内外著名学者研讨和设计了一批贯通课程和交叉课程，通过较大幅度的教学改革，探索知识传授、能力培养、价值塑造的有机统一。

今天，我非常高兴地看到盛新庆教授所负责的贯通课程教材《电磁理论、计算、应用》即将交付出版。该书是他基于多年从事电磁学计算研究和教学的心得而著。该书不仅传授知识，而且着力从电磁现象的发现到电磁理论的建立过程，挖掘学术传统、数学工具等所起的作用；不仅介绍方法，而且深入地剖析其隐含的学术思想。这些探索，无疑将有益于激发学生的科学精神，深化对能力的培养。

编著一部好教材,仅仅完成了人才培养改革的第一步。我期待着盛新庆教授在今后的人才培养实践中,继续深化治学思想,不断推进教育改革,助力“明精计划”获得成功!

中国科学院院士
北京理工大学校长

2015 年 9 月

第2版前言

电磁知识浩瀚，裁剪电磁知识以满足新形势、新需要、新定位，是重新编写这本教材的一个最初动力。对这个问题的思考和实践催生了本教材的第1版。教材以电磁波理论的构建以及解决现代电子信息系统所涉及的三个电磁波基本问题为主干组织材料。这三个基本问题分别是：电磁波的传播与传输，电磁波的辐射，电磁波的散射。教材力求能清晰、简要地展示科学家是如何从碎片、散落的实验结论中构建出理论，工程师们又如何从宏观博大的理论演化出具体精湛的技术。

内容是教材之王，如何使教材内容与时俱进，是此次第2版着重考虑的。近几十年来，电磁理论又有很多发展，其中有三个重要的方面：一是超材料的电磁特性及应用；二是麦克斯韦方程在变换空间和复空间中的推广；三是电磁散射机理的新阐释。第一方面内容在此版新增的1.8节及2.1.3节中阐述；第二方面内容反映在新版第2章阅读和思考2.A以及章后的思考题中；第三方面内容将在此版新增的4.1.1节5.中阐释。另外，作者近年的一些研究成果也整理补充在此版各章的思考题中。

电磁场这门课程理论性较强，接受不易，如何讲好这门课程，一直是大家热衷讨论的问题。力求少讲甚至不讲公式，尽量用图表、演示、文字来讲这门课，是一种让更多学子易于接受的方式，但这似乎是一种把专业课讲成科普讲座的授课方式。作为专业课程，尤其是"211"高校，这种教学方式值得商榷。本教材坚持掌握矢量分析是学好电磁场的基础这一理念，所有概念的建立、阐释和应用都尽量用这门语言来表达。这是电磁知识的准确专业表达的有力方式，也是让学生建立真正创新能力的最佳方式。打个比方，用图表、演示、文字表达的概念或许只是沙子，建不了高楼，只有用公式表达的概念才是钢筋和砖瓦，才能立起高楼。这一版尤其关注公式的准确与形式，修订了第1版中不少错误，力求公式更准确、更统一、形式更一致。除此之外，在新版中也尽量使公式形式更易于理解，让其颜值更高一点，看上去更舒服一点，对其阐释也更细致一点。

盛新庆

2023年2月

第1版前言

价值塑造、能力培养、知识传授,“三位一体”的教育理念是当前很多高校全面深化改革中提出的目标。说易做难。如何从这一教育理念演化出具体的培养模式需要真诚、切实、漫长的探索。课堂授课是学校教育最切实的一个培养环节,而课堂授课总是围绕教材展开。因此,“三位一体”如何在授课教材中体现,是学校实现“三位一体”教育理念的一个关键。本教材是在这一教育理念下的探索产物。

内化于心的价值观念是创造力的源泉。这一点可以从电磁理论的建立——微波技术的发明中清楚地体现出来。因此,对理论建立、技术发明等产生过程的剖析,便是对学生价值观念的塑造过程。尝试讲述理论建立和技术发明背后的价值观念是本教材的第一个特色。

人的能力总是在解决问题中体现出来。因此,本教材采用从解决问题的角度来阐述电磁知识及其应用,抛弃以往教材以知识为中心的传统。这是本教材的第二个特色。这样做的优势不仅在于有利于学生解决问题能力的培养,而且更为重要的是便于知识贯通,培养学生抓住学科核心,把握学科前沿的能力。万事有利必有弊。这样做的劣势在于知识点不够全面和系统。为了弥补这一不足,需要精心挑选所要解决的问题,尽量使解决问题所需要的知识点涵盖这门课程的主要知识点。不过,在当今互联网日益发达的情况下,知识获取是相对容易的,知识的融汇通透更为难能可贵。

本教材的第三个特色在于倡导用计算工具检验理论分析结果,用理论分析简化计算模型,使理论与计算相辅相成。通过典型电磁问题的数值求解,讲述电磁计算中的矩量法、有限元法,时域有限差分法;通过布置课程设计,培养学生用计算解决问题的能力,体会理论与计算的相辅相成。

电磁波是现代信息社会的主要载体之一。本教材从解决现代信息系统中电磁波问题的角度,融合电磁场与微波技术学科中传统课程体系中的电磁场理论、高等电磁场理论、微波技术、天线、计算电磁学等多门课程知识,力所能及地将电磁波讲“通”、讲“透”。本教材取材与现有电磁场理论课程教材有些不同。现有电磁场理论教材大致可分为两类:一类以静电、静磁及应用为主,电磁波内容较少,教材名称只含“电磁场”,没有“电磁波”,一般适用于电机学院学生；另一类是将静电、静磁内容减少，适当增加电磁波内容，教材名称是既有“电磁场”又有“电磁波”，这类教材一般适用于电子信息学院学生。但是，由于顾及知识的全面以及学时有限，这两类教材在阐述电磁波方面都不够充分。

具体说来，本教材以电磁波为核心，从以下四个方面来阐述电磁波：①电磁波的发现；②电磁波的传播和传输；③电磁波的辐射；④电磁波的散射，它们分别构成本教材的4章。在第1章里，通过剖析电磁波的发现过程，不仅让学生掌握电磁波理论的内容，而且更为重要的是让学生感受到“场概念的重要，矢量分析的有力，麦克斯韦方程的坚实博大”，切实体会“从现象中提炼概念，利用数学工具建立逻辑体系学术传统”的价值。后续3章是现代任何一个无线通信或信息系统都要涉及的三个问题，解决这三个问题，不仅需要以往本科阶段的电磁场理论知识，研究生阶段的高等电磁场知识，而且还需要微波技术、天线、计算电磁学等课程知识。即便如此，这三个问题也未必都能彻底解决，遗留的便是当今学术的前沿问题。本教材将融合多门课程的知识，由浅入深，展示解决这些问题的过程以及应用，领略从理论发展成技术，从技术到应用的演化方法与技巧，感知前沿学术问题。

本教材在章与章、节与节之间，都特别撰写了连接段落，以示它们的相通之处；对于每一问题的解决务必彻底、通透，即便不能详细阐述，也尽量点明当今此问题的解决程度。除此之外，本教材还在多处做了一些新的处理，值得特别指出。第1章采取了一种新的方式给出矢量恒等式，并给出了一些科研中有重要应用价值的矢量恒等式；给出了超材料本构关系的严格论证；第2章给出了隐身衣设计原理的详细论证；给出了一种从麦克斯韦方程出发推导传输线方程的方法，清晰展示了由理论演化成技术的过程，领略电磁场理论到微波技术的演变；特别增加了一节，讲述波导中激励问题与不连续性问题，以便让学生更好地理解波导中模式完备正交性定理的作用，波导模式的激发与转化机理，更深入理解电磁波在波导中传输的过程；第3章以电流源和磁流源在自由空间中的辐射公式为中心，论证了该公式与Stratton-Chu，Kirchhoff公式的关系，指出了现有著作中的一些论证错误，从多个侧面强调了该公式在电磁辐射和散射问题中的重要地位；第4章给出了角闪烁简明计算公式及其详细论证过程；总结了目标散射特性研究的一些最新成果；详细分析比较论证了单脉冲精导系统的测角精度优势。

本教材是北京理工大学“明精计划”资助的一门电子信息专业的核心贯通课程。意在横向上融合电磁理论、微波技术、天线、电磁计算课程内容，纵向上贯通本科初级电磁理论和研究生高级电磁理论课程内容。面向本硕博学生，共168个学时，分3个学期讲授。但是，实际上本教材还可供各学校进行电子信息专业教材改革试用。目前电磁理论教材，静态场内容偏多、偏老，电磁波讨论不够全面。然而，对于电子信息专业来说，接触电磁波更多，更加需要全面了解。因此，根据电子信息专业培养目标，改革现有电磁理论教材是迫切需要的。当然，本教材内容过多，各高校可根据各自培养目标进行裁剪讲授。譬如，对于将来非从事电磁场与微波技术学科相关领域研究的学生来说，第4章电磁波散射的大部分内容可以略去，部分公式的论证过程可以略去，但也要慎而为之。电磁理论是博大、有力、美妙的。这些特点只有在论证的跋涉中才能充分领略，电磁理论才能被真正理解，除此别无他途。不要蜻蜓点水，将一门逻辑缜密的理论课变成一门科普性的知识罗列课。建议宁可少讲知识点，也要将核心内容讲深、讲透。

在本书编著过程中，北京理工大学信息与电子学院宋巍副教授和郭琨毅副教授协助做了大量工作。在《电磁波述论》基础上，宋巍副教授依据我拟定的提纲，补充了前 3 章部分内容的初稿，而且协助设计和收集了前 3 章的例题和习题；郭琨毅副教授在我拟定的提纲下，草拟了第 4 章部分内容的初稿，而且补充了全书部分公式的详细证明，以及设计了第 4 章的部分习题。同时，研究生张晓杰帮助绘制了书中大部分图形。作者在此一并表示衷心的感谢。

承蒙高等教育出版社的编辑做了大量的审编工作，作者表示深切的谢意。

盛新庆

2015 年 12 月

目录

第1章 ▷▷ 电磁波的发现

这一章

将围绕"电磁波是如何发现的"这一核心问题而展开：

第一，介绍历史上通过观察和实验获得的电磁知识，尤其是电磁三大定律；

第二，介绍矢量分析，尤其是不同坐标系下矢量的相互转化、三个重要的矢量算子，以及一系列重要矢量恒等式；

第三，通过介绍东、西方科学发展历史，比较东、西方学术传统，阐释电磁理论建立背后的源动力；

第四，通过分析电磁三大定律，提炼出更为本质的物理概念，再利用矢量分析工具，建立统领电磁规律的麦克斯韦方程；

第五，利用麦克斯韦方程，预言电磁波的存在及传播速度，进而预言光就是一种电磁波；

第六，通过利用计算机模拟电磁波传播过程，介绍计算电磁学中一种重要的数值方法——时域有限差分法；

第七，利用麦克斯韦方程阐释电磁场和电磁波的性质。

电磁波的发现固然起于电磁现象的观察，但根本之处是凭借想象力。想象力植根于社会文化之中，取决于多种因素，诸如知识之积累，学术之传统，价值之取向。本章主旨便是勾勒出电磁波发现的数理背景及学术传统，展示矢量分析的力量和电磁理论的"高瞻远瞩"，电磁波计算机仿真的具体与形象，揭示电磁波的性质。

1.1 物理背景

电磁知识是麦克斯韦(Maxwell,1831—1879)构建电磁理论的基础。麦克斯韦之前，人类就已获得大量的电磁知识。这些知识大致可分为两类：一类主要是凭借对自然界直接观察获得,主要发生在库仑定律发现以前;一类是凭借一定的哲学观念,通过有目的的实验获得,主要发生在库仑定律发现以后。

1.1.1 库仑定律发现以前

在库仑定律发现以前,人类获知的电磁现象并不是很多,主要有各类静电现象、静磁现象、闪电、指南针、磁偏角等。下面将分别列出这些电磁现象在中西方被发现的年代,以示中西方在这一时期对电磁认识的具体进程。

古代中国大概在公元前后百年间发现了摩擦起电及静电吸引现象,然后便是各种可摩擦起电材料以及静电火花、爆裂声现象的不断发现和详尽记载,到宋代学者沈括(1031—1095)对闪电熔化金属,而不熔木料的观察,以及明代学者方以智(1611—1671)在其《物理小识(卷二):风雨雷旸类·野火塔光》中,据雷电击墙杆而出声的细致观察,推测天上闪电和静电火花为同类。这些大致便是电学知识在古代中国的发展。至于磁方面,古代中国认识得更早,有文字记载的是公元前3世纪《吕氏春秋·季秋纪·精通篇》:“慈石召铁,或引之也。”后有药物学家用磁石做各种药物实验,到唐代中晚期之前已有称为“司南”的磁性指向器发现,以及宋代学者沈括名著《梦溪笔谈》对指南针制作及磁偏角的阐述。

西方对电磁的认识更早,可追溯到古希腊米利都的泰勒斯(Thales of Miletus,公元前640—公元前546)已知道摩擦的琥珀会吸引轻小物体,磁石可吸铁。但此后对电磁的认识一直停留于此。直到12世纪,欧洲才用磁针指南,至少晚古代中国100余年。至于对磁偏角的认识,在西方是由哥伦布在1492年航海中发现的,晚古代中国400余年。

由此可见,在库仑定律发现以前,古代中国对电磁现象的认识并不弱于西方,尤其是对磁偏角的认识,充分表明古代中国学者具有高品质的观察能力。然而也可以看出,仅靠简单直接地对自然的观察,是很难获得更丰富、更深入的电磁知识的。

1.1.2 库仑定律发现以后

自牛顿(Newton,1642—1727)创立力学三大定律及万有引力定律之后,通过有目的的实验建立定量物理规律已成为西方研究世界的锐利武器。可惜这一锐利武器未被中国学者重视和运用,因而也就未能在电磁领域继续有所创获。下面要讲述的便是西方利用这一锐利武器在电磁领域先后发现的库仑定律、安培定律,以及法拉第定律。

1. 库仑定律

法国物理学家库仑(Coulomb,1736—1806)在1784—1785年设计了一个扭秤实验。扭秤的结构示于图 1.1。在细金属丝下悬挂一根秤杆。它的一端有一小球 A，另一端有平衡体 P，在 A 旁还置有另一与它一样大小的固定小球 B。为了研究带电体之间的作用力，先使 A、B 各带一定的电荷，这时秤杆会因 A 端受力而偏转。转动悬丝上端的旋钮，使小球回到原来位置。这时悬丝扭力矩等于施于小球 A 上电力的力矩。

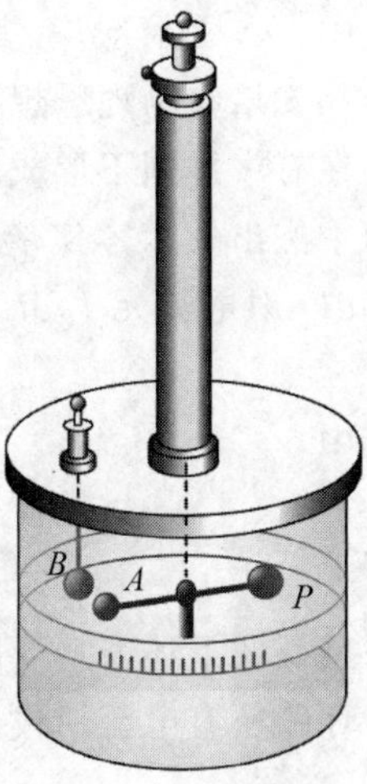

图 1.1　库仑扭秤

库仑正是通过这一实验总结出库仑定律：在真空中，两个静止的点电荷 q_1 和 q_2 之间的相互作用力的大小与 q_1 和 q_2 的乘积成正比，与它们之间的距离 r 的平方成反比；作用力的方向沿着它们的连线，同号电荷相斥，异号电荷相吸。即

$$\boldsymbol{F}_{12}=\frac{1}{4\pi\varepsilon_0}\frac{q_1q_2}{r_{12}^2}\hat{\boldsymbol{r}}_{12} \tag{1.1.1}$$

其中：q_1 和 q_2 是两个静止点电荷的电量，单位为库仑(C)；$\boldsymbol{F}_{12}$ 是 q_1 对 q_2 的作用力；$\hat{\boldsymbol{r}}_{12}$ 是从 q_1 指向 q_2 的单位距离矢量；ε_0 是真空介电常数，由精确实验可测定为 $\varepsilon_0=8.8541878178\times10^{-12}\ \mathrm{C^2/(N\cdot m^2)}$，其中 N 表示力的单位牛顿，m 表示长度的单位米。此定律与牛顿的万有引力定律的形式极其相似。

2. 安培定律

在康德哲学的影响下，丹麦学者奥斯特(Oersted，1777—1851)深信电与磁之间存在着联系，并一直设法找到这种联系。1820 年 4 月，奥斯特在讲授电、伽伐尼电池、磁的课程时，做了一个实验：他在一条细铂丝两端加上伽伐尼电池，铂丝放在一个带玻璃罩的指南针上，结果发现，在通电和断电的瞬间，指南针上的磁针被扰动了。尽管效应很弱，但奥斯特觉得很不寻常。事后，奥斯特使用更大的电池做了许多同样的实验，终于证实"电流的磁效应是围绕着电流，呈圆形的"，并于 1820 年 7 月公布了"电冲击对磁针影响的实验"的四页纸论文，宣布了这一发现。

奥斯特的发现立刻引起了许多学者的重视和更深入的研究，其中最为著名的便是毕奥(Biot，1774—1862)、萨伐尔(Savart，1791—1841)和安培(Ampère，1775—1836)。毕奥和萨伐尔通过对奥斯特实验的分析、改进得出定量结论：载流导线对磁极的作用力与其间垂直距离的平方成反比，以及弯折载流导线对磁极作用力大小与折线夹角的关系。毕奥-萨伐尔的实验观测结论经法国数学家拉普拉斯(Laplace，1749—1827)的数学提炼得出如下现代形式的毕奥-萨伐尔-拉普拉斯定律，即电流元 $I\mathrm{d}\boldsymbol{l}$ 在距离 $\boldsymbol{r}$ 处产生的**磁感应强度(即磁通量密度)矢量** $\mathrm{d}\boldsymbol{B}$ 为

$$\mathrm{d}\boldsymbol{B}=\frac{\mu_0}{4\pi}\frac{I\mathrm{d}\boldsymbol{l}\times\hat{\boldsymbol{r}}}{r^2} \tag{1.1.2}$$

其中：μ_0 是磁导率，其值为 $\mu_0=4\pi\times10^{-7}$ N/A^2；d$\boldsymbol{B}$ 的单位为特斯拉(T)。

安培在物理思想上走得更远：认为磁的本质是电流，一个磁体是由无数小电流环在有序排列下形成的。因此安培认为研究电流元之间的相互作用更为根本。通过四个杰出的示零实验，安培得出了类似于式(1.1.2)的公式，即在真空中，电流元 $I_1\mathrm{d}\boldsymbol{l}_1$ 对电流元 $I_2\mathrm{d}\boldsymbol{l}_2$ 的作用力可表示为

$$\mathrm{d}\boldsymbol{F}_{12}=I_2\mathrm{d}\boldsymbol{l}_2\times\mathrm{d}\boldsymbol{B} \tag{1.1.3}$$

其中，

$$\mathrm{d}\boldsymbol{B}=\frac{\mu_0}{4\pi}\frac{I_1\mathrm{d}\boldsymbol{l}_1\times\hat{\boldsymbol{r}}_{12}}{r_{12}^2} \tag{1.1.4}$$

并且证实下述安培环路定律：磁感应强度沿任何闭合环路 L 的线积分，等于穿过这个环路所有电流的代数和的 μ_0 倍，即

$$\oint_L\boldsymbol{B}\cdot\mathrm{d}\boldsymbol{l}=\mu_0\sum I \tag{1.1.5}$$

这里，电流 I 的正负规定如下：当穿过回路 L 的电流方向与回路 L 的环绕方向服从右手法则时，I 为正；反之，为负。

3. 法拉第定律

奥斯特发现电能产生磁，那么磁能否产生电呢？众多学者对此问题都进行了种种探索，但多年未有突破。英国物理学家法拉第(Faraday，1791—1867)经过十余年的不断努力，在无数失败之后，终于在1831年夏，在如图1.2所示的实验中发现了寻找已久的电磁感应现象。

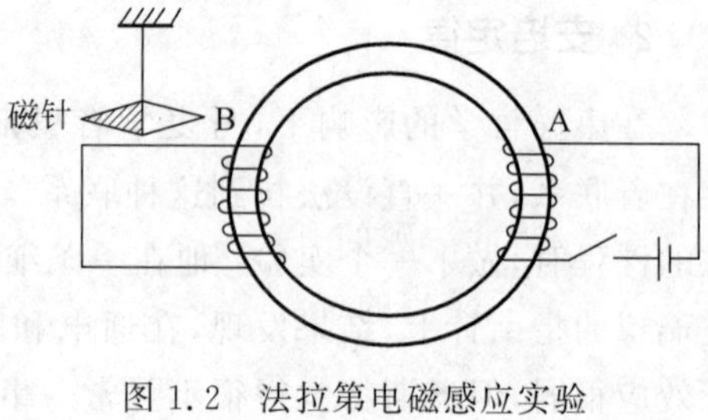

图1.2 法拉第电磁感应实验

具体而言，在图1.2的实验中，法拉第发现：当把与电池、开关相连的线圈A的开关合上，使线圈A中的电流从零增大到某恒定值的瞬间，在闭合线圈B附近的磁针偏转、振动，并且最终停在原来的位置上；当把线圈A的开关断开，其中的电流从恒定值减小为零的瞬间，在闭合线圈B附近的磁针反向偏转、振动，并且最终停在原来的位置上。

法拉第领悟到：电磁感应现象是一种在变化和运动过程中出现的非恒定的暂态效应。他随后做了几十个产生感应电流的实验，并概括成五类：①变化着的电流；②变化着的磁场；③运动的恒定电流；④运动的磁铁；⑤在磁场中运动的导体。

法拉第同时代的德国物理学家诺依曼(Neumann，1798—1895)在1845年发表的论文中，首次给出了法拉第电磁感应定律的定量表达式：

$$\varepsilon_{\mathrm{EMF}}=-\frac{\mathrm{d}\psi}{\mathrm{d}t}=-\frac{\mathrm{d}}{\mathrm{d}t}\int_S \boldsymbol{B}\cdot\mathrm{d}\boldsymbol{S} \tag{1.1.6}$$

其中，$\varepsilon_{\mathrm{EMF}}$①是感应电动势，是一个表示产生电流能力大小的量，其准确定义见注释①。

1.2　数学背景

大量物理现象的发现为麦克斯韦构建电磁理论提供了充足的材料，但仅此是不够的。麦克斯韦的想象要能切实地飞翔，还需数学这个强有力的工具。麦克斯韦生活的时代，数学知识已相当丰厚，其中牛顿的微积分已为人所熟知。不过，建立完备电磁理论最为有力的数学工具，是从英国数学家哈密顿（Hamilton，1805—1865）的四元数思想发展而来的，具体来说，是由美国耶鲁大学数学物理教授吉布斯（Gibbs，1839—1903）和英国学者赫维赛德（Heaviside，1850—1925）分别独立创立的矢量分析。下面便从矢量定义开始，讲述矢量分析的基本内容。

1.2.1　矢量定义

物理世界中有很多量仅用大小来描述是不够的，还必须标明其方向。为了准确表述这种既有大小，又有方向的物理量，数学上创造了矢量，通常记成 $\boldsymbol{A}$。在几何上，用一个带有方向的线段表示。线段的长度代表矢量大小，指向代表矢量方向。平行、长度相等、指向一致的有向线段代表着同一矢量。在三维空间中，任何矢量都可表示为在三个互相垂直的单位基矢量上的投影。因此，代数上要表示一个三维空间矢量一般需三个数。例如，在直角坐标系下，单位基矢量为 $\hat{\boldsymbol{x}},\hat{\boldsymbol{y}},\hat{\boldsymbol{z}}$，将一个任意矢量 $\boldsymbol{A}$ 在 x,y,z 三轴上的投影记为 A_x,A_y,A_z。这样矢量 $\boldsymbol{A}$ 可记为

$$\boldsymbol{A}=\hat{\boldsymbol{x}}A_x+\hat{\boldsymbol{y}}A_y+\hat{\boldsymbol{z}}A_z \tag{1.2.1}$$

也可以简记为(A_x,A_y,A_z)。注意，这样的记法也可以表示直角坐标系下的点的坐标，所以要注意区分。应理解为，在表示矢量时，(A_x,A_y,A_z)表示从原点 O 出发，指向点 $A(A_x,A_y,A_z)$的带方向的线段，但是由于矢量的可平移性，这个矢量 $\boldsymbol{A}$ 可以出现在三维空间的任意一点。

---

①　$\varepsilon_{\mathrm{EMF}}$ 的下标 EMF 是 electromotive force 的简写，早期用来描述电池的电动势。在一块开路电池内，由化学能转化而来的电场 $\boldsymbol{E}_i$ 与正负电极上累积电荷产生的电场 $\boldsymbol{E}$ 相互抵消，而 $\boldsymbol{E}_i$ 从负电极到正电极的路线积分定义为 $\varepsilon_{\mathrm{EMF}}=\int_2^1 \boldsymbol{E}_i\cdot\mathrm{d}\boldsymbol{l}=-\underset{\text{电源内部}}{\int_2^1}\boldsymbol{E}\cdot\mathrm{d}\boldsymbol{l}$。因为 $\underset{\text{电源外部}}{\int_1^2}\boldsymbol{E}\cdot\mathrm{d}\boldsymbol{l}+\underset{\text{电源内部}}{\int_2^1}\boldsymbol{E}\cdot\mathrm{d}\boldsymbol{l}=0$，所以，$\varepsilon_{\mathrm{EMF}}=\underset{\text{电源外部}}{\int_1^2}\boldsymbol{E}\cdot\mathrm{d}\boldsymbol{l}=V_{12}=V_1-V_2$，因而 $\varepsilon_{\mathrm{EMF}}$ 是一个电路能够产生电流的势能源，也被看作电源的电压升。

1.2.2 矢量运算

要使矢量成为分析物理现象的有力工具,除了数学定义,还要给出能反映物理本质的矢量运算。设有两个矢量 $\boldsymbol{A}$ 和 $\boldsymbol{B}$,在直角坐标系中记为

$$\boldsymbol{A}=\hat{\boldsymbol{x}}A_x+\hat{\boldsymbol{y}}A_y+\hat{\boldsymbol{z}}A_z \tag{1.2.2a}$$

$$\boldsymbol{B}=\hat{\boldsymbol{x}}B_x+\hat{\boldsymbol{y}}B_y+\hat{\boldsymbol{z}}B_z \tag{1.2.2b}$$

通过分析物理现象不难得出,将它们的加减法定义为下列形式是合适的:

$$\boldsymbol{A}\pm\boldsymbol{B}=\hat{\boldsymbol{x}}(A_x\pm B_x)+\hat{\boldsymbol{y}}(A_y\pm B_y)+\hat{\boldsymbol{z}}(A_z\pm B_z) \tag{1.2.3}$$

此可用图 1.3(a),(b)形象地表示。

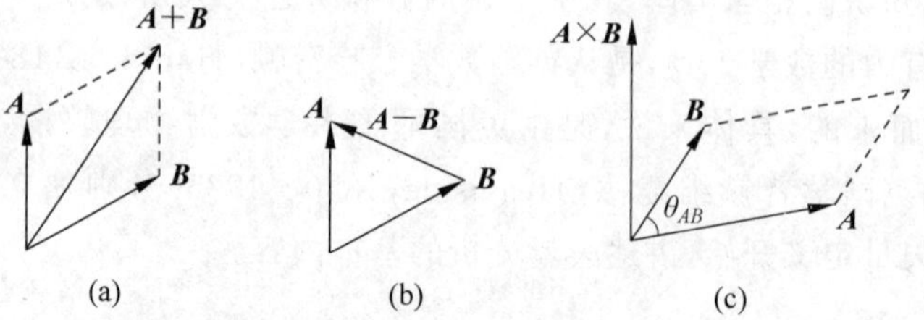

图 1.3 矢量加减法及叉乘示意图

从物理现象中还可抽象出两种非常有用的乘法。一种称为点乘,也称内积,定义为

$$\boldsymbol{A}\cdot\boldsymbol{B}=A_xB_x+A_yB_y+A_zB_z \tag{1.2.4}$$

不难验证

$$\boldsymbol{A}\cdot\boldsymbol{B}=AB\cos\theta_{AB} \tag{1.2.5}$$

其中,θ_{AB} 是 $\boldsymbol{A}$ 和 $\boldsymbol{B}$ 之间的夹角。可见,若非零矢量 $\boldsymbol{A}\cdot\boldsymbol{B}=0$,说明 $\boldsymbol{A}\perp\boldsymbol{B}$;反之亦成立。

点乘运算满足交换律和分配律:

$$\boldsymbol{A}\cdot\boldsymbol{B}=\boldsymbol{B}\cdot\boldsymbol{A} \tag{1.2.6b}$$

$$\boldsymbol{A}\cdot(\boldsymbol{B}+\boldsymbol{C})=\boldsymbol{A}\cdot\boldsymbol{B}+\boldsymbol{A}\cdot\boldsymbol{C} \tag{1.2.6c}$$

另一种称为叉乘,定义为

$$\begin{aligned}\boldsymbol{A}\times\boldsymbol{B}&=\begin{vmatrix}\hat{\boldsymbol{x}} & \hat{\boldsymbol{y}} & \hat{\boldsymbol{z}}\\ A_x & A_y & A_z\\ B_x & B_y & B_z\end{vmatrix}\\ &=\hat{\boldsymbol{x}}(A_yB_z-A_zB_y)+\hat{\boldsymbol{y}}(A_zB_x-A_xB_z)+\hat{\boldsymbol{z}}(A_xB_y-A_yB_x)\end{aligned} \tag{1.2.7}$$

叉乘可用图 1.3(c)形象地表示。矢量 $\boldsymbol{A}\times\boldsymbol{B}$ 的大小等于 $|\boldsymbol{A}||\boldsymbol{B}|\sin\theta_{AB}$,即由 $\boldsymbol{A}$ 和

$\boldsymbol{B}$ 组成的平行四边形的面积；它的方向符合右手螺旋法则，即当右手的手指由 $\boldsymbol{A}$ 转向 $\boldsymbol{B}$ 时，大拇指所指方向就是 $\boldsymbol{A}\times\boldsymbol{B}$ 的方向。若 $\boldsymbol{A}\times\boldsymbol{B}=\boldsymbol{0}$，说明 $\boldsymbol{A}/\!/\boldsymbol{B}$，反之亦成立。

叉乘运算满足分配律，但不满足交换律：

$$\boldsymbol{A}\times\boldsymbol{B}=-\boldsymbol{B}\times\boldsymbol{A} \tag{1.2.8a}$$

$$\boldsymbol{A}\times(\boldsymbol{B}+\boldsymbol{C})=\boldsymbol{A}\times\boldsymbol{B}+\boldsymbol{A}\times\boldsymbol{C} \tag{1.2.8b}$$

矢量还有两种很有用的运算：穿过面 S 的面通量 $\int_S \boldsymbol{A}\cdot \mathrm{d}\boldsymbol{S}$ 和环绕某一闭合曲线 $\boldsymbol{l}$ 的环量 $\oint_l \boldsymbol{A}\cdot \mathrm{d}\boldsymbol{l}$。

1.2.3 坐标系

深入研究空间中的矢量特征，需要建立坐标系。而且，不同的坐标系会导致研究难易、结果繁简的不同。本节首先介绍一般曲线坐标系，然后分述常用的三类坐标系及其之间坐标及矢量的转换。

1. 一般曲线坐标系

考虑三维空间。如果在这个空间的任意点 P 可以用三个数字 (u_1,u_2,u_3) 唯一确定地描述，那么，这三个数字就称为点 P 的坐标。每个坐标确定这个三维空间的一个曲面，三个坐标则确定了这三个曲面的交点。由这个空间的原点(0,0,0)指向点 P 的矢量，我们称为矢径 $\boldsymbol{r}$。在每个坐标上的微小变化都会引起矢径 $\boldsymbol{r}$ 的变化，那么这个坐标系的基矢量可以这样得到：

$$\boldsymbol{h}_1=\frac{\partial \boldsymbol{r}}{\partial u_1},\quad \boldsymbol{h}_2=\frac{\partial \boldsymbol{r}}{\partial u_2},\quad \boldsymbol{h}_3=\frac{\partial \boldsymbol{r}}{\partial u_3} \tag{1.2.9}$$

进一步地，我们可以通过归一化得到单位基矢量：

$$\hat{\boldsymbol{u}}_1=\frac{\boldsymbol{h}_1}{h_1},\quad \hat{\boldsymbol{u}}_2=\frac{\boldsymbol{h}_2}{h_2},\quad \hat{\boldsymbol{u}}_3=\frac{\boldsymbol{h}_3}{h_3} \tag{1.2.10}$$

其中，用来归一化的系数，即基矢量的长度，称为**拉梅系数**(Lamé coefficient)，也称为**度量系数**(metric coefficient)①：

$$h_1=|\boldsymbol{h}_1|,\quad h_2=|\boldsymbol{h}_2|,\quad h_3=|\boldsymbol{h}_3| \tag{1.2.11}$$

---

① 对于一般坐标系而言，在空间中两点之间的距离需要用**度量张量**(metric tensor)来表示：$\mathrm{d}s^2=g_{11}\mathrm{d}x_1^2+g_{12}\mathrm{d}x_1\mathrm{d}x_2+g_{22}\mathrm{d}x_2^2+\cdots$(参见 http://mathworld.wolfram.com/MetricTensor.html)。也就是说，各张量的分量为坐标微分单元前面的乘性系数。在正交坐标系中，$g_{ij}=\delta_i^j$(δ_i^j 见式(1.2.14)此时无需用度量张量表述，只需要用拉梅系数 $h_i=\sqrt{g_{ii}}$ 表述。

可以看出,上述基矢量 $\boldsymbol{h}_i$(或 $\hat{\boldsymbol{u}}_i$)切于 $u_j(j\neq i)$ 的等值曲面 $u_j=C$,这样定义得到的基矢量称为**协变基矢量**。我们同样可以定义垂直于 $\hat{\boldsymbol{u}}_i(i=1,2,3)$ 的等值曲面 $u_i=C$ 的基矢量,即**逆变基矢量** $\hat{\boldsymbol{u}}^i$,可由协变基矢量表达为

$$\frac{\hat{\boldsymbol{u}}_1\times\hat{\boldsymbol{u}}_2}{g}=\hat{\boldsymbol{u}}^3,\quad \frac{\hat{\boldsymbol{u}}_2\times\hat{\boldsymbol{u}}_3}{g}=\hat{\boldsymbol{u}}^1,\quad \frac{\hat{\boldsymbol{u}}_3\times\hat{\boldsymbol{u}}_1}{g}=\hat{\boldsymbol{u}}^2 \tag{1.2.12}$$

其中,

$$g=(\hat{\boldsymbol{u}}_1\times\hat{\boldsymbol{u}}_2)\cdot\hat{\boldsymbol{u}}_3 \tag{1.2.13}$$

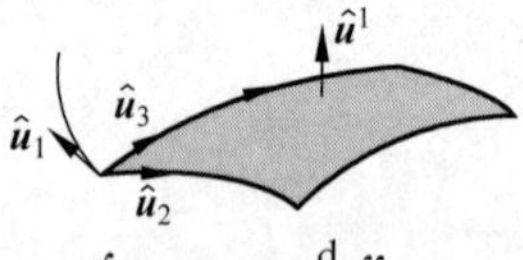

$\int_l \boldsymbol{E}\cdot d\boldsymbol{l}=-\mu_0\frac{d}{dt}\iint_A \boldsymbol{H}\cdot d\boldsymbol{A}$

图 1.4 协变及逆变基矢量示意图

如图 1.4 所示,由该定义,我们可以知道

$$\hat{\boldsymbol{u}}_i\cdot\hat{\boldsymbol{u}}^j=\delta_i^j=\begin{cases}0, & i\neq j\\ 1, & i=j\end{cases} \tag{1.2.14}$$

其中,δ_i^j 称为克罗内克(Kronecker)符号。不难验证,任意矢量 $\mathbf{A}$ 可记为

$$\begin{aligned}\mathbf{A}&=\hat{\boldsymbol{u}}_1A_1+\hat{\boldsymbol{u}}_2A_2+\hat{\boldsymbol{u}}_3A_3\\&=\hat{\boldsymbol{u}}^1A^1+\hat{\boldsymbol{u}}^2A^2+\hat{\boldsymbol{u}}^3A^3\end{aligned} \tag{1.2.15}$$

其中,A_i 和 A^i 分别称为矢量 $\mathbf{A}$ 在协变基矢量 $\hat{\boldsymbol{u}}_i$ 和逆变基矢量 $\hat{\boldsymbol{u}}^i$ 上的**分量**(component),

$$A_i=\mathbf{A}\cdot\hat{\boldsymbol{u}}_i,\quad A^i=\mathbf{A}\cdot\hat{\boldsymbol{u}}^i \tag{1.2.16}$$

上述介绍了在空间中建立一般曲线坐标系的过程。从此过程可以看出,其中的基矢量并不一定是互相垂直的。只有当由三个坐标确定的三个曲面相互正交时,其确定的基矢量才是相互垂直的,这种情况我们称之为**正交坐标系**。在一个右手正交坐标系中,

$$\hat{\boldsymbol{u}}_1\times\hat{\boldsymbol{u}}_2=\hat{\boldsymbol{u}}_3,\quad \hat{\boldsymbol{u}}_2\times\hat{\boldsymbol{u}}_3=\hat{\boldsymbol{u}}_1,\quad \hat{\boldsymbol{u}}_3\times\hat{\boldsymbol{u}}_1=\hat{\boldsymbol{u}}_2 \tag{1.2.17}$$

并且,

$$\hat{\boldsymbol{u}}_1\cdot\hat{\boldsymbol{u}}_2=\hat{\boldsymbol{u}}_2\cdot\hat{\boldsymbol{u}}_3=\hat{\boldsymbol{u}}_3\cdot\hat{\boldsymbol{u}}_1=0 \tag{1.2.18}$$

$$\hat{\boldsymbol{u}}_1\cdot\hat{\boldsymbol{u}}_1=\hat{\boldsymbol{u}}_2\cdot\hat{\boldsymbol{u}}_2=\hat{\boldsymbol{u}}_3\cdot\hat{\boldsymbol{u}}_3=1 \tag{1.2.19}$$

在一个正交坐标系下,有向曲线的微分增量可表示为

$$d\boldsymbol{l}=\hat{\boldsymbol{u}}_1h_1du_1+\hat{\boldsymbol{u}}_2h_2du_2+\hat{\boldsymbol{u}}_3h_3du_3 \tag{1.2.20}$$

有向曲面的微分增量可以表示为

$$d\boldsymbol{S}=\hat{\boldsymbol{u}}_1h_2h_3du_2du_3+\hat{\boldsymbol{u}}_2h_1h_3du_1du_3+\hat{\boldsymbol{u}}_3h_1h_2du_1du_2 \tag{1.2.21}$$

体积的微分增量可表示为

$$dV=dl_1dl_2dl_3=h_1h_2h_3du_1du_2du_3 \tag{1.2.22}$$

显而易见,直角坐标系就是一种右手正交坐标系。下面我们再介绍两种较为常用的正交坐标系:圆柱坐标系和球坐标系。

2. 圆柱坐标系

在圆柱坐标系(图 1.5)中,有

$$(u_1, u_2, u_3) = (\rho, \phi, z) \tag{1.2.23}$$

即一个点 $P(\rho_0, \phi_0, z_0)$ 是三个曲面 $\rho=\rho_0, \phi=\phi_0, z=z_0$ 的交点。由前述定义可知,在该点的单位基矢量 $\hat{\boldsymbol{\rho}}_P$ 切于曲面 $\phi=\phi_0$ 和 $z=z_0$;同理,$\hat{\boldsymbol{\phi}}_P$ 切于曲面 $\rho=\rho_0$ 和 $z=z_0$;

$\hat{\boldsymbol{z}}_P$ 切于曲面 $\rho=\rho_0$ 和 $\phi=\phi_0$。通过简单的推导我们可以知道,在圆柱坐标系下,

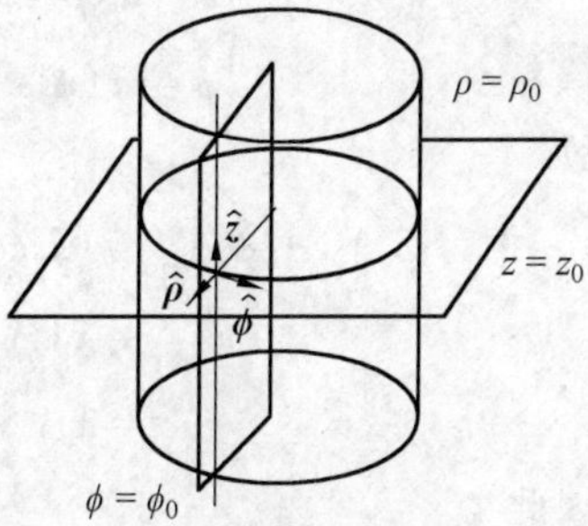

图 1.5 圆柱坐标系及其基矢量

$$h_1=1, \quad h_2=\rho, \quad h_3=1 \tag{1.2.24}$$

所以圆柱坐标系下一个微分线元、面积元、体积元可以分别表示为

$$\mathrm{d}\boldsymbol{l} = \hat{\boldsymbol{\rho}}\mathrm{d}\rho + \hat{\boldsymbol{\phi}}\rho\mathrm{d}\phi + \hat{\boldsymbol{z}}\mathrm{d}z \tag{1.2.25a}$$

$$\mathrm{d}\boldsymbol{s}_\rho = \hat{\boldsymbol{\rho}}\rho\mathrm{d}\phi\mathrm{d}z, \quad \mathrm{d}\boldsymbol{s}_\phi = \hat{\boldsymbol{\phi}}\mathrm{d}\rho\mathrm{d}z, \quad \mathrm{d}\boldsymbol{s}_z = \hat{\boldsymbol{z}}\rho\mathrm{d}\rho\mathrm{d}\phi \tag{1.2.25b}$$

和

$$\mathrm{d}V = \rho\mathrm{d}\rho\mathrm{d}\phi\mathrm{d}z \tag{1.2.25c}$$

直角坐标系与圆柱坐标系有如下关系:

$$x=\rho\cos\phi, \quad y=\rho\sin\phi \tag{1.2.26}$$

以及

$$\rho=\sqrt{x^2+y^2}, \quad \phi=\arctan\frac{y}{x} \quad (x\neq 0) \tag{1.2.27}$$

它们基矢量的转换关系可以通过例题 1.1 的几何方法或者 1.2.4.1 节中例题 1.3 中的代数方法得到。

例题 1.1 求圆柱坐标系到直角坐标系的坐标基矢量及相应各分量的转换关系(图 1.6)。

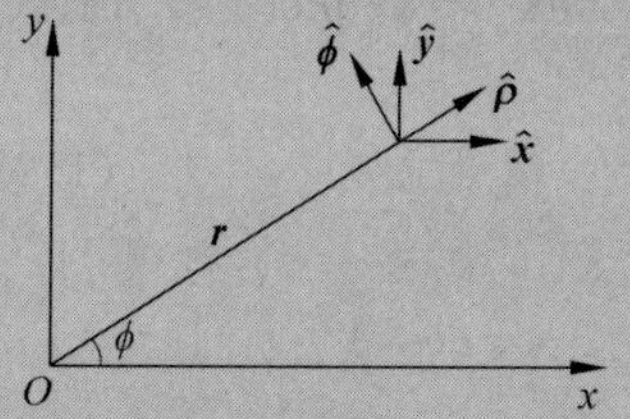

图 1.6 z 为常数的曲面上圆柱坐标系和直角坐标系的坐标基矢量

解 考虑矢量 $\boldsymbol{A}$ 在直角坐标系下表示为 $\boldsymbol{A}=\hat{\boldsymbol{x}}A_x+\hat{\boldsymbol{y}}A_y+\hat{\boldsymbol{z}}A_{z\_\mathrm{Rect}}$,在圆柱坐标系下表示为 $\boldsymbol{A}=\hat{\boldsymbol{\rho}}A_\rho+\hat{\boldsymbol{\phi}}A_\phi+\hat{\boldsymbol{z}}A_{z\_\mathrm{Cyl}}$。由于这两套坐标基矢量都是线性不相关的,所以很容易知道这两种表述的 z 分量是相同的,不妨都记作 A_z。下面我们考虑与 z 为常数曲面相切的分量之间的关系。

由图1.6可知，

$$\begin{cases}\hat{\boldsymbol{\rho}}=\hat{\boldsymbol{x}}(\hat{\boldsymbol{\rho}}\cdot\hat{\boldsymbol{x}})+\hat{\boldsymbol{y}}(\hat{\boldsymbol{\rho}}\cdot\hat{\boldsymbol{y}})=\hat{\boldsymbol{x}}\cos\phi+\hat{\boldsymbol{y}}\sin\phi\\ \hat{\boldsymbol{\phi}}=\hat{\boldsymbol{x}}(\hat{\boldsymbol{\phi}}\cdot\hat{\boldsymbol{x}})+\hat{\boldsymbol{y}}(\hat{\boldsymbol{\phi}}\cdot\hat{\boldsymbol{y}})=-\hat{\boldsymbol{x}}\sin\phi+\hat{\boldsymbol{y}}\cos\phi\end{cases}\tag{e1.1.1}$$

故

$$\begin{aligned}\hat{\boldsymbol{\rho}}A_\rho+\hat{\boldsymbol{\phi}}A_\phi&=(\hat{\boldsymbol{x}}\cos\phi+\hat{\boldsymbol{y}}\sin\phi)A_\rho+(-\hat{\boldsymbol{x}}\sin\phi+\hat{\boldsymbol{y}}\cos\phi)A_\phi\\&=\hat{\boldsymbol{x}}(A_\rho\cos\phi-A_\phi\sin\phi)+\hat{\boldsymbol{y}}(A_\rho\sin\phi+A_\phi\cos\phi)\\&=\hat{\boldsymbol{x}}A_x+\hat{\boldsymbol{y}}A_y\end{aligned}\tag{e1.1.2}$$

因此

$$A_x=A_\rho\cos\phi-A_\phi\sin\phi,A_y=A_\rho\sin\phi+A_\phi\cos\phi,A_{z\_\mathrm{Cyl}}=A_{z\_\mathrm{Rect}}\tag{e1.1.3}$$

3. 球坐标系

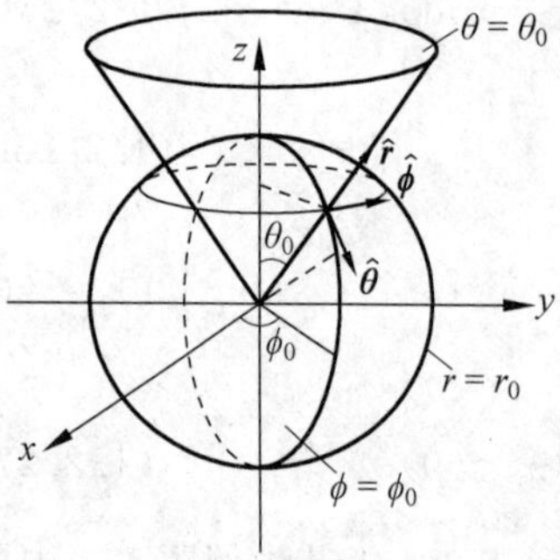

图1.7 球坐标系及其基矢量

在球坐标系中，有

$$(u_1,u_2,u_3)=(r,\theta,\phi)\tag{1.2.28}$$

即一个点 $P(r_0,\theta_0,\phi_0)$ 是三个曲面 $r=r_0,\theta=\theta_0,\phi=\phi_0$ 的交点。其基矢量 $\hat{\boldsymbol{r}},\hat{\boldsymbol{\theta}},\hat{\boldsymbol{\phi}}$ 如图1.7所示。

球坐标系的度量系数如下：

$$h_1=1,\quad h_2=r,\quad h_3=r\sin\theta\tag{1.2.29}$$

所以球坐标系下，一个微分线元、面积元、体积元可以分别表示为

$$\mathrm{d}\boldsymbol{l}=\hat{\boldsymbol{r}}\mathrm{d}r+\hat{\boldsymbol{\theta}}r\mathrm{d}\theta+\hat{\boldsymbol{\phi}}r\sin\theta\mathrm{d}\phi\tag{1.2.30a}$$

$$\mathrm{d}\boldsymbol{S}_r=\hat{\boldsymbol{r}}r^2\sin\theta\mathrm{d}\theta\mathrm{d}\phi,\quad \mathrm{d}\boldsymbol{S}_\theta=\hat{\boldsymbol{\theta}}r\sin\theta\mathrm{d}r\mathrm{d}\phi,\quad \mathrm{d}\boldsymbol{S}_\phi=\hat{\boldsymbol{\phi}}r\mathrm{d}r\mathrm{d}\theta\tag{1.2.30b}$$

和

$$\mathrm{d}V=r^2\sin\theta\mathrm{d}r\mathrm{d}\theta\mathrm{d}\phi\tag{1.2.30c}$$

直角坐标与球坐标有如下关系：

$$x=r\sin\theta\cos\phi,\quad y=r\sin\theta\sin\phi,\quad z=r\cos\phi\tag{1.2.31}$$

以及

$$r=\sqrt{x^2+y^2+z^2},\quad \theta=\arccos\frac{z}{r},\quad \phi=\arctan\frac{y}{x}\quad(x\neq 0)\tag{1.2.32}$$

球坐标系与直角坐标系坐标基矢量的转换关系为

$$\begin{Bmatrix}\hat{\boldsymbol{r}}\\\hat{\boldsymbol{\theta}}\\\hat{\boldsymbol{\phi}}\end{Bmatrix}=\begin{bmatrix}\sin\theta\cos\phi & \sin\theta\sin\phi & \cos\theta\\\cos\theta\cos\phi & \cos\theta\sin\phi & -\sin\theta\\-\sin\phi & \cos\phi & 0\end{bmatrix}\begin{Bmatrix}\hat{\boldsymbol{x}}\\\hat{\boldsymbol{y}}\\\hat{\boldsymbol{z}}\end{Bmatrix}\tag{1.2.33}$$

1.2.4　矢量算子

为了描述一个电磁物理量在空间的分布特征，数学家发明了三个非常有用的算子：梯度、散度、旋度。下面分别予以介绍。

1. 梯度算子

标量场中各点标量的大小可能不等，且沿着各个方向的变化率也可能不同。通常引入方向导数的概念以描述标量场的变化。标量场在某点的方向导数为该标量场自该点沿某一方向的变化率。由于标量场的方向导数随方向而变化，所以引入标量场的梯度∇(读作 delta)以描述标量场的最大变化方向及其大小，以区别其他方向的导数。

标量场的梯度定义为：一个矢量，其大小等于标量场的最大增加率，方向为标量场最大增加率的方向。下面根据定义求解梯度算子的计算式。如图 1.8 所示，设在空间 P 点沿 $\boldsymbol{l}$ 方向上有一微小变化 $\mathrm{d}l$ 至 P'点，则标量场 ϕ 在 P 点沿 $\boldsymbol{l}$ 方向上的方向导数定义为

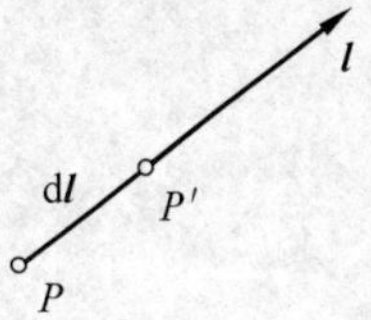

图 1.8　方向导数

$$\left.\frac{\partial\phi}{\partial\boldsymbol{l}}\right|_P=\lim_{\mathrm{d}l\to0}\frac{\mathrm{d}\phi}{\mathrm{d}\boldsymbol{l}}=\lim_{\Delta l\to0}\frac{\phi(P')-\phi(P)}{\mathrm{d}\boldsymbol{l}}\tag{1.2.34}$$

根据梯度定义，方向导数可以表示成梯度在此方向上的投影，即

$$\frac{\partial\phi}{\partial\boldsymbol{l}}=\nabla\phi\cdot\hat{\boldsymbol{l}}\tag{1.2.35}$$

由此可知，梯度在 x 方向上的投影为

$$\nabla\phi\cdot\hat{\boldsymbol{x}}=\frac{\partial\phi}{\partial x}\tag{1.2.36}$$

同理，梯度在有 y，z 方向上的投影分别可表示为

$$\nabla\phi\cdot\hat{\boldsymbol{y}}=\frac{\partial\phi}{\partial y},\quad\nabla\phi\cdot\hat{\boldsymbol{z}}=\frac{\partial\phi}{\partial z}\tag{1.2.37}$$

由此便可得到梯度算子∇(哈密顿算子，读作 Nabla)的计算式

$$\nabla=\frac{\partial}{\partial x}\hat{\boldsymbol{x}}+\frac{\partial}{\partial y}\hat{\boldsymbol{y}}+\frac{\partial}{\partial z}\hat{\boldsymbol{z}}\tag{1.2.38}$$

这样一个标量函数 f 的梯度便可表示为

$$\nabla f=\hat{\boldsymbol{x}}\frac{\partial f}{\partial x}+\hat{\boldsymbol{y}}\frac{\partial f}{\partial y}+\hat{\boldsymbol{z}}\frac{\partial f}{\partial z} \tag{1.2.39a}$$

类比可知,一个标量函数的梯度在柱坐标系下可表示成

$$\nabla f=\hat{\boldsymbol{\rho}}\frac{\partial f}{\partial \rho}+\hat{\boldsymbol{\phi}}\frac{1}{\rho}\frac{\partial f}{\partial \phi}+\hat{\boldsymbol{z}}\frac{\partial f}{\partial z} \tag{1.2.39b}$$

在球坐标系下可表示成

$$\nabla f=\hat{\boldsymbol{r}}\frac{\partial f}{\partial r}+\hat{\boldsymbol{\theta}}\frac{1}{r}\frac{\partial f}{\partial \theta}+\hat{\boldsymbol{\phi}}\frac{1}{r\sin\theta}\frac{\partial f}{\partial \phi} \tag{1.2.39c}$$

例题 1.2 用代数方法求圆柱坐标系与直角坐标系坐标基矢量的转换关系。

解 由

$$\rho=\sqrt{x^2+y^2},\quad \phi=\arctan\frac{y}{x} \tag{e1.2.1}$$

对等式两边分别取圆柱坐标系与直角坐标系下的梯度,可得

$$\begin{cases}\hat{\boldsymbol{\rho}}=\hat{\boldsymbol{x}}\dfrac{x}{\sqrt{x^2+y^2}}+\hat{\boldsymbol{y}}\dfrac{y}{\sqrt{x^2+y^2}}=\hat{\boldsymbol{x}}\cos\phi+\hat{\boldsymbol{y}}\sin\phi\\ \dfrac{\hat{\boldsymbol{\phi}}}{\rho}=\hat{\boldsymbol{x}}\dfrac{-\dfrac{y}{x^2}}{1+\left(\dfrac{y}{x}\right)^2}+\hat{\boldsymbol{y}}\dfrac{\dfrac{1}{x}}{1+\left(\dfrac{y}{x}\right)^2}=\hat{\boldsymbol{x}}-\sin\phi+\hat{\boldsymbol{y}}\cos\phi\end{cases} \tag{e1.2.2}$$

故

$$\begin{cases}\hat{\boldsymbol{\rho}}=\hat{\boldsymbol{x}}\cos\phi+\hat{\boldsymbol{y}}\sin\phi\\ \hat{\boldsymbol{\phi}}=-\hat{\boldsymbol{x}}\sin\phi+\hat{\boldsymbol{y}}\cos\phi\end{cases} \tag{e1.2.3}$$

同理,对 $x=\rho\cos\phi$,$y=\rho\sin\phi$ 两端取梯度,可得

$$\begin{cases}\hat{\boldsymbol{x}}=\hat{\boldsymbol{\rho}}\cos\phi-\hat{\boldsymbol{\phi}}\sin\phi\\ \hat{\boldsymbol{y}}=\hat{\boldsymbol{\rho}}\sin\phi+\hat{\boldsymbol{\phi}}\cos\phi\end{cases} \tag{e1.2.4}$$

例题 1.3 计算$\nabla\left(\dfrac{1}{R}\right)$及$\nabla'\left(\dfrac{1}{R}\right)$。如图 1.9 所示,$R$ 为空间 $P(x,y,z)$点与 $P'(x',y',z')$点的距离,$R\neq 0$。这里,∇表示对 x,y,z 运算,∇'表示对 x',y',z'运算。

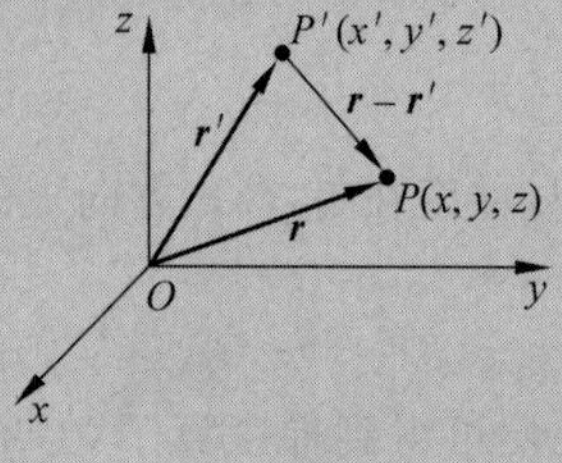

图 1.9 例题 1.3 图

解 令 P 点与 P'点的位置矢量分别为$\boldsymbol{r}$ 和$\boldsymbol{r}'$,则

$$\begin{cases}\boldsymbol{r}=x\hat{\boldsymbol{x}}+y\hat{\boldsymbol{y}}+z\hat{\boldsymbol{z}}\\ \boldsymbol{r}'=x'\hat{\boldsymbol{x}}+y'\hat{\boldsymbol{y}}+z'\hat{\boldsymbol{z}}\end{cases} \tag{e1.3.1}$$

由题可知

$$\boldsymbol{R}=\boldsymbol{r}-\boldsymbol{r}' \tag{e1.3.2}$$

则

$$\begin{cases}\boldsymbol{R}=(x-x')\hat{\boldsymbol{x}}+(y-y')\hat{\boldsymbol{y}}+(z-z')\hat{\boldsymbol{z}}\\R=\sqrt{(x-x')^2+(y-y')^2+(z-z')^2}\end{cases}\tag{e1.3.3}$$

根据题意，算子∇及∇'分别为

$$\nabla=\frac{\partial}{\partial x}\hat{\boldsymbol{x}}+\frac{\partial}{\partial y}\hat{\boldsymbol{y}}+\frac{\partial}{\partial z}\hat{\boldsymbol{z}}\tag{e1.3.4a}$$

$$\nabla'=\frac{\partial}{\partial x'}\hat{\boldsymbol{x}}+\frac{\partial}{\partial y'}\hat{\boldsymbol{y}}+\frac{\partial}{\partial z'}\hat{\boldsymbol{z}}\tag{e1.3.4b}$$

因此，

$$\begin{aligned}\nabla\frac{1}{R}&=\frac{\partial}{\partial x}\left(\frac{1}{R}\right)\hat{\boldsymbol{x}}+\frac{\partial}{\partial y}\left(\frac{1}{R}\right)\hat{\boldsymbol{y}}+\frac{\partial}{\partial z}\left(\frac{1}{R}\right)\hat{\boldsymbol{z}}\\&=-\frac{1}{R^3}\left[(x-x')\hat{\boldsymbol{x}}+(y-y')\hat{\boldsymbol{y}}+(z-z')\hat{\boldsymbol{z}}\right]\\&=-\frac{\boldsymbol{R}}{R^3}\end{aligned}\tag{e1.4.5}$$

同理可得

$$\nabla'\frac{1}{R}=\frac{\boldsymbol{R}}{R^3}\tag{e1.4.6}$$

由此可见

$$\nabla\frac{1}{R}=-\nabla'\frac{1}{R}\tag{e1.4.7}$$

上述运算过程及其结果在电磁场计算中经常遇到，通常以(x',y',z')表示电磁场的源点坐标，(x,y,z)表示电磁场的场点坐标。

2. 散度算子

设有一个矢量场 $\boldsymbol{F}$，那么其在点 P 处的散度定义为

$$\nabla\cdot\boldsymbol{F}\overset{\Delta}{=}\lim_{\Delta V\to 0}\frac{1}{\Delta V}\oint_S\boldsymbol{F}\cdot\mathrm{d}\boldsymbol{S}\tag{1.2.40}$$

这里，点 P 是在面 S 包围的体积 ΔV 之内。根据此定义，可推出在直角坐标系下有

$$\nabla\cdot\boldsymbol{F}=\frac{\partial F_x}{\partial x}+\frac{\partial F_y}{\partial y}+\frac{\partial F_z}{\partial z}\tag{1.2.41a}$$

在柱坐标系下可表示成

$$\nabla\cdot\boldsymbol{F}=\frac{1}{\rho}\frac{\partial(\rho F_\rho)}{\partial\rho}+\frac{1}{\rho}\frac{\partial F_\phi}{\partial\phi}+\frac{\partial F_z}{\partial z}\tag{1.2.41b}$$

在球坐标系下可表示成

$$\nabla\cdot \boldsymbol{F}=\frac{1}{r^2}\frac{\partial (r^2F_r)}{\partial r}+\frac{1}{r\sin\theta}\frac{\partial(\sin\theta F_\theta)}{\partial\theta}+\frac{1}{r\sin\theta}\frac{\partial F_\phi}{\partial\phi} \tag{1.2.41c}$$

接下来我们就以直角坐标系为例,推导散度的计算式(1.2.41a)。由散度的定义,可知两点:①散度的定义只要求体积元 ΔV 足够小,对 ΔV 的形状没有要求,因此我们可以选择简单的体积元以简化计算;②散度计算关键在于积分 $\oint_S \boldsymbol{F}\cdot \mathrm{d}\boldsymbol{S}$ 的计算。所以,在直角坐标系下,我们考虑以 $P(x,y,z)$ 点为中心的长方体状的体积元①,如图 1.10 所示。长方体的边长分别为($\Delta x,\Delta y,\Delta z$),由定义中 $\Delta V\to 0$,不妨令($\Delta x\to 0,\Delta y\to 0,\Delta z\to 0$)。在这个前提下,一个面上的场积分可以用面上某一点的场值近似计算:

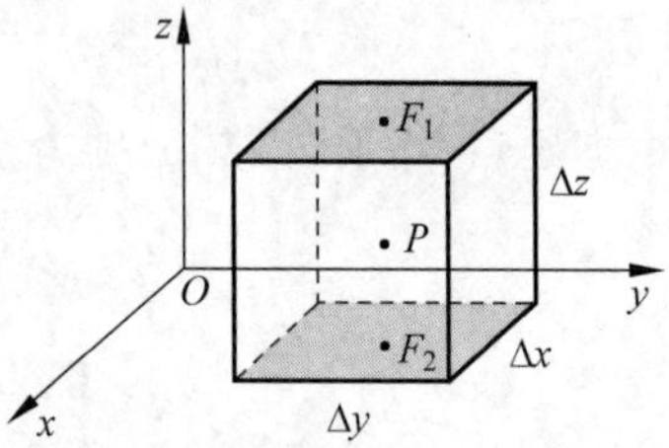

图 1.10 散度的计算

$$\oint_S \boldsymbol{F}\cdot \mathrm{d}\boldsymbol{S}=\sum_{i=1}^{6}\oint_{S_i}\boldsymbol{F}\cdot \mathrm{d}\boldsymbol{S}\approx\sum_{i=1}^{6}\boldsymbol{F}_i\cdot \mathrm{d}\boldsymbol{S}_i \tag{1.2.42}$$

其中,$\boldsymbol{F}_i(i=1,2,\cdots,6)$分别是各个面上中点的场值。上下面($i=1,2$)的场通量可写为

$$\begin{aligned}\sum_{i=1}^{2}\boldsymbol{F}_i\cdot \mathrm{d}\boldsymbol{S}_i&=F_z\Big|_{(x,y,z+\frac{\Delta z}{2})}\cdot(\Delta x\Delta y)-F_z\Big|_{(x,y,z-\frac{\Delta z}{2})}\cdot(\Delta x\Delta y)\\&=\left(F_z\Big|_{(x,y,z+\frac{\Delta z}{2})}-F_z\Big|_{(x,y,z-\frac{\Delta z}{2})}\right)\cdot(\Delta x\Delta y)\end{aligned} \tag{1.2.43}$$

如果场函数是可微的,可以在 z 点对 $F_z\Big|_{z+\frac{\Delta z}{2}}$ 和 $F_z\Big|_{z-\frac{\Delta z}{2}}$ 应用泰勒展开:

$$F_z\Big|_{(x,y,z+\frac{\Delta z}{2})}=F_z\Big|_{(x,y,z)}+\frac{\partial F_z}{\partial z}\Big|_{(x,y,z)}\frac{\Delta z}{2}+O(\Delta z^2) \tag{1.2.44a}$$

$$F_z\Big|_{(x,y,z-\frac{\Delta z}{2})}=F_z\Big|_{(x,y,z)}+\frac{\partial F_z}{\partial z}\Big|_{(x,y,z)}\left(-\frac{\Delta z}{2}\right)+O(\Delta z^2) \tag{1.2.44b}$$

其中,$O(\Delta z^2)$表示 Δz^2 及更高阶项。将式(1.2.44a)、式(1.2.44b)代入式(1.2.43),得

$$\begin{aligned}\sum_{i=1}^{2}\boldsymbol{F}_i\cdot \mathrm{d}\boldsymbol{S}_i&=\left[F_z+\frac{\partial F_z}{\partial z}\left(\frac{\Delta z}{2}\right)+O(\Delta z^2)-F_z-\frac{\partial F_z}{\partial z}\left(-\frac{\Delta z}{2}\right)-O(\Delta z^2)\right]_{(x,y,z)}\cdot(\Delta x\Delta y)\\&=\frac{\partial F_z}{\partial z}\Big|_{(x,y,z)}\Delta x\Delta y\Delta z+\Delta x\Delta y O(\Delta z^2)\\&=\frac{\partial F_z}{\partial z}\Big|_{P}\Delta x\Delta y\Delta z+\Delta x\Delta y O(\Delta z^2)\end{aligned} \tag{1.2.45a}$$

同理可得左右面($i=3,4$)和前后面($i=5,6$)的通量:

① 体积元与坐标系同构,这样的选择往往会最大限度地简化计算。

$$\sum_{i=3}^{4}\boldsymbol{F}_i \cdot \mathrm{d}\boldsymbol{S}_i = \left.\frac{\partial F_y}{\partial y}\right|_P \Delta x\Delta y\Delta z + \Delta x\Delta z O(\Delta y^2) \tag{1.2.45b}$$

$$\sum_{i=5}^{6}\boldsymbol{F}_i \cdot \mathrm{d}\boldsymbol{S}_i = \left.\frac{\partial F_x}{\partial x}\right|_P \Delta x\Delta y\Delta z + \Delta y\Delta z O(\Delta x^2) \tag{1.2.45c}$$

将式(1.2.45)代入式(1.2.42),可得

$$\begin{aligned}\oint_S \boldsymbol{F}\cdot \mathrm{d}\boldsymbol{S} &= \sum_{i=1}^{6}\boldsymbol{F}_i \cdot \mathrm{d}\boldsymbol{S}_i \\ &= \left\{\left(\frac{\partial F_x}{\partial x}+\frac{\partial F_y}{\partial y}+\frac{\partial F_z}{\partial z}\right)_P + [O(\Delta x)+O(\Delta y)+O(\Delta z)]\right\}\Delta x\Delta y\Delta z\end{aligned} \tag{1.2.46}$$

将式(1.2.46)代入散度的定义式(1.2.40),并由($\Delta x\to 0,\Delta y\to 0,\Delta z\to 0$)以及

$$\Delta V = \Delta x\Delta y\Delta z \tag{1.2.47}$$

得

$$\begin{aligned}\nabla\cdot \boldsymbol{F}\mid_P &\triangleq \lim_{\Delta V\to 0}\frac{1}{\Delta V}\oint_S \boldsymbol{F}\cdot \mathrm{d}\boldsymbol{S}\mid_P \\ &= \lim_{\Delta V\to 0}\frac{\Delta x\Delta y\Delta z}{\Delta V}\left\{\left(\frac{\partial F_x}{\partial x}+\frac{\partial F_y}{\partial y}+\frac{\partial F_z}{\partial z}\right)_P + [O(\Delta x)+O(\Delta y)+O(\Delta z)]\right\} \\ &= \left(\frac{\partial F_x}{\partial x}+\frac{\partial F_y}{\partial y}+\frac{\partial F_z}{\partial z}\right)_P\end{aligned} \tag{1.2.48}$$

即得到式(1.2.41a)。

例题 1.4　求$\nabla\cdot\hat{\boldsymbol{r}}$。

解　根据散度在球坐标系下的计算式(1.2.41c),可得

$$\nabla\cdot\hat{\boldsymbol{r}} = \frac{1}{r^2}\frac{\partial(r^2\cdot 1)}{\partial r} = \frac{2}{r} \tag{e1.4.1}$$

3. 旋度算子

矢量场 $\boldsymbol{F}$ 的旋度是度量 $\boldsymbol{F}$ 环量特征的量。设 P 是矢量场 $\boldsymbol{F}$ 所在空间中的任意一点,围绕 P 作一环路 l,此环路所围面单元 ΔS 的法向记为 $\hat{\boldsymbol{n}}$,定义环路 l 的 P 点矢量场 $\boldsymbol{F}$ 单位环量为

$$\lim_{\Delta S\to 0}\frac{1}{\Delta S}\oint_l \boldsymbol{F}\cdot \mathrm{d}\boldsymbol{l} \tag{1.2.49}$$

其中,路径 $\mathrm{d}\boldsymbol{l}$ 的方向根据右手螺旋法则。因为围绕 P 可作无数法向各异的环路,这样便有无数法向不同的单位环量,其最大值定义为 $\boldsymbol{F}$ 的旋度值,所对应的法向为旋度

方向。由此可知 $\boldsymbol{F}$ 的旋度是一个矢量，记为 $\nabla\times\boldsymbol{F}$。这样任意一个法向 $\hat{\boldsymbol{n}}$ 所对应的环路 l 的 P 点单位环量便可表示成

$$\hat{\boldsymbol{n}}\cdot\nabla\times\boldsymbol{F}\triangleq\lim_{\Delta S\to 0}\frac{1}{\Delta S}\oint_l\boldsymbol{F}\cdot\mathrm{d}\boldsymbol{l} \tag{1.2.50}$$

根据旋度定义，可推出旋度在直角坐标系下表示成

$$\nabla\times\boldsymbol{F}=\begin{vmatrix}\hat{\boldsymbol{x}} & \hat{\boldsymbol{y}} & \hat{\boldsymbol{z}}\\ \dfrac{\partial}{\partial x} & \dfrac{\partial}{\partial y} & \dfrac{\partial}{\partial z}\\ F_x & F_y & F_z\end{vmatrix} \tag{1.2.51a}$$

在柱坐标系下可表示成

$$\nabla\times\boldsymbol{F}=\frac{1}{\rho}\begin{vmatrix}\hat{\boldsymbol{\rho}} & \rho\hat{\boldsymbol{\phi}} & \hat{\boldsymbol{z}}\\ \dfrac{\partial}{\partial\rho} & \dfrac{\partial}{\partial\phi} & \dfrac{\partial}{\partial z}\\ F_\rho & \rho F_\phi & F_z\end{vmatrix} \tag{1.2.51b}$$

在球坐标系下可表示成

$$\nabla\times\boldsymbol{F}=\frac{1}{r^2\sin\theta}\begin{vmatrix}\hat{\boldsymbol{r}} & r\hat{\boldsymbol{\theta}} & r\sin\theta\,\hat{\boldsymbol{\phi}}\\ \dfrac{\partial}{\partial r} & \dfrac{\partial}{\partial\theta} & \dfrac{\partial}{\partial\phi}\\ F_r & rF_\theta & r\sin\theta F_\phi\end{vmatrix} \tag{1.2.51c}$$

注意，旋度的计算式只是借鉴了数学上行列式的形式，但与行列式有所区别，即这里的微分算子只作用于最下排的标量。

下面我们仍以直角坐标系为例，由旋度的定义式(1.2.50)推导旋度的计算式(1.2.51a)。不失一般性，我们先计算 $P(x,y,z)$ 点 $\boldsymbol{F}$ 旋度的 z 方向分量值。依据定义可知此分量值就等于以 P 点为中心的矩形环路 $P_1P_2P_3P_4$ 的矢量场 $\boldsymbol{F}$ 的单位环量。图1.11示出了其二维俯视图。

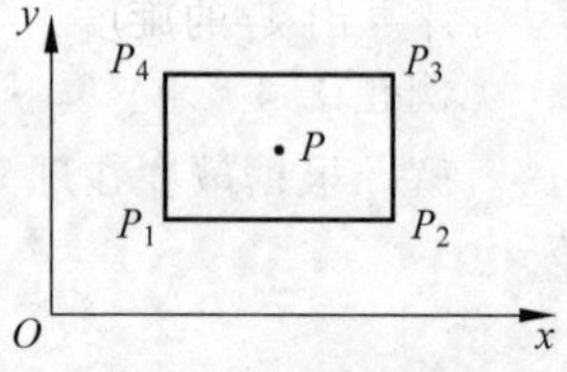

图1.11 计算旋度 z 分量的俯视图

$$\oint_l\boldsymbol{F}\cdot\mathrm{d}\boldsymbol{l}=\int_{P_1}^{P_2}\boldsymbol{F}\cdot\mathrm{d}\boldsymbol{l}+\int_{P_2}^{P_3}\boldsymbol{F}\cdot\mathrm{d}\boldsymbol{l}+\int_{P_3}^{P_4}\boldsymbol{F}\cdot\mathrm{d}\boldsymbol{l}+\int_{P_4}^{P_1}\boldsymbol{F}\cdot\mathrm{d}\boldsymbol{l} \tag{1.2.52}$$

由于线段 P_1P_2 和线段 P_3P_4 都与 x 轴平行，我们把这两个积分项一起计算；并且由于矩形的边长都趋于零，在其上的线积分可以用各线中点值近似计算，于是便有

$$\begin{aligned}\mathrm{I}&=\int_{P_1}^{P_2}\boldsymbol{F}\cdot\mathrm{d}\boldsymbol{l}-\int_{P_4}^{P_3}\boldsymbol{F}\cdot\mathrm{d}\boldsymbol{l}\\ &\approx(\boldsymbol{F}|_{P_{\mathrm{I}}}-\boldsymbol{F}|_{P_{\mathrm{II}}})\cdot\Delta x\hat{\boldsymbol{x}}\\ &=(F_x|_{P_{\mathrm{I}}}-F_x|_{P_{\mathrm{II}}})\Delta x\end{aligned} \tag{1.2.53a}$$

其中，P_{I} 为线段 P_1P_2 中点，其坐标为 $P_{\mathrm{I}}(x-\Delta x/2, y-\Delta y/2, z)$；$P_{\mathrm{II}}$ 为线段 P_4P_3 中点，其坐标为 $P_{\mathrm{II}}(x+\Delta x/2, y+\Delta y/2, z)$。对式(1.2.53a)在 $P(x,y,z)$ 进行泰勒展开，并略去高阶项，得

$$\mathrm{I} \approx \left(-\frac{\partial F_x}{\partial y}\bigg|_P \Delta y\right)\Delta x \tag{1.2.53b}$$

同理，线段 P_2P_3 和线段 P_1P_4 上的积分项为

$$\begin{aligned}\mathrm{II} &= \int_{P_2}^{P_3} \boldsymbol{F}\cdot\mathrm{d}\boldsymbol{l} - \int_{P_1}^{P_4} \boldsymbol{F}\cdot\mathrm{d}\boldsymbol{l} \\ &\approx (\boldsymbol{F}\,|_{P_{\mathrm{III}}} - \boldsymbol{F}\,|_{P_{\mathrm{IV}}})\cdot\Delta y\hat{\boldsymbol{y}} \\ &= (F_y\,|_{P_{\mathrm{III}}} - F_y\,|_{P_{\mathrm{IV}}})\,\Delta y\end{aligned} \tag{1.2.53c}$$

其中，$P_{\mathrm{III}}(x-\Delta x/2, y-\Delta y/2, z)$ 为线段 P_2P_3 的中点，$P_{\mathrm{IV}}(x+\Delta x/2, y+\Delta y/2, z)$ 为线段 P_1P_4 的中点。同样，对上式在 $P(x,y,z)$ 进行泰勒展开，并略去高阶项，可得

$$\mathrm{II} \approx \left(\frac{\partial F_y}{\partial x}\bigg|_P \Delta x\right)\Delta y \tag{1.2.53d}$$

$\mathrm{I}+\mathrm{II}$ 整理得

$$\oint_l \boldsymbol{F}\cdot\mathrm{d}\boldsymbol{l} = \mathrm{I}+\mathrm{II} \approx \left(\frac{\partial F_y}{\partial x}\bigg|_P - \frac{\partial F_x}{\partial y}\bigg|_P\right)\Delta x\Delta y \tag{1.2.54}$$

这样 $\boldsymbol{F}$ 旋度的 z 方向分量值为

$$\hat{\boldsymbol{z}}\cdot\nabla\times\boldsymbol{F} = \lim_{\Delta S\to 0}\frac{1}{\Delta S}\oint_l \boldsymbol{F}\cdot\mathrm{d}\boldsymbol{l} = \frac{\partial F_y}{\partial x}\bigg|_P - \frac{\partial F_x}{\partial y}\bigg|_P \tag{1.2.55a}$$

同理可计算出 $\boldsymbol{F}$ 的旋度在 x 和 y 方向的分量值分别为

$$\hat{\boldsymbol{x}}\cdot\nabla\times\boldsymbol{F} = \frac{\partial \boldsymbol{F}_z}{\partial y}\bigg|_P - \frac{\partial F_y}{\partial z}\bigg|_P \tag{1.2.55b}$$

$$\hat{\boldsymbol{y}}\cdot\nabla\times\boldsymbol{F} = \frac{\partial \boldsymbol{F}_x}{\partial z}\bigg|_P - \frac{\partial F_z}{\partial x}\bigg|_P \tag{1.2.55c}$$

所以

$$\nabla\times\boldsymbol{F} = \begin{vmatrix} \hat{\boldsymbol{x}} & \hat{\boldsymbol{y}} & \hat{\boldsymbol{z}} \\ \dfrac{\partial}{\partial x} & \dfrac{\partial}{\partial y} & \dfrac{\partial}{\partial z} \\ F_x & F_y & F_z \end{vmatrix} \tag{1.2.56}$$

4. 拉普拉斯算子

上面介绍了表述电磁场最基础的三个算子：梯度、散度和旋度。在常用的表述电磁场方程中，还会出现两个算子：标量拉普拉斯算子和矢量拉普拉斯算子。标量拉普拉斯算子定义为对一个标量的梯度再求散度：

$$\Delta f \triangleq \nabla^2 f = \nabla \cdot \nabla f \tag{1.2.57}$$

在直角坐标系下,标量拉普拉斯算子可由下式计算:

$$\Delta f = \nabla^2 f = \frac{\partial^2 f}{\partial x^2} + \frac{\partial^2 f}{\partial y^2} + \frac{\partial^2 f}{\partial z^2} \tag{1.2.58}$$

矢量拉普拉斯算子定义如下:

$$\nabla^2 \boldsymbol{A} = \nabla(\nabla \cdot \boldsymbol{A}) - \nabla \times \nabla \times \boldsymbol{A} \tag{1.2.59}$$

可以证明,在直角坐标系下,矢量拉普拉斯算子对矢量 $\boldsymbol{A}$ 的作用可简化为

$$\nabla^2 \boldsymbol{A} = \hat{\boldsymbol{x}} \nabla^2 A_x + \hat{\boldsymbol{y}} \nabla^2 A_y + \hat{\boldsymbol{z}} \nabla^2 A_z \tag{1.2.60}$$

5. 算子在一般正交坐标系中的表示式

梯度、散度及旋度在一般正交坐标系中可表示为

$$\nabla \phi = \frac{\boldsymbol{u}_1}{h_1} \frac{\partial \phi}{\partial u_1} + \frac{\boldsymbol{u}_2}{h_2} \frac{\partial \phi}{\partial u_2} + \frac{\boldsymbol{u}_3}{h_3} \frac{\partial \phi}{\partial u_3} \tag{1.2.61a}$$

$$\nabla \cdot \boldsymbol{A} = \frac{1}{h_1 h_2 h_3} \left[\frac{\partial}{\partial u_1}(A_1 h_2 h_3) + \frac{\partial}{\partial u_2}(A_2 h_1 h_3) + \frac{\partial}{\partial u_3}(A_3 h_1 h_2) \right] \tag{1.2.61b}$$

$$\nabla \times \boldsymbol{A} = \frac{1}{h_1 h_2 h_3} \begin{vmatrix} h_1 \hat{\boldsymbol{u}}_1 & h_2 \hat{\boldsymbol{u}}_2 & h_3 \hat{\boldsymbol{u}}_3 \\ \dfrac{\partial}{\partial u_1} & \dfrac{\partial}{\partial u_2} & \dfrac{\partial}{\partial u_3} \\ h_1 A_1 & h_2 A_2 & h_3 A_3 \end{vmatrix} \tag{1.2.61c}$$

这三个算子还可用求和号更加简洁、统一地表示成

$$\nabla \phi = \sum_{i=1}^{3} \frac{\hat{\boldsymbol{u}}_i}{h_i} \frac{\partial \phi}{\partial u_i} \tag{1.2.62a}$$

$$\nabla \cdot \boldsymbol{A} = \sum_{i=1}^{3} \frac{\hat{\boldsymbol{u}}_i}{h_i} \cdot \frac{\partial \boldsymbol{A}}{\partial u_i} \tag{1.2.62b}$$

$$\nabla \times \boldsymbol{A} = \sum_{i=1}^{3} \frac{\hat{\boldsymbol{u}}_i}{h_i} \times \frac{\partial \boldsymbol{A}}{\partial u_i} \tag{1.2.62c}$$

这种求和号表达式在某些时候能大大简化论证过程,譬如在 2.1.1 节 1. 的论证中就充分体现了求和号表达式的这种作用。

命题: 矢量亥姆霍兹(Helmholtz)方程在直角坐标系中等效于三个分量的标量亥姆霍兹方程。

1.2.5 张量

1. 张量的定义

在三维空间中,一个矢量物理量通常由三个坐标方向的分量表示,即可表示成一

个含有 3 个元素的一维数组(u_1, u_2, u_3)。我们知道,一维 3 元素数组之间的关系需要一个 3×3 二维数组来表示。因此,为了完整清晰地表述两个矢量物理量之间的关系,需要引入一个如下形式的 3×3 二维数组:

$$\overline{\overline{\boldsymbol{F}}} = \begin{pmatrix} F_{11} & F_{12} & F_{13} \\ F_{21} & F_{22} & F_{23} \\ F_{31} & F_{32} & F_{33} \end{pmatrix} \tag{1.2.63}$$

我们把这个二维数组称为**张量**(tensor)。譬如,在电各向异性介质中,表述电位移矢量 $\boldsymbol{D}$ 和电场强度 $\boldsymbol{E}$ 之间的关系就需要张量形式的介电常数。

张量 $\overline{\overline{\boldsymbol{F}}}$ 也可从推广矢量概念的角度得到。考虑一个矢量 $\boldsymbol{F}$:

$$\boldsymbol{F} = \sum_i F_i \hat{\boldsymbol{u}}_i \tag{1.2.64}$$

在三维空间里,$i=1,2,3$。把上式拓展,就可以定义出一种新的数据形式:

$$\overline{\overline{\boldsymbol{F}}} = \sum_j \boldsymbol{F}_j \hat{\boldsymbol{u}}_j, \quad j=1,2,3 \tag{1.2.65a}$$

其中,分量

$$\boldsymbol{F}_j = \sum_i F_{ij} \hat{\boldsymbol{u}}_i, \quad i=1,2,3 \tag{1.2.65b}$$

为独立的矢量。把式(1.2.65b)代入式(1.2.65a),展开 $\overline{\overline{\boldsymbol{F}}}$ 为

$$\overline{\overline{\boldsymbol{F}}} = \sum_j \sum_i F_{ij} \hat{\boldsymbol{u}}_i \hat{\boldsymbol{u}}_j, \quad i=1,2,3;\ j=1,2,3 \tag{1.2.65c}$$

可以看出,$\overline{\overline{\boldsymbol{F}}}$ 中含并列的坐标基矢量,因此我们又称 $\overline{\overline{\boldsymbol{F}}}$ 为并矢(dyadic)。显而易见,在三维空间里,一个并矢需要用 9 个标量分量表示,写成一个 3×3 的数组为

$$\overline{\overline{\boldsymbol{F}}} = \begin{bmatrix} F_{11}\hat{\boldsymbol{u}}_1\hat{\boldsymbol{u}}_1 & F_{12}\hat{\boldsymbol{u}}_1\hat{\boldsymbol{u}}_2 & F_{13}\hat{\boldsymbol{u}}_1\hat{\boldsymbol{u}}_3 \\ F_{21}\hat{\boldsymbol{u}}_2\hat{\boldsymbol{u}}_1 & F_{22}\hat{\boldsymbol{u}}_2\hat{\boldsymbol{u}}_2 & F_{23}\hat{\boldsymbol{u}}_2\hat{\boldsymbol{u}}_3 \\ F_{31}\hat{\boldsymbol{u}}_3\hat{\boldsymbol{u}}_1 & F_{32}\hat{\boldsymbol{u}}_3\hat{\boldsymbol{u}}_2 & F_{33}\hat{\boldsymbol{u}}_3\hat{\boldsymbol{u}}_3 \end{bmatrix} \tag{1.2.66a}$$

简写为

$$\overline{\overline{\boldsymbol{F}}} = \begin{bmatrix} F_{11} & F_{12} & F_{13} \\ F_{21} & F_{22} & F_{23} \\ F_{31} & F_{32} & F_{33} \end{bmatrix} \tag{1.2.66b}$$

2. 张量的运算法则

不难看出,通过推广矢量而定义出来的并矢正是张量。张量在数学上表示为二维矩阵,其运算法则基本与矩阵运算相同。以转置运算为例,

$$\overline{\overline{\boldsymbol{F}}}^{\mathrm{T}} = \sum_i \sum_j F_{ij} \hat{\boldsymbol{u}}_j \hat{\boldsymbol{u}}_i \tag{1.2.67}$$

张量与标量相乘为各分量与标量相乘，满足交换律。张量与另一矢量求点积，其结果为一个矢量。它表示与靠近张量并矢分量中的那个矢量分量点积，具体为

$$\boldsymbol{g}\cdot(\hat{\boldsymbol{u}}_i\hat{\boldsymbol{u}}_j)=(\boldsymbol{g}\cdot\hat{\boldsymbol{u}}_i)\hat{\boldsymbol{u}}_j \tag{1.2.68a}$$

$$(\hat{\boldsymbol{u}}_i\hat{\boldsymbol{u}}_j)\cdot\boldsymbol{g}=\hat{\boldsymbol{u}}_i(\hat{\boldsymbol{u}}_j\cdot\boldsymbol{g}) \tag{1.2.68b}$$

在正交坐标系下，

$$\boldsymbol{g}\cdot\overline{\overline{\boldsymbol{F}}}=\sum_i g_i\hat{\boldsymbol{u}}_i\cdot\sum_j\sum_i F_{ij}\hat{\boldsymbol{u}}_i\hat{\boldsymbol{u}}_j=\sum_j\Big(\sum_i F_{ij}g_i\Big)\hat{\boldsymbol{u}}_j=\sum_i\Big(\sum_j F_{ji}g_j\Big)\hat{\boldsymbol{u}}_i \tag{1.2.68c}$$

$$\overline{\overline{\boldsymbol{F}}}\cdot\boldsymbol{g}=\sum_j\sum_i F_{ij}\hat{\boldsymbol{u}}_i\hat{\boldsymbol{u}}_j\cdot\sum_j g_j\hat{\boldsymbol{u}}_j=\sum_i\hat{\boldsymbol{u}}_i\sum_j F_{ij}g_j=\sum_i\Big(\sum_j F_{ij}g_j\Big)\hat{\boldsymbol{u}}_i \tag{1.2.68d}$$

很显然其不满足交换律。

例题 1.5 证明：矢量的旋度可以写成一个张量算符与矢量点乘的形式：

$$\nabla\times\boldsymbol{F}=\overline{\overline{\boldsymbol{C}}}\cdot\boldsymbol{F}\text{，其中，}\overline{\overline{\boldsymbol{C}}}=\begin{bmatrix}0 & -\dfrac{\partial}{\partial z} & \dfrac{\partial}{\partial y}\\ \dfrac{\partial}{\partial z} & 0 & -\dfrac{\partial}{\partial x}\\ -\dfrac{\partial}{\partial y} & \dfrac{\partial}{\partial x} & 0\end{bmatrix}\text{。}$$

解

$$\nabla\times\boldsymbol{F}=\begin{vmatrix}\hat{\boldsymbol{x}} & \hat{\boldsymbol{y}} & \hat{\boldsymbol{z}}\\ \dfrac{\partial}{\partial x} & \dfrac{\partial}{\partial y} & \dfrac{\partial}{\partial z}\\ F_x & F_y & F_z\end{vmatrix}$$

$$=\left(\frac{\partial F_z}{\partial y}-\frac{\partial F_y}{\partial z}\right)\hat{\boldsymbol{x}}+\left(\frac{\partial F_x}{\partial z}-\frac{\partial F_z}{\partial x}\right)\hat{\boldsymbol{y}}+\left(\frac{\partial F_y}{\partial x}-\frac{\partial F_x}{\partial y}\right)\hat{\boldsymbol{z}} \tag{e1.5.1}$$

$$\overline{\overline{\boldsymbol{C}}}\cdot\boldsymbol{F}=\begin{bmatrix}0 & -\dfrac{\partial}{\partial z} & \dfrac{\partial}{\partial y}\\ \dfrac{\partial}{\partial z} & 0 & -\dfrac{\partial}{\partial x}\\ -\dfrac{\partial}{\partial y} & \dfrac{\partial}{\partial x} & 0\end{bmatrix}\begin{bmatrix}F_x\\ F_y\\ F_z\end{bmatrix}$$

$$=\left(-\frac{\partial F_y}{\partial z}+\frac{\partial F_z}{\partial y}\right)\hat{\boldsymbol{x}}+\left(\frac{\partial F_x}{\partial z}-\frac{\partial F_z}{\partial x}\right)\hat{\boldsymbol{y}}+\left(-\frac{\partial F_x}{\partial y}+\frac{\partial F_y}{\partial x}\right)\hat{\boldsymbol{z}} \tag{e1.5.2}$$

由此可见，

$$\nabla\times\boldsymbol{F}=\overline{\overline{\boldsymbol{C}}}\cdot\boldsymbol{F} \tag{e1.5.3}$$

张量还有与矢量求叉积、混合积以及张量之间的点积，这里就不一一介绍了，感兴趣的读者可参见 *Generalized Vector and Dyadic Analysis* 第七章(Tai C T,IEEE Press,1996)。

1.2.6 矢量恒等式

一方面，矢量及其算子是构建电磁理论的强有力工具。另一方面，利用电磁理论解决问题，更需要熟练掌握矢量及其算子的运算规则与技巧。矢量恒等式是理解、简化矢量运算的关键。下面列出了一些常用的矢量恒等式。首先看两个只涉及矢量运算的恒等式，它们依据矢量点乘和叉乘的定义不难证明：

$$\boldsymbol{a}\cdot(\boldsymbol{b}\times\boldsymbol{c})=\boldsymbol{c}\cdot(\boldsymbol{a}\times\boldsymbol{b})=\boldsymbol{b}\cdot(\boldsymbol{c}\times\boldsymbol{a}) \tag{1.2.69}$$

$$\boldsymbol{a}\times(\boldsymbol{b}\times\boldsymbol{c})=(\boldsymbol{a}\cdot\boldsymbol{c})\boldsymbol{b}-(\boldsymbol{a}\cdot\boldsymbol{b})\boldsymbol{c} \tag{1.2.70}$$

下面是反映梯度场和旋度场性质的两个重要恒等式：

$$\nabla\times(\nabla a)=\boldsymbol{0} \tag{1.2.71}$$

$$\nabla\cdot(\nabla\times\boldsymbol{a})=0 \tag{1.2.72}$$

分配律是运算中常常需要使用的性质。下面列出涉及算子分配律的一些恒等式。这些恒等式可以根据算子定义证明，也可以遵循以下规则得到：将∇先视为微分算符，对被作用的函数求偏导；后将∇视为矢量算符，遵循矢量运算法则。

$$\nabla(ab)=a\nabla b+b\nabla a \tag{1.2.73}$$

$$\nabla\cdot(a\boldsymbol{b})=\boldsymbol{b}\cdot(\nabla a)+a\ \nabla\cdot\boldsymbol{b} \tag{1.2.74}$$

$$\nabla\times(a\boldsymbol{b})=a\nabla\times\boldsymbol{b}-\boldsymbol{b}\times\nabla a \tag{1.2.75}$$

$$\nabla\cdot(\boldsymbol{a}\times\boldsymbol{b})=\boldsymbol{b}\cdot\nabla\times\boldsymbol{a}-\boldsymbol{a}\cdot\nabla\times\boldsymbol{b} \tag{1.2.76}$$

$$\nabla\times(\boldsymbol{a}\times\boldsymbol{b})=\boldsymbol{a}\nabla\cdot\boldsymbol{b}-\boldsymbol{b}\nabla\cdot\boldsymbol{a}+(\boldsymbol{b}\cdot\nabla)\boldsymbol{a}-(\boldsymbol{a}\cdot\nabla)\boldsymbol{b} \tag{1.2.77}$$

$$\nabla(\boldsymbol{a}\cdot\boldsymbol{b})=\boldsymbol{a}\times\nabla\times\boldsymbol{b}+\boldsymbol{b}\times\nabla\times\boldsymbol{a}+(\boldsymbol{a}\cdot\nabla)\boldsymbol{b}+(\boldsymbol{b}\cdot\nabla)\boldsymbol{a} \tag{1.2.78}$$

下面以式(1.2.72)为例演示上述算子∇的运算规则。先利用∇的微分性把等式左端写为

$$\nabla\cdot(\boldsymbol{a}\times\boldsymbol{b})=\nabla_a\cdot(\boldsymbol{a}\times\boldsymbol{b})+\nabla_b\cdot(\boldsymbol{a}\times\boldsymbol{b}) \tag{1.2.79a}$$

其中，∇_a和∇_b分别表示对矢量$\boldsymbol{a}$和$\boldsymbol{b}$求微分运算。再将∇看作一个矢量应用矢量恒等式(1.2.69)，

$$\nabla_a\cdot(\boldsymbol{a}\times\boldsymbol{b})=\boldsymbol{b}\cdot(\nabla_a\times\boldsymbol{a}) \tag{1.2.79b}$$

$$\nabla_b\cdot(\boldsymbol{a}\times\boldsymbol{b})=\boldsymbol{a}\cdot(\boldsymbol{b}\times\nabla_b)=-\boldsymbol{a}\cdot(\nabla_b\times\boldsymbol{b}) \tag{1.2.79c}$$

把式(1.2.79b)和式(1.2.79c)代入式(1.2.79a)即得到式(1.2.76)。

1.2.7 算子基本积分定理

微积分基本定理深刻揭示了微分和积分是一对互逆运算，可以相互转化。矢量算子同样有类似关系，揭示了矢量算子与积分之间的关系。

1. 高斯散度定理

设 $\boldsymbol{F}$ 为可微矢量函数。利用散度的定义,在 $\Delta V \to 0$ 的前提下,有

$$\nabla \cdot \boldsymbol{F} \Delta V = \oint_S \boldsymbol{F} \cdot \mathrm{d}\boldsymbol{S} \tag{1.2.80}$$

那么对于任意一块体积 V,我们可以把它分割为许多很小($\Delta V_i \to 0$)的体积元:

$$V = \sum_i \Delta V_i \tag{1.2.81a}$$

则积分 $\int_V \nabla \cdot \boldsymbol{F} \mathrm{d}V$ 可写为

$$\int_V \nabla \cdot \boldsymbol{F} \mathrm{d}V = \sum_i (\nabla \cdot \boldsymbol{F}_i \Delta V_i) \tag{1.2.81b}$$

对每一块体积元应用式(1.2.80),得到

$$\int_V \nabla \cdot \boldsymbol{F} \mathrm{d}V = \sum_i (\nabla \cdot \boldsymbol{F}_i \Delta V_i) = \sum_i \left(\oint_{S_i} \boldsymbol{F}_i \cdot \mathrm{d}\boldsymbol{S} \right) \tag{1.2.82}$$

考虑相邻的两个体积元 ΔV_1 和 ΔV_2。如图 1.12 所示,它们各自的表面可以分成相互交接的内表面部分 S_{1-i}、S_{2-i} 和不相交的外表面部分 S_{1-o}、S_{2-o};且有 S_{1-i} 与 S_{2-i} 大小相等,法向方向相反。所以,

$$\begin{aligned}\sum_{i=1}^{2} \left(\oint_{S_i} \boldsymbol{F} \cdot \mathrm{d}\boldsymbol{S} \right) &= \oint_{S_{1-i}} \boldsymbol{F} \cdot \mathrm{d}\boldsymbol{S} + \oint_{S_{1-o}} \boldsymbol{F} \cdot \mathrm{d}\boldsymbol{S} + \\ &\quad \oint_{S_{2-i}} \boldsymbol{F} \cdot \mathrm{d}\boldsymbol{S} + \oint_{S_{2-o}} \boldsymbol{F} \cdot \mathrm{d}\boldsymbol{S} \\ &= \oint_{S_{1-o}+S_{2-o}} \boldsymbol{F} \cdot \mathrm{d}\boldsymbol{S} \end{aligned} \tag{1.2.83}$$

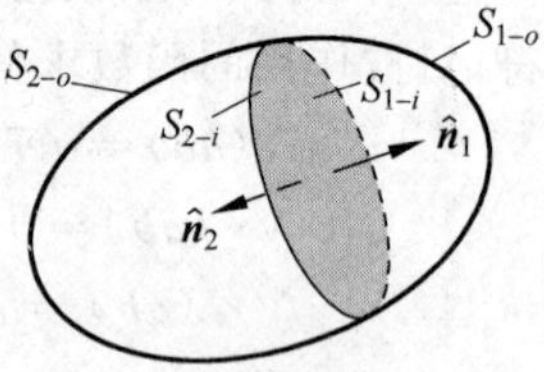

图 1.12 高斯定理中相邻的两个体积元

同理考虑体积 V 包含的所有体积元的积分 $\sum_i \left(\oint_{S_i} \boldsymbol{F}_i \cdot \mathrm{d}\boldsymbol{S} \right)$,不难知道所有内部交界面上的积分都两两抵消,最后只剩下 V 的外表面 S 上的积分存留。所以,

$$\int_V \nabla \cdot \boldsymbol{F} \mathrm{d}V = \oint_S \boldsymbol{F} \cdot \mathrm{d}\boldsymbol{S} \tag{1.2.84}$$

这就是散度定理,也称高斯定理。这个定理是矢量分析中最重要的定理之一。利用此定理,结合下面的斯托克斯定理,很容易就看清了旋度场的散度为零。

2. 斯托克斯定理

散度定理利用微积分的叠加性质和散度定义式,把体积分转化为面积分,降低了积分维度。同理,利用旋度的定义也可以实现面积分和线积分的转化。

考虑一个任意面积 S,其边界为 l。设$\nabla \times \boldsymbol{F}$ 在 S 上存在定义,那么要求解 S 上的积分:$\oint_S \nabla \times \boldsymbol{F} \cdot \mathrm{d}\boldsymbol{S}$,我们也可以把 S 划分为许多很小的面元 $S = \sum_i \Delta S_i$,且 $\Delta S_i \to 0$,

并在每块面元上应用旋度定义得

$$\int_S \nabla\times \boldsymbol{F}\cdot \mathrm{d}\boldsymbol{S}=\sum_i\left(\int_{S_i}\nabla\times \boldsymbol{F}\cdot \mathrm{d}\boldsymbol{S}\right)=\sum_i\left(\oint_{l_i}\boldsymbol{F}\cdot \mathrm{d}\boldsymbol{l}\right) \tag{1.2.85}$$

如图 1.13 所示，以两个相邻的面积元 ΔS_1 和 ΔS_2 为例，$\boldsymbol{F}\cdot \mathrm{d}\boldsymbol{l}$ 在它们的公共边(即内部边界)上的积分相互抵消。推广可得，$\boldsymbol{F}\cdot \mathrm{d}\boldsymbol{l}$ 在所有面积元内部边界上的积分的贡献为零。因此，

$$\int_S \nabla\times \boldsymbol{F}\cdot \mathrm{d}\boldsymbol{S}=\oint_l \boldsymbol{F}\cdot \mathrm{d}\boldsymbol{l} \tag{1.2.86}$$

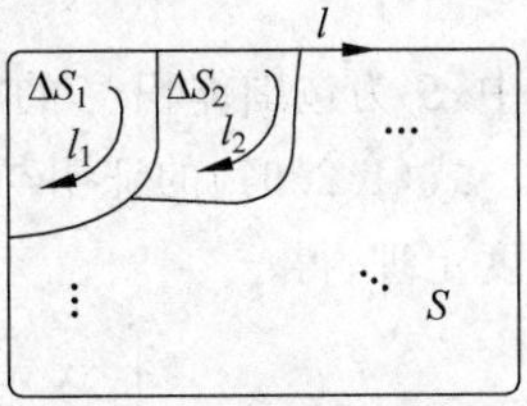

图 1.13 斯托克斯定理中相邻的两个面积元

上式也是矢量分析中重要的定理之一，称为旋度定理，或称斯托克斯定理。利用此定理，就容易明白梯度场旋度为零的事实。

3. 格林定理

设 ψ 和 φ 为两个标量函数，且其在全部定义域连续高阶可微。对矢量恒等式 $\nabla\cdot(\psi\nabla\varphi)=\psi\nabla^2\varphi+\nabla\varphi\cdot\nabla\psi$ 应用高斯定理有

$$\int_V(\psi\nabla^2\varphi+\nabla\varphi\cdot\nabla\psi)\mathrm{d}V=\oint_S(\psi\nabla\varphi)\cdot \mathrm{d}\boldsymbol{S} \tag{1.2.87}$$

等式右边还可以应用梯度的定义式(1.2.35)

$$(\psi\nabla\varphi)\cdot \mathrm{d}\boldsymbol{S}=(\psi\nabla\varphi\cdot\hat{\boldsymbol{n}})\mathrm{d}S=\psi\frac{\partial\varphi}{\partial n}\mathrm{d}S \tag{1.2.88}$$

再次变形为

$$\int_V(\psi\nabla^2\varphi+\nabla\varphi\cdot\nabla\psi)\mathrm{d}V=\oint_S\psi\frac{\partial\varphi}{\partial n}\mathrm{d}S \tag{1.2.89}$$

式(1.2.87)或式(1.2.89)称为**第一标量格林定理**。这个定理的好处是帮助我们把拉普拉斯算子中二阶的求导运算转化为一阶的求导运算。这个降阶的过程虽然在数学上是等价的，但是在实际利用计算机求解电磁问题时却非常有用，因为计算机数值离散的过程中，高阶求导运算会产生很大误差(不稳定性/不收敛性)。而我们通过第一标量格林定理，把求导降阶至求整个体的一阶偏导数(梯度运算)与体表面的一阶偏导数运算，就避免了高阶求导。

在式(1.2.89)中对调 ψ 和 φ，得到

$$\int_V(\varphi\nabla^2\psi+\nabla\varphi\cdot\nabla\psi)\mathrm{d}V=\oint_S\varphi\frac{\partial\psi}{\partial n}\mathrm{d}S \tag{1.2.90}$$

将式(1.2.89)与式(1.2.90)相减得

$$\int_V(\psi\nabla^2\varphi-\varphi\nabla^2\psi)\mathrm{d}V=\oint_S\left(\psi\frac{\partial\varphi}{\partial n}-\varphi\frac{\partial\psi}{\partial n}\right)\mathrm{d}S=\oint_S(\psi\nabla\varphi-\varphi\nabla\psi)\cdot \mathrm{d}\boldsymbol{S} \tag{1.2.91}$$

式(1.2.91)就是**第二标量格林定理**。

结合矢量恒等式与高斯定理还可以得到矢量格林定理：

$$\int_V [(\nabla\times \boldsymbol{P})\cdot(\nabla\times \boldsymbol{Q}) - \boldsymbol{P}\cdot\nabla\times\nabla\times\boldsymbol{Q}]\mathrm{d}V = \oint_S (\boldsymbol{P}\times\nabla\times\boldsymbol{Q})\cdot \mathrm{d}\boldsymbol{S} \tag{1.2.92}$$

其中，$\boldsymbol{S}$ 为包围体积 V 的闭合面。式(1.2.92)称为**第一矢量格林定理**。

式(1.2.92)的证明与第一标量格林定理的证明类似。对矢量$[\boldsymbol{P}\times(\nabla\times\boldsymbol{Q})]$应用散度定理，得

$$\int_V \nabla\cdot[\boldsymbol{P}\times(\nabla\times\boldsymbol{Q})]\mathrm{d}V = \oint_S (\boldsymbol{P}\times\nabla\times\boldsymbol{Q})\cdot \mathrm{d}\boldsymbol{S} \tag{1.2.93}$$

再应用矢量恒等式

$$\nabla\cdot[\boldsymbol{P}\times(\nabla\times\boldsymbol{Q})] = (\nabla\times\boldsymbol{P})\cdot(\nabla\times\boldsymbol{Q}) - \boldsymbol{P}\cdot\nabla\times\nabla\times\boldsymbol{Q} \tag{1.2.94}$$

将式(1.2.93)的左端展开即导出式(1.2.92)。将式(1.2.92)中的矢量 $\boldsymbol{P}$ 和 $\boldsymbol{Q}$ 对调，并将得到的等式与式(1.2.92)相减，得

$$\int_V [\boldsymbol{Q}\cdot\nabla\times\nabla\times\boldsymbol{P} - \boldsymbol{P}\cdot\nabla\times\nabla\times\boldsymbol{Q}]\mathrm{d}V = \oint_S (\boldsymbol{P}\times\nabla\times\boldsymbol{Q} - \boldsymbol{Q}\times\nabla\times\boldsymbol{P})\cdot \mathrm{d}\boldsymbol{S} \tag{1.2.95}$$

这就是**第二矢量格林定理**。

格林定理揭示了区域中场与边界上场之间的关系。灵活运用格林定理，可把体问题转化为面问题，把高阶微分问题转化为低阶微分问题，从而简化求解。

1.3 学术传统

丰富的物理知识，强有力的数学工具，这是时代为麦克斯韦构建电磁理论提供的条件。然而即便如此，倘若麦克斯韦内心没有强烈的创建电磁理论的激情，这些时代铸造的完美条件也只能是付之东流。是麦克斯韦内心的激情点燃了麦克斯韦想象之列，是麦克斯韦的激情推动着麦克斯韦想象之列最终驶向终点——电磁理论的建立。那么，麦克斯韦的激情又源于何方呢？是其家庭、是其所受教育、是当时的社会风尚，抑或是这众多元素的混合。从众多事实中可以看出，西学传统是麦克斯韦创建电磁理论激情的重要来源之一。正因如此，我们不妨来简略回顾一下西学的传统。

《爱因斯坦文集》第一卷第574页有："西方科学的发展是以两个伟大的成就为基础，那就是：希腊哲学家发明的形式逻辑体系(在欧几里得几何学中)，以及通过系统的实验发现有可能找出因果关系(在文艺复兴时期)。在我看来，中国的贤哲没有走出这两步，是用不着惊奇的。令人惊奇的倒是这些发现(在中国)全部做出来了。"这番话点出了西方两个基本的学术传统：一是以欧几里得几何学的逻辑体系为模本，追求构建解释宇宙万物的逻辑体系，注重体系的宏大及逻辑推理的严密；二是通过

系统实验找出因果关系。以中西方差异而言，西学的第一个传统要比第二个传统更为突出和明显。下面简要介绍一下这个学术传统发展的几个重要标志：欧几里得的《几何原本》、牛顿的《自然哲学的数学原理》，以及康德的《纯粹理性的批判》。

欧几里得(Euclid)可能受教于柏拉图学院，在公元前300年左右生活于亚历山大城，并在那里授徒。《几何原本》是欧几里得在亚里士多德创立的逻辑学以及前人数学知识的基础上，构思创作的一本体大缜密的经典著作。这本著作创立了一种陈述方式：首先明确定义及公理，然后由简到繁，分13篇，逐个证明467个命题，第一次以极其震撼的方式展示了人类逻辑推理的巨大力量。这本著作的陈述方式成为西方追求知识的典范。此书自成书日始，一直是西方育人的基本教材，其意义犹如中国的四书五经，影响深且远。

西欧中古是神学时代。这一时期，上古希腊建立的学术传统主要用于神学研究。文艺复兴之后，这一传统大量用于自然规律的研究，取得了丰硕的成果。其突出标志便是牛顿的力学理论。牛顿于1687年出版了《自然哲学的数学原理》。此书仿照欧几里得《几何原本》的陈述方式，在力学三定律及万有引力定律基础上，凭借逻辑推理，成功解释了无数自然事实，更为重要的是：极其准确地预言了很多自然现象，首次展示了构建逻辑体系的学术传统在解释物理世界中的神奇力量。

正当人们以无比的信心，继续发扬上古希腊建立的学术传统，沿着牛顿开辟的道路前进的时候，有不少好学深思之士，其中最为突出的便是德国伟大的哲学家康德(Kant，1724—1804年)，发起了对这个探索世界的学术传统本身的深入思考，即这个学术传统是怎样使我们获得知识的？获得的知识可靠性如何？哪些是靠这个学术传统不可能获得的？康德哲学思考的结论集中反映在其1781年完成的里程碑式的《纯粹理性的批判》。此书的伟大意义在于第一次指出了时间和空间观念在这一学术传统中的特殊地位，进而也指出了这一学术传统探索世界所得结论的不唯一性，更为重要的是指出这一学术传统不仅能揭示世界，而且更为重要的是能创造世界。

为了彰显西方这一学术传统的特质，我们不妨对中国学术传统作一简单的考察，以作参照。《论语·子张篇》第十九中有：子夏曰："博学而笃志，切问而近思，仁在其中矣。"此语虽简，然已回答了中国学术传统的两个基本问题：什么样的问题值得研究？——与人类日常生活紧密相关的问题。如何去研究？——以博学求知。纵观中国经典名著，四书五经、《史记》《资治通鉴》等，多以记人事、论人事为主，因为与人生活最为密切。即便不多的论述自然的著作如《九章算术》《水经注》《梦溪笔谈》《本草纲目》等，所论问题也不离人的生活。至于构造出一个理论逻辑体系来解释世界，此愿望不能说没有，但从未成为中国学术研究的主流。因此，学以致用的价值取向在中国学术传统中是很明显的，无需赘述。下面较为详细地考察一下中国学术传统中博学求知的具体内涵。先不妨以《九章算术》为例作一分析。所谓"九章"即九类人们生活中遇到的数学问题。每章都是先列出问题及其变种，然后给出问题的解法。章与章之间并无严密的逻辑联系,前后次序安排也无严格标准。这种陈述方式大致反映了华夏民族学术研究的特征：紧扣问题展开研究。再看《论语》,陈述也采取一问一答式。共有20篇,篇与篇之间并无逻辑联系,甚至内容有重复,前后次序安排也无明显章法,结构松散。那么中国学术传统中的"博"主要体现在何处呢？笔者认为主要体现在追求研究问题的"广"和"深"两方面。所谓"观天下书未遍,不得妄下雌黄"(《颜氏家训·勉学篇》),讲的就是"广"；所谓"李德裕那种能分辨得出扬子江水上下游不同的品味本领"(南唐尉迟偓撰《中朝故事》),讲的就是"深",这里的"深"不是想得深,而是感觉的敏锐。"所谓不局不杂,知类也；不烦不固,知要也。类者,辨其流别,博之事也；要者,综其指归,约之事也。""足以尽天下之事相而无所执者,乃可语于博矣。"(《复性书院讲录》,马一浮)

比较西学研究传统,华夏学术传统对材料的整理所下功夫是较少的。这里的"整理"指的是从材料中提炼出观念,并用观念来统领解释材料。正所谓"述而不作"(《论语·述而篇》第一)。正因如此,华夏著作往往结构、条理都不及西学名著,后学之士很难从著作中快速记忆、掌握,只能"学而时习之"(《论语·学而篇》第一),在反复的咏诵中,以达"其义自见"(《艺文类聚》卷五十五)、"熟能生巧"(《归田录·卖油翁》)、"温故而知新"(《论语·为政篇》第一)。然西学传统也有其弊端。其弊在于提炼的观念未必真能统领解释所有材料,因而不免有时削足适履,貌似严谨有序,实则与真相相去甚远。因此著名学者钱钟书有如下感叹：

更不妨回顾一下思想史罢。许多严密周全的哲学系统经不起历史的推排销蚀,在整体上都垮塌了,但是它们的一些个别见解还为后世所采取而流传。……往往整个理论系统剩下来的有价值东西只是一些片段思想。脱离了系统而遗留的片段思想和未及构成系统的片断思想,彼此同样是零碎的。所以,眼里只有长篇大论,瞧不起片言只语,那是一种浅薄庸俗的看法——假使不是懒惰粗浮的借口。("读《拉奥孔》",《七缀集》,第33～34页)

诚然钱钟书的感叹是切中西学的弊端。然而我们更应看到西方学术传统的力量。这种力量不仅仅是使材料明晰,更重要的是从材料中提炼的创造性观念,以及通过严密逻辑推理油然而生的强烈信念,将给人类的生活带来极大的想象力和创造力。电磁波便是麦克斯韦从电磁现象中提炼创造出的一个概念,没有麦克斯韦的创造,今天的无线通信、微波遥感、雷达探测便无从谈起。当然,从材料中提炼的创造性观念未必个个都将人类引向光明,因此需要实验检验和人类价值的判断。这一点在物理世界容易办到,但在人类社会却不易进行,有时人类不免误入歧途,不可自拔,并为此付出沉重代价。

概括言之,西学传统的基本特征是提炼观念,构建逻辑体系,进而以坚定的信念创造未来,其长在于条理清晰,创造性极强；其短在于创造的观念往往远离人类生活,容易形而上,华而不实,以偏概全,误入歧途,走向极端。华夏传统的基本精神是博采、敏感、反复、熟练、温故而知新，以达赏玩游乐之境界，其长在于不离人类健康生活的轨道，保证中庸而行；其短也很明显，在于创造性较弱。近现代科学的发展，足以证明西学传统在科学领域尤为擅长；华夏传统似更适于技术和人文领域，在今日之世界，有待深入挖掘，发扬光大。总而言之，在探索和创造未来的道路上，人类有中西学术传统不可合之异同，亦千古不可无之异同。

1.4 麦克斯韦方程的建立

1.4.1 场概念的提炼

构建电磁理论，先得从电磁现象中提炼出最为本质的物理概念，紧接便是将物理规律表象数学表述（直接从实验中总结得出），转化成用本质物理概念的抽象数学表述，进而从考察数学表述系统完备性中，提出对理论系统的修正、补充、推断、预测及检验。此即麦克斯韦建立电磁理论的大致过程，大概也是其他理论建立所经之过程。

麦克斯韦从法拉第力线思想中提炼出了电磁现象中最为本质的电场和磁场概念，并用这两个概念改写了库仑定律、安培定律、法拉第定律；通过对改写的三大定律的考察，萌发引入位移电流，并将安培定律改写补充成安培-麦克斯韦定律，最终完成电磁理论之构建。

库仑定律是从测度两电荷作用力大小的实验中直接总结出的物理规律，其表象数学表述为式(1.1.1)。利用电场概念，可将此两电荷相互作用的物理现象分解成两层意思：任何一个电荷在其所在空间中都将产生一种电场；在电场中的电荷会受到力的作用。由此电场便成为需重点刻画描述的物理量。为描述电场强弱，人们引入了**电场强度 $\boldsymbol{E}$** 这个物理量。先考虑自由空间区域，由库仑定律知由电荷 q_1 产生的电场强度应该写成

$$\boldsymbol{E}=\frac{1}{4\pi\varepsilon_0}\frac{q_1}{r_{12}^2}\hat{\boldsymbol{r}}_{12} \tag{1.4.1}$$

其单位为 V/m。

1.4.2 物理规律的系统化数学表述

进一步，由式(1.4.1)不难推出下面电场强度所遵循的方程：

$$\oint_S \boldsymbol{E}\cdot \mathrm{d}\boldsymbol{S}=\int_V \frac{\rho}{\varepsilon_0}\mathrm{d}V \tag{1.4.2a}$$

利用散度定义，可知在每一点上，有

$$\nabla \cdot \boldsymbol{E} = \frac{\rho}{\varepsilon_0} \tag{1.4.2b}$$

这就是高斯定理。式(1.4.2)中的 ρ 是体电荷密度：

$$\rho = \lim_{V \to 0} \frac{Q}{V} \tag{1.4.3a}$$

单位为 $\mathrm{C/m^3}$，其中 Q 是 V 体积中所包含的电量。有时，我们可以忽略体的厚度，方便地认为电荷 Q 是存在于二维的面 S 或是一维的线 l 上。这样，我们可以相应地定义面电荷密度 ρ_s 和线电荷密度 ρ_l：

$$\rho_s = \lim_{S \to 0} \frac{Q}{S} \quad (\mathrm{C/m^2}) \tag{1.4.3b}$$

$$\rho_l = \lim_{l \to 0} \frac{Q}{l} \quad (\mathrm{C/m}) \tag{1.4.3c}$$

磁场概念已用于安培定律的数学表述式(1.1.5)。对式(1.1.5)右端引入电流密度的概念得到

$$\oint_L \boldsymbol{B} \cdot \mathrm{d}\boldsymbol{l} = \mu_0 \int_S \boldsymbol{J} \cdot \mathrm{d}\boldsymbol{S} \tag{1.4.4a}$$

与式(1.4.2)统一，利用旋度定义式(1.2.47)将式(1.4.4a)写成更为本质的微分形式：

$$\nabla \times \boldsymbol{B} = \mu_0 \boldsymbol{J} \tag{1.4.4b}$$

式(1.4.4)中的 $\boldsymbol{J}$ 是体电流密度：

$$\boldsymbol{J} = \hat{\boldsymbol{n}} \lim_{S \to 0} \frac{I}{S} \tag{1.4.5a}$$

单位为 $\mathrm{A/m^2}$。同样，如果可以认为电流是存在于二维的面上，则可以定义面电流密度：

$$\boldsymbol{J}_s = \hat{\boldsymbol{n}} \lim_{l \to 0} \frac{I}{l} \quad (\mathrm{A/m}) \tag{1.4.5b}$$

下面再来考察法拉第定律式(1.1.6)。考虑一个封闭的环路，依据感应电动势 $\varepsilon_{\mathrm{EMF}}$ 的含义有

$$\varepsilon_{\mathrm{EMF}} = \oint_L \boldsymbol{E} \cdot \mathrm{d}\boldsymbol{l} \tag{1.4.6}$$

再由法拉第定律式(1.1.6)得

$$\oint_L \boldsymbol{E} \cdot \mathrm{d}\boldsymbol{l} = -\frac{\mathrm{d}}{\mathrm{d}t} \iint_A \boldsymbol{B} \cdot \mathrm{d}\boldsymbol{A} \tag{1.4.7a}$$

利用旋度定义式(1.2.47)不难推得

$$\nabla \times \boldsymbol{E} = -\frac{\mathrm{d}\boldsymbol{B}}{\mathrm{d}t} \tag{1.4.7b}$$

上述式(1.4.2)、式(1.4.4)、式(1.4.7)是电磁场在自由空间中遵循规律的数学积分、微分表达形式。下面再来考虑电磁场在介质中所应遵循的规律。虽然，要彻底弄清

电磁场在介质中遵循的规律是极其困难的,因为电磁场和介质的相互作用极其复杂,往往因介质而异。但是,在形式上写出电磁场在介质中遵循的规律,是完全可能的。为此,引入两个新的描述电磁场的物理量:**电位移矢量(也称为电通量密度)*D*** 和**磁场强度 *H***,使其满足

$$\nabla\cdot \boldsymbol{D}=\rho \tag{1.4.8}$$

$$\nabla\times \boldsymbol{H}=\boldsymbol{J} \tag{1.4.9}$$

显然,引入的 ***D***、***H*** 与 ***E***、***B*** 存在一定的关系。这种关系称为介质的本构关系。它随介质的不同而不同,1.4.3 节将具体讨论。实验表明,电荷既不能被创造,也不能被消灭,只能从物体的一部分转移到另一部分,或从一个物体转移到另一个物体。也就是说,在一个与外界没有电荷交换的系统内,正负电荷的代数和在任何物理过程中始终保持不变。这就是电荷守恒定律。根据这个定律可推得

$$\int_S \boldsymbol{J}\cdot \mathrm{d}\boldsymbol{S}=-\frac{\partial}{\partial t}\int_V \rho \mathrm{d}V \tag{1.4.10}$$

即①

$$\nabla\cdot \boldsymbol{J}=-\frac{\mathrm{d}\rho}{\mathrm{d}t} \tag{1.4.11}$$

式(1.4.11)称为电流连续性方程。

1.4.3 本构关系

显然,式(1.4.7b)~式(1.4.10)还不足以完全表述电磁场在介质中的规律,因为 ***D*** 和 ***E***、***B*** 和 ***H*** 的关系还是未知的。实验表明在很多介质中有

$$\boldsymbol{D}=\varepsilon_0\varepsilon_r\boldsymbol{E} \tag{1.4.12}$$

$$\boldsymbol{B}=\mu_0\mu_r\boldsymbol{H} \tag{1.4.13}$$

$$\boldsymbol{J}_e=\sigma\boldsymbol{E} \tag{1.4.14}$$

其中,ε_r 称为介质的相对介电常数,μ_r 称为介质的相对磁导率,σ 称为介质的电导率。式(1.4.12)~式(1.4.14)统称为介质的**本构关系(constitutive relation)**。如果介质中这些本构参数随空间位置而变,则此类介质称为非均匀介质;反之,则称为均匀介质。如果介质中这些本构参数是频率的函数,则此类介质称为**色散介质(dispersive medium)**,如等离子体、水、生物肌体组织和雷达吸波材料;反之,则称为非色散介质。如果介质中这些本构参数是张量形式,则此类介质称为**各向异性介质(anisotropic**

---

① 根据电荷守恒定律,单位时间内从闭合面 S 内流出的电荷量应等于闭合面 S 所限定的体积 V 内的电荷减少量,即 $\oint_S \boldsymbol{J}\cdot \mathrm{d}\boldsymbol{S}=-\frac{\mathrm{d}q}{\mathrm{d}t}=-\frac{\mathrm{d}}{\mathrm{d}t}\int_V\rho\mathrm{d}V=-\int_V\frac{\mathrm{d}\rho}{\mathrm{d}t}\mathrm{d}V$,对此式左端运用散度定理,可得 $\int_V\left(\nabla\cdot \boldsymbol{J}+\frac{\mathrm{d}\rho}{\mathrm{d}t}\right)\mathrm{d}V=0$。由于闭合面 S 是任取的,所以它所围的体积也是任意的。上式对于任意 V 都成立,即可得式(1.4.11)。

medium),如等离子体的介电常数、铁氧体中的磁导率都是张量。当然也有些介质的本构关系更复杂,不能写成式(1.4.12)~式(1.4.14)的形式,如手征介质,这种介质中的电位移矢量不仅与电场强度有关,而且与磁场强度有关;磁感应强度不仅与磁场强度有关,也与电场强度有关。麦克斯韦没有停留于方程系统式(1.4.8)~式(1.4.10),而是用电磁对偶观点对此系统进行了考察,推测电磁场应遵循下列更为完备对偶的方程:

$$\nabla\cdot \boldsymbol{D}=\rho_{\mathrm{e}} \tag{1.4.15}$$

$$\nabla\cdot \boldsymbol{B}=\rho_{\mathrm{m}} \tag{1.4.16}$$

$$\nabla\times \boldsymbol{H}=\frac{\partial \boldsymbol{D}}{\partial t}+\boldsymbol{J} \tag{1.4.17}$$

$$\nabla\times \boldsymbol{E}=-\frac{\partial \boldsymbol{B}}{\partial t}-\boldsymbol{M} \tag{1.4.18}$$

式(1.4.17)中,$\partial \boldsymbol{D}/\partial t$ 项是麦克斯韦的发明,被其称为**位移电流(displacement current)**。ρ_{e} 是电荷密度,ρ_{m} 是磁荷密度,$\boldsymbol{J}$ 是电流密度,$\boldsymbol{M}$ 是磁流密度。由于磁荷至今都未被发现,故麦克斯韦方程通常都写成如下形式:

$$\nabla\cdot \boldsymbol{D}=\rho \tag{1.4.19}$$

$$\nabla\cdot \boldsymbol{B}=0 \tag{1.4.20}$$

$$\nabla\times \boldsymbol{H}=\frac{\partial \boldsymbol{D}}{\partial t}+\boldsymbol{J} \tag{1.4.21}$$

$$\nabla\times \boldsymbol{E}=-\frac{\partial \boldsymbol{B}}{\partial t} \tag{1.4.22}$$

对于一般介质而言,方程(1.4.19)~方程(1.4.22)为线性系统,因此电磁场的解满足线性叠加原理。

在外加电场作用下,电荷可以自由移动的介质称为导体;相反,电荷受到束缚的介质称为电介质。常态下介质内分子的正负电荷的平均位置重合的分子称为非极性分子;常态下介质内分子的正负电荷的平均位置不重合的分子称为极性分子。非极性分子在外加电场的作用下,分子中的正负电荷会产生相对位移。极性分子构成的电介质由于极性分子在无外场的作用时排列是无序的,所以整体不显电性。可是,在存在外加电场时,极性分子中的正负电荷因受电场力的作用会发生扭转,形成倾向于外电场方向的排列,从而表现出宏观的电偶极矩,如图1.14所示。

虽然这两种情况的具体机理不尽相同,但我们都可以归纳为:在外电场作用下,束缚电荷在微观范围内的移动,使得电介质内部产生沿电场方向的感应偶极矩,在电介质表面出现极化电荷。这种现象称为电介质的极化。由电子位移或离子间相对位移引起的感应极化称为电子或离子极化;由极性分子中正负电荷扭转产生的极化称

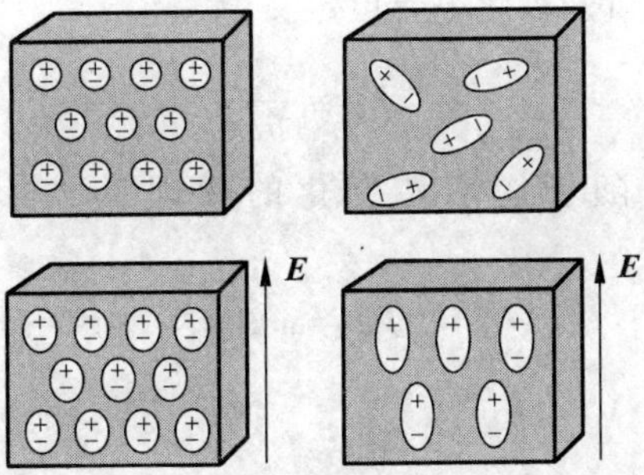

图 1.14 介质电极化示意图

为偶极子极化。极化的程度,可用电极化强度 $\boldsymbol{P}$ 表示。$\boldsymbol{P}$ 为每单位体积内的电偶极矩,表示为

$$\boldsymbol{P}=\lim_{V\to 0}\frac{\sum_i \boldsymbol{p}_i}{V} \tag{1.4.23}$$

其中,$\boldsymbol{p}_i=q_i\boldsymbol{d}_i$ 为体积 V 中第 i 个分子的电偶极矩。根据电偶极矩产生电位的表达式,类比电荷产生电位的表达式可知,电偶极矩产生的电场可等效为以下极化电荷密度产生的电场:

$$\rho_P=-\nabla\cdot\boldsymbol{P} \tag{1.4.24}$$

这样,在电介质内的电场强度,即外加电场 $\boldsymbol{E}_0$(由外界自由电荷源 ρ_0)与极化电荷产生的附加电场 $\boldsymbol{E}_P$ 的叠加,满足如下关系:

$$\nabla\cdot\boldsymbol{E}=\nabla\cdot(\boldsymbol{E}_0+\boldsymbol{E}_P)=\frac{\rho_0+\rho_P}{\varepsilon_0} \tag{1.4.25}$$

把式(1.4.24)代入式(1.4.25),得

$$\nabla\cdot(\varepsilon_0\boldsymbol{E}+\boldsymbol{P})=\rho_0 \tag{1.4.26}$$

定义电位移矢量 $\boldsymbol{D}$:

$$\boldsymbol{D}\overset{\Delta}{=}\varepsilon_0\boldsymbol{E}+\boldsymbol{P} \tag{1.4.27}$$

这样我们就得到:电位移矢量 $\boldsymbol{D}$ 的散度仅与自由电荷体密度 ρ_0 有关,式(1.4.26)转变为一个不依赖于电介质参数的普适等式:

$$\nabla\cdot\boldsymbol{D}=\rho_0 \tag{1.4.28}$$

对于很多电介质而言,$\boldsymbol{P}$ 与电场强度 $\boldsymbol{E}$ 的关系可以简单地表示为

$$\boldsymbol{P}=\varepsilon_0\chi_e\boldsymbol{E} \tag{1.4.29}$$

其中,χ_e 为电极化率,对于各向同性电介质其为一正实数;对于各向异性电介质其为一张量。把式(1.4.29)代入式(1.4.27),得

$$\boldsymbol{D}=\varepsilon_0\boldsymbol{E}+\varepsilon_0\chi_e\boldsymbol{E}=\varepsilon_0(1+\chi_e)\boldsymbol{E}=\varepsilon_0\varepsilon_r\boldsymbol{E} \tag{1.4.30}$$

其中,$\varepsilon_r=1+\chi_e$ 称为相对介电常数,无量纲。

类比位移电流定义，可知极化电流可定义为

$$\boldsymbol{J}_P=\frac{\partial \boldsymbol{P}}{\partial t} \tag{1.4.31}$$

在时谐场条件下，所有随场周期性变化的物理量 A 均可表示为 $A(\boldsymbol{x},t)=A(\boldsymbol{x})\mathrm{e}^{\mathrm{j}\omega t}$，故

$$\boldsymbol{J}_P=\mathrm{j}\omega\boldsymbol{P} \tag{1.4.32}$$

阅读与思考

1.A 等离子体的本构关系

等离子体(plasma)是一种以自由电子[①]和带电离子为主要成分的物质形态[②]，其中正负电荷近似相等，整体呈电中性，广泛存在于宇宙之中，如发光的宇宙星体、地球上空的电离层、火箭喷出的尾气等。等离子体中起主导作用的是库仑力，在外加磁场存在时还受到洛伦兹力作用。电子的质量很小，可自由运动，因此等离子体中存在着显著的集体过程，如在外加单色波作用下的振荡行为。通常在考虑电磁波在气态等离子体中的传播问题时，电磁波的频率远高于正离子的自然谐振频率，仅电子的运动可以被电磁波激发并产生响应，而正离子则被看作不运动的本底，起静态中和作用。这样的等离子体常称为电子等离子体。在稀薄的电子等离子体(例如地球电离层或外层宇宙空间中的等离子体)中电子之间的碰撞通常可以忽略，这里将依次讨论此前提下非磁化等离子体和磁化等离子体等效电磁参数。

1. 非磁化等离子体

当气体处于完全电离状态时，气体原子中的束缚电子完全脱离原子而处于热运动状态，它们与失去电子的裸原子核形成的电中性混合体就是等离子体。由于电子的质量远小于原子核，所以在**外加时谐场**作用下可以近似认为，电子作谐振运动，而原子核保持相对稳定。进一步忽略电子与原子核之间的碰撞[③]，这样一个电子的运动方程可写为

$$-e\boldsymbol{E}=m\frac{\partial^2\boldsymbol{r}}{\partial t^2}=-m\omega^2\boldsymbol{r} \tag{1.A.1}$$

---

① 等离子体中，借由电场或磁场的高动能将外层的电子击出，电子不再被束缚于原子核，而成为高位能、高动能的自由电子。

② 等离子体与气体的性质差异很大，不属于气态，通常被视为物质除固、液、气态之外的第四种形态。

③ 在气体等离子体中由于气体分子稀薄，这样的假设是合理的；而在一般等离子体中电子在与原子核碰撞过程中会损失能量，电子在谐振过程中由于辐射也会损失能量，这相当于电子的谐振运动受到阻尼。

其中，m 为电子质量，$-e$ 是电子电量，$\boldsymbol{r}$ 是运动电子离开原子核的矢径，$\boldsymbol{E}=\boldsymbol{E}_0 e^{j\omega t}$ 是外加时谐场。该运动方程的解为

$$\boldsymbol{r}=\frac{e}{m\omega^2}\boldsymbol{E} \tag{1. A. 2}$$

这样便产生一个电偶极矩

$$\boldsymbol{p}=-e\boldsymbol{r} \tag{1. A. 3}$$

如果单位体积介质中有 N 个电子，则介质的宏观电极化强度为

$$\boldsymbol{P}=N\boldsymbol{p}=-\frac{Ne^2}{m\omega^2}\boldsymbol{E} \tag{1. A. 4}$$

在式(1. A. 4)中我们忽略了电偶极矩之间的耦合效应。由式(1. 4. 27)和式(1. A. 4)得

$$\boldsymbol{D}=\varepsilon_0\boldsymbol{E}+\boldsymbol{P}=\varepsilon_0\left(1-\frac{Ne^2}{m\omega^2\varepsilon_0}\right)\boldsymbol{E}=\varepsilon_0\left(1-\frac{\omega_p^2}{\omega^2}\right)\boldsymbol{E} \tag{1. A. 5}$$

其中，

$$\omega_p=\sqrt{\frac{Ne^2}{\varepsilon_0 m}}\quad (\mathrm{rad/s}) \tag{1. A. 6}$$

称为介质的等离子体角频率。相应地，

$$f_p=\frac{\omega_p}{2\pi}=\frac{1}{2\pi}\sqrt{\frac{Ne^2}{\varepsilon_0 m}}\quad (\mathrm{Hz}) \tag{1. A. 7}$$

称为介质的等离子体频率。所以等离子体的等效介电常数为

$$\varepsilon_p=\varepsilon_0\left(1-\frac{\omega_p^2}{\omega^2}\right)=\varepsilon_0\left(1-\frac{f_p^2}{f^2}\right) \tag{1. A. 8}$$

2. 磁化等离子体

处于外加磁场中的等离子体称为磁化等离子体。同样，忽略电子的碰撞，电子在外加时谐场和直流磁场联合作用下的运动方程可以写作

$$-m\frac{\partial^2\boldsymbol{r}}{\partial t^2}=e\boldsymbol{E}+e\frac{\partial\boldsymbol{r}}{\partial t}\times\boldsymbol{B}_0 \tag{1. A. 9}$$

其中，$\boldsymbol{E}$、m、e、$\boldsymbol{r}$ 与式(1. A. 1)中符号相同，$\boldsymbol{B}_0$ 表示外加直流磁场。通常认为直流磁场是均匀的，而且波的交变磁场振幅通常总是小于直流磁场的振幅，所以在式(1. A. 9)中已将波的磁场作用力略去。取 $\boldsymbol{B}_0$ 的方向为直角坐标系的 z 轴方向，在这个坐标系中运动方程(1. A. 9)的直角坐标分量式为

$$-j\omega v_x=\frac{e}{m}E_x+\frac{e}{m}B_0 v_y \tag{1. A. 10a}$$

$$-\mathrm{j}\omega v_y=\frac{e}{m}E_y-\frac{e}{m}B_0 v_x \tag{1.A.10b}$$

$$-\mathrm{j}\omega v_z=\frac{e}{m}E_z \tag{1.A.10c}$$

由式(1.A.10a)、式(1.A.10b)可解出

$$-(\omega_c^2-\omega^2)v_x=\mathrm{j}\omega\frac{e}{m}E_x-\omega_c\frac{e}{m}E_y \tag{1.A.11a}$$

$$-(\omega_c^2-\omega^2)v_y=\omega_c\frac{e}{m}E_x+\mathrm{j}\omega\frac{e}{m}E_y \tag{1.A.11b}$$

其中,

$$\omega_c=\frac{e}{m}B_0 \tag{1.A.11c}$$

是电子在直流磁场 $\boldsymbol{B}_0$ 中的回旋频率。

考虑到电子运动引起的宏观电流,麦克斯韦方程组的磁场旋度方程可写为

$$\nabla\times\boldsymbol{H}=\mathrm{j}\omega\varepsilon_0\boldsymbol{E}+\boldsymbol{J}=\mathrm{j}\omega\varepsilon_0\boldsymbol{E}-Ne\boldsymbol{v} \tag{1.A.12}$$

其中,N 是单位体积中的电子数。将式(1.A.11a)、式(1.A.11b)和式(1.A.10c)代入式(1.A.12)得

$$(\nabla\times\boldsymbol{H})_x=\mathrm{j}\omega\varepsilon_0 E_x\left(1-\frac{\omega_p^2}{\omega^2-\omega_c^2}\right)+\varepsilon_0\frac{\omega_p^2\omega_c}{\omega^2-\omega_c^2}E_y \tag{1.A.13a}$$

$$(\nabla\times\boldsymbol{H})_y=-\varepsilon_0\frac{\omega_p^2\omega_c}{\omega^2-\omega_c^2}E_x+\mathrm{j}\omega\varepsilon_0\left(1-\frac{\omega_p^2}{\omega^2-\omega_c^2}\right)E_y \tag{1.A.13b}$$

$$(\nabla\times\boldsymbol{H})_z=\mathrm{j}\omega\varepsilon_0\left(1-\frac{\omega_p^2}{\omega^2}\right)E_z \tag{1.A.13c}$$

其中,

$$\omega_p^2=\frac{Ne^2}{\varepsilon_0 m} \tag{1.A.13d}$$

ω_p 称为电子等离子体频率。由式(1.A.13)可见,如果引入张量介电常数 $\overline{\overline{\boldsymbol{\varepsilon}}}$,磁场的旋度方程(1.A.12)就可以写成

$$\nabla\times\boldsymbol{H}=\mathrm{j}\omega\,\overline{\overline{\boldsymbol{\varepsilon}}}\cdot\boldsymbol{E} \tag{1.A.14}$$

其中,

$$\overline{\overline{\boldsymbol{\varepsilon}}}=\begin{bmatrix}\varepsilon_1 & -\mathrm{j}\varepsilon_2 & 0\\ \mathrm{j}\varepsilon_2 & \varepsilon_1 & 0\\ 0 & 0 & \varepsilon_3\end{bmatrix} \tag{1.A.15a}$$

矩阵元

$$\varepsilon_1=\varepsilon_0\left(1-\frac{\omega_p^2}{\omega^2-\omega_c^2}\right) \tag{1.A.15b}$$

$$\varepsilon_2=\varepsilon_0\frac{\omega_p^2\omega_c}{\omega(\omega^2-\omega_c^2)} \tag{1.A.15c}$$

$$\varepsilon_3=\varepsilon_0\left(1-\frac{\omega_p^2}{\omega^2}\right) \tag{1.A.15d}$$

1.5 电磁波发现及验证

麦克斯韦在前人基础上，通过提炼物理概念和运用数学工具，对电磁知识进行了梳理和构想，建立了数学形式完备的电磁理论。显然，此理论不是对实验知识的简单直接总结，而是含有丰富的逻辑想象，因而必有超出已有实验知识的物理内容。这些物理内容是什么呢？是否正确呢？这需要从建立的电磁方程系统出发，进行推导预测，并开展进一步的实验检验。

麦克斯韦方程组最富想象力的部分是方程(1.4.21)，也是最需进一步检验正确与否的部分，同时也应该是最能导出新的物理内涵的部分。因此此式需要着重考察。不失核心内容，考虑无源自由空间情形，这样方程(1.4.21)便可写成

$$\nabla\times\boldsymbol{H}=\varepsilon_0\frac{\partial\boldsymbol{E}}{\partial t} \tag{1.5.1}$$

为便于进一步考察，假设电磁场在直角坐标系下的 x 和 y 方向都不变化，这样方程(1.5.1)便可简化成下面标量方程：

$$-\frac{\partial H_y}{\partial z}=\varepsilon_0\frac{\partial E_x}{\partial t} \tag{1.5.2}$$

$$\frac{\partial H_x}{\partial z}=\varepsilon_0\frac{\partial E_y}{\partial t} \tag{1.5.3}$$

联合考虑方程(1.4.22)，在相同条件下有

$$\frac{\partial E_x}{\partial z}=-\mu_0\frac{\partial H_y}{\partial t} \tag{1.5.4}$$

$$\frac{\partial E_y}{\partial z}=\mu_0\frac{\partial H_x}{\partial t} \tag{1.5.5}$$

很明显式(1.5.2)和式(1.5.4)、式(1.5.3)和式(1.5.5)分别组成了可解偏微分方程组。不失一般性，只考虑式(1.5.2)和式(1.5.4)组成的方程组。式(1.5.2)两边对时间 t 求偏导，式(1.5.4)两边对 z 求偏导，这样便可消去变量 H_y，得到一个关于 E_x 的偏微分方程

$$\frac{\partial^2 E_x}{\partial^2 t}-\frac{1}{c^2}\frac{\partial^2 E_x}{\partial^2 z}=0 \tag{1.5.6}$$

其中,$c=1/\sqrt{\varepsilon_0\mu_0}$。很明显式(1.5.6)是一个关于 E_x 的波动方程,其传播速度为 $1/\sqrt{\varepsilon_0\mu_0}=3.1074\times10^8$ m/s。由此麦克斯韦就预言了电磁波的存在,而且光就是一种电磁波。因为麦克斯韦知道,菲佐(Fizeau)于 1849 年测定光在空气中的传播速度为 3.14858×10^8 m/s,与电磁波完全一致。

电磁波——这个人类无法通过感知而建立的概念,就这样在逻辑推理下建立了。这再一次展示了逻辑推理的力量。

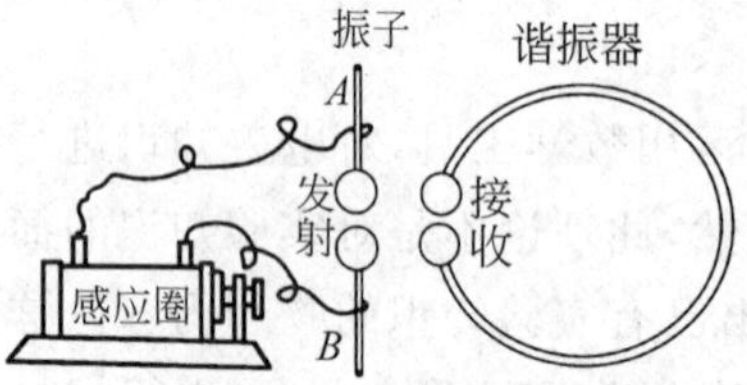

图 1.15　验证电磁波存在的赫兹实验

很遗憾,麦克斯韦虽然在 1862 年发表的《论物理力线》中作出了上述预言,但他本人未看到其预言被证实。麦克斯韦逝世于 1879 年。麦克斯韦的预言在其逝世后 8 年得到证实,由德国物理学家赫兹(Hertz,1857—1894),通过图 1.15 的实验装置,实现了电磁波的发射和接收,首次证实了电磁波的存在。

赫兹采用的电磁波发射器是偶极振子,如图 1.15 所示。A 和 B 是两段黄铜杆,分别是振荡偶极子的两半。A 和 B 中间留有一个火花间隙,间隙两边的端点上焊有一对磨光的黄铜球。振子的两半分别连接到感应圈的两极。当充电到一定程度,间隙被电火花击穿时,两段金属杆连成一条导电通路,这时它相当于一个振荡偶极子,激起高频振荡,向外发射同频的电磁波。为了探测发出的电磁波,赫兹采用一种圆形铜环的谐振器,其中也留有端点为球状的间隙,如图 1.15 所示。赫兹把谐振器与发射振子相隔一定距离放置。赫兹发现,当发射振子间隙中有火花跳过时,谐振器间隙也有火花跳过。这样,赫兹就通过实验实现了电磁波的发射和接收,首次证实了电磁波的存在。

1.6　电磁波问题的确定性表述

从数学求解偏微分方程角度上来说,纵使有描述电磁问题的麦克斯韦方程(1.4.19)～方程(1.4.22)以及反映区域中介质特征的本构关系式(1.4.12)～式(1.4.14),电磁问题仍然不能被求解,还必须给出求解域以及场不连续处的边界条件。

1.6.1　两种介质交界面的边界条件

1. 磁场强度 $\boldsymbol{H}$ 的边界条件

设两种介质的参数分别为 ε_1、μ_1、σ_1 和 ε_2、μ_2、σ_2。设分界面由介质 2 指向介质 1

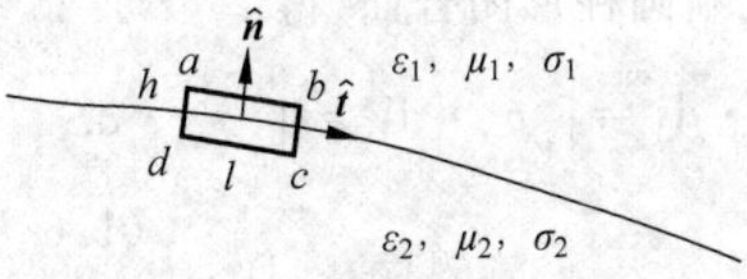

图 1.16 边界条件的线积分回路示意图

的法向单位矢量为 $\hat{\boldsymbol{n}}$，而 $\hat{\boldsymbol{t}}$ 为沿分界面的切向单位矢量，如图 1.16 所示。

跨过分界面，取一微小矩形回路 $abcda$，其宽边 $|ab|=|cd|=l$ 很小，其所截分界面元可以看作一直线段。令小矩形回路宽边与所截分界面元的 $\hat{\boldsymbol{t}}$ 平行，高 $|bc|=|da|=h\to 0$。将麦克斯韦方程(1.4.17)的积分形式应用于此矩形回路，得

$$\oint_{abcda}\boldsymbol{H}\cdot \mathrm{d}\boldsymbol{l}=\int_a^b\boldsymbol{H}\cdot \mathrm{d}\boldsymbol{l}+\int_b^c\boldsymbol{H}\cdot \mathrm{d}\boldsymbol{l}+\int_c^d\boldsymbol{H}\cdot \mathrm{d}\boldsymbol{l}+\int_d^a\boldsymbol{H}\cdot \mathrm{d}\boldsymbol{l}$$

$$=\int_S\boldsymbol{J}\cdot \mathrm{d}\boldsymbol{S}+\int_S\frac{\partial D}{\partial t}\cdot \mathrm{d}\boldsymbol{S} \tag{1.6.1}$$

其中，积分面 S 的法向 $\hat{\boldsymbol{s}}=\hat{\boldsymbol{n}}\times\hat{\boldsymbol{t}}$ 的方向与 $abcda$ 回路成右手螺旋关系。由于 $|bc|=|da|=h\to 0$，$\boldsymbol{H}$ 又为有限量，所以上式变为

$$\oint_{abcda}\boldsymbol{H}\cdot \mathrm{d}\boldsymbol{l}=\int_a^b\boldsymbol{H}\cdot \mathrm{d}\boldsymbol{l}+\int_c^d\boldsymbol{H}\cdot \mathrm{d}\boldsymbol{l}=\lim_{h\to 0}\left(\int_S\boldsymbol{J}\cdot \mathrm{d}\boldsymbol{s}+\int_S\frac{\partial \boldsymbol{D}}{\partial t}\cdot \mathrm{d}\boldsymbol{s}\right) \tag{1.6.2}$$

其中，

$$\lim_{h\to 0}\int_S\boldsymbol{J}\cdot \mathrm{d}\boldsymbol{s}=\lim_{h\to 0}\int_S\boldsymbol{J}\cdot(\hat{\boldsymbol{n}}\times\hat{\boldsymbol{t}}\,h)\mathrm{d}l=\int_l\boldsymbol{J}_s\cdot(\hat{\boldsymbol{n}}\times\hat{\boldsymbol{t}})\mathrm{d}l \tag{1.6.3}$$

且因为 $\frac{\partial \boldsymbol{D}}{\partial t}$ 为有限值，故有

$$\lim_{h\to 0}\int_S\frac{\partial \boldsymbol{D}}{\partial t}\cdot \mathrm{d}\boldsymbol{S}=0 \tag{1.6.4}$$

因此，式(1.6.2)变为

$$\int_l(\boldsymbol{H}_1-\boldsymbol{H}_2)\cdot\hat{\boldsymbol{t}}\mathrm{d}l=\int_l\boldsymbol{J}_s\cdot(\hat{\boldsymbol{n}}\times\hat{\boldsymbol{t}})\mathrm{d}l=\int_l\hat{\boldsymbol{t}}\cdot(\boldsymbol{J}_s\times\hat{\boldsymbol{n}})\mathrm{d}l \tag{1.6.5}$$

故有

$$(\boldsymbol{H}_1-\boldsymbol{H}_2)\cdot\hat{\boldsymbol{t}}=(\boldsymbol{J}_s\times\hat{\boldsymbol{n}})\cdot\hat{\boldsymbol{t}} \tag{1.6.6}$$

即

$$\hat{\boldsymbol{n}}\times(\boldsymbol{H}_1-\boldsymbol{H}_2)=\boldsymbol{J}_s \quad 或 \quad H_{1t}-H_{2t}=J_s \tag{1.6.7}$$

可见，在存在面电流的分界面两端，磁场强度的切向分量是不连续的。

2. 电位移矢量 *D* 的边界条件

在两种介质分界面上作一个底面积 S 足够小，高为 $h\to 0$ 的扁圆柱形闭合面，其一半在介质 1 中，一半在介质 2 中。由于扁圆柱底面积 S 足够小，其所截分界面元可以看作平面元。令圆柱底面与其所截分界面元平行，如图 1.17 所示。

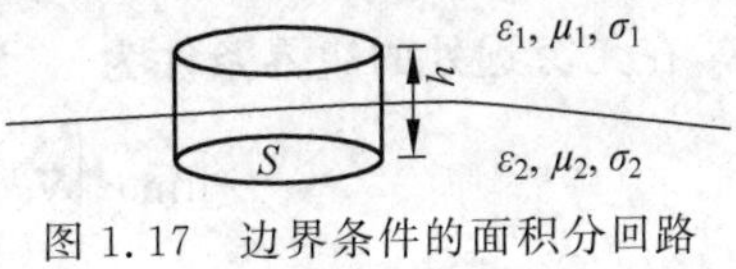

图 1.17 边界条件的面积分回路示意图

将积分形式的麦克斯韦方程(1.4.2a)应用于此扁圆柱形闭合面，得

$$\oint_S \boldsymbol{D} \cdot \mathrm{d}\boldsymbol{s} = \int_{\text{top}} \boldsymbol{D} \cdot \mathrm{d}\boldsymbol{s} + \int_{\text{bottom}} \boldsymbol{D} \cdot \mathrm{d}\boldsymbol{s} + \int_{\text{side}} \boldsymbol{D} \cdot \mathrm{d}\boldsymbol{s} = \int_V \rho_{\mathrm{e}} \cdot \mathrm{d}V = \int_S \rho_{\mathrm{es}} \cdot \mathrm{d}S \tag{1.6.8}$$

因为 $h \to 0$，$\boldsymbol{D}$ 为有限量，所以圆柱侧面对面积分贡献可以忽略；又因为 S 足够小，故上、下表面积分项可写为

$$\boldsymbol{D}_1 \cdot \hat{\boldsymbol{n}} S + \boldsymbol{D}_2 \cdot (-\hat{\boldsymbol{n}}) S = \rho_{\mathrm{es}} S \tag{1.6.9}$$

即

$$(\boldsymbol{D}_1 - \boldsymbol{D}_2) \cdot \hat{\boldsymbol{n}} = \rho_{\mathrm{es}} \quad 或 \quad D_{1n} - D_{2n} = \rho_{\mathrm{es}} \tag{1.6.10}$$

这表明，在存在面电荷的分界面两端，电位移矢量的法向分量是不连续的。

3. 分界面边界条件小结

同理，应用麦克斯韦方程另外两个方程(方程(1.4.16)、方程(1.4.18))的积分形式，可得关于 $\boldsymbol{E}$ 和 $\boldsymbol{B}$ 的边界条件。总结起来，即

$$(\boldsymbol{E}_1 - \boldsymbol{E}_2) \times \hat{\boldsymbol{n}} = \boldsymbol{M}_S \tag{1.6.11}$$

$$\hat{\boldsymbol{n}} \times (\boldsymbol{H}_1 - \boldsymbol{H}_2) = \boldsymbol{J}_S \tag{1.6.12}$$

$$\hat{\boldsymbol{n}} \cdot (\boldsymbol{D}_1 - \boldsymbol{D}_2) = \rho_{\mathrm{es}} \tag{1.6.13}$$

$$\hat{\boldsymbol{n}} \cdot (\boldsymbol{B}_1 - \boldsymbol{B}_2) = \rho_{\mathrm{ms}} \tag{1.6.14}$$

1.6.2 导体分界面上的边界条件

很多实际电磁问题，求解域的边界近似为完全导体。因为完全导体中电磁场为零，且考虑磁荷与磁流并不实际存在，故由式(1.6.11)～式(1.6.14)可得下面常被使用的边界条件：

$$\hat{\boldsymbol{n}} \times \boldsymbol{E} = \boldsymbol{0} \tag{1.6.15a}$$

$$\hat{\boldsymbol{n}} \times \boldsymbol{H} = \boldsymbol{J}_S \tag{1.6.15b}$$

$$\hat{\boldsymbol{n}} \cdot \boldsymbol{D} = \rho_S \tag{1.6.16a}$$

$$\hat{\boldsymbol{n}} \cdot \boldsymbol{B} = 0 \tag{1.6.16b}$$

1.6.3 无穷远处的边界条件

还有很多实际问题，求解域为无限大空间(譬如第3、4章要讲述的辐射和散射问题)，在无穷远处的边界条件为

$$\lim_{r \to \infty} r \left[\nabla \times \begin{pmatrix} \boldsymbol{E} \\ \boldsymbol{H} \end{pmatrix} + \mathrm{j} k_0 \hat{\boldsymbol{r}} \times \begin{pmatrix} \boldsymbol{E} \\ \boldsymbol{H} \end{pmatrix} \right] = \boldsymbol{0} \tag{1.6.17}$$

其中，k_0 为电磁波在自由空间中传播的波数，其证明将在2.1节中介绍。

1.7　静电场再认识

1.7.1　静电边值问题

所谓静电场问题，是源和场不随时间变化的问题。据此，麦克斯韦方程组便可简化为

$$\nabla\cdot \boldsymbol{D}=\rho_0 \tag{1.7.1}$$

$$\nabla\times \boldsymbol{E}=\boldsymbol{0} \tag{1.7.2}$$

由式(1.7.2)可知，电场强度可以表示为一个标量函数的梯度：

$$\boldsymbol{E}(\boldsymbol{r})=-\nabla\varphi(\boldsymbol{r}) \tag{1.7.3}$$

一般我们将标量函数 $\varphi(\boldsymbol{r})$称为电位函数，单位为伏特(V)。对于简单介质，有

$$\boldsymbol{D}=\varepsilon\boldsymbol{E} \tag{1.7.4}$$

把式(1.7.3)代入式(1.7.4)，再把结果代入式(1.7.1)，便可得到关于电位函数 $\varphi(\boldsymbol{r})$的泊松方程：

$$\nabla^2\varphi=-\frac{\rho_0}{\varepsilon} \tag{1.7.5}$$

接下来只需要知道 $\varphi(\boldsymbol{r})$的边界条件，便可求解式(1.7.5)，然后通过式(1.7.3)和式(1.7.4)计算得到电场分布。由此可见，静电问题本质上是一个求解泊松方程的边值问题。从这一角度，比从原始库仑定律的角度，更易看清静电场问题的以下整体特性：①静电场是梯度场；②数学中求解数理方程的方法，可直接应用于求解静电场问题；③除了控制源电荷，还可通过控制边界电压，用系统的方法产生所需的电场。从这里也可再次看到数学的作用：帮助我们整体把握问题，建立从不同角度看问题的等效性，从而找到最根本、最简洁的解决问题的切入口。没有理论，便没有对问题的整体认识，便不可能进行整体、顶层设计。没有用数学模型建立起的理论，便没有对问题量化的整体认识，也就很难进行可控的整体、顶层设计。

例题 1.6　两块很大的、相隔为 d 的导体平板正对放置，并分别接于恒定电源 V_0 两端，如图 1.18 所示。忽略边缘效应，求在导体平板中间任意点的电势，以及导体平板表面的电荷。

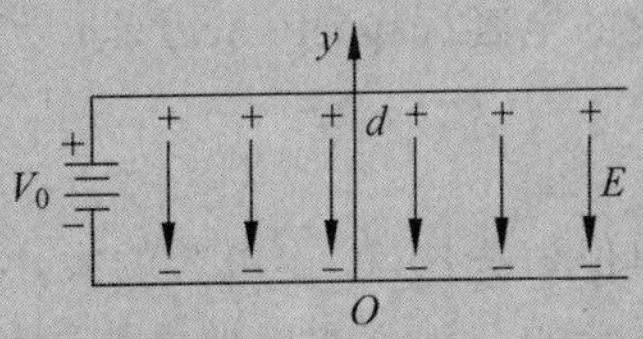

图 1.18　平板电容器

解　因为导体平板很大，可忽略边缘效应，所以认为电势函数在 x 和 z 方向无变化。导体平板中间任意点的电势满足泊松方程，再由边界条件，可列方程组

$$\begin{cases}\nabla^2\varphi=\dfrac{\partial^2\varphi}{\partial y^2}=0\\ \varphi\big|_{y=0}=0\\ \varphi\big|_{y=d}=V_0\end{cases} \tag{e1.6.1}$$

解此方程组,得

$$\varphi=\frac{V_0}{d}y \tag{e1.6.2}$$

要计算导体平板表面的电荷,我们需要利用导体分界面的边界条件,因此要先求导体表面的电场强度。

$$\boldsymbol{E}=-\nabla\varphi=-\hat{\boldsymbol{y}}\frac{\mathrm{d}\varphi}{\mathrm{d}y}=-\hat{\boldsymbol{y}}\frac{V_0}{d} \tag{e1.6.3}$$

在下面的平板表面,

$$E_n\big|_{y=0}=(\hat{\boldsymbol{n}}\cdot\boldsymbol{E})\big|_{y=0}=\hat{\boldsymbol{y}}\cdot\left(-\hat{\boldsymbol{y}}\frac{\mathrm{d}\varphi}{\mathrm{d}y}\right)=-\frac{V_0}{d}=\frac{\rho_{s-}}{\varepsilon},\text{故 }\rho_{s-}=-\frac{\varepsilon V_0}{d} \tag{e1.6.4}$$

在上面的平板表面,

$$E_n\big|_{y=d}=(\hat{\boldsymbol{n}}\cdot\boldsymbol{E})\big|_{y=d}=-\hat{\boldsymbol{y}}\cdot\left(-\hat{\boldsymbol{y}}\frac{\mathrm{d}\varphi}{\mathrm{d}y}\right)=\frac{V_0}{d}=\frac{\rho_{s+}}{\varepsilon},\text{故 }\rho_{s+}=\frac{\varepsilon V_0}{d} \tag{e1.6.5}$$

所以,在上、下平板表面的电荷面密度分别为$\rho_{s+}=\dfrac{\varepsilon V_0}{d}$和$\rho_{s-}=-\dfrac{\varepsilon V_0}{d}$。

1.7.2 电容和电感

由例题1.6我们可以看出,在两金属平板间的电位差一定的情况下,随着填充介质材料的不同,金属板表面的电荷密度会改变。为了表征一个双导体系统储存电荷的能力,定义双导体系统的任意导体上的总电荷与两导体之间的电位差之比为导体系统的**电容(capacitance)**,即

$$C=\frac{q}{U} \tag{1.7.6}$$

其单位为法拉(F)。电容的大小与导体所带电荷量、导体间电位差无关,而是表征导体系统的一种基本属性。例题1.6中两平板单位面积的电容为

$$C_1=\frac{\rho_s}{U}=\frac{\rho_{s+}}{V_0}=\frac{\varepsilon}{d}\quad(\mathrm{F/m^2}) \tag{1.7.7}$$

例题 1.7 平行双线传输线的结构如图 1.19 所示。导体的半径为 a，两导线轴距离为 d，且 $d>a$，设周围介质为空气。试求传输线单位长度的电容。

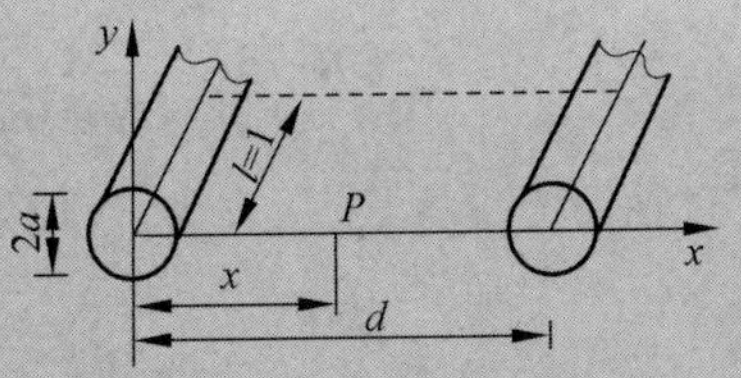

图 1.19 平行双线传输线

解 设两导线单位长度带电量分别为 $+\rho_l$ 和 $-\rho_l$。由于 $d>a$，可近似地认为电荷分别均匀分布在两导线的表面上。应用高斯定律和叠加原理，可得到两导线之间的平面上任意一点 P 的电场强度为

$$\boldsymbol{E}(x)=\hat{\boldsymbol{x}}\ \frac{\rho_l}{2\pi\varepsilon_0}\left(\frac{1}{x}+\frac{1}{d-x}\right) \tag{e1.7.1}$$

两导线间的电位差为

$$U=\int_1^2\boldsymbol{E}\cdot \mathrm{d}\boldsymbol{l}=\int_a^{d-a}\boldsymbol{E}(x)\cdot\hat{\boldsymbol{x}}\,\mathrm{d}x=\int_a^{d-a}\frac{\rho_l}{2\pi\varepsilon_0}\left(\frac{1}{x}+\frac{1}{d-x}\right)\mathrm{d}x=\frac{\rho_l}{\pi\varepsilon_0}\ln\frac{d-a}{a} \tag{e1.7.2}$$

所以，平行双线传输线单位长度的电容为

$$C_1=\frac{\rho_l}{U}=\frac{\pi\varepsilon_0}{\ln\dfrac{d-a}{a}}\approx\frac{\pi\varepsilon_0}{\ln\dfrac{d}{a}}\quad(\mathrm{F/m}) \tag{e1.7.3}$$

与之类似，一定的回路电流在空间所产生的磁场在不同的导体系统中也不尽相同。为了描述导体系统中电流产生磁场的能力，我们可以定义**电感**(**inductance**)这个物理量。电感分为自感和互感，限于篇幅，这里我们仅简要讨论自感。

设回路中的电流为 I，它所产生的磁场与回路交链的自感磁链为 ψ。则在线性和各向同性介质中，磁链 ψ 与回路中的电流 I 成正比关系，其比值

$$L=\frac{\psi}{I} \tag{1.7.8}$$

称为回路的**自感系数**，简称**自感**，单位为亨利(H)。在考虑粗导体的自感时，由于导体内部的磁场仅与部分回路交链，而全部在导体外部的闭合磁链与全部电流回路交链，所以通常将自感表示为导体内部磁场对应的内自感 L_i 与导体外部磁场对应的外自感 L_o 之和。

例题 1.8 试求例题 1.7 中的平行双线传输线(图 1.19)单位长度的自感。

解 设两导线中通过的电流为 I。首先考虑每根导体内的自感。在导体内部采用以导体几何轴为 z 轴的柱坐标系。把导体内部的电流密度看成是均匀的，所以导体内部任意一点的磁感应强度为

$$\boldsymbol{B}_{\mathrm{i}}=\hat{\boldsymbol{\phi}}\frac{\mu_0}{2\pi\rho}\cdot\frac{\pi\rho^2}{\pi a^2}I=\hat{\boldsymbol{\phi}}\frac{\mu_0 I\rho}{2\pi a^2}\quad(0<\rho<a)\tag{e1.8.1}$$

穿过轴向为单位长度、宽为 $\mathrm{d}\rho$ 的矩形面元 $\mathrm{d}\boldsymbol{S}=\hat{\boldsymbol{\phi}}\mathrm{d}\rho\cdot 1$ 的磁通量为

$$\mathrm{d}\Phi_{\mathrm{i}}=\boldsymbol{B}_{\mathrm{i}}\cdot\mathrm{d}\boldsymbol{S}=\frac{\mu_0 I\rho\mathrm{d}\rho}{2\pi a^2}\tag{e1.8.2}$$

由于与 $\mathrm{d}\Phi_{\mathrm{i}}$ 这一部分磁通相交链的只是电流 I 的一部分，所以相应的磁链为

$$\mathrm{d}\psi_{\mathrm{i}}=\frac{\left(\frac{\rho}{a}\right)^2 I}{I}\mathrm{d}\Phi_{\mathrm{i}}=\frac{\mu_0 I\rho^3\mathrm{d}\rho}{2\pi a^4}\tag{e1.8.3}$$

所以导体中单位长度的自感磁链总量为

$$\psi_{\mathrm{i}}=\int_0^a\mathrm{d}\psi_{\mathrm{i}}=\int_0^a\frac{\mu_0 I\rho^3\mathrm{d}\rho}{2\pi a^4}=\frac{\mu_0 I}{8\pi}\tag{e1.8.4}$$

所以每根导体中单位长度的自感为

$$L_{\mathrm{i}1}=L_{\mathrm{i}2}=\frac{\psi_{\mathrm{i}}}{I}=\frac{\mu_0}{8\pi}\quad(\mathrm{H/m})\tag{e1.8.5}$$

再考虑外自感。由于 $d>a$，可近似地认为电流集中于两导线的轴线上。应用安培环路定理和叠加原理，可得到两导线之间的平面上任意一点 P 的磁感应强度为

$$\boldsymbol{B}(x)=\hat{\boldsymbol{y}}\frac{\mu_0 I}{2\pi}\left(\frac{1}{x}+\frac{1}{d-x}\right)\tag{e1.8.6}$$

穿过两导线轴线确定的平面的单位长度对应面积的外磁链为

$$\psi_{\mathrm{o}}=\int_a^{d-a}\boldsymbol{B}(x)\cdot\hat{\boldsymbol{y}}\mathrm{d}x=\int_a^{d-a}\frac{\mu_0 I}{2\pi}\left(\frac{1}{x}+\frac{1}{d-x}\right)\mathrm{d}x=\frac{\mu_0 I}{\pi}\ln\frac{d-a}{a}\tag{e1.8.7}$$

所以，平行双线传输线单位长度的外自感为

$$L_{\mathrm{o}}=\frac{\psi_{\mathrm{o}}}{I}=\frac{\pi}{\mu_0}\ln\frac{d-a}{a}\approx\frac{\pi}{\mu_0}\ln\frac{d}{a}\quad(\mathrm{H/m})\tag{e1.8.8}$$

所以，平行双线传输线单位长度的总自感为

$$L=L_{\mathrm{i}1}+L_{\mathrm{i}2}+L_{\mathrm{o}}=\frac{\mu_0}{4\pi}+\frac{\mu_0}{\pi}\ln\frac{d}{a}\quad(\mathrm{H/m})\tag{e1.8.9}$$

1.8 超材料本构关系

20 世纪末，英国物理学家 J. B. Pendry 等发现：一些电小结构单元周期性排布所形成的材料，具有某些特殊性能的本构关系，与自然界中的物质往往不同，因此常被

称为超材料(metamaterial)。这些材料的本构关系往往不主要取决于构成材料的性质,而主要取决于其中的人工结构。下面我们介绍两种典型的超材料:金属线介质和开口金属谐振环。

1.8.1　金属线介质的本构关系

考虑如图 1.20 所示由周期排列的金属线阵列构成的材料,金属线半径为 r_0,阵列间隔为 d。下面证明在细线条件($r_0 \ll d$)、长波极限($d \ll \lambda$)及不考虑金属线电阻(假设为理想导体)的情况下,材料的有效相对介电常数近似为以下单轴各向异性形式:

$$\overline{\overline{\boldsymbol{\varepsilon}}} = \overline{\overline{\boldsymbol{I}}} - \frac{\omega_{\mathrm{p}}^2}{\omega^2}\hat{z}\hat{z} \tag{1.8.1}$$

其中,ω_{p} 为有效等离子体角频率:

$$\omega_{\mathrm{p}}^2 = \frac{2\pi c^2}{d^2 \ln \dfrac{d}{2r_0}} \tag{1.8.2}$$

这里,$c = 1/\sqrt{\mu_0 \varepsilon_0}$ 为光速。

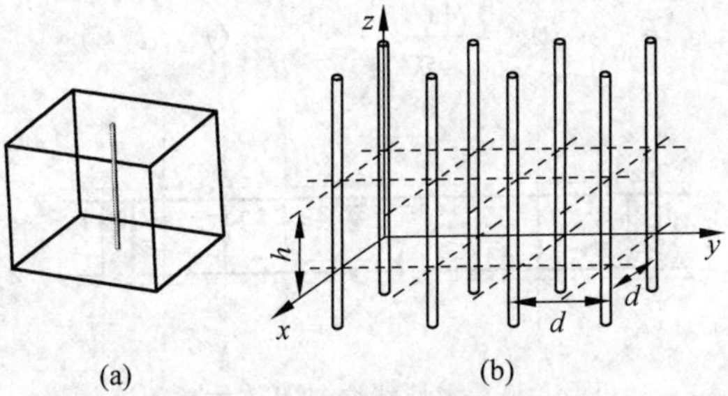

图 1.20　金属线介质的元胞(a),及以正方形晶格排列的金属线介质(b)

设金属线是半径为 r_0 的无限长圆柱。因为 $d \ll \lambda$,所以在元胞线度的局域范围内,满足准静态近似,即假设在局域内所有随场周期性变化的物理量 A 均可表示为 $A(\boldsymbol{x},t) = A(\boldsymbol{x})\mathrm{e}^{\mathrm{j}\omega t}$,其中 $A(\boldsymbol{x})$ 为在准静态近似下 A 的解。

设局域范围内 t 时刻,任意一根金属线中的电流为 $I(t) = I_0\mathrm{e}^{\mathrm{j}\omega t}$,则高为 h 的金属线两端的外电场电势差为

$$U_{\text{extra}}(t) = U_0\mathrm{e}^{\mathrm{j}\omega t} = E_z h \tag{1.8.3}$$

其中,E_z 是电场的 z 方向分量。又因假设金属线电阻为零,即金属线内电场为零,则感生电动势为

$$U_{\text{induce}} = -U_{\text{extra}} = -Lh\frac{\mathrm{d}I}{\mathrm{d}t} = -\mathrm{j}Lh\omega I \tag{1.8.4}$$

其中,L 为金属线单位长度的电感(包括自感和互感)。因为金属线不影响与其同向的电场分布,所以可认为 $E_z = \bar{E}_z$。式(1.8.3)、式(1.8.4)联立得

$$I=\frac{E_z}{\mathrm{j}\omega L} \tag{1.8.5}$$

又由式(1.4.32)可知

$$\bar{\boldsymbol{P}}=\frac{\bar{\boldsymbol{J}}}{\mathrm{j}\omega}=\frac{I}{\mathrm{j}\omega d^2}\hat{\boldsymbol{z}}=-\frac{E_z}{\omega^2 d^2 L}\hat{\boldsymbol{z}} \tag{1.8.6}$$

其中，$\bar{\boldsymbol{P}}$ 为材料内的平均电极化矢量，$\bar{\boldsymbol{J}}$ 为平均电流密度。所以材料的平均电位移矢量为

$$\bar{\boldsymbol{D}}=\varepsilon_0\bar{\boldsymbol{E}}+\bar{\boldsymbol{P}}=\varepsilon_0\bar{\boldsymbol{E}}-\frac{E_z}{\omega^2 d^2 L}\hat{\boldsymbol{z}}=\left(\varepsilon_0\bar{\bar{I}}-\frac{\hat{\boldsymbol{z}}\hat{\boldsymbol{z}}}{\omega^2 d^2 L}\right)\cdot\bar{\boldsymbol{E}}=\varepsilon_0\bar{\bar{\boldsymbol{\varepsilon}}}\cdot\bar{\boldsymbol{E}} \tag{1.8.7}$$

如图1.21所示，因为两条相距 $\lambda/2$ 的导线正好电流方向相反，所以可认为 $x=0$，$y=0$ 与 $x=\lambda/2$，$y=0$ 两条导线构成回路。左边电流方向向下的一组导线相当于 $x=0$，$y=0$ 附近的金属线，而右边电流方向向上的一组导线相当于 $x=\lambda/2$，$y=0$ 附近的金属线。其中 l_1 与 l_n 构成电流大小为 I 沿逆时针方向的回路。又因为每根导线左右电流分布对称，所以最终对该回路磁通量有贡献的区域只有图中的A区域和B区域。又因为A区域和B区域的磁通量完全相等，所以 l_1 上的感应电动势可认为是A区域磁通量产生的。依据对称性，A区域磁场可近似认为由 l_1 上电流产生，可表示为

$$B_y(x,0)=\frac{\mu_0 I}{2\pi}\frac{1}{x}\quad x\in(r_0,d/2) \tag{1.8.8}$$

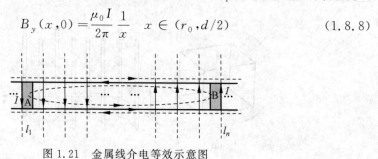

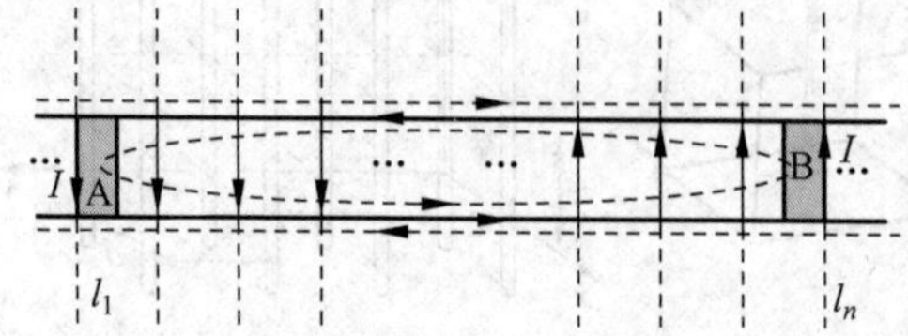

图1.21 金属线介电等效示意图

这样 l_1 对应的单位长度电感就可表示为

$$L=\frac{\Psi_{\mathrm{A}}}{I}=\frac{1}{I}\int_{r_0}^{d/2}B_y\,\mathrm{d}x=\frac{\mu_0}{2\pi}\ln\frac{d}{2r_0} \tag{1.8.9}$$

式(1.8.9)代入式(1.8.7)得

$$\bar{\bar{\varepsilon}}=\bar{\bar{I}}-\frac{2\pi c^2\hat{\boldsymbol{z}}\hat{\boldsymbol{z}}}{\omega^2 d^2\ln\dfrac{d}{2r_0}}=\bar{\bar{I}}-\frac{\omega_{\mathrm{p}}^2}{\omega^2}\hat{\boldsymbol{z}}\hat{\boldsymbol{z}} \tag{1.8.10}$$

其中，

$$\omega_{\mathrm{p}}^2=\frac{2\pi c^2}{d^2\ln\dfrac{d}{2r_0}} \tag{1.8.11}$$

当材料内电磁波传播方向与金属线垂直，电场偏振方向与金属线平行时，电场只

有 z 方向分量，即 $\boldsymbol{E}=E_z\hat{z}$。此时材料的等效介电常数张量中只有 $\hat{z}\hat{z}$ 分量有用，所以 $\overline{\overline{\boldsymbol{\varepsilon}}}$ 可简化为

$$\varepsilon=1-\frac{\omega_{\mathrm{p}}^2}{\omega^2} \tag{1.8.12}$$

在 $r_0=1\ \mu\mathrm{m}$，$d=5\ \mathrm{mm}$ 时，有效等离子体角频率 $\omega_{\mathrm{p}}=53.8\ \mathrm{GHz}$，对应的频率 $f_{\mathrm{p}}=8.6\ \mathrm{GHz}$。

1.8.2 金属开口谐振环介质的本构关系

图 1.22 为金属开口谐振环(split-ring-resonator，SRR)介质的示意图。考虑以如图 1.22 所示的金属开口谐振环为基本单元组成的周期性结构的有效磁导率。如图所示，金属内环半径为 r，两圆环间隙宽度为 δ，并假设 $r\gg\delta$，同时假设每个圆环开口的宽度很小，金属环所处的环境为真空。根据场平均方法可以证明，在 $d\ll\lambda$ 的长波极限及不考虑电阻耗散的情况下，此结构的有效磁导率可表示为

$$\mu(\omega)=1-\frac{F\omega^2}{\omega^2-\omega_0^2} \tag{1.8.13}$$

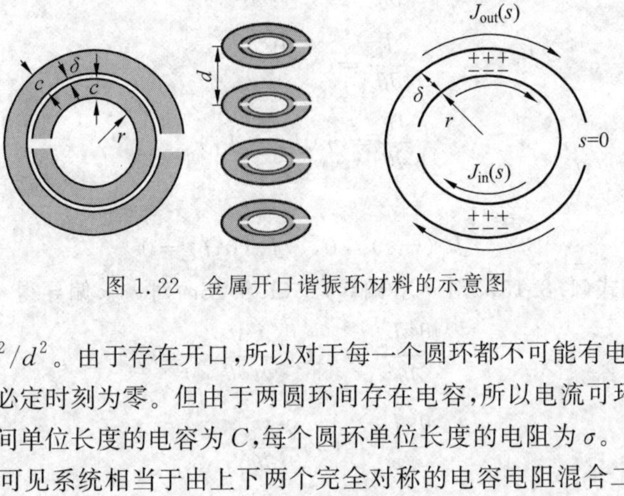

图 1.22 金属开口谐振环材料的示意图

这里 $F=\pi r^2/d^2$。由于存在开口，所以对于每一个圆环都不可能有电流环绕其流动，即开口处的电流必定时刻为零。但由于两圆环间存在电容，所以电流可环绕两圆环整体流动。设两圆环间单位长度的电容为 C，每个圆环单位长度的电阻为 σ。图 1.23(a)为系统的等效电路。可见系统相当于由上下两个完全对称的电容电阻混合二端网络串联而成。设外环和内环切向电流分别为 $J_1(\theta,t)$、$J_2(\theta,t)$；外环到内环的电势降为 $V(\theta,t)$。如图 1.23(b)所示为圆心角 $\mathrm{d}\theta$ 对应的网络微元，因为 $r\gg\delta$，所以可近似认为 $\mathrm{d}\theta$ 对应的电阻均为 $\sigma r\mathrm{d}\theta$，并忽略网络微元的自感，则 $J_1(\theta,t)$、$J_2(\theta,t)$、$V(\theta,t)$满足微分方程

$$\begin{cases} J_1(\theta+\mathrm{d}\theta,t)-J_1(\theta,t)=-Cr\mathrm{d}\theta\dfrac{\partial V}{\partial t} \\ J_2(\theta+\mathrm{d}\theta,t)-J_2(\theta,t)=Cr\mathrm{d}\theta\dfrac{\partial V}{\partial t} \\ V(\theta+\mathrm{d}\theta,t)-V(\theta,t)=-\sigma r\mathrm{d}\theta J_1+\sigma r\mathrm{d}\theta J_2 \end{cases} \tag{1.8.14}$$

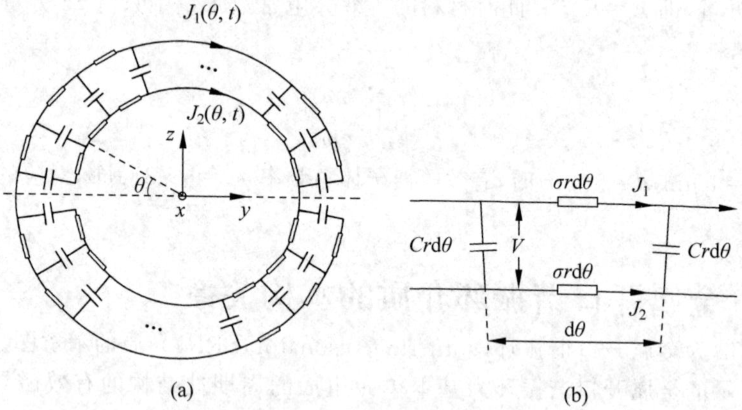

图 1.23　金属开口谐振环的等效电路

(a) 电路等效整体示意图；(b) 电路等效局部示意图

即

$$\frac{\partial J_1}{\partial \theta}=-Cr\frac{\partial V}{\partial t} \tag{1.8.15a}$$

$$\frac{\partial J_2}{\partial \theta}=Cr\frac{\partial V}{\partial t} \tag{1.8.15b}$$

$$\frac{\partial V}{\partial \theta}=\sigma r(J_2-J_1) \tag{1.8.15c}$$

边界条件

$$J_1(\pi,t)=0,\quad J_2(0,t)=0 \tag{1.8.16}$$

式(1.8.15a)和式(1.8.15b)对 θ 求偏导，式(1.8.15c)对 t 求偏导得

$$\frac{\partial^2 J_1}{\partial \theta^2}=-Cr\frac{\partial^2 V}{\partial t\partial \theta} \tag{1.8.17a}$$

$$\frac{\partial^2 J_2}{\partial \theta^2}=Cr\frac{\partial^2 V}{\partial t\partial \theta} \tag{1.8.17b}$$

$$\frac{\partial^2 V}{\partial \theta\partial t}=\sigma r\frac{\partial (J_2-J_1)}{\partial t} \tag{1.8.17c}$$

式(1.8.17b)减去式(1.8.17a)，再利用式(1.8.17c)，得

$$\frac{\partial \Delta J}{\partial t}-a\frac{\partial^2 \Delta J}{\partial \theta^2}=0 \tag{1.8.18}$$

其中，$\Delta J=J_2-J_1$，$a=1/(2C\sigma r^2)$。对 ΔJ 分离变量，设

$$\Delta J=T(t)\Theta(\theta) \tag{1.8.19}$$

代入式(1.8.18)并分离变量得

$$\frac{\mathrm{d}T}{\mathrm{d}t}+a\gamma^2 T=0 \tag{1.8.20a}$$

$$\frac{\mathrm{d}^2\Theta}{\mathrm{d}\theta^2}+\gamma^2\Theta=0 \tag{1.8.20b}$$

由式(1.8.20a)解得

$$T\propto \mathrm{e}^{-a\gamma^2 t} \tag{1.8.21}$$

我们假设,系统各物理量为单频振动,即 $T\propto \mathrm{e}^{-\mathrm{j}\omega t}$,所以

$$\mathrm{e}^{-a\gamma^2 t}=\mathrm{e}^{-\mathrm{j}\omega t} \tag{1.8.22}$$

可得

$$\gamma^2=\frac{\mathrm{j}\omega}{a} \tag{1.8.23}$$

方程(1.8.20b)的通解为

$$\Theta=D_1\exp(\mathrm{j}\gamma\theta)+D_2\exp(-\mathrm{j}\gamma\theta) \tag{1.8.24}$$

所以 ΔJ 的通解为

$$\Delta J=[D_1\exp(\mathrm{j}\gamma\theta)+D_2\exp(-\mathrm{j}\gamma\theta)]\exp(-\mathrm{j}\omega t) \tag{1.8.25}$$

将式(1.8.25)代回式(1.8.15),再依据回路中的总电流 J 应该是一个与位置无关的常数,即 $J_1+J_2=J=J_0\exp(-\mathrm{j}\omega t)$,可得到 $J_1(\theta,t)$、$J_2(\theta,t)$、$V(\theta,t)$的通解,其时间变化函数显然都是 $\exp(-\mathrm{j}\omega t)$,其位置变化函数分别为

$$J_1=-\frac{1}{2}[D_1\exp(\mathrm{j}\gamma\theta)+D_2\exp(-\mathrm{j}\gamma\theta)]+\frac{J_0}{2} \tag{1.8.26a}$$

$$J_2=\frac{1}{2}[D_1\exp(\mathrm{j}\gamma\theta)+D_2\exp(-\mathrm{j}\gamma\theta)]+\frac{J_0}{2} \tag{1.8.26b}$$

$$V=Z[-D_1\exp(\mathrm{j}\gamma\theta)+D_2\exp(-\mathrm{j}\gamma\theta)] \tag{1.8.27a}$$

$$Z=\sqrt{\frac{\mathrm{j}\sigma}{2\omega C}} \tag{1.8.27b}$$

再利用边界条件式(1.8.16),得

$$\begin{cases}J_1(\pi)=-\dfrac{1}{2}[D_1\exp(\mathrm{j}\pi\gamma)+D_2\exp(-\mathrm{j}\pi\lambda)]+\dfrac{J_0}{2}=0\\[2ex] J_2(0)=\dfrac{1}{2}(D_1+D_2)+\dfrac{J_0}{2}=0\end{cases} \tag{1.8.28}$$

解得

$$\begin{cases}D_1=\dfrac{-\exp(-\mathrm{j}\pi\gamma)}{\exp(-\mathrm{j}\pi\gamma)-1}J_0\\[2ex] D_2=\dfrac{1}{\exp(-\mathrm{j}\pi\gamma)-1}J_0\end{cases} \tag{1.8.29}$$

下面考虑金属开口谐振环介质内的磁场。材料内的磁场可表示为如下形式:

$$\boldsymbol{B}=\boldsymbol{B}^{\mathrm{i}}+\boldsymbol{B}^{J} \tag{1.8.30}$$

其中,$\boldsymbol{B}^{\mathrm{i}}$ 是入射磁场,$\boldsymbol{B}^{\mathrm{i}}=\boldsymbol{A}\mathrm{e}^{-\mathrm{j}\omega t}$($\boldsymbol{A}$ 为一常矢量);$\boldsymbol{B}^{J}$ 是介质内金属圆环上表面电流产生的磁场。因为 $r\gg\delta$、$\lambda\gg h$,且金属环表面和电流 J 均匀分布,所以金属圆环上表面电流产生的磁场的 x 方向分量 B_x^J 可近似为无限密绕螺线管所产生磁场(磁感应强度)的形式:

$$B_x^J=\begin{cases}\mu_0 J, & \text{环内}\\ 0, & \text{环外}\end{cases} \tag{1.8.31}$$

所以

$$B_x=\begin{cases}B_x^{\mathrm{i}}+\mu_0 J, & \text{环内}\\ B_x^{\mathrm{i}}, & \text{环外}\end{cases} \tag{1.8.32}$$

所以每组金属环中的感应电动势为

$$\varepsilon_{\mathrm{EMF}}(t)=-\frac{\mathrm{d}\Psi}{\mathrm{d}t}=-\pi r^2\frac{\mathrm{d}}{\mathrm{d}t}(B_x^{\mathrm{i}}+\mu_0 J)=\mathrm{j}\omega\pi r^2(B_x^{\mathrm{i}}+\mu_0 J) \tag{1.8.33}$$

又因为单元上、下是对称结构,且是串联连接方式,根据基尔霍夫电压方程有

$$-2\left[V(\pi,t)+\sigma r\int_0^{\pi}J_1\,\mathrm{d}\theta\right]+\varepsilon_{\mathrm{EMF}}=0 \tag{1.8.34}$$

其中,第一项

$$\begin{aligned}V(\pi,t)&=Z\left[-D_1\exp(\mathrm{j}\pi\gamma)+D_2\exp(-\mathrm{j}\pi\gamma)\right]\\&=Z\frac{1+\exp(-\mathrm{j}\pi\gamma)}{\exp(-\mathrm{j}\pi\gamma)-1}J\end{aligned} \tag{1.8.35}$$

因为在微结构开口谐振环尺寸远小于电波长,则上式中 $|-\mathrm{j}\pi\gamma|\ll 1$,设 $\xi=-\mathrm{j}\pi\gamma$,对式(1.8.34)作近似,第一项

$$\begin{aligned}V(\pi,t)&=Z\frac{1+\exp(\xi)}{\exp(\xi)-1}J=Z\left[1+\frac{2}{\exp(\xi)-1}\right]J\approx Z\left(1+\frac{1}{\xi}\frac{2}{1+\xi/2+\xi^2/6}\right)J\\&\approx Z\left\{1+\frac{2}{\xi}\left[1-(\xi/2+\xi^2/6)+(\xi/2+\xi^2/6)^2\right]\right\}J\\&\approx Z\left[1+\frac{2}{\xi}(1-\xi/2-\xi^2/6+\xi^2/4)\right]J=Z\left(\frac{2}{\xi}+\frac{1}{6}\xi\right)J\\&=\left(\frac{\mathrm{j}}{\pi\omega Cr}+\frac{1}{6}\pi r\sigma\right)J\end{aligned} \tag{1.8.36}$$

第二项

$$\begin{aligned}\sigma r\int_0^{\pi}J_1\,\mathrm{d}\theta&=\sigma r\int_0^{\pi}\left\{-\frac{1}{2}\left[D_1\exp(\mathrm{j}\theta\gamma)+D_2\exp(-\mathrm{j}\theta\gamma)\right]+\frac{J_0}{2}\right\}\mathrm{e}^{-\mathrm{j}\omega t}\,\mathrm{d}\theta\\&=\left\{\frac{1}{2}\sqrt{\frac{\mathrm{j}\sigma}{2C\omega}}\left[D_1\exp(\mathrm{j}\theta\sqrt{\gamma})-D_2\exp(-\mathrm{j}\theta\sqrt{\gamma})\right]+\frac{\sigma r J_0\theta}{2}\right\}\mathrm{e}^{-\mathrm{j}\omega t}\bigg|_0^{\pi}\\&=\frac{\pi\sigma r}{2}J\end{aligned} \tag{1.8.37}$$

将式(1.8.33)、式(1.8.36)、式(1.8.37)代入式(1.8.34)，得

$$-2\left[\left(\frac{\mathrm{j}}{\pi\omega Cr}+\frac{1}{6}\pi r\sigma\right)J+\frac{\pi\sigma r}{2}J\right]+\mathrm{j}\omega\pi r^2(B_x^{\mathrm{i}}+\mu_0 J)=0 \tag{1.8.38}$$

所以

$$J=\frac{-\mathrm{j}\omega\pi r^2 B_x^{\mathrm{i}}}{\mathrm{j}\omega\pi r^2\mu_0-\dfrac{2\mathrm{j}}{\pi\omega Cr}-\dfrac{4}{3}\pi r\sigma}=\frac{-B_x^{\mathrm{i}}/\mu_0}{1+\dfrac{2}{3}\left(\mathrm{j}\dfrac{2\sigma}{\omega r\mu_0}-\dfrac{3}{\pi^2\mu_0\omega^2 Cr^3}\right)} \tag{1.8.39}$$

下面根据场平均方法计算有效磁导率。任取位于金属环外的一点，计算该点对应的有效磁导率。任意一点 B_x 的平均值为

$$\overline{B}_x=d^{-2}\int\mathrm{d}y\int\mathrm{d}zB_x=d^{-2}[(B_{0x}+\mu_0 J)\pi r^2+B_{0x}(d^2-\pi r^2)]=B_{0x}+\frac{\pi r^2}{d^2}\mu_0 J \tag{1.8.40}$$

金属环外 H_x 的平均值为

$$\overline{H}_x=\frac{B_{0x}}{\mu_0} \tag{1.8.41}$$

若假设 $\boldsymbol{B}=B_x\hat{\boldsymbol{x}}$，则有效磁导率可表示为一个标量：

$$\begin{aligned}\mu(\omega)&=\frac{\overline{B}_x}{\mu_0\overline{H}_x}\\&=\frac{B_{0x}+\dfrac{\pi r^2}{d^2}\mu_0 J}{B_{0x}}\\&=1-\frac{\pi r^2/d^2}{1+\dfrac{2}{3}\left(\mathrm{j}\dfrac{2\sigma}{\omega r\mu_0}-\dfrac{3}{\pi^2\mu_0\omega^2 Cr^3}\right)}\\&=1-\frac{F\omega^2}{\omega^2-\omega_0^2+\mathrm{j}\omega\alpha}\end{aligned} \tag{1.8.42}$$

其中，ω_0 为共振频率，α 为耗散系数。

$$\omega_0=\sqrt{\frac{1}{LC}},\quad \alpha=\frac{4}{3}\frac{\sigma d}{r\mu_0},\quad F=\pi r^2/d^2 \tag{1.8.43}$$

这里，$L=\mu_0 pS/4$，相当于一个金属开口谐振环单元的自感，其中 $S=\pi r^2$ 是圆环面积，$p=2\pi r$ 是圆环周长。当金属开口谐振环的电阻可以忽略时($\sigma_1\to 0$)，式(1.8.42)化为

$$\mu(\omega)=1-\frac{F\omega^2}{\omega^2-\omega_0^2} \tag{1.8.44}$$

思考：如果如图1.22所示人工材料的微结构内外谐振环都不开口，或者只有内环开口，或者只有外环开口，其等效磁导率分别是什么？

1.9 麦克斯韦方程时域形式与频域形式

时变电磁场随时间的变化形式多种多样,例如,一台常见的信号发生器可以产生正弦波、方波和脉冲等多种时变信号。但是任意一个时变场一般都可表示成时谐场(随时间按固定频率正弦或余弦变化)的线性组合。因此,只要研究清楚时谐场变化规律,任意时变场的变化规律也就清楚了。

按照傅里叶理论,一个非周期函数可表示成

$$f(t)=\int_{-\infty}^{+\infty} F(\omega)\mathrm{e}^{\mathrm{j}\omega t}\,\mathrm{d}\omega \tag{1.9.1}$$

其中,

$$F(\omega)=\frac{1}{2\pi}\int_{-\infty}^{+\infty} f(t)\mathrm{e}^{-\mathrm{j}\omega t}\,\mathrm{d}t \tag{1.9.2}$$

为 $f(t)$的傅里叶变换,为信号的**频谱(spectrum)**。

对于单一频率的时谐场,在场点 $\boldsymbol{r}$ 处的时谐场一般约定表示为

$$\begin{aligned}\boldsymbol{E}(\boldsymbol{r},t)&=\hat{\boldsymbol{x}}E_x(\boldsymbol{r},t)+\hat{\boldsymbol{y}}E_y(\boldsymbol{r},t)+\hat{\boldsymbol{z}}E_z(\boldsymbol{r},t)\\&=\sum_{p=x,y,z}\hat{\boldsymbol{p}}E_{0p}(\boldsymbol{r})\cos[\omega t+\varphi_p(\boldsymbol{r})]\end{aligned} \tag{1.9.3}$$

其中,ω 为信号的角频率,E_{0p} 和 φ_p 分别为场 $\hat{\boldsymbol{p}}$ 方向分量的振幅和初相位。以 $\hat{\boldsymbol{x}}$ 方向分量为例,利用欧拉公式,可以将余弦函数写成

$$E_x(\boldsymbol{r},t)=\mathrm{Re}[E_{0x}(\boldsymbol{r})\mathrm{e}^{\mathrm{j}[\omega t+\varphi_x(\boldsymbol{r})]}] \tag{1.9.4}$$

其中,Re 表示取括号中复数的实部,称为取实运算。为使表达更简洁,上式可写为

$$E_x(\boldsymbol{r},t)=\mathrm{Re}[\widetilde{E}_x\mathrm{e}^{\mathrm{j}\omega t}] \tag{1.9.5}$$

其中,坐标变量省略未写,且复振幅 $\widetilde{E}_x$ 为

$$\widetilde{E}_x=E_{0x}\mathrm{e}^{\mathrm{j}\varphi_x} \tag{1.9.6}$$

复数取实有一些常用基本运算法则。若 A、B 是两个复变函数,a 是实变函数,则下列公式成立:

$$\mathrm{Re}[A]+\mathrm{Re}[B]=\mathrm{Re}[A+B] \tag{1.9.7a}$$

$$\mathrm{Re}[aA]=a\,\mathrm{Re}[A] \tag{1.9.7b}$$

$$\frac{\partial}{\partial x}\mathrm{Re}[A]=\mathrm{Re}\left[\frac{\partial A}{\partial x}\right] \tag{1.9.7c}$$

$$\int\mathrm{Re}[A]\mathrm{d}x=\mathrm{Re}\left[\int A\,\mathrm{d}x\right] \tag{1.9.7d}$$

$$\text{若 }\mathrm{Re}[A\mathrm{e}^{\mathrm{j}\omega t}]=\mathrm{Re}[B\mathrm{e}^{\mathrm{j}\omega t}]\text{ 对任意 }t\text{ 都成立,则有 }A=B \tag{1.9.7e}$$

利用取实法则,电场矢量的时域表达式可写为

$$\begin{aligned}\boldsymbol{E}(\boldsymbol{r},t) &= \hat{\boldsymbol{x}}\mathrm{Re}(\widetilde{E}_x \mathrm{e}^{\mathrm{j}\omega t}) + \hat{\boldsymbol{y}}\mathrm{Re}(\widetilde{E}_y \mathrm{e}^{\mathrm{j}\omega t}) + \hat{\boldsymbol{z}}\mathrm{Re}(\widetilde{E}_z \mathrm{e}^{\mathrm{j}\omega t}) \\ &= \mathrm{Re}[(\hat{\boldsymbol{x}}\widetilde{E}_x + \hat{\boldsymbol{y}}\widetilde{E}_y + \hat{\boldsymbol{z}}\widetilde{E}_z)\mathrm{e}^{\mathrm{j}\omega t}] \\ &= \mathrm{Re}[\widetilde{\boldsymbol{E}}\mathrm{e}^{\mathrm{j}\omega t}]\end{aligned} \tag{1.9.8a}$$

其中，

$$\widetilde{\boldsymbol{E}} = \hat{\boldsymbol{x}}\widetilde{E}_x + \hat{\boldsymbol{y}}\widetilde{E}_y + \hat{\boldsymbol{z}}\widetilde{E}_z \tag{1.9.8b}$$

称为电场强度的复振幅矢量，简称复矢量，它的各分量就是每个瞬时分量的复振幅。为了书写方便，本书后文对于 $\widetilde{E}$ 和 E，$\widetilde{\boldsymbol{E}}$ 与 $\boldsymbol{E}$ 并不加以区分，在时谐场的讨论中，一般默认场量为复场量，而用时间变量 t（例如 $E(t)$ 或 $\boldsymbol{E}(t)$）来标注瞬态场量。

引入复场量表示的好处是可以方便于时谐场的麦克斯韦方程组的运算。考察麦克斯韦-安培定律时域方程：

$$\nabla\times \boldsymbol{H}(t) = \frac{\partial \boldsymbol{D}(t)}{\partial t} + \boldsymbol{J}(t) \tag{1.9.9}$$

将上式中的场量用复场量表示，得到

$$\nabla\times \mathrm{Re}[\boldsymbol{H}\mathrm{e}^{\mathrm{j}\omega t}] = \frac{\partial \mathrm{Re}[\boldsymbol{D}\mathrm{e}^{\mathrm{j}\omega t}]}{\partial t} + \mathrm{Re}[\boldsymbol{J}\mathrm{e}^{\mathrm{j}\omega t}] \tag{1.9.10}$$

由取实法则，将求微分运算与取实运算交换顺序，并注意复矢量和旋度运算与 t 无关，可得

$$\mathrm{Re}[\nabla\times \boldsymbol{H}\mathrm{e}^{\mathrm{j}\omega t}] = \mathrm{Re}[\mathrm{j}\omega\boldsymbol{D}\mathrm{e}^{\mathrm{j}\omega t}] + \mathrm{Re}[\boldsymbol{J}\mathrm{e}^{\mathrm{j}\omega t}] \tag{1.9.11}$$

再由取实法，则式(1.9.7a)和式(1.9.7e)得

$$\nabla\times \boldsymbol{H} = \mathrm{j}\omega\boldsymbol{D} + \boldsymbol{J} \tag{1.9.12}$$

麦克斯韦-安培定律时域方程等价于一个复矢量方程，时间变量被消去。用类似的方法，麦克斯韦方程组中的法拉第感应定律可写成

$$\nabla\times \boldsymbol{E} = -\mathrm{j}\omega\boldsymbol{B} \tag{1.9.13}$$

其他方程和本构关系形式保持不变。至此，时域麦克斯韦方程组被转化为一个复矢量的方程组，变量只与空间坐标有关，对时间求微分运算转化为乘法运算，时间变量因而被消去。这组方程称为**频域麦克斯韦方程组**(**Maxwell equations in frequency domain**)。利用先求复矢量，再算瞬时值的方法称为**频域方法**(**frequency domain method**)，而把直接求解瞬时麦克斯韦方程组的方法称为**时域方法**(**time domain method**)。

1.10 电磁波的性质

麦克斯韦方程(1.4.19)～方程(1.4.22)四个方程并不独立。将方程(1.4.22)两边同取散度便可得方程(1.4.20)，因此麦克斯韦方程组中只有三个是独立方程。这

三个独立方程也并非在解决具体问题时都有用，而且对于不同问题的求解，方程的选择也有所不同。譬如，对于静电问题我们往往只用方程(1.4.19)、方程(1.4.22)两个方程，因为此问题中磁场不存在，其他方程实际上是毫无意义的；对于静磁问题我们往往只用方程(1.4.20)、方程(1.4.21)两个方程，因为此问题中电场不存在，其他方程也就毫无意义；对于时变电流、时变等效电流或时变等效磁流产生的电磁波问题，我们往往用方程(1.4.21)、方程(1.4.22)两个方程。本书下面着重讲述的是电磁波，因此关注的是方程(1.4.21)和方程(1.4.22)。而且在很多时候，我们只关心单一频率电磁场即正弦电磁场的特征；或者为了简化问题，我们先只研究正弦电磁场的特征，然后通过傅里叶逆变换得到任意时变电磁场的特征。如1.9节所述，时谐电磁场可表示成一个与时间无关的复矢量和一个约定时因子 $e^{j\omega t}$ 相乘，这样方程(1.4.21)、方程(1.4.22)便转化为

$$\nabla\times \boldsymbol{E} = -\mathrm{j}\omega\mu \boldsymbol{H} \tag{1.10.1}$$

$$\nabla\times \boldsymbol{H} = \mathrm{j}\omega\varepsilon \boldsymbol{E} + \boldsymbol{J} \tag{1.10.2}$$

为了使上述方程有更明确的物理意义，我们引入包括位移电流和位移磁流的广义电流、磁流概念。在这种概念下，感应电流、感应磁流便可写成

$$\boldsymbol{J}_{\mathrm{e}} = (\sigma + \mathrm{j}\omega\varepsilon)\boldsymbol{E} = y\boldsymbol{E} \tag{1.10.3}$$

$$\boldsymbol{M} = \mathrm{j}\omega\mu \boldsymbol{H} = z\boldsymbol{H} \tag{1.10.4}$$

其中，参数 y 与单位长度导纳(admittance)有相同量纲，称为**导纳率**；参数 z 与单位长度阻抗(impedance)有相同量纲，称为**阻抗率**。这样上述方程便可统一地理解成：电场是由变化磁流产生，磁场是由变化电流产生。更具体些，将感应电流、感应磁流与外加电流、磁流(即源)分开，上述方程便可写成

$$-\nabla\times \boldsymbol{E} = z\boldsymbol{H} + \boldsymbol{M}^{\mathrm{i}} \tag{1.10.5}$$

$$\nabla\times \boldsymbol{H} = y\boldsymbol{E} + \boldsymbol{J}^{\mathrm{i}} \tag{1.10.6}$$

其中，z 和 y 代表了介质的特征，而 $\boldsymbol{J}^{\mathrm{i}}$ 和 $\boldsymbol{M}^{\mathrm{i}}$ 分别表示外加源电流和磁流。式(1.10.5)和式(1.10.6)是常用的，下面我们将专门讨论满足式(1.10.5)和式(1.10.6)的电磁波所具有的性质。

1.10.1 唯一性定理

前面已经说明，在给出介质的本构关系以及求解域的边界条件后，就可以求解麦克斯韦方程，确定出电磁场的分布和变化。本节我们将进一步说明在何种边界条件下，电磁场是唯一的。下面以频域中的电磁场为例来说明。至于时域中的电磁场的唯一性条件可仿照频域进行获得，也可参阅 Stratton 著的 *Electromagnetic Theory*，第486～488页。

假设被曲面 S 包围的区域里有一组激励源 $\boldsymbol{J}$ 和 $\boldsymbol{M}$。这组源激励的场一定满足式(1.10.5)和式(1.10.6)。假设此问题有两组解 $\{\boldsymbol{E}^a, \boldsymbol{H}^a\}$ 和 $\{\boldsymbol{E}^b, \boldsymbol{H}^b\}$。它们的差记为

$$\delta \boldsymbol{E} = \boldsymbol{E}^a - \boldsymbol{E}^b \tag{1.10.7}$$

$$\delta \boldsymbol{H} = \boldsymbol{H}^a - \boldsymbol{H}^b \tag{1.10.8}$$

将解“a”满足的方程减去解“b”满足的方程便得

$$\nabla \times \delta \boldsymbol{E} = -z\delta \boldsymbol{H} \tag{1.10.9}$$

$$\nabla \times \delta \boldsymbol{H} = y\delta \boldsymbol{E} \tag{1.10.10}$$

将式(1.10.9)点乘上 $\delta \boldsymbol{H}^*$，再将式(1.10.10)先取共轭后点乘上 $\delta \boldsymbol{E}$，最后将所得方程相减得

$$\delta \boldsymbol{E} \cdot \nabla \times \delta \boldsymbol{H}^* - \delta \boldsymbol{H}^* \cdot \nabla \times \delta \boldsymbol{E} = z \mid \delta \boldsymbol{H} \mid^2 + y^* \mid \delta \boldsymbol{E} \mid^2 \tag{1.10.11}$$

由矢量恒等式可知上式左边为 $-\nabla \cdot (\delta \boldsymbol{E} \times \delta \boldsymbol{H}^*)$，这样便有

$$\nabla \cdot (\delta \boldsymbol{E} \times \delta \boldsymbol{H}^*) + z \mid \delta \boldsymbol{H} \mid^2 + y^* \mid \delta \boldsymbol{E} \mid^2 = 0 \tag{1.10.12}$$

对上式在 S 所围区域作积分，并利用高斯散度定律，可得

$$\oint_S (\delta \boldsymbol{E} \times \delta \boldsymbol{H}^*) \cdot \mathrm{d}\boldsymbol{S} + \int_V (z \mid \delta \boldsymbol{H} \mid^2 + y^* \mid \delta \boldsymbol{E} \mid^2) \mathrm{d}\tau = 0 \tag{1.10.13}$$

如果式(1.10.13)中的面积分项为零，那么体积分项也一定为零。于是便有

$$\int_V [\mathrm{Re}(z) \lfloor \delta \boldsymbol{H} \rfloor^2 + \mathrm{Re}(y) \mid \delta \boldsymbol{E} \mid^2] \mathrm{d}\tau = 0 \tag{1.10.14}$$

$$\int_V [\mathrm{Im}(z) \lfloor \delta \boldsymbol{H} \rfloor^2 - \mathrm{Im}(y) \mid \delta \boldsymbol{E} \mid^2] \mathrm{d}\tau = 0 \tag{1.10.15}$$

对于有耗介质，$\mathrm{Re}(z)$ 和 $\mathrm{Re}(y)$ 是正数，因此如果介质中处处有耗，不论多么小，式(1.10.14)只有在 $\delta \boldsymbol{E} = \delta \boldsymbol{H} = 0$ 时处处成立。对于无耗介质，我们可以看出只要域中的所储电能和所储磁能相等，式(1.10.15)便能成立。这意味着存在谐振情形，电磁场不唯一。

根据上面论述，我们可得下面**唯一性定理**(**uniqueness theorem**)：如果区域边界的切向电场确定，或切向磁场确定，或部分切向电场确定，其他部分切向磁场确定，那么，对于有耗介质，此区域中的电磁场是唯一确定的；对于无耗介质，区域内的场不是唯一确定的，而是存在**无数谐振解**。

例题 1.9 求一个放置在无限大理想电导体(PEC)平板上方的点电荷源(图 1.24(a))在空间产生的电场。

解 如果求此点电荷源在无限大均匀空间产生的电场，则我们可直接利用库仑定律求解。但在无限大 PEC 平板存在的情况下，平板上将产生感应电荷。这些感应电荷的分布虽然需要进一步计算才知，但是由 PEC 性质式(1.6.15a)可知，感应电荷与平板上方的源电荷产生的合电场在平板上的切向分量为零。由这个条件，可以建立另一个问题，即去掉无限大 PEC 平板，同时在源电荷 Q 对于原平板的镜像位置放置一电量相等、电性相反的电荷 $-Q$，如图 1.24(b)所示。由库仑定律可知，这一组电荷源在原平板位置产生的合电场在平板位置上的切向分量为零。

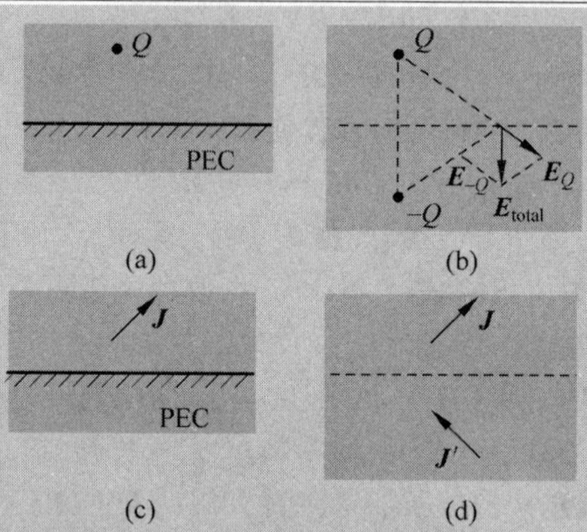

图 1.24 镜像法示意图

由唯一性定理,由于图 1.24(a)与(b)这两个问题在上空间边界上的切向电场相等,则在上空间,两者有唯一的解。因此图 1.24(a)问题的解可以由图 1.24(b)问题利用无限大均匀空间的库仑定律求得。这种解决问题的技巧称为**"镜像法"**,在静电问题中常常使用。如果电荷是运动的,那么在镜像会有等电量相反性电荷以同样的方式运动,即在电动问题中,在无限大 PEC 平板可被一反向的镜像电流取代,如图 1.24(c)与(d)所示,从而简化计算。

1.10.2 等效原理

等效原理是由唯一性定理引申得到的,它的一个重要用途就是告诉我们如何构造新问题而保证其解与原问题一致。等效原理形式多种多样,下面主要介绍三种形式。如图 1.25(a)所示,S 是一个虚构的边界面,其内有源且介质复杂,其外无源且介质均匀。显然,这是一个源在复杂非均匀介质中产生场的复杂问题。如果我们只关心 S 外的场,那么便可将此问题等效成一个只在 S 上有源的规则问题,此问题的解与原问题的解在 S 外是一样的。其有下面三种等效形式。

第一种形式是如图 1.25(b)所示,假设 S 内的场为零,S 上有一组等效源 $\boldsymbol{J}_S$ 和 $\boldsymbol{M}_S$,它们满足

$$\begin{cases}\boldsymbol{M}_S = \boldsymbol{E} \times \hat{\boldsymbol{n}} \\ \boldsymbol{J}_S = \hat{\boldsymbol{n}} \times \boldsymbol{H}\end{cases} \tag{1.10.16}$$

由边界连续性条件可知,此等效问题 S 外的场在边界 S 的切向上与原问题是一样的。根据唯一性定理得到此问题的解与原问题的解在 S 外一样。因为此等效问题中 S 内的场为零,所以我们可以进一步假设 S 内是均匀介质,且与 S 外相同。这样原问题便等效成一个 S 上一组等效源 $\boldsymbol{J}_S$ 和 $\boldsymbol{M}_S$ 在均匀介质中产生场的问题。这是

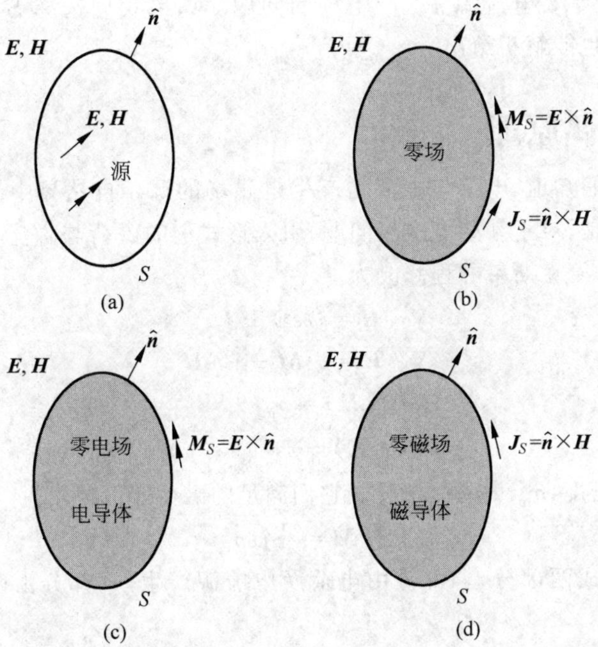

图 1.25　等效原理示意图

一个规则问题，第 2 章将给出解析解。这是我们常常使用的一种等效形式，又称为**惠更斯原理**(**Huygens principle**)。注意，此等效形式既需等效电流源，又需等效磁流源，盖除此无法保证既要 S 内的场为零，又要 S 外的场在边界 S 上与原问题是一样。

与第一种形式不同，第二种等效形式是假设 S 内为理想电导体，从而保证 S 内的电场为零，如图 1.25(c)所示。这样便可只需 S 上的等效磁流源 $\boldsymbol{M}_S$ 来保证 S 外的场与原问题一样。如果 $\boldsymbol{M}_S$ 满足

$$\boldsymbol{M}_S = \boldsymbol{E} \times \hat{\boldsymbol{n}} \tag{1.10.17}$$

由边界连续性条件可知，此等效问题 S 外的电场在边界 S 的切向上与原问题是一样的。根据唯一性定理得到此问题的解与原问题的解在 S 外一样。这样原问题便等效成一个理想电导体上等效磁流源 $\boldsymbol{M}_S$ 产生场的问题。如果我们选择 S 为规则形状(如球)，此问题的解也能解析给出。

第三种等效形式与第二种等效形式相似，只是将理想电导体换成理想磁导体，如图 1.25(d)所示，那样便可只需 S 上的等效电流源 $\boldsymbol{J}_S$ 来保证 S 外的场与原问题相同。如果 $\boldsymbol{J}_S$ 满足

$$\boldsymbol{J}_S = \hat{\boldsymbol{n}} \times \boldsymbol{H} \tag{1.10.18}$$

由边界条件可知，此等效问题 S 外的磁场在边界 S 的切向上与原问题是一样的。根据唯一性定理，得到此问题的解与原问题的解在 S 外一样。这样原问题便等效成一

个理想磁导体上等效电流源 $\boldsymbol{J}_S$ 产生场的问题。如果我们选择 S 为规则形状(如球),此问题的解也能解析给出。

1.10.3 对偶原理

通过实验我们知道,电荷与电流是产生电磁场的源。自然界中尚未发现真实的磁荷与磁流。但是,对于某些电磁场问题,引入形式上的磁荷与磁流有时能够方便问题的分析。那么,麦克斯韦方程修改为

$$\nabla\times\boldsymbol{H}=\mathrm{j}\omega\varepsilon\boldsymbol{E}+\boldsymbol{J} \tag{1.10.19}$$

$$\nabla\times\boldsymbol{E}=-\boldsymbol{M}-\mathrm{j}\omega\mu\boldsymbol{H} \tag{1.10.20}$$

$$\nabla\cdot(\mu\boldsymbol{H})=\rho_{\mathrm{m}} \tag{1.10.21}$$

$$\nabla\cdot(\varepsilon\boldsymbol{E})=\rho \tag{1.10.22}$$

其中,$\boldsymbol{M}$ 为磁流密度,ρ_{m} 为磁荷密度。它们满足的磁荷守恒定律为

$$\nabla\cdot\boldsymbol{M}=-\mathrm{j}\omega\rho_{\mathrm{m}} \tag{1.10.23}$$

将上述电磁场分成两部分,一部分由电荷及电流源产生,一部分由磁荷及磁流源产生,即

$$\boldsymbol{E}=\boldsymbol{E}_{\mathrm{e}}+\boldsymbol{E}_{\mathrm{m}} \tag{1.10.24a}$$

$$\boldsymbol{H}=\boldsymbol{H}_{\mathrm{e}}+\boldsymbol{H}_{\mathrm{m}} \tag{1.10.24b}$$

由于麦克斯韦方程组是线性的,所以把上式代入式(1.10.19)~式(1.10.22)可得到电荷及电流源产生电磁场的方程组,以及由磁荷及磁流源产生电磁场的方程组:

$$\nabla\times\boldsymbol{H}_{\mathrm{e}}=\mathrm{j}\omega\varepsilon\boldsymbol{E}_{\mathrm{e}}+\boldsymbol{J} \tag{1.10.25a}$$

$$\nabla\times\boldsymbol{E}_{\mathrm{e}}=-\mathrm{j}\omega\mu\boldsymbol{H}_{\mathrm{e}} \tag{1.10.25b}$$

$$\nabla\cdot(\mu\boldsymbol{H}_{\mathrm{e}})=0 \tag{1.10.25c}$$

$$\nabla\cdot(\varepsilon\boldsymbol{E}_{\mathrm{e}})=\rho \tag{1.10.25d}$$

$$\nabla\times\boldsymbol{H}_{\mathrm{m}}=\mathrm{j}\omega\varepsilon\boldsymbol{E}_{\mathrm{m}} \tag{1.10.26a}$$

$$\nabla\times\boldsymbol{E}_{\mathrm{m}}=-\boldsymbol{M}-\mathrm{j}\omega\mu\boldsymbol{H}_{\mathrm{m}} \tag{1.10.26b}$$

$$\nabla\cdot(\mu\boldsymbol{H}_{\mathrm{m}})=\rho_{\mathrm{m}} \tag{1.10.26c}$$

$$\nabla\cdot(\varepsilon\boldsymbol{E}_{\mathrm{m}})=0 \tag{1.10.26d}$$

仔细观察方程形式,可以发现式(1.10.19)~式(1.10.22)有很强的对称性。即,如果我们作如下代换:

$$\begin{cases}\boldsymbol{H}_{\mathrm{e}}\rightarrow-\boldsymbol{E}_{\mathrm{m}}\\ \boldsymbol{E}_{\mathrm{e}}\rightarrow\boldsymbol{H}_{\mathrm{m}}\end{cases},\quad \begin{cases}\boldsymbol{J}\rightarrow\boldsymbol{M}\\ \rho\rightarrow\rho_{\mathrm{m}}\end{cases}\quad 以及\begin{cases}\varepsilon\rightarrow\mu\\ \mu\rightarrow\varepsilon\end{cases} \tag{1.10.27}$$

则式(1.10.25)与式(1.10.26)可以相互转化。这说明,由电荷及电流源产生的电磁场和由磁荷及磁流源产生的电磁场之间存在着对应关系,称为**对偶原理**(**duality**

principle)。这就意味着,如果已经求出电荷及电流源产生的电磁场,我们就可以直接应用转换式(1.10.27)得到由磁荷及磁流源产生的电磁场。

对偶原理的形式不是死板而唯一的。注意到式(1.10.19)~式(1.10.22)中关于矢量 $\boldsymbol{E}$ 和 $\boldsymbol{H}$ 的方程的对称形式,我们还可以引入

$$\begin{cases}\boldsymbol{H}' \to -\boldsymbol{E}\\ \boldsymbol{E}' \to \boldsymbol{H}\end{cases},\quad \begin{cases}\boldsymbol{J}' \to \boldsymbol{M}\\ \boldsymbol{M}' \to -\boldsymbol{J}\end{cases},\quad \begin{cases}\rho' \to \rho_{\mathrm{m}}\\ \rho'_{\mathrm{m}} \to -\rho\end{cases}\quad 以及\quad \begin{cases}\varepsilon \to \mu\\ \mu \to \varepsilon\end{cases} \tag{1.10.28}$$

或者对于无源区域,引入

$$\begin{cases}\boldsymbol{H}' \to -\dfrac{\boldsymbol{E}}{\eta}\\ \boldsymbol{E}' \to \eta\boldsymbol{H}\end{cases} \tag{1.10.29}$$

其中,$\eta=\sqrt{\dfrac{\mu}{\varepsilon}}$ 是介质的特性阻抗。引入上述转换以后,我们可以发现,式(1.10.19)~式(1.10.22)的形式没有发生变化。因此,我们关于某一场量的推导就可以通过简便的转换推广到另一场量。

无论是何种形式的对偶原理,其本质都是抓住了麦克斯韦方程形式的对称性,从而简化研究过程。

1.10.4 互易定理

为了表述电磁波的**互易性定理**(**reciprocity theorem**),这里先给出一个物理量的定义。假设有一组源 $\boldsymbol{J}_a$ 和 $\boldsymbol{M}_a$ 产生的电磁波 $\boldsymbol{E}_a$ 和 $\boldsymbol{H}_a$,还有另一组源 $\boldsymbol{J}_b$ 和 $\boldsymbol{M}_b$ 产生的电磁波 $\boldsymbol{E}_b$ 和 $\boldsymbol{H}_b$,那么源 a 对波 b 的**电磁反应**(**EM reaction**)定义为

$$\langle a,b\rangle=\iiint_V(\boldsymbol{J}_a\cdot\boldsymbol{E}_b-\boldsymbol{M}_a\cdot\boldsymbol{H}_b)\mathrm{d}V \tag{1.10.30}$$

下面将证明在各向同性介质中的互易定理:$\langle a,b\rangle=\langle b,a\rangle$。根据电磁波满足式(1.10.5)和式(1.10.6)有

$$-\nabla\times\boldsymbol{E}_a=z\boldsymbol{H}_a+\boldsymbol{M}_a \tag{1.10.31}$$

$$\nabla\times\boldsymbol{H}_a=y\boldsymbol{E}_a+\boldsymbol{J}_a \tag{1.10.32}$$

以及

$$-\nabla\times\boldsymbol{E}_b=z\boldsymbol{H}_b+\boldsymbol{M}_b \tag{1.10.33}$$

$$\nabla\times\boldsymbol{H}_b=y\boldsymbol{E}_b+\boldsymbol{J}_b \tag{1.10.34}$$

用 $\boldsymbol{H}_b$ 点乘式(1.10.31)加上 $\boldsymbol{E}_a$ 点乘式(1.10.34)可得

$$-\nabla\cdot(\boldsymbol{E}_a\times\boldsymbol{H}_b)=z\boldsymbol{H}_a\cdot\boldsymbol{H}_b+\boldsymbol{M}_a\cdot\boldsymbol{H}_b+y\boldsymbol{E}_a\cdot\boldsymbol{E}_b+\boldsymbol{J}_b\cdot\boldsymbol{E}_a \tag{1.10.35}$$

用 $\boldsymbol{E}_b$ 点乘式(1.10.32)加上 $\boldsymbol{H}_a$ 点乘式(1.10.33)可得

$$-\nabla\cdot(\boldsymbol{E}_b\times\boldsymbol{H}_a)=z\boldsymbol{H}_a\cdot\boldsymbol{H}_b+\boldsymbol{M}_b\cdot\boldsymbol{H}_a+y\boldsymbol{E}_a\cdot\boldsymbol{E}_b+\boldsymbol{J}_a\cdot\boldsymbol{E}_b \tag{1.10.36}$$

将式(1.10.36)减去式(1.10.35)并取积分得

$$\langle a,b\rangle-\langle b,a\rangle=\oiint_S(\boldsymbol{E}_a\times\boldsymbol{H}_b-\boldsymbol{E}_b\times\boldsymbol{H}_a)\cdot\mathrm{d}\boldsymbol{S} \tag{1.10.37}$$

对于完全导体边界,因为 $\hat{\boldsymbol{n}}\times\boldsymbol{E}=\boldsymbol{0}$,所以式(1.10.37)右端为零;对于无限区域,利用边界条件式(1.6.17),同样有式(1.10.37)右端为零。故 $\langle a,b\rangle=\langle b,a\rangle$。

1.11 电磁波的仿真

从电磁现象中提炼出电场和磁场的物理概念,利用矢量分析数学工具,借助类比与联想,构建出麦克斯韦方程,进而预言电磁波,这是人类探索自然的一种常用方法——理论方法。这种理论方法至今仍然是人类探索自然的强有力方法,但往往较为抽象,难以理解。赫兹利用仪器设备进行物理实验,证实了电磁波的存在,从而也验证了麦克斯韦方程的正确。这是人类探索自然的另一种方法——实验方法。实验方法使人类真实地体验到抽象的概念,是人类探索自然不可缺少的方法,但是由于物理条件的限制,很多时候无法进行物理实验。由于计算机技术的快速发展,计算机仿真已成为人类探索自然的第三种方法。这种方法能使抽象的概念具体化、形象化,而且通用,成本低,易于实现。本节将介绍如何对电磁波进行仿真。

利用计算机对电磁波进行仿真,首先需要对描述电磁波的麦克斯韦方程进行离散。有多种方法可以离散麦克斯韦方程,主要有三种:时域有限差分法、有限元法、矩量法。这里首先介绍最为简单、通用的时域有限差分法,其他两种方法将分别在第2章和第3章介绍。简而言之,**时域有限差分法(finite-difference time-domain method,FDTD)**就是直接利用差分运算代替时域麦克斯韦方程中的微分运算,从而获得时域麦克斯韦方程的离散形式。用差分代替偏微分的离散方式早已有之,但电磁计算中的时域有限差分法却是起于20世纪60年代美籍华人K. S. Yee的Yee离散格式。Yee格式巧妙地将电场和磁场的离散在空间上错置、时间上交替,真实地反映了电磁波的传播。这种Yee离散格式简单而通用,适用范围广(一般介质、各向异性、色散,甚至空间色散介质等),仿真过程和结果直观,无需多少预备知识便能编程计算,因而很受欢迎,应用十分广泛。下面我们以如图1.15所示的赫兹实验为例,说明FDTD的用法。

1.11.1 电磁波方程

在自由空间中电磁波由麦克斯韦方程中的下面两个方程所描述:

$$\nabla\times\boldsymbol{H}=\varepsilon_0\frac{\partial\boldsymbol{E}}{\partial t}+\boldsymbol{J} \tag{1.11.1a}$$

$$\nabla\times\boldsymbol{E}=-\mu_0\frac{\partial\boldsymbol{H}}{\partial t} \tag{1.11.1b}$$

对应于这两个方程的积分形式为

$$\oint_l \boldsymbol{H} \cdot \mathrm{d}\boldsymbol{l} = \varepsilon_0 \frac{\mathrm{d}}{\mathrm{d}t}\iint_A \boldsymbol{E} \cdot \mathrm{d}\boldsymbol{A} + \iint_A \boldsymbol{J} \cdot \mathrm{d}\boldsymbol{A} \tag{1.11.2a}$$

$$\oint_l \boldsymbol{E} \cdot \mathrm{d}\boldsymbol{l} = -\mu_0 \frac{\mathrm{d}}{\mathrm{d}t}\iint_A \boldsymbol{H} \cdot \mathrm{d}\boldsymbol{A} \tag{1.11.2b}$$

1.11.2 Yee 格式及蛙跳机制

仔细观察式(1.11.2a)和式(1.11.2b)可以发现，等式右端起作用的为垂直于面的法向场矢量；等式左边起作用的为平行于积分路径的切向场矢量。且法向电场矢量由切向磁场矢量计算，法向磁场矢量由切向电场矢量计算。由此，Yee 格式定义了双重立方网格，把电场的不同分量定义在网格的不同位置，磁场亦如是。电场网格和磁场网格正交，并相差半个网格周期，如图 1.26 所示。经过这样定义，式(1.11.2a)即可用磁场网格面中分量计算，式(1.11.2b)可用电场网格面中分量计算；并且，很巧妙地，磁场网格面的法向电场分量与式(1.11.2b)中电场网格面的切向电场分量重合。这样，电场可以不必区分切向、法向分量，而统一用场分量 $E_p(p=x,y,z)$ 表示。磁场分量亦可统一表示。

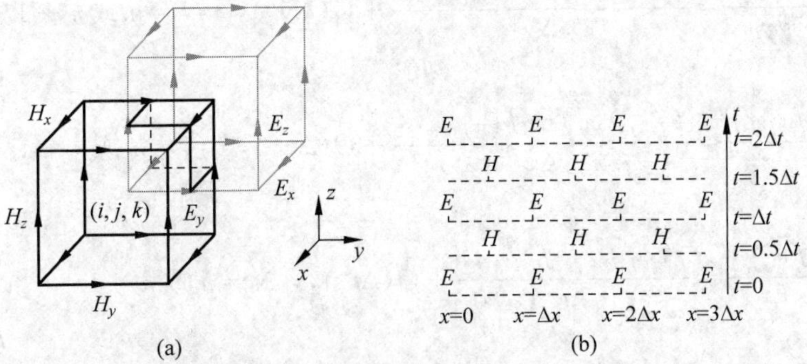

图 1.26 Yee 格式的空间和时间离散模式

(a) Yee 格式空间网格；(b) 蛙跳机制

在时间上，Yee 格式把电场分量和磁场分量也相错$\frac{\Delta t}{2}$定义。这样，式(1.11.2)中对时间的微分即可方便地用场分量作中心差分近似代替。可以证明，对于式(1.11.2)，以中心差分代替微分运算可以保证计算结果的二阶差分精度；且可证明，在无源空间，这样定义的电磁场分量自动满足 $\oiint_A \boldsymbol{D} \cdot \mathrm{d}\boldsymbol{A} = 0$ 和 $\oiint_A \boldsymbol{B} \cdot \mathrm{d}\boldsymbol{A} = 0$，即无数值误差源。

1.11.3 电磁波方程的离散

利用图 1.26 所示的离散方式，在时间和空间上用差分代替微分，将矢量方程(1.11.1a)和方程(1.11.1b)在直角坐标系下展开，可得关于电磁各个分量的标量方程组形式。以方程(1.11.1a)和方程(1.11.1b)在 yOz 面展开为例，

$$\frac{\partial E_x|_{x,y,z}^t}{\partial t}=\frac{1}{\varepsilon_0}\left(\frac{\partial H_z|_{x,y,z}^t}{\partial y}-\frac{\partial H_y|_{x,y,z}^t}{\partial z}-J_x\right) \tag{1.11.3}$$

$$\frac{\partial H_x|_{x,y,z}^t}{\partial t}=-\frac{1}{\mu_0}\left(\frac{\partial E_y|_{x,y,z}^t}{\partial z}-\frac{\partial E_z|_{x,y,z}^t}{\partial y}\right) \tag{1.11.4}$$

如果定义 $f|_{x,y,z}^t$ 代表直角坐标系下在任意时刻 t 位于任意点 (x,y,z) 的 $\boldsymbol{E}$ 或 $\boldsymbol{H}$ 的场分量，则 $f|_{x,y,z}^t$ 对应的离散域的网格节点为 $f|_{i\Delta x,j\Delta y,k\Delta z}^{n\Delta t}$，简记为 $f|_{i,j,k}^n$，其中 Δx、Δy、Δz 指的是在三个方向上的空间步长，Δt 指的是时间步长。给出中心差分近似表达式如下：

$$\frac{\partial f|_{i,j,k}^N}{\partial x}=\frac{f|_{i+1/2,j,k}^N-f|_{i-1/2,j,k}^N}{\Delta x}+O(\Delta x^2),\quad N=n\text{ 或 }n+1/2 \tag{1.11.5a}$$

$$\frac{\partial f|_{i,j,k}^N}{\partial y}=\frac{f|_{i,j+1/2,k}^N-f|_{i,j-1/2,k}^N}{\Delta y}+O(\Delta y^2),\quad N=n\text{ 或 }n+1/2 \tag{1.11.5b}$$

$$\frac{\partial f|_{i,j,k}^N}{\partial z}=\frac{f|_{i,j,k+1/2}^N-f|_{i,j,k-1/2}^N}{\Delta z}+O(\Delta z^2),\quad N=n\text{ 或 }n+1/2 \tag{1.11.5c}$$

$$\frac{\partial f|_{i,j,k}^N}{\partial t}=\frac{f|_{i,j,k}^{N+1/2}-f|_{i,j,k}^{N-1/2}}{\Delta t}+O(\Delta t^2),\quad N=n\text{ 或 }n+1/2 \tag{1.11.5d}$$

由于对时间域采取的是 $\boldsymbol{E}$ 和 $\boldsymbol{H}$ 交替抽样，我们不妨设 $\boldsymbol{E}$ 的时间节点抽样于 n 时刻，$\boldsymbol{H}$ 的时间节点位于 $n+1/2$ 时刻。接下来我们对式(1.11.1a)在 $n+1/2$ 时刻进行离散。用式(1.11.5)的中心差分替代式(1.11.1a)中的一阶偏微分，并忽略式(1.11.5)中的高阶无穷小项 $O(\Delta x^2)$、$O(\Delta y^2)$、$O(\Delta z^2)$、$O(\Delta t^2)$。我们可以发现，电磁场值刚好定义在其所需的时刻。这样由式(1.11.3)得

$$\begin{aligned}E_x|_{i+1/2,j,k}^{n+1}=&E_x|_{i+1/2,j,k}^n+\\&\frac{\Delta t}{\varepsilon_0}\left[\frac{H_z|_{i+1/2,j+1/2,k}^{n+1/2}-H_z|_{i+1/2,j-1/2,k}^{n+1/2}}{\Delta y}-\right.\\&\left.\frac{H_y|_{i+1/2,j,k+1/2}^{n+1/2}-H_y|_{i+1/2,j,k-1/2}^{n+1/2}}{\Delta z}-J_x^{n+1/2}\right]\end{aligned} \tag{1.11.6a}$$

同理,用于迭代更新另外两个电场分量的显示表达式如下:

$$E_y\big|_{i,j+1/2,k}^{n+1}=E_y\big|_{i,j+1/2,k}^{n}+\frac{\Delta t}{\varepsilon_0}\left[\frac{H_x\big|_{i,j+1/2,k+1/2}^{n+1/2}-H_x\big|_{i,j+1/2,k-1/2}^{n+1/2}}{\Delta z}-\frac{H_z\big|_{i+1/2,j+1/2,k}^{n+1/2}-H_z\big|_{i-1/2,j+1/2,k}^{n+1/2}}{\Delta x}-J_y^{n+1/2}\right] \tag{1.11.6b}$$

$$E_z\big|_{i,j,k+1/2}^{n+1}=E_z\big|_{i,j,k+1/2}^{n}+\frac{\Delta t}{\varepsilon_0}\left[\frac{H_y\big|_{i+1/2,j,k+1/2}^{n+1/2}-H_y\big|_{i-1/2,j,k+1/2}^{n+1/2}}{\Delta x}-\frac{H_x\big|_{i,j+1/2,k+1/2}^{n+1/2}-H_x\big|_{i,j-1/2,k+1/2}^{n+1/2}}{\Delta y}-J_z^{n+1/2}\right] \tag{1.11.6c}$$

类似地,还可得到用于迭代更新三个磁场分量的显示表达式:

$$H_x\big|_{i,j+1/2,k+1/2}^{n+1/2}=H_x\big|_{i,j+1/2,k+1/2}^{n-1/2}-\frac{\Delta t}{\mu_0}\left[\frac{E_z\big|_{i,j+1,k+1/2}^{n}-E_z\big|_{i,j,k+1/2}^{n}}{\Delta y}-\frac{E_y\big|_{i,j+1/2,k+1}^{n}-E_y\big|_{i,j+1/2,k}^{n}}{\Delta z}\right] \tag{1.11.7a}$$

$$H_y\big|_{i+1/2,j,k+1/2}^{n+1/2}=H_y\big|_{i+1/2,j,k+1/2}^{n-1/2}-\frac{\Delta t}{\mu_0}\left[\frac{E_x\big|_{i+1/2,j,k+1}^{n}-E_x\big|_{i+1/2,j,k}^{n}}{\Delta z}-\frac{E_z\big|_{i+1,j,k+1/2}^{n}-E_z\big|_{i,j,k+1/2}^{n}}{\Delta x}\right] \tag{1.11.7b}$$

$$H_z\big|_{i+1/2,j+1/2,k}^{n+1/2}=H_z\big|_{i+1/2,j+1/2,k}^{n-1/2}-\frac{\Delta t}{\mu_0}\left[\frac{E_y\big|_{i+1,j+1/2,k}^{n}-E_y\big|_{i,j+1/2,k}^{n}}{\Delta x}-\frac{E_x\big|_{i+1/2,j+1,k}^{n}-E_x\big|_{i+1/2,j,k}^{n}}{\Delta y}\right] \tag{1.11.7c}$$

这样,如果已知 $\boldsymbol{E}$ 和 $\boldsymbol{H}$ 场量的初始状态(一般为零场),再已知激励源,就可以通过这组电磁场更替显示表达式,依次交替计算 $\boldsymbol{E}$ 和 $\boldsymbol{H}$ 在时间轴上的推进。

1.11.4 稳定性条件

一般说来,数值计算中空间剖分单元尺寸 Δ 要小于 $\lambda/10$(λ 为感兴趣波段的最小波长)。在时域有限差分法中,通常取 $\Delta=\lambda/20$,这样才能保证仿真精度。可以证明,在一维情况下，时间步长 Δt 必须小于 Δ/v_p(v_p 为所分析介质中电磁波的最大相速)，否则电磁场的数值解随时间指数增加，导致数值不稳定。这个要求也可以从另一角度理解：如果时间步长 Δt 大于 Δ/v_p，意味着空间任意一个离散点 r 处，在第 n 个离散时刻，场值不确定。因为在 $n+1$ 时刻来临之前，前一个离散点的场值已经传播到点 r，也就是点 r 处场值已经被更新。在三维情况下，时间步长 Δt 必须满足下面的条件：

$$\Delta t \leqslant \frac{1}{v_p} \cdot \frac{1}{\sqrt{\left(\frac{1}{\Delta x}\right)^2 + \left(\frac{1}{\Delta y}\right)^2 + \left(\frac{1}{\Delta z}\right)^2}} \tag{1.11.8}$$

此称为柯朗-弗雷德里希斯-列维(Courant-Friedrichs-Lewy，CFL)稳定性条件。一般在 $\Delta x = \Delta y = \Delta z$ 的情况下，常取 $\Delta t \leqslant \frac{1}{2}\frac{\Delta x}{v_p}$ 来保证数值解的稳定。

1.11.5 激励源

为了仿真图 1.16 所示的赫兹实验，我们还需考虑三个问题：①实验中的激励源如何处理？②实验中的发射振子和接收线圈如何处理？③实验中产生的电磁波是传到无限远的，这意味着我们需要仿真无限区域，这又该如何处理？我们首先解决第一个问题。我们可在发射振子两端点间加一个电流源 $J_z\hat{z}$，它可以是时谐场：

$$J_z(n) = \begin{cases} 0, & n < 0 \\ J_0 \sin(\omega n \Delta t), & n \geqslant 0 \end{cases} \tag{1.11.9a}$$

也可以是一个高斯脉冲电流源：

$$J_z(n) = \begin{cases} 0, & n < 0 \\ J_0 \mathrm{e}^{-\frac{(n\Delta t - \tau)^2}{2\sigma^2}}, & n \geqslant 0 \end{cases} \tag{1.11.9b}$$

其中，σ 控制着脉冲的宽度(也就控制着频带宽度)，τ 是脉冲中心的时延。

1.11.6 边界条件

赫兹实验涉及的电磁边值问题有两类边界条件：一类是发射振子和接收线圈，可视为理想导体，仿真中在任何时刻都需在其上强加切向电场为零；另一类是无穷远处的辐射边界条件。因为计算资源有限，不可能仿真整个无穷大区域的辐射电磁波，所以仿真区域必须截断，这样在截断边界就需给出边界条件。截断处可以给出许多形式各异、精度不同的边界条件。下面只介绍一种最为简单的一阶 Mur 吸收边界。

1. 一阶 Mur 吸收边界

考虑直角坐标系下的波动方程：

$$\frac{\partial^2 \phi}{\partial x^2}+\frac{\partial^2 \phi}{\partial y^2}+\frac{\partial^2 \phi}{\partial z^2}-\frac{1}{c^2}\frac{\partial^2 \phi}{\partial t^2}=0 \tag{1.11.10}$$

其中，ϕ 代表电场或磁场的一个分量(标量)。再考虑沿 x 方向传播的均匀平面波，则有$\frac{\partial^2 \phi}{\partial y^2}=\frac{\partial^2 \phi}{\partial z^2}=0$，这样方程(1.11.10)变为

$$\frac{\partial^2 \phi}{\partial x^2}-\frac{1}{c^2}\frac{\partial^2 \phi}{\partial t^2}=0 \tag{1.11.11}$$

式(1.11.11)等价于

$$\left(\frac{\partial}{\partial x}+\frac{1}{c}\frac{\partial}{\partial t}\right)\left(\frac{\partial}{\partial x}-\frac{1}{c}\frac{\partial}{\partial t}\right)\phi=L_+L_-\phi=0 \tag{1.11.12}$$

其解为算符 L_+ 对应的沿着 $+x$ 方向传播的平面波及 L_- 对应的沿着 $-x$ 方向传播的均匀平面波。一个在真空中只沿 $-x$ 方向传播的均匀平面波对应的波动方程为

$$L_-\phi=\left(\frac{\partial}{\partial x}-\frac{1}{c}\frac{\partial}{\partial t}\right)\phi=0 \tag{1.11.13}$$

这便是一阶 Mur 吸收条件①。根据此条件便可更替边界上的场值。不失一般性，设 ϕ 定义在 $\phi\big|_{x=i}^{n}$。如果把式(1.11.13)在时间和空间上作中心差分近似：

$$\frac{\partial}{\partial x}\phi\Big|_{x=\frac{1}{2}}^{n+\frac{1}{2}}=\frac{\phi\Big|_{x=1}^{n+\frac{1}{2}}-\phi\Big|_{x=0}^{n+\frac{1}{2}}}{\Delta x} \tag{1.11.14a}$$

$$\frac{\partial}{\partial t}\phi\Big|_{x=\frac{1}{2}}^{n+\frac{1}{2}}=\frac{\phi\Big|_{x=\frac{1}{2}}^{n+1}-\phi\Big|_{x=\frac{1}{2}}^{n}}{\Delta t} \tag{1.11.14b}$$

并把半整数点值 $\phi\Big|_{x=\frac{1}{2}}^{n}$，$\phi\Big|_{x=i}^{n+\frac{1}{2}}(i=0,1)$用线性插值关系表示：

$$\phi\Big|_{x=\frac{1}{2}}^{n}=\frac{\phi\big|_{x=0}^{n}+\phi\big|_{x=1}^{n}}{2} \tag{1.11.15a}$$

$$\phi\Big|_{x=i}^{n+\frac{1}{2}}=\frac{\phi\big|_{x=i}^{n}+\phi\big|_{x=i}^{n+1}}{2} \tag{1.11.15b}$$

则式(1.11.13)变为

$$\frac{(\phi\big|_{x=1}^{n+1}+\phi\big|_{x=1}^{n})-(\phi\big|_{x=0}^{n+1}+\phi\big|_{x=0}^{n})}{2\Delta x}-\frac{1}{c}\frac{(\phi\big|_{x=0}^{n+1}+\phi\big|_{x=1}^{n+1})-(\phi\big|_{x=0}^{n}+\phi\big|_{x=1}^{n})}{2\Delta t}=0 \tag{1.11.16}$$

---

① 考虑沿任意方向传播的平面波，则 $L_-=\frac{\partial}{\partial x}-\mathrm{j}k\sqrt{1-\left(\frac{k_y}{k}\right)^2-\left(\frac{k_z}{k}\right)^2}$，利用泰勒级数展开后中的 $\sqrt{1-\left(\frac{k_y}{k}\right)^2-\left(\frac{k_z}{k}\right)^2}=1-\frac{1}{2}\left[\left(\frac{k_y}{k}\right)^2+\left(\frac{k_z}{k}\right)^2\right]+\cdots$，并只保留展开式的第一项，则 $L_-\approx\frac{\partial}{\partial x}-\mathrm{j}k$。又 $\mathrm{j}k\to\frac{1}{c}\frac{\partial}{\partial t}$，则同样得到式(1.11.12)。故相应的离散结果称为一阶边界条件。

整理后得

$$\phi\big|_{x=0}^{n+1}=\phi\big|_{x=1}^{n}+\frac{c\Delta t-\Delta x}{c\Delta t+\Delta x}\left(\phi\big|_{x=1}^{n+1}-\phi\big|_{x=0}^{n}\right) \tag{1.11.17}$$

这就是说,通过离散改变后的方程,边界上的场值 $\phi|_{x=0}^{n+1}$ 可以由区域内部的场值 $\phi|_{x=1}^{n+1}$ 和 $\phi|_{x=1}^{n}$ 以及边界过去时间的值 $\phi|_{x=0}^{n}$ 更新。

2. 棱边及角点的处理

首先,由 Yee 元胞的设定,计算区域的角点上没有任何场分量的定义,所以无需讨论角顶点处的边界条件。假定图 1.27 中立方体的底面同时是计算区域 z 方向上的边界面 $z=0$,则 E_y 所在的边即计算区域的棱边。那么这条边上的 E_y 应如何处理呢?是随着 x 边界面还是随着 z 边界面更新?通过进一步的观察我们可以发现,这条边上的 E_y 不需要任何处理,甚至不需要更新。因为任何棱边上的电场分量只可能被用来更新边界面上磁场的法向分量,而后者在计算任何场分量更新中都不会被涉及。所以,整个计算域可以这样更新:

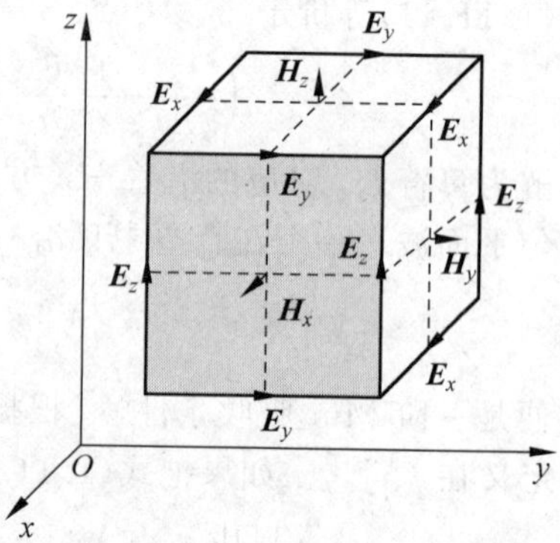

图 1.27　边界上的元胞分量示意图

(1) 区域内部的场通过式(1.11.6)、式(1.11.7)计算;

(2) 利用一阶 Mur 边界条件更新边界面上非棱边的电场分量;

(3) 不需要更新棱边上的电场分量和边界面上法向的磁场分量。

3. 吸收边界的精度

由于这个边界条件所离散的算符 L_- 为一阶算符,所以这个边界条件称为 Mur 一阶边界条件。又由于前述推导是在考虑沿 x 方向传播的平面波的前提下,所以严格来讲,此边界条件可以吸收正入射的平面波,而对于斜入射的情况,反射波随着入射角的增大而增大;但是在精度要求不高的情况下,使用 Mur 一阶边界条件可以很有效地得到满意的结果。

1.12　电磁波的应用

电磁波是现代信息社会的支柱之一,被广泛应用于通信、探测、遥感、互联网、物联网等领域。不仅如此,电磁波谱频率范围极宽,从低至几赫兹的极低频,到高至 $10^{19}\sim10^{24}$ Hz 的 γ 射线,甚至是高于 10^{24} Hz 的宇宙射线;应用更是从几赫兹的地球结构磁探测，到 γ 射线的癌症治疗，乃至宇宙射线的物理世界探秘。图 1.28 示出了电磁波谱，以及其对应的大气吸收和典型应用。图 1.29 示出了无线电谱及其对应的典型应用。本书重点要阐释的微波波段及其划分见表 1.1。图 1.30 和图 1.31 给出了微波的两个典型应用系统：图 1.30 是卫星通信系统，图 1.31 是目标探测系统（双站雷达系统）。由这两个图可以看到，一个电磁波应用系统一般都会涉及三个基本的电磁波问题：①电磁波是如何传播与传输的；②电磁波是如何辐射的；③电磁波是如何散射的。本书第 2～4 章将利用麦克斯韦方程分别阐述这三个基本问题。

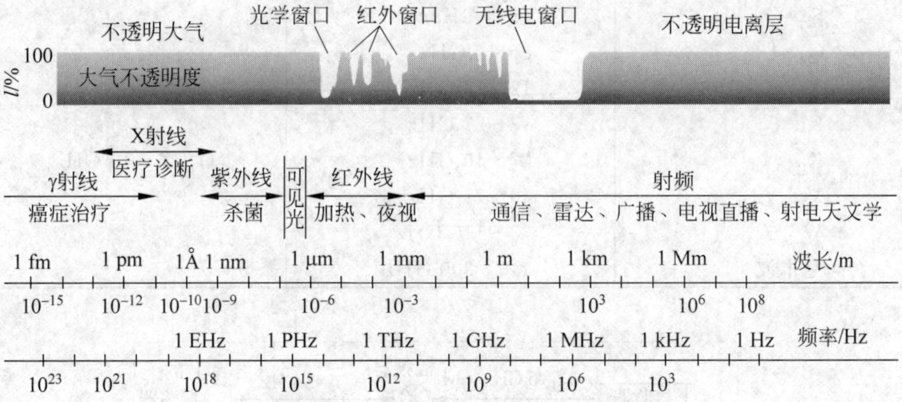

图 1.28　电磁波谱，以及其对应的大气吸收和典型应用

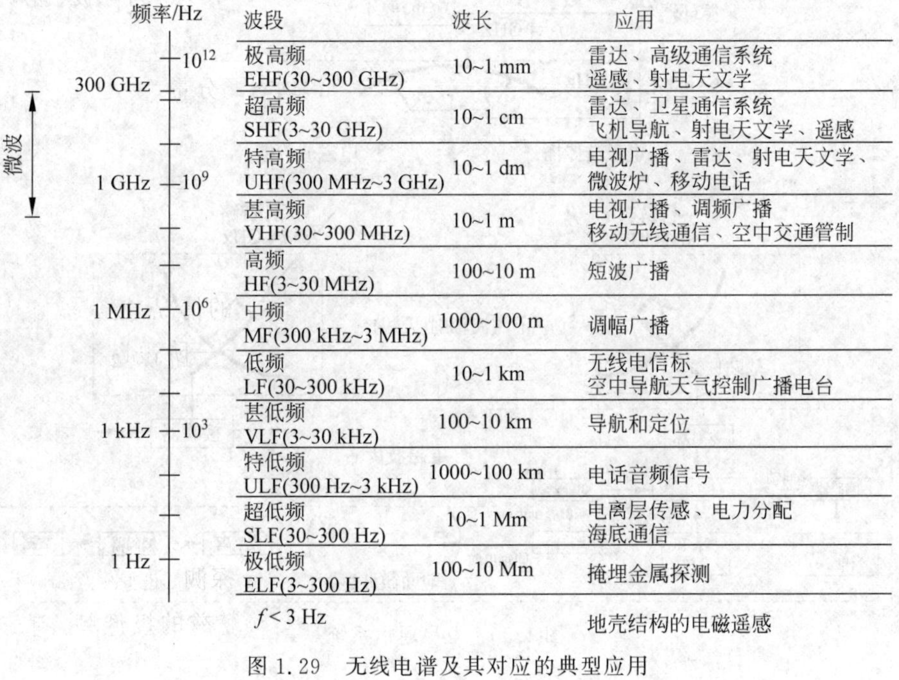
频率/Hz
波段
波长
应用
10^12
300 GHz
微波
1 GHz
10^9
1 MHz
10^6
1 kHz
10^3
1 Hz
极高频
EHF(30~300 GHz)
10~1 mm
雷达、高级通信系统
遥感、射电天文学
超高频
SHF(3~30 GHz)
10~1 cm
雷达、卫星通信系统
飞机导航、射电天文学、遥感
特高频
UHF(300 MHz~3 GHz)
10~1 dm
电视广播、雷达、射电天文学、
微波炉、移动电话
甚高频
VHF(30~300 MHz)
10~1 m
电视广播、调频广播
移动无线通信、空中交通管制
高频
HF(3~30 MHz)
100~10 m
短波广播
中频
MF(300 kHz~3 MHz)
1000~100 m
调幅广播
低频
LF(30~300 kHz)
10~1 km
无线电信标
空中导航天气控制广播电台
甚低频
VLF(3~30 kHz)
100~10 km
导航和定位
特低频
ULF(300 Hz~3 kHz)
1000~100 km
电话音频信号
超低频
SLF(30~300 Hz)
10~1 Mm
电离层传感、电力分配
海底通信
极低频
ELF(3~300 Hz)
100~10 Mm
掩埋金属探测
f < 3 Hz
地壳结构的电磁遥感

图 1.29　无线电谱及其对应的典型应用

表 1.1 微波波段及其划分

频段名称	频率范围	说明
HF	3～30 MHz	
VHF	30～300 MHz	I：100～150 MHz G：160～225 MHz P：225～239 MHz
UHF	300～1000 MHz	
L	2～4 GHz	
S	4～8 GHz	
C	8～12 GHz	
X	12～18 GHz	
Ku	18～27 GHz	
Ka	27～40 GHz	Q：36～40 GHz
V	40～75 GHz	
W	75～110 GHz	
毫米波	110～300 GHz	

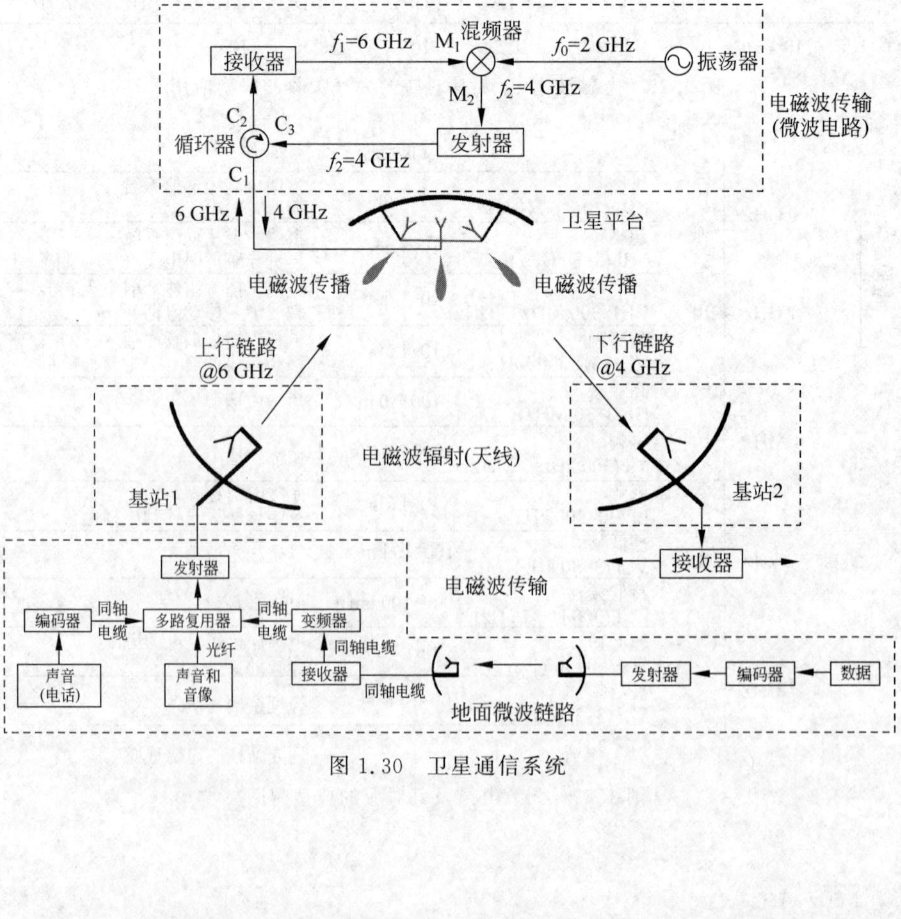

图 1.30 卫星通信系统

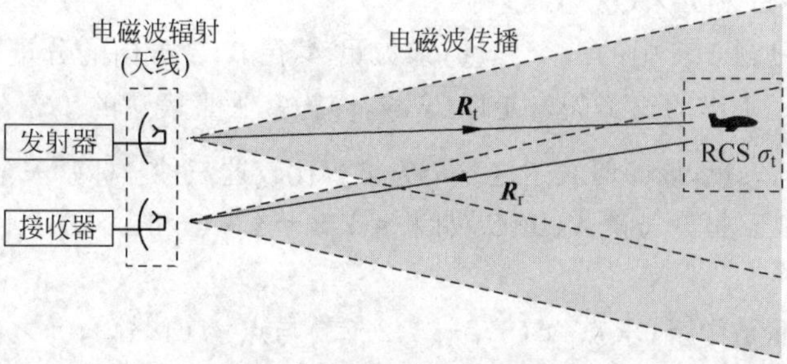

图 1.31　目标探测系统(双站雷达系统)

本章小结

核心问题

- 电磁理论是如何建立的?
- 如何利用电磁理论预言电磁波的存在及其性质?

核心概念

电场强度、电位移矢量(电通量密度)、位移电流、磁场强度

磁感应强度(磁通量密度)、本构关系

梯度、散度、旋度

核心内容

- 电磁学中的三大定律
- 矢量分析
- 麦克斯韦方程
- 电磁场性质
- 电磁波传播的计算机模拟

练习题

1.1　已知矢量$\boldsymbol{A}=\hat{x}+\hat{y}2-\hat{z}3$,$\boldsymbol{B}=-\hat{y}4+\hat{z}$,$\boldsymbol{C}=\hat{x}5-\hat{z}2$,求:

(1) $|\boldsymbol{A}-\boldsymbol{B}|$;

(2) $\boldsymbol{A}\cdot\boldsymbol{B}$;

(3) θ_{AB};

(4) $\boldsymbol{A}\times\boldsymbol{B}$;

(5) $\boldsymbol{A}\cdot(\boldsymbol{B}\times\boldsymbol{C})$和$(\boldsymbol{A}\times\boldsymbol{B})\cdot\boldsymbol{C}$;

(6) $(\boldsymbol{A}\times\boldsymbol{B})\times\boldsymbol{C}$ 和 $\boldsymbol{A}\times(\boldsymbol{B}\times\boldsymbol{C})$。

1.2 对于练习题1.1中的三个矢量，求矢量 $\boldsymbol{A}$ 在 $\boldsymbol{B}$、$\boldsymbol{C}$ 方向的分量。

1.3 练习题1.1中的三个矢量是以 $(\hat{\boldsymbol{x}},\hat{\boldsymbol{y}},\hat{\boldsymbol{z}})$ 为基矢量表达的。若分别以 $(\hat{\boldsymbol{x}},\boldsymbol{B},\boldsymbol{C})$ 和 $(\hat{\boldsymbol{B}},\hat{\boldsymbol{A}},\hat{\boldsymbol{C}})$ 为基矢量，该如何表达这三个矢量？比较这三种坐标基矢量的优缺点。

1.4 证明：对于非零矢量 $\boldsymbol{A}$、$\boldsymbol{B}$、$\boldsymbol{C}$，如果 $\boldsymbol{A}\cdot\boldsymbol{B}=\boldsymbol{A}\cdot\boldsymbol{C}$ 和 $\boldsymbol{A}\times\boldsymbol{B}=\boldsymbol{A}\times\boldsymbol{C}$ 成立，则 $\boldsymbol{B}=\boldsymbol{C}$。

1.5 在球坐标系中，试求点 $M(6,2\pi/3,2\pi/3)$ 与点 $N(4,\pi/3,0)$ 之间的距离。

1.6 把矢量函数 $\boldsymbol{A}=\hat{\boldsymbol{x}}(x+y)+\hat{\boldsymbol{y}}(y-x)+\hat{\boldsymbol{z}}z$ 转化到如下坐标系表达：

(1) 圆柱坐标系；

(2) 球坐标系。

1.7 已知矢量 $\boldsymbol{F}=\hat{\boldsymbol{x}}xy+\hat{\boldsymbol{y}}(3x-y^2)$，计算从图1.32上 $P_1(5,6)$ 点到 $P_2(3,3)$ 点的积分 $\int_{P_1}^{P_2}\boldsymbol{F}\cdot\mathrm{d}\boldsymbol{l}$。

(1) 沿直线路径 P_1P_2；

(2) 沿折线路径 P_1AP_2。

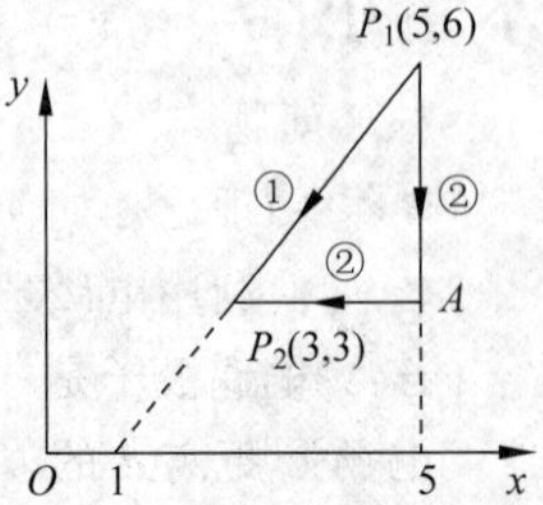

图1.32 练习题1.7图

1.8 已知静电场强度 $\boldsymbol{E}$ 可写为标量电势函数的梯度的负值，即 $\boldsymbol{E}=-\nabla V$，试求以下电势函数在 $P(x=1,y=0,z=1)$ 点的电场强度：

(1) 直角坐标系下，$V=V_0\mathrm{e}^{-x-|z|}\sin\dfrac{\pi y}{4}$；

(2) 球坐标系下，$V=V_0R\cos\theta$。

1.9 R 和 $\hat{\boldsymbol{R}}$ 分别为球坐标系坐标和单位矢量，计算下面矢量函数的散度：

(1) $f_1(\boldsymbol{R})=\hat{\boldsymbol{R}}R^n$；

(2) $f_2(\boldsymbol{R})=\hat{\boldsymbol{R}}\dfrac{k}{R^2}$。

1.10 $(\hat{\boldsymbol{\rho}},\hat{\boldsymbol{\phi}},\hat{\boldsymbol{z}})$ 为柱坐标系单位矢量，计算：

(1) $\nabla\cdot\hat{\boldsymbol{\rho}}$；

(2) $\nabla\times\hat{\boldsymbol{\rho}}$；

(3) $\nabla\times\hat{\boldsymbol{\varphi}}$；

(4) $\nabla\times\hat{\boldsymbol{z}}$。

1.11 $(\hat{\boldsymbol{r}},\hat{\boldsymbol{\theta}},\hat{\boldsymbol{\phi}})$ 为球坐标系单位矢量，计算：

(1) $\dfrac{\partial\hat{\boldsymbol{r}}}{\partial r},\dfrac{\partial\hat{\boldsymbol{r}}}{\partial\theta},\dfrac{\partial\hat{\boldsymbol{r}}}{\partial\phi}$；

(2) $\nabla\cdot\hat{\boldsymbol{r}}$；

(3) $\nabla\times\ \hat{\boldsymbol{r}}$；

(4) $\nabla\times\hat{\boldsymbol{\theta}}$；

(5) $\nabla\times\hat{\boldsymbol{\phi}}$。

1.12 (r,θ,ϕ)为球坐标系坐标，计算：

(1) $\nabla\left(\frac{1}{r}\right)\quad(r\neq0)$；

(2) $\nabla^2\left(\frac{1}{r}\right)\quad(r\neq0)$；

(3) $\nabla\times\nabla\left(\frac{1}{r}\right)\quad(r\neq0)$；

(4) $\nabla^2\frac{\mathrm{e}^{-\mathrm{j}kr}}{4\pi r}\quad(r\neq0)$。

1.13 已知函数$V=\left(\sin\frac{\pi}{2}x\right)\left(\sin\frac{\pi}{3}y\right)\mathrm{e}^{-z}$，求在$P(1,2,3)$点处$V$沿什么方向增长最快，并求最大增长率。

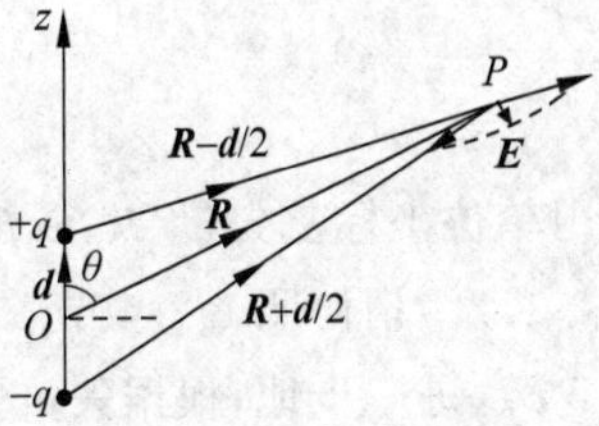

图 1.33 电偶极子

1.14 电偶极子是一对带着等量相反电性电荷q、相距一段微小距离$\boldsymbol{d}$的电荷，如图1.33所示。定义$\boldsymbol{p}=q\boldsymbol{d}$为电偶极子的电偶极矩，试证明电偶极子在远处产生的电场用球坐标表示为$\boldsymbol{E}=\frac{p}{4\pi\varepsilon_0R^3}(\hat{\boldsymbol{r}}2\cos\theta+\hat{\boldsymbol{\theta}}\sin\theta)$。

1.15 对于矢量函数$\boldsymbol{F}=\ \hat{\boldsymbol{x}}(x+c_1z)+\ \hat{\boldsymbol{y}}(c_2x-3z)+\ \hat{\boldsymbol{z}}(x+c_3y+c_4z)$，

(1) 如果$\boldsymbol{F}$是无旋的，试求常数c_1、c_2和c_3；

(2) 如果$\boldsymbol{F}$同时是无散场，试求常数c_4；

(3) 以(1)、(2)为前提，求解其梯度的负值等于$\boldsymbol{F}$的标量势函数。

1.16 对于标量函数f和矢量函数$\boldsymbol{A}$，证明$\nabla\cdot(f\boldsymbol{A})=f\nabla\cdot\boldsymbol{A}+\boldsymbol{A}\cdot\nabla f$。

1.17 对于标量函数f和矢量函数$\boldsymbol{G}$，证明在直角坐标系下有以下关系成立：

$$\nabla\times(f\boldsymbol{G})=f\nabla\times\boldsymbol{G}+(\nabla f)\times\boldsymbol{G}。$$

1.18 对于两个可微的矢量函数$\boldsymbol{E}$和$\boldsymbol{H}$，证明$\nabla\cdot(\boldsymbol{E}\times\boldsymbol{H})=\boldsymbol{H}\cdot(\nabla\times\boldsymbol{E})-\boldsymbol{E}\cdot(\nabla\times\boldsymbol{H})$。

1.19 利用高斯定理和斯托克斯定理证明下面的矢量恒等式：

(1) $\nabla\times(\nabla V)\equiv0$；

(2) $\nabla\cdot(\nabla\times\boldsymbol{A})\equiv0$。

1.20 试说明：如果仅已知一个矢量场$\boldsymbol{F}$的旋度，则不可能唯一地确定这个矢量场。

1.21 根据毕奥-萨伐尔定律，两个闭合通电线圈之间的作用力可以表示为

$$\boldsymbol{F}_{12}=\frac{\mu_0}{4\pi}\oint_{(L_1)}\oint_{(L_2)}\frac{I_1 I_2 \mathrm{d}\boldsymbol{l}_2\times(\mathrm{d}\boldsymbol{l}_1\times\hat{\boldsymbol{r}}_{12})}{r_{12}^2}$$

$$\boldsymbol{F}_{21}=\frac{\mu_0}{4\pi}\oint_{(L_2)}\oint_{(L_1)}\frac{I_2 I_1 \mathrm{d}\boldsymbol{l}_1\times(\mathrm{d}\boldsymbol{l}_2\times\hat{\boldsymbol{r}}_{21})}{r_{21}^2}$$

试证明 $\boldsymbol{F}_{12}=-\boldsymbol{F}_{21}$。

1.22 试证明理想电导体上的电流无法在空间激励起电磁场。

思考题

1.1 考虑如下的坐标转换关系：

$$x=R\sin\theta\cos\phi=R\cos\alpha$$
$$y=R\sin\theta\sin\phi=R\sin\alpha\cos\beta$$
$$z=R\sin\theta=R\sin\alpha\cos\beta$$

试用单位坐标基矢量($\hat{\boldsymbol{R}},\hat{\boldsymbol{\alpha}},\hat{\boldsymbol{\beta}}$)表示单位坐标基矢量($\hat{\boldsymbol{R}},\hat{\boldsymbol{\theta}},\hat{\boldsymbol{\phi}}$)。

1.2 请仿照1.2.4节1.中定义标量的梯度的方法，定义球坐标单位基矢量 $\hat{\boldsymbol{r}}$ 的梯度 $\nabla\hat{\boldsymbol{r}}$。进一步地，根据矢量恒等式 $\nabla(\boldsymbol{a}\cdot\boldsymbol{b})=\boldsymbol{a}\times(\nabla\times\boldsymbol{b})+\boldsymbol{b}\times(\nabla\times\boldsymbol{a})+(\boldsymbol{a}\cdot\nabla)\boldsymbol{b}+(\boldsymbol{b}\cdot\nabla)\boldsymbol{a}$，证明：对于常矢量 $\boldsymbol{F}$，有 $\nabla(\hat{\boldsymbol{r}}\cdot\boldsymbol{F})=\frac{1}{r}(F_\theta\hat{\boldsymbol{\theta}}+F_\varphi\hat{\boldsymbol{\varphi}})=-\frac{1}{\boldsymbol{r}}(\boldsymbol{F}\times\hat{\boldsymbol{r}})\times\hat{\boldsymbol{r}}$。

(此等式很有用，第3章推导辐射远场及第4章推导角闪烁公式时都要利用此公式简化证明。)

1.3 试证明下列矢量恒等式：

$$\nabla\times(\overline{\overline{\boldsymbol{S}}}^{-1}\cdot\boldsymbol{F})=(\det\overline{\overline{\boldsymbol{S}}})^{-1}\overline{\overline{\boldsymbol{S}}}\cdot(\overline{\overline{\boldsymbol{S}}}\cdot\nabla)\times\boldsymbol{F}$$

其中，$\boldsymbol{F}$ 是任意矢量；$\overline{\overline{\boldsymbol{S}}}$ 是一个并矢，即3×3矩阵；$\det\overline{\overline{\boldsymbol{S}}}$ 是其行列式值。

1.4 按下列方式定义广义梯度、散度、旋度：

梯度： $$\nabla_s V=\sum_{i,j}S_{ij}\frac{\partial V}{\partial x_j}\hat{\boldsymbol{x}}_i$$

散度： $$\nabla\cdot\boldsymbol{F}=\sum_{i,j}S_{ij}\frac{\partial F_i}{\partial x_j}$$

旋度： $$\nabla\times\boldsymbol{F}=\sum_{i,j}S_{ij}\hat{\boldsymbol{x}}_i\times\frac{\partial\boldsymbol{F}}{\partial x_j}$$

试证明下列矢量恒等式成立：

$$\nabla_s\times(\nabla\times\boldsymbol{F})=\nabla(\nabla_s\cdot\boldsymbol{F})-\nabla_s\cdot\nabla\boldsymbol{F}$$

1.5 证明：梯度的方向与等值面垂直，且指向标量场数值增大的方向。

1.6 考虑静止点电荷产生的静电场 $\boldsymbol{E}_s$ 的散度和旋度。$\boldsymbol{E}_s$ 和由变化磁场产生的电场有什么不同?

1.7 论述电磁场产生的方法及其性质。

1.8 由周期性单元构成的结构性材料是一种很重要的新材料。这类材料的电磁属性不是基于构成材料的天然属性,而是来源于电磁波在结构中的传播效应。因而这类结构使得一些非传统的电磁参数的实现成为可能。这类材料究竟有何特殊的性质?感兴趣的读者可以参见《近代电磁理论》(龚中麟,北京大学出版社,2010,第三章第六节)。

课程设计(一)

利用FDTD程序,计算机仿真赫兹实验。说明:如1.5节所述,赫兹采用如图1.15所示的偶极振子。当充电到一定程度,间隙被火花击穿时,两段金属杆连成一条导电通路,这时它相当于一个振荡偶极子,激起高频振荡,向外发射同频的电磁波。这时,在与发射振子相隔一定距离之外放置的圆形铜环的谐振器就可以探测到发出的电磁波(谐振器间隙也有火花跳过)。这就是首次证实了电磁波存在的赫兹偶极子实验。课程设计要求:

(1) 自编FDTD程序对赫兹实验设置建模仿真,模拟振子放电发射电磁波谐振器接收的整个过程的场分布,形成动画;

(2) 研究振子长度和谐振器长度对电磁波发射和接收的影响;

(3) 总结实验,完成实验报告。

第2章 电磁波的传播和传输

这一章

将围绕“电磁波是如何传播和传输的”这一核心问题而展开：

第一，通过求解自由空间中的麦克斯韦方程，弄清电磁波在自由空间中是如何传播的，以及如何引入物理概念准确刻画电磁波的传播；

第二，在明晰自由空间中电磁波传播形式的基础上，利用两种介质交界面的场连续性条件，弄清电磁波在层状介质中传播所发生的物理现象，以及其表述现象所必须引入的物理概念；

第三，通过求解均匀波导中的麦克斯韦方程，弄清电磁波在波导中是如何传输的，以及引入物理概念准确描述此传输过程；

第四，通过数值求解任意截面空波导的本征模，学习计算电磁学中的有限元方法；

第五，建立描述电磁波在波导中传输的简化模型——传输线方程，分析解结构，引入匹配技术；

最后，引入微波网络，介绍微波电路的一般分析法。

第1章建立了电磁理论。有此统领电磁现象的理论，是否电磁问题都已解决了呢？没有这么简单。从第1章的剖析中可以知道：介质的本构关系是待定的，需要进一步研究介质和电磁场之间的相互作用才能确定。再有，即便介质的本构关系已确定，求解域边界也已明确，麦克斯韦方程虽知可解，但解的具体形式还是未知的，对实际电磁问题的解决仍然不能有所帮助。因此，虽然电磁理论已经构建，仍然有大量实际电磁问题需要研究如何具体求解。只不过此时不是理论的构建，更多的是：如何应用电磁理论去解决实际中的电磁问题；如何从具体解中分析出各种因素的主次，深入了解隐藏于各种问题中的机理。在这一技术层面的研究中，所用方法以及追求目标与理论构建都有很多不同。

现实中的电磁问题浩瀚，多且杂，本书不可能穷尽。本书下面几章要讲述的是，与信息技术最为密切的几类电磁问题。具体而言就是，作为当今信息的主要载体，电磁波是如何辐射，如何传播和传输，又是如何散射的。本章首先讲述最为基本的电磁波传播和传输，它是辐射和散射的基础。电磁波的辐射和散射分别在第 3 章和第 4 章讲述。一般说来，电磁波传播是指电磁波在无限空间中的传动，而电磁波传输是指电磁波在传输线或波导中的传动。两者虽本质相同，但技术层面的研究内容和方法却不太一样。2.1 节主要讲述电磁波传播，2.2 节讲述电磁波传输。

2.1 电磁波传播

从应用角度来看电磁波传播，至少有两类重要实际问题：一是电磁波如何在大气中传播；二是电磁波如何穿过大地而传播。前者是卫星通信等信息技术的基础，后者是探地雷达等信息技术的基础。要研究电磁波在大气中的传播规律，首先得弄清大气介质的分布特征。此问题是很复杂的，具体可参见《电磁波传播与空间环境》(熊皓，电子工业出版社，2004 年)。同样，要研究电磁波穿过大地的传播规律，就需弄清大地介质的分布特征。这一问题研究得还很不充分。本节要讲述的是从这两个实际问题中提炼出来的两个简单模型的麦克斯韦方程求解：无限大均匀介质中的电磁波传播，以及层状介质中的电磁波传播。

2.1.1 无限大均匀介质中的传播

要弄清电磁波在无限大均匀介质中的传播规律，首先得知道电磁波在无限大均匀介质中的存在形式。换言之，就是麦克斯韦方程在无限大均匀介质中的具体解形式。本节便是从麦克斯韦方程的平面波解开始，然后从解的数学表达形式中引出电磁波相速和群速，线极化和圆极化概念，继而具体讨论电磁波在无耗、有耗，以及良导体中的传播特征。通过给出在各向异性介质中的解，引入法拉第旋转效应。最后通过坡印亭(Poynting)定律，阐释坡印亭矢量的物理意义。

1. 平面波解

一般而言，麦克斯韦方程的解既是空间的函数，又是时间的函数。为了便于分析同时又不失一般性，我们只考虑随时间按正弦函数变化的解形式。对于这种解，在 $e^{j\omega t}$ 约定下，麦克斯韦方程在无源均匀各向同性介质中便可在频域表示成

$$\nabla\times \boldsymbol{E}=-j\omega\mu\boldsymbol{H} \tag{2.1.1}$$

$$\nabla\times \boldsymbol{H}=j\omega\varepsilon\boldsymbol{E} \tag{2.1.2}$$

$$\nabla\cdot \boldsymbol{E}=0 \tag{2.1.3}$$

$$\nabla\cdot \boldsymbol{H}=0 \tag{2.1.4}$$

对式(2.1.1)两边同取旋度,并将式(2.1.2)代入便得

$$\nabla\times\nabla\times \boldsymbol{E}=\omega^2\varepsilon\mu \boldsymbol{E} \tag{2.1.5}$$

利用如下矢量拉普拉斯算子定义以及式(2.1.3):

$$\nabla^2 \boldsymbol{E}=\nabla(\nabla\cdot \boldsymbol{E})-\nabla\times\nabla\times \boldsymbol{E} \tag{2.1.6}$$

式(2.1.5)便可写成下列齐次矢量亥姆霍兹方程:

$$(\nabla^2+\omega^2\varepsilon\mu)\boldsymbol{E}=\boldsymbol{0} \tag{2.1.7}$$

利用式(2.1.6)的定义,可以证明矢量亥姆霍兹方程(2.1.7)在直角坐标系中等价于下列三个标量亥姆霍兹方程:

$$(\nabla^2+\omega^2\varepsilon\mu)E_p=0,\quad p=x,y,z \tag{2.1.8}$$

为了便于深入具体讨论,我们缩小考察范围,只考虑如下形式的均匀平面波:

$$\boldsymbol{E}(\boldsymbol{r})=\boldsymbol{E}_0\mathrm{e}^{-\mathrm{j}(k_x x+k_y y+k_z z)}=\boldsymbol{E}_0\mathrm{e}^{-\mathrm{j}\boldsymbol{k}\cdot\boldsymbol{r}} \tag{2.1.9}$$

其中,$\boldsymbol{E}_0$ 为与空间位置无关的常矢量。将式(2.1.9)表示的矢量的任一分量代入式(2.1.8)有

$$k^2=k_x^2+k_y^2+k_z^2=\omega^2\varepsilon\mu \tag{2.1.10}$$

关系式(2.1.10)通常称为**色散关系(dispersion relation)**。k 是矢量 $\boldsymbol{k}$ 的大小,通常称为波数,表示单位长度的角弧度变化值,又称空间上的角频率;$\lambda=2\pi/k$ 为在传播方向 $\hat{\boldsymbol{k}}$ 上相邻两个等相位点之间的距离,称为**波长(wavelength)**。矢量 $\boldsymbol{k}$ 称为波矢量或传播矢量。对于给定的波矢量,其等相位面,即波前,由下面方程决定:

$$\boldsymbol{k}\cdot\boldsymbol{r}=C \tag{2.1.11}$$

其中,C 为常数。式(2.1.11)是一个平面方程。所以,对于波动解(2.1.9),它的波前是一个平面,又因为电场幅度不变,故称为均匀平面波。将解(2.1.9)代入式(2.1.1)~式(2.1.4),可得

$$\boldsymbol{k}\times\boldsymbol{E}=\omega\mu\boldsymbol{H} \tag{2.1.12}$$

$$\boldsymbol{k}\times\boldsymbol{H}=-\omega\varepsilon\boldsymbol{E} \tag{2.1.13}$$

$$\boldsymbol{k}\cdot\boldsymbol{E}=0 \tag{2.1.14}$$

$$\boldsymbol{k}\cdot\boldsymbol{H}=0 \tag{2.1.15}$$

由式(2.1.12)~式(2.1.15)可知,均匀平面波的电场 $\boldsymbol{E}$ 和磁场 $\boldsymbol{H}$ 相互垂直,且垂直于波矢量 $\boldsymbol{k}$。

补充论证 2.1.1 矢量亥姆霍兹方程(2.1.7)在直角坐标系中等价于三个标量亥姆霍兹方程(2.1.8)。

证明 式(2.1.6)右端两项在直角坐标系下用求和号可分别表示成

$$\nabla(\nabla\cdot \boldsymbol{E})=\sum_{i=1}^{3}\hat{\boldsymbol{u}}_i\frac{\partial}{\partial u_i}\sum_{j=1}^{3}\hat{\boldsymbol{u}}_j\cdot\frac{\partial \boldsymbol{E}}{\partial u_j}=\sum_{i=1}^{3}\sum_{j=1}^{3}\hat{\boldsymbol{u}}_i\left(\hat{\boldsymbol{u}}_j\cdot\frac{\partial^2 \boldsymbol{E}}{\partial u_i\partial u_j}\right) \tag{p2.1.1}$$

$$\nabla\times\nabla\times\boldsymbol{E}=\sum_{i=1}^{3}\hat{\boldsymbol{u}}_i\times\frac{\partial}{\partial u_i}\sum_{j=1}^{3}\hat{\boldsymbol{u}}_j\times\frac{\partial\boldsymbol{E}}{\partial u_j}=\sum_{i=1}^{3}\sum_{j=1}^{3}\hat{\boldsymbol{u}}_i\times\left(\hat{\boldsymbol{u}}_j\times\frac{\partial^2\boldsymbol{E}}{\partial u_i\partial u_j}\right)$$

$$=\sum_{i=1}^{3}\sum_{j=1}^{3}\left[\left(\hat{\boldsymbol{u}}_i\cdot\frac{\partial^2\boldsymbol{E}}{\partial u_i\partial u_j}\right)\hat{\boldsymbol{u}}_j-(\hat{\boldsymbol{u}}_i\cdot\hat{\boldsymbol{u}}_j)\frac{\partial^2\boldsymbol{E}}{\partial u_i\partial u_j}\right]\tag{p2.1.2}$$

所以

$$\nabla^2\boldsymbol{E}=\nabla(\nabla\cdot\boldsymbol{E})-\nabla\times\nabla\times\boldsymbol{E}$$

$$=\sum_{i=1}^{3}\sum_{j=1}^{3}(\hat{\boldsymbol{u}}_i\cdot\hat{\boldsymbol{u}}_j)\frac{\partial^2\boldsymbol{E}}{\partial u_i\partial u_j}$$

$$=\sum_{i=1}^{3}\frac{\partial^2\boldsymbol{E}}{\partial^2 u_i}\tag{p2.1.3}$$

故$\nabla^2\boldsymbol{E}$在直角坐标系下的任意一个$\boldsymbol{p}$方向分量等于此方向分量的拉普拉斯算子，即

$$\nabla^2\boldsymbol{E}\big|_p=\nabla^2E_p,\quad p=x,y,z\tag{p2.1.4}$$

故由式(2.1.7)可知式(2.1.8)成立。

2. 相速和群速

波动是振动在空间发生传递的过程。电场和磁场的振动在空间的传递形成电磁波。对于电磁波而言，刻画其状态的物理量主要有场幅值、相位、场矢量方向，以及传播速度和方向。为了描述均匀平面波的相位在空间的变化快慢，在此引入**相速**(**phase velocity**)概念，即等相位面的传播速度。任何一个等相位面的传播速度都是相同的，因此为了具体形象起见，可以理解成谐波波峰的传播速度 v_{p}，其表达式可从平面波解形式(2.1.9)中导出。将式(2.1.9)写成传播方向上的时域形式：

$$\boldsymbol{E}(\boldsymbol{r},\boldsymbol{t})=\mathrm{Re}[\boldsymbol{E}_0\mathrm{e}^{\mathrm{j}(\omega t-kr)}]\tag{2.1.16}$$

其中，$\boldsymbol{r}$为位置矢量，$\boldsymbol{r}=|\boldsymbol{r}|$。很明显这个波的等相位面由下面方程决定：

$$\omega t-kr=\text{contant}\tag{2.1.17}$$

式(2.1.17)两边对 t 求导可得

$$v_{\mathrm{p}}=\frac{\mathrm{d}r}{\mathrm{d}t}=\frac{\omega}{k}\tag{2.1.18}$$

由式(2.1.10)可知

$$v_{\mathrm{p}}=\frac{1}{\sqrt{\varepsilon\mu}}\tag{2.1.19}$$

由式(2.1.19)可见，若介质的 ε 和 μ 不随频率变化，则相速 v_{p} 不随频率变化，我们称这种介质为非色散介质。一般把均匀各向同性的非色散介质称为简单介质。

色散(**dispersion**)这个概念来源于光学。当一束阳光投射到三棱镜上时，在棱镜的另

一边就能看到赤橙黄绿青蓝紫七色光散开的现象。光波是电磁波,光波的色散就是由不同频率的光在棱镜中具有不同的相速所致。如果一种介质的电介质参数或磁导率随频率变化,那么相速 v_p 也会随频率变化,则称这种介质为**色散介质**(**dispersive medium**)。

信号一般都是通过调制的手段加载在电磁波载波上传播的。一般信号可用傅里叶变换表示成不同频率谐波的积分。在无色散介质中,所有频率电磁波的相速相等,那么,对于一个具有一定带宽的时域信号,在传播一段距离后其波形不发生变化。因此在无色散介质中,调制波包络的传播速度,即**群速**(**group velocity**),与其各谐波分量的相速是一致的。然而在色散介质中,由于介电常数或磁导率随频率而变,故相速也随频率而变,这样具有一定带宽的时域信号,在传播中其形状就要发生变化。变化的波形无疑会造成接收的混乱。例如,矩形脉冲在光纤长距离传输后会畸变为一展宽的钟形,而导致前后两个脉冲无法分辨,从而限制光纤信道的最大码率。所以我们有必要研究调制电磁波在介质中的传播情况。

考虑一个低频窄带信号 $s(t)$,为了能发射,通常在发射端将其调制在频率为 ω_0 的高频信号 $e^{j\omega_0 t}$ 上。现在我们来分析合成窄带信号 $s(t)e^{j\omega_0 t}$ 在介质中的传播情况。设 $s(t)$ 的傅里叶变换为 $S(\omega)$,则调制信号 $s(t)e^{j\omega_0 t}$ 的频谱为 $S(\omega-\omega_0)$。再考虑含随距离变化的因子,那么接收端电磁波可表示成

$$S_o(\omega,k)=S(\omega-\omega_0)e^{-jkr} \tag{2.1.20}$$

注意,k 是 ω 的函数,在窄带情况下有

$$\begin{aligned}k(\omega)&\approx k(\omega_0)+\left.\frac{dk}{d\omega}\right|_{\omega=\omega_0}(\omega-\omega_0)\\&=k_0+k'(\omega-\omega_0)\end{aligned} \tag{2.1.21}$$

将式(2.1.21)代入式(2.1.20)得

$$S_o(\omega,k)=S(\omega-\omega_0)e^{-jk_0 r}e^{-j(\omega-\omega_0)k'r} \tag{2.1.22}$$

对式(2.1.22)作傅里叶逆变换可得

$$\begin{aligned}s_o(t,k)&=F^{-1}[S_o(\omega,k)]\\&=e^{j(\omega_0 t-k_0 r)}F^{-1}[S(\omega)e^{-j\omega k'r}]\\&=s(t-k'r)e^{j(\omega_0 t-k_0 r)}\end{aligned} \tag{2.1.23}$$

由式(2.1.23)可知,窄带调制信号在介质中传播一段距离后,仍为一个调制在中心角频率 ω_0 上的信号,此信号的包络就是原窄带调制信号 $s(t)$。此包络的传播速度定义为群速,它是波包的传播速度,代表着信号的实际传播速度,其计算表达式为

$$v_g=\frac{1}{k'}=\frac{d\omega}{dk} \tag{2.1.24}$$

ω 与波矢量 $\boldsymbol{k}$ 的关系称为**色散关系**(**dispersion relation**),例如,平面电磁波在均匀各向同性介质的色散关系由式(2.1.10)描述。由式(2.1.18)、式(2.1.24)可以看出,色

散关系包含着电磁波群速、相速等多重信息，把 ω 与 $\boldsymbol{k}$ 的函数关系图形化就得到**色散图**(**dispersion diagram**)。如果 $\boldsymbol{k}$ 限制在某一方向上，我们就可以得到如图 2.1 所示的二维色散曲线。如果波矢量限制在一个平面内，我们可以画出以 k_x 和 k_y 分别为 x 和 y 轴，ω 为 z 轴的色散曲面。我们也可以建立二维矢量与一维坐标轴的一一映射，从而把色散曲面以曲线的形式表示出来①。由式(2.1.10)可知，对于非色散介质，二维色散曲线就是一条直线，如图 2.1 中的虚线就是真空的色散曲线。而图 2.1 中的实线为等离子体材料的色散曲线。从中我们可以看出，在 y 轴上的一段曲线，没有任何 $\boldsymbol{k}$ 与之对应，所以这段频带内没有任何波可以传播，对应着材料的阻带；而对于通带频段，我们可以直观地查到对应于每一个频率的波矢量。当然更多的时候我们会利用色散图得到每个波矢量所对应的谐波频率或频率集②。再如，曲线某点与原点连线的斜率就直接对应着该点的相速 v_{p}，而该点的函数曲线导数就对应着群速 v_{g}；通过曲线弯曲的程度也可以看出介质色散的程度，从而判断式(2.1.21)的近似程度以及由之而来的信号的易变形程度。色散图不仅能形象直观地展示介质的电磁波传播特性，而且在研究许多复杂的介质(如等离子体、人工超材料)时，我们常常面临无法得到色散关系的解析表达的情况，但我们却可以通过实验或数值仿真的办法得到 $\boldsymbol{k}$ 与 ω 的对应关系，这时色散图是帮助我们研究波传输特性的一个常用的工具。

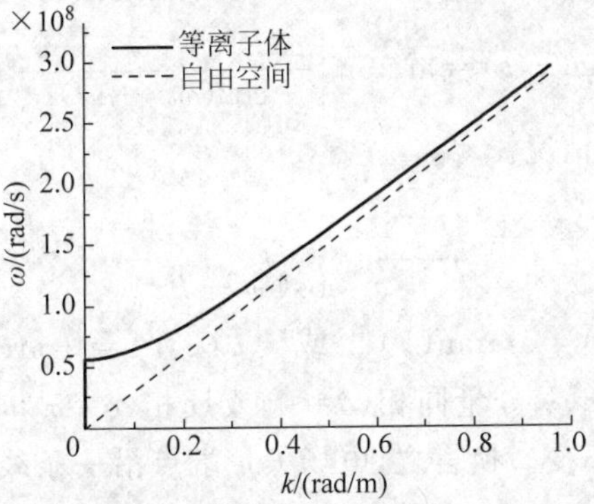

图 2.1 等离子体介质与自由空间的二维色散曲线

3. 波的极化

分析均匀平面波可知，电场矢量是随时间变化的，其变化特征取决于电场在两个正交轴上的分量比值及相位关系。通常将电场矢量端点随时间变化的特征称为波的

---

① 这实际上就是在二维空间表达三维信息。用类似的技巧，若 $\boldsymbol{k}$ 为三维矢量，我们也可以在三维空间表达$(\boldsymbol{k},\omega)$的四维信息。

② 对于某些材料，如电磁带隙晶体，每个波矢量常常对应着一系列的离散的频率，这些频率对应着不同的场模式，虽然这些场以相同的波矢量传输。

极化(polarization)。下面就来具体考察平面波的极化情况。不失一般性,假设平面波沿 z 方向传播,电场在 x-y 平面内可表示成

$$\boldsymbol{E}(z)=(E_{x0}\hat{\boldsymbol{x}}+E_{y0}\hat{\boldsymbol{y}})\mathrm{e}^{-\mathrm{j}kz} \tag{2.1.25}$$

由于波的极化特征取决于 E_{x0} 和 E_{y0} 的幅值和相位的相对关系,故可将 E_{x0} 和 E_{y0} 写成下列形式:

$$E_{x0}=1 \tag{2.1.26}$$

$$E_{y0}=a\mathrm{e}^{\mathrm{j}\delta} \tag{2.1.27}$$

这样式(2.1.25)便简化为

$$\boldsymbol{E}(z)=(\hat{\boldsymbol{x}}+a\mathrm{e}^{\mathrm{j}\delta}\hat{\boldsymbol{y}})\mathrm{e}^{-\mathrm{j}kz} \tag{2.1.28}$$

与式(2.1.28)对应的时域形式为

$$\begin{aligned}\boldsymbol{E}(z,t)&=\mathrm{Re}[(\hat{\boldsymbol{x}}+a\mathrm{e}^{\mathrm{j}\delta}\hat{\boldsymbol{y}})\mathrm{e}^{\mathrm{j}(\omega t-kz)}]\\&=\cos(\omega t-kz)\hat{\boldsymbol{x}}+a\cos(\omega t-kz+\delta)\hat{\boldsymbol{y}}\end{aligned} \tag{2.1.29}$$

为了更清楚地表示平面波电场强度和方向随时间的变化,下面具体给出计算电场强度和方向的表达式。电场强度就是 $\boldsymbol{E}(z,t)$ 的幅值,可表示为

$$|\boldsymbol{E}(z,t)|=[\cos^2(\omega t-kz)+a^2\cos^2(\omega t-kz+\delta)]^{1/2} \tag{2.1.30}$$

电场方向可用与 x 轴的夹角 $\varphi(z,t)$ 表示,其计算表达式为

$$\varphi(z,t)=\arctan\left[\frac{a\cos(\omega t-kz+\delta)}{\cos(\omega t-kz)}\right] \tag{2.1.31}$$

下面考虑几种特殊情况。

(1) $\delta=0$ 或 π 时,

$$\begin{aligned}&|\boldsymbol{E}(z,t)|=\sqrt{1+a^2}\cos(\omega t-kz)\\&\varphi(z,t)=\arctan(a)\quad\text{或}\quad\varphi(z,t)=-\arctan(a)\end{aligned} \tag{2.1.32a}$$

由上式可知,在电场的 x、y 分量同相($\delta=0$)或反相($\delta=\pi$)时,电场强度虽随时间作余弦变化,其方向保持不变。换言之,电场矢量端点沿一条线振动。故将此种波的极化称为**线极化(linear polarization)**。

(2) $\delta=\pi/2$ 或 $-\pi/2$,且 $a=1$ 时,

$$\begin{aligned}&|\boldsymbol{E}(z,t)|=1\\&\varphi(z,t)=-(\omega t-kz)\quad\text{或}\quad\varphi(z,t)=(\omega t-kz)\end{aligned} \tag{2.1.32b}$$

由上式可知,在电场的 x、y 分量幅值相等,相位相差 $\pi/2$ 时,电场强度不随时间变化,而其方向随时间匀速旋转。换言之,电场矢量沿圆周旋转。故将此种波的极化称为**圆极化(circular polarization)**。当 $\delta=\pi/2$ 时,旋转方向为左旋,故称为**左旋圆极化(left-hand circular polarization)**;当 $\delta=-\pi/2$ 时,旋转方向为右旋,故称为**右旋圆极化(right-hand circular polarization)**。在一般情况下,电场的 x、y 分量幅值不相等,此时电场矢量的运动轨迹是一个椭圆,称为**椭圆极化(elliptical polarization)**。

例题 2.1 将 x 方向的线极化波 $\boldsymbol{E}=E_0\cos(\omega t-\beta z)\hat{\boldsymbol{x}}$ 分解为两个振幅相等但方向相反的圆极化波的叠加形式。

解 设所求右旋圆极化波为

$$\boldsymbol{E}_1=E_1\cos(\omega t-\beta z)\hat{\boldsymbol{x}}+E_1\cos\left(\omega t-\beta z-\frac{\pi}{2}\right)\hat{\boldsymbol{y}} \tag{e2.1.1}$$

左旋圆极化波为

$$\boldsymbol{E}_2=E_2\cos(\omega t-\beta z)\hat{\boldsymbol{x}}+E_2\cos\left(\omega t-\beta z+\frac{\pi}{2}\right)\hat{\boldsymbol{y}} \tag{e2.1.2}$$

若

$$\boldsymbol{E}=\boldsymbol{E}_1+\boldsymbol{E}_2 \tag{e2.1.3}$$

则

$$\begin{cases}E_0\cos(\omega t-\beta z)=E_1\cos(\omega t-\beta z)+E_2\cos(\omega t-\beta z)\\0=E_1\cos\left(\omega t-\beta z-\frac{\pi}{2}\right)+E_2\cos\left(\omega t-\beta z+\frac{\pi}{2}\right)\end{cases} \tag{e2.1.4}$$

解得

$$E_1=E_2=\frac{1}{2}E_0 \tag{e2.1.5}$$

即

$$\begin{aligned}\boldsymbol{E}&=\boldsymbol{E}_1+\boldsymbol{E}_2\\&=\frac{1}{2}E_0\left[\cos(\omega t-\beta z)\hat{\boldsymbol{x}}+\cos\left(\omega t-\beta z-\frac{\pi}{2}\right)\hat{\boldsymbol{y}}\right]+\\&\quad\frac{1}{2}E_0\left[\cos(\omega t-\beta z)\hat{\boldsymbol{x}}+\cos\left(\omega t-\beta z+\frac{\pi}{2}\right)\hat{\boldsymbol{y}}\right]\end{aligned} \tag{e2.1.6}$$

4. 无耗介质中的电磁波传播

下面具体考虑平面电磁波在不同介质中的传播特征。首先考虑在无耗介质中，即电介质参数和磁导率都为实数的波传播情况。此时由色散关系式(2.1.10)可知，波数 k 必为实数。根据平面波解形式(式(2.1.9))易知，平面电磁波在无耗介质中传播，只有相位变化，无幅值变化。将式(2.1.12)写成

$$\hat{\boldsymbol{k}}\times\boldsymbol{E}=Z\boldsymbol{H} \tag{2.1.33a}$$

其中，Z 为垂直于传播方向平面上的电场和磁场的比值。不难验证，Z 的单位是欧姆，故称为**波阻抗(wave impedance)**。在简单介质中，

$$Z = \frac{\omega\mu}{k} = \sqrt{\frac{\mu}{\varepsilon}} \tag{2.1.33b}$$

即波阻抗 Z 等于介质的本征阻抗(特性阻抗)。在无耗介质中,波阻抗 Z 为实数,电场和磁场同相。

5. 有耗介质中的电磁波传播

下面再来考虑平面电磁波在有耗介质中的传播。实际中常见的有耗介质是电介质参数为复数的情形,即 $\varepsilon=\varepsilon'-\mathrm{j}\varepsilon''$,譬如海水、湿土。通常这种介质的损耗由电导率 σ 引起,故又有 $\varepsilon''=\sigma/\omega$。根据色散关系式(2.1.10)有

$$k = \omega\sqrt{\mu\varepsilon'}\left(1-\mathrm{j}\frac{\varepsilon''}{\varepsilon'}\right)^{1/2} \tag{2.1.34}$$

将复数 k 写成

$$k = \beta - \mathrm{j}\alpha \tag{2.1.35a}$$

其中,β 为**相移常数**(**phase constant**),表示传播方向上单位长度上波的相位的变化量,单位是 rad/m;α 为**衰减常数**(**attenuation constant**),表示传播方向上单位长度上波的幅值的衰减量,单位是 Np/m。为了更一般地表述电磁波的传播或传输特征,我们还定义**传播常数** $\boldsymbol{\gamma}$ (**propagation constant**):

$$\gamma = \alpha + \mathrm{j}\beta \tag{2.1.35b}$$

显然,在自由空间中传播常数与波数有关系 $\gamma=\mathrm{j}k$,但在下面要介绍的波导传输线中就没有此简单关系了。由式(2.1.34)不难推出

$$\beta = \omega\left\{\frac{\mu\varepsilon'}{2}\left[\sqrt{1+\left(\frac{\varepsilon''}{\varepsilon'}\right)^2}+1\right]\right\}^{1/2} \tag{2.1.36a}$$

$$\alpha = \omega\left\{\frac{\mu\varepsilon'}{2}\left[\sqrt{1+\left(\frac{\varepsilon''}{\varepsilon'}\right)^2}-1\right]\right\}^{1/2} \tag{2.1.36b}$$

由此可知,平面电磁波在有耗介质中传播,除了相位以相移常数 β 随距离变化,其幅值也要以衰减常数 α 随距离指数衰减。此时波阻抗为

$$\eta = \sqrt{\frac{\mu}{\varepsilon'}}\left(1-\mathrm{j}\frac{\varepsilon''}{\varepsilon'}\right)^{-1/2} \tag{2.1.37}$$

由此可知,有耗情况下,一般说来电场和磁场不再同相。下面再来讨论式(2.1.36a)和式(2.1.36b)在不同情况下的简化式。在弱耗情况下,即 $\varepsilon''/\varepsilon'<10^{-2}$,式(2.1.36a)和式(2.1.36b)可近似为

$$\beta \approx \omega\sqrt{\mu\varepsilon'} \tag{2.1.38a}$$

$$\alpha \approx \frac{\omega\varepsilon''}{2}\sqrt{\frac{\mu}{\varepsilon'}} = \frac{\sigma}{2}\sqrt{\frac{\mu}{\varepsilon'}} \tag{2.1.38b}$$

$$\eta=\sqrt{\frac{\mu}{\varepsilon'}} \tag{2.1.39}$$

由此可知，在弱耗情况下，相移常数 β 与无耗情况下相同，衰减常数 α 与频率无关，电场和磁场同相。在良导体情况下，即 $\varepsilon''/\varepsilon'>10^2$，式(2.1.36a)、式(2.1.36b)可近似为

$$\beta\approx\omega\sqrt{\frac{\mu\varepsilon''}{2}}=\sqrt{\frac{\omega\mu\sigma}{2}} \tag{2.1.40a}$$

$$\alpha=\beta\approx\sqrt{\frac{\omega\mu\sigma}{2}} \tag{2.1.40b}$$

$$\eta=(1+\mathrm{j})\sqrt{\frac{\omega\mu}{2\sigma}} \tag{2.1.41}$$

由式(2.1.41)可知，在良导体中，电场与磁场不再同相，而是电场始终超前磁场 $\pi/4$。由式(2.1.40b)可知，电磁波在良导体中传播衰减很快，很难深入良导体内部。一般电磁场能量集中于良导体表面。为此定义一个**趋肤深度**(**skin depth**)δ，描述电磁波穿透导体的能力，具体定义式为

$$\delta=\frac{1}{\alpha} \tag{2.1.42}$$

即电磁波幅值减到原来的 $\mathrm{e}^{-1}\approx0.37$ 时所传播的距离。

6. 各向异性介质中的电磁波传播

现实生活中，有些介质在不同方向上的介电常数值是不同的，呈现各向异性，这时介电常数就需用张量表示。譬如离地面 50～2000 km 高度范围内的电离层，就表现为一种等离子体，其介电常数往往可表示成

$$[\varepsilon]=\varepsilon_0\begin{bmatrix}\varepsilon_1 & -\mathrm{j}\varepsilon_2 & 0\\ \mathrm{j}\varepsilon_2 & \varepsilon_1 & 0\\ 0 & 0 & \varepsilon_3\end{bmatrix} \tag{2.1.43}$$

下面就来讨论平面电磁波在这种介质中的传播特征。由于此时只有 $\nabla\cdot\boldsymbol{D}=0$，不再有 $\nabla\cdot\boldsymbol{E}=0$，故也就没有矢量亥姆霍兹方程(2.1.7)，只能将式(2.1.9)和式(2.1.43)代入式(2.1.5)得

$$\nabla\times\nabla\times(\boldsymbol{E}_0\mathrm{e}^{-\mathrm{j}\boldsymbol{k}\cdot\boldsymbol{r}})=\omega^2[\varepsilon]\mu(\boldsymbol{E}_0\mathrm{e}^{-\mathrm{j}\boldsymbol{k}\cdot\boldsymbol{r}}) \tag{2.1.44}$$

由旋度算子的矩阵表示式(e1.5.3)可得

$$\nabla\times\nabla\times(\boldsymbol{E}_0\mathrm{e}^{-\mathrm{j}\boldsymbol{k}\cdot\boldsymbol{r}})=\begin{bmatrix}0 & -\frac{\partial}{\partial z} & \frac{\partial}{\partial y}\\ \frac{\partial}{\partial z} & 0 & -\frac{\partial}{\partial x}\\ -\frac{\partial}{\partial y} & \frac{\partial}{\partial x} & 0\end{bmatrix}\begin{bmatrix}0 & -\frac{\partial}{\partial z} & \frac{\partial}{\partial y}\\ \frac{\partial}{\partial z} & 0 & -\frac{\partial}{\partial x}\\ -\frac{\partial}{\partial y} & \frac{\partial}{\partial x} & 0\end{bmatrix}\begin{pmatrix}E_{0x}\mathrm{e}^{-\mathrm{j}(k_xx+k_yy+k_zz)}\\ E_{0y}\mathrm{e}^{-\mathrm{j}(k_xx+k_yy+k_zz)}\\ E_{0z}\mathrm{e}^{-\mathrm{j}(k_xx+k_yy+k_zz)}\end{pmatrix}$$

$$=\begin{bmatrix}0 & jk_z & -jk_y\\ -jk_z & 0 & jk_x\\ jk_y & -jk_x & 0\end{bmatrix}\begin{bmatrix}0 & jk_z & -jk_y\\ -jk_z & 0 & jk_x\\ jk_y & -jk_x & 0\end{bmatrix}\begin{bmatrix}E_{0x}e^{-j(k_x x+k_y y+k_z z)}\\ E_{0y}e^{-j(k_x x+k_y y+k_z z)}\\ E_{0z}e^{-j(k_x x+k_y y+k_z z)}\end{bmatrix}$$

$$=\begin{bmatrix}k_y^2+k_z^2 & -k_xk_y & -k_xk_z\\ -k_xk_y & k_z^2+k_x^2 & -k_yk_z\\ -k_xk_z & -k_yk_z & k_x^2+k_y^2\end{bmatrix}\begin{bmatrix}E_{0x}e^{-j(k_x x+k_y y+k_z z)}\\ E_{0y}e^{-j(k_x x+k_y y+k_z z)}\\ E_{0z}e^{-j(k_x x+k_y y+k_z z)}\end{bmatrix} \tag{2.1.45}$$

把式(2.1.44)等式右端移到左端,再利用关系式 $k_x^2+k_y^2+k_z^2=k^2$,则式(2.1.44)转化为

$$\left(\begin{bmatrix}k^2-k_x^2 & -k_xk_y & -k_xk_z\\ -k_xk_y & k^2-k_y^2 & -k_yk_z\\ -k_xk_z & -k_yk_z & k^2-k_z^2\end{bmatrix}-\omega^2\varepsilon_0\mu_0\begin{bmatrix}\varepsilon_1 & -j\varepsilon_2 & 0\\ j\varepsilon_2 & \varepsilon_1 & 0\\ 0 & 0 & \varepsilon_3\end{bmatrix}\right)\begin{bmatrix}E_{0x}e^{-j(k_x x+k_y y+k_z z)}\\ E_{0y}e^{-j(k_x x+k_y y+k_z z)}\\ E_{0z}e^{-j(k_x x+k_y y+k_z z)}\end{bmatrix}=\mathbf{0}$$

$$\tag{2.1.46a}$$

记 $k_0^2=\omega^2\varepsilon_0\mu_0$,且提出 $e^{-j(k_x x+k_y y+k_z z)}$ 项,式(2.1.46a)写为

$$\begin{bmatrix}k^2-k_x^2-k_0^2\varepsilon_1 & -k_xk_y+jk_0^2\varepsilon_2 & -k_xk_z\\ -k_xk_y-jk_0^2\varepsilon_2 & k^2-k_y^2-k_0^2\varepsilon_1 & -k_yk_z\\ -k_xk_z & -k_yk_z & k^2-k_z^2-k_0^2\varepsilon_3\end{bmatrix}\begin{pmatrix}E_{0x}\\ E_{0y}\\ E_{0z}\end{pmatrix}=\mathbf{0} \tag{2.1.46b}$$

根据此方程要有非零解,其系数行列式值必为零,得如下色散方程:

$$\det\begin{bmatrix}k^2-k_x^2-k_0^2\varepsilon_1 & -k_xk_y+jk_0^2\varepsilon_2 & -k_xk_z\\ -k_xk_y-jk_0^2\varepsilon_2 & k^2-k_y^2-k_0^2\varepsilon_1 & -k_yk_z\\ -k_xk_z & -k_yk_z & k^2-k_z^2-k_0^2\varepsilon_3\end{bmatrix}=0 \tag{2.1.47}$$

考虑两种特殊传播方向下式(2.1.46b)和式(2.1.47)的解。先考虑沿 z 轴传播的情况,即 $k_x=k_y=0$,$k_z=k$。此时式(2.1.47)写为

$$\det\begin{bmatrix}k^2-k_0^2\varepsilon_1 & jk_0^2\varepsilon_2 & 0\\ -jk_0^2\varepsilon_2 & k^2-k_0^2\varepsilon_1 & 0\\ 0 & 0 & -k_0^2\varepsilon_3\end{bmatrix}=0 \tag{2.1.48a}$$

于是,

$$(k^2-k_0^2\varepsilon_1)^2-(k_0^2\varepsilon_2)^2=0 \tag{2.1.48b}$$

从而解得

$$k=k_0(\varepsilon_1\pm\varepsilon_2)^{1/2} \tag{2.1.49}$$

将式(2.1.49)代入式(2.1.46b)得

$$\begin{bmatrix}\pm k_0^2\varepsilon_2 & \mathrm{j}k_0^2\varepsilon_2 & 0\\ -\mathrm{j}k_0^2\varepsilon_2 & \pm k_0^2\varepsilon_2 & 0\\ 0 & 0 & -k_0^2\varepsilon_3\end{bmatrix}\begin{pmatrix}E_{0x}\\ E_{0y}\\ E_{0z}\end{pmatrix}=\mathbf{0} \tag{2.1.50a}$$

可以解出

$$E_{0z}=0,\quad E_{0y}/E_{0x}=\pm\mathrm{j} \tag{2.1.50b}$$

其中，j 前面的±号与式(2.1.49)中±号对应。由 2.1.1 节 3. 讨论可知，式(2.1.50b)决定的平面波是圆极化平面波，其中 j 前面的＋号对应的是左旋圆极化，其波数为 $k_0(\varepsilon_1+\varepsilon_2)^{1/2}$；j 前面的－号对应的是右旋圆极化，其波数为 $k_0(\varepsilon_1-\varepsilon_2)^{1/2}$。由于线极化平面波可以分解成左、右旋圆极化的叠加，这样左、右旋圆极化在介质中波数的不同就造成线极化平面波在这种介质中传播一段距离后，极化方向会发生旋转。这种现象称为法拉第(Faraday)旋转。在地球同步轨道卫星与地面站的通信过程中，由于电磁波要穿过电离层，如果使用线极化，法拉第旋转会给电磁波的有效接收带来一定的困难，故在 C 波段的卫星通信系统中多使用圆极化波。

再考虑沿 x 轴传播的情况，即 $k_y=k_z=0, k_x=k$。代入式(2.1.49)得

$$\det\begin{bmatrix}k_0^2\varepsilon_1 & \mathrm{j}k_0^2\varepsilon_2 & 0\\ -\mathrm{j}k_0^2\varepsilon_2 & k^2-k_0^2\varepsilon_1 & 0\\ 0 & 0 & k^2-k_0^2\varepsilon_3\end{bmatrix}=0 \tag{2.1.51}$$

此时由式(2.1.51)可得

$$k^2-k_0^2\varepsilon_3=0 \tag{2.1.52a}$$

或

$$-k_0^2\varepsilon_1(k^2-k_0^2\varepsilon_1)-(k_0^2\varepsilon_2)^2=0 \tag{2.1.52b}$$

对应的两个解分别为

$$k_1=k_0[\varepsilon_3]^{1/2} \tag{2.1.53a}$$

和

$$k_2=k_0\left[\frac{\varepsilon_1^2-\varepsilon_2^2}{\varepsilon_1}\right]^{1/2} \tag{2.1.53b}$$

将式(2.1.53a)代入式(2.1.46b)得

$$\begin{bmatrix}-k_0^2\varepsilon_1 & \mathrm{j}k_0^2\varepsilon_2 & 0\\ -\mathrm{j}k_0^2\varepsilon_2 & k_0^2\varepsilon_3-k_0^2\varepsilon_1 & 0\\ 0 & 0 & 0\end{bmatrix}\begin{bmatrix}E_{0x}\\ E_{0y}\\ E_{0z}\end{bmatrix}=\mathbf{0} \tag{2.1.54}$$

求得对应于波数 k_1 的电场为

$$\boldsymbol{E}=\hat{\boldsymbol{z}}E_0\mathrm{e}^{-\mathrm{j}k_1x} \tag{2.1.55}$$

将式(2.1.55)代入式(2.1.12)得磁场为

$$\boldsymbol{H}=-\hat{\boldsymbol{y}}\sqrt{\frac{\varepsilon_0}{\mu_0}}\sqrt{\varepsilon_3}E_0\mathrm{e}^{-\mathrm{j}k_1x} \tag{2.1.56}$$

由此可知,对应于波数 k_1 的、沿 x 轴传播的平面电磁波是线极化横电磁(TEM)波。这个波的特性与 $\mu=\mu_0,\varepsilon=\varepsilon_0\varepsilon_3$ 的各向同性介质中的线极化平面波完全相同,所以又称为寻常波。将式(2.1.53b)代入式(2.1.46b)得

$$\begin{bmatrix}-k_0^2\varepsilon_1 & \mathrm{j}k_0^2\varepsilon_2 & 0\\ -\mathrm{j}k_0^2\varepsilon_2 & -k_0^2\dfrac{\varepsilon_2^2}{\varepsilon_1} & 0\\ 0 & 0 & k_0^2\varepsilon_1-k_0^2\dfrac{\varepsilon_2^2}{\varepsilon_1}-k_0^2\varepsilon_3\end{bmatrix}\begin{bmatrix}E_{0x}\\ E_{0y}\\ E_{0z}\end{bmatrix}=\boldsymbol{0} \tag{2.1.57a}$$

求得对应于波数 k_2 的电场为

$$\boldsymbol{E}=E_0\left(\hat{\boldsymbol{x}}-\mathrm{j}\frac{\varepsilon_1}{\varepsilon_2}\hat{\boldsymbol{y}}\right)\mathrm{e}^{-\mathrm{j}k_2x} \tag{2.1.57b}$$

将式(2.1.57b)代入式(2.1.12)得磁场为

$$\boldsymbol{H}=-\mathrm{j}E_0\frac{\varepsilon_1}{\varepsilon_2}\sqrt{\frac{\varepsilon_1^2-\varepsilon_2^2}{\varepsilon_1}}\sqrt{\frac{\varepsilon_0}{\mu_0}}\mathrm{e}^{-\mathrm{j}k_2x}\hat{\boldsymbol{z}} \tag{2.1.58}$$

由此可知,对应于波数 k_2 的、沿 x 轴传播的平面电磁波是 x-y 平面上的椭圆极化波。因为在传播方向上有电场分量,所以不是TEM波。由于与各向同性介质中平面电磁波很不相同,所以又称为非寻常波。

7. 坡印亭定理

用 $\boldsymbol{E}$ 点乘安培定律(式(1.4.21)),用 $\boldsymbol{H}$ 点乘法拉第定律(式(1.4.22)),并将两者相减可得

$$\boldsymbol{E}\cdot\nabla\times\boldsymbol{H}-\boldsymbol{H}\cdot\nabla\times\boldsymbol{E}=\boldsymbol{E}\cdot\frac{\partial\boldsymbol{D}}{\partial t}+\boldsymbol{H}\cdot\frac{\partial\boldsymbol{B}}{\partial t}+\boldsymbol{E}\cdot\boldsymbol{J} \tag{2.1.59}$$

利用下面矢量恒等式:

$$\nabla\cdot(\boldsymbol{E}\times\boldsymbol{H})=\boldsymbol{H}\cdot\nabla\times\boldsymbol{E}-\boldsymbol{E}\cdot\nabla\times\boldsymbol{H} \tag{2.1.60}$$

式(2.1.59)可简化成

$$\nabla\cdot(\boldsymbol{E}\times\boldsymbol{H})=-\boldsymbol{E}\cdot\frac{\partial\boldsymbol{D}}{\partial t}-\boldsymbol{H}\cdot\frac{\partial\boldsymbol{B}}{\partial t}-\boldsymbol{E}\cdot\boldsymbol{J} \tag{2.1.61}$$

在一般简单介质中有

$$\boldsymbol{E}\cdot\frac{\partial\boldsymbol{D}}{\partial t}=\boldsymbol{E}\cdot\frac{\partial(\varepsilon\boldsymbol{E})}{\partial t}=\frac{1}{2}\frac{\partial(\varepsilon\boldsymbol{E}\cdot\boldsymbol{E})}{\partial t}=\frac{\partial}{\partial t}\left(\frac{1}{2}\varepsilon E^2\right)$$

$$\boldsymbol{H}\cdot\frac{\partial\boldsymbol{B}}{\partial t}=\boldsymbol{H}\cdot\frac{\partial(\mu\boldsymbol{H})}{\partial t}=\frac{1}{2}\frac{\partial(\mu\boldsymbol{H}\cdot\boldsymbol{H})}{\partial t}=\frac{\partial}{\partial t}\left(\frac{1}{2}\mu H^2\right)$$

$$\boldsymbol{E}\cdot\boldsymbol{J}=\boldsymbol{E}\cdot\sigma\boldsymbol{E}=\sigma E^2$$

所以式(2.1.61)可写成

$$\nabla\cdot(\boldsymbol{E}\times\boldsymbol{H})=-\frac{\partial}{\partial t}\left(\frac{1}{2}\varepsilon E^2\right)-\frac{\partial}{\partial t}\left(\frac{1}{2}\mu H^2\right)-\sigma E^2 \tag{2.1.62}$$

式(2.1.62)称为**坡印亭定理**，表述的是空间中任意一点的电磁能量守恒关系。对式(2.1.62)两边在区域 V 中作积分，再利用高斯定理，便可得到式(2.1.62)的积分形式：

$$\oint_S(\boldsymbol{E}\times\boldsymbol{H})\cdot\mathrm{d}\boldsymbol{S}=-\frac{\partial}{\partial t}\int_V\left(\frac{1}{2}\varepsilon E^2\right)\mathrm{d}V-\frac{\partial}{\partial t}\int_V\left(\frac{1}{2}\mu H^2\right)\mathrm{d}V-\int_V\sigma E^2\,\mathrm{d}V \tag{2.1.63}$$

式(2.1.63)右边第一项是区域内电能的减少，第二项是区域内磁能的减少，第三项是区域内能量损耗，由此可推出式(2.1.63)左边表示的是流出区域的电磁能量。由此可推知，矢量 $\boldsymbol{E}\times\boldsymbol{H}$ 表示的是电磁能流密度，称为**坡印亭矢量(Poynting vector)**，记为 $\boldsymbol{S}$。注意到

$$\boldsymbol{S}=\boldsymbol{E}\times\boldsymbol{H}=\mathrm{Re}(\widetilde{\boldsymbol{E}})\times\mathrm{Re}(\widetilde{\boldsymbol{H}})\neq\mathrm{Re}(\widetilde{\boldsymbol{E}}\times\widetilde{\boldsymbol{H}}) \tag{2.1.64a}$$

所以坡印亭矢量不能简单地由 $\mathrm{Re}(\widetilde{\boldsymbol{E}}\times\widetilde{\boldsymbol{H}})$ 计算。假设沿 $\hat{\boldsymbol{z}}$ 方向传播的平面波的电场为

$$\widetilde{\boldsymbol{E}}(z)=\hat{\boldsymbol{x}}E_0\mathrm{e}^{-(\alpha+\mathrm{j}\beta)z} \tag{2.1.64b}$$

则在波阻抗为 $\eta=|\eta|\mathrm{e}^{\mathrm{j}\theta_\eta}$ 的介质中，磁场可表示为

$$\widetilde{\boldsymbol{H}}(z)=\hat{\boldsymbol{y}}\frac{E_0}{\eta}\mathrm{e}^{-(\alpha+\mathrm{j}\beta)z}=\hat{\boldsymbol{y}}\frac{E_0}{|\eta|}\mathrm{e}^{-(\alpha+\mathrm{j}\beta)z-\mathrm{j}\theta_\eta} \tag{2.1.64c}$$

所以坡印亭矢量为

$$\begin{aligned}\boldsymbol{S}(z,t)&=\boldsymbol{E}(z,t)\times\boldsymbol{H}(z,t)\\&=\mathrm{Re}[\widetilde{\boldsymbol{E}}(z)\mathrm{e}^{\mathrm{j}\omega t}]\times\mathrm{Re}[\widetilde{\boldsymbol{H}}(z)\mathrm{e}^{\mathrm{j}\omega t}]\\&=\hat{\boldsymbol{z}}\frac{E_0^2}{|\eta|}\mathrm{e}^{-2\alpha z}\cos(\omega t-\beta z)\cos(\omega t-\beta z-\theta_\eta)\\&=\hat{\boldsymbol{z}}\frac{E_0^2}{2|\eta|}\mathrm{e}^{-2\alpha z}[\cos\theta_\eta+\cos(2\omega t-2\beta z-\theta_\eta)]\end{aligned} \tag{2.1.64d}$$

可见坡印亭矢量包含两部分，一部分为恒定值，大小取决于波阻抗，另一部分以 2ω 为角频率振荡。

上述讨论的为瞬时坡印亭矢量，表述瞬时能流密度。在时谐电磁场中，相比起瞬时值，一个周期内的平均能流密度矢量 $\boldsymbol{S}_{\mathrm{av}}$ 更有意义：

$$\boldsymbol{S}_{\mathrm{av}}=\frac{1}{T}\int_0^T \boldsymbol{S}\,\mathrm{d}t=\frac{\omega}{2\pi}\int_0^T \boldsymbol{S}\,\mathrm{d}t \tag{2.1.65}$$

其中,$T=\dfrac{2\pi}{\omega}$为时谐场时间周期。把式(2.1.64)代入式(2.1.65),得

$$\boldsymbol{S}_{\mathrm{av}}=\frac{1}{T}\int_0^T \boldsymbol{S}\,\mathrm{d}t=\hat{\boldsymbol{z}}\,\frac{E_0^2}{2|\eta|}\mathrm{e}^{-2\alpha z}\cos\theta_\eta \quad (\mathrm{W/m^2}) \tag{2.1.66}$$

利用复矢量,我们还可以更简便地表述 $\boldsymbol{S}_{\mathrm{av}}$。考虑到 $\mathrm{Re}(\tilde{A})=\frac{1}{2}(\tilde{A}+\tilde{A}^*)$,将 $\boldsymbol{S}$ 写为

$$\begin{aligned}\boldsymbol{S}(t)&=\mathrm{Re}(\boldsymbol{E})\times\mathrm{Re}(\boldsymbol{H})\\&=\frac{1}{2}(\boldsymbol{E}+\boldsymbol{E}^*)\times\frac{1}{2}(\boldsymbol{H}+\boldsymbol{H}^*)\\&=\frac{1}{4}(\boldsymbol{E}\times\boldsymbol{H}+\boldsymbol{E}^*\times\boldsymbol{H}^*+\boldsymbol{E}^*\times\boldsymbol{H}+\boldsymbol{E}\times\boldsymbol{H}^*)\\&=\frac{1}{2}\mathrm{Re}(\boldsymbol{E}\times\boldsymbol{H}+\boldsymbol{E}\times\boldsymbol{H}^*)\end{aligned} \tag{2.1.67}$$

其中,将式(2.1.64d)中的 $\tilde{\boldsymbol{E}}(z)\mathrm{e}^{\mathrm{j}\omega t}$ 和 $\tilde{\boldsymbol{H}}(z)\mathrm{e}^{\mathrm{j}\omega t}$ 简写为 $\boldsymbol{E}$ 和 $\boldsymbol{H}$。在利用式(2.1.65)计算平均坡印亭矢量时,由于第一项 $\boldsymbol{E}\times\boldsymbol{H}$ 中存在 $\mathrm{e}^{\mathrm{j}2\omega t}$,它在一个周期内积分为零,第二项 $\boldsymbol{E}\times\boldsymbol{H}^*$ 关于时间的因子彼此相消去,所以式(2.1.65)转化为

$$\boldsymbol{S}_{\mathrm{av}}=\frac{1}{T}\int_0^T \boldsymbol{S}\,\mathrm{d}t=\frac{1}{T}\int_0^T \frac{1}{2}\mathrm{Re}(\boldsymbol{E}\times\boldsymbol{H}^*)\,\mathrm{d}t=\frac{1}{2}\mathrm{Re}(\boldsymbol{E}\times\boldsymbol{H}^*) \quad (\mathrm{W/m^2}) \tag{2.1.68}$$

这就是时谐场平均坡印亭矢量的计算式。

例题 2.2 一个竖直放置的电流元 $I\mathrm{d}l$ 放置在球坐标原点上,则它在自由空间内产生如下的远区场:

$$\begin{cases}\boldsymbol{E}(R,\theta)=\hat{\boldsymbol{\theta}}E_\theta(R,\theta)=\hat{\boldsymbol{\theta}}\left(\mathrm{j}\,\dfrac{60\pi I\mathrm{d}l}{\lambda R}\sin\theta\right)\mathrm{e}^{-\mathrm{j}\beta R} \quad (\mathrm{V/m})\\ \boldsymbol{H}(R,\theta)=\hat{\boldsymbol{\phi}}\,\dfrac{E_\theta(R,\theta)}{\eta_0}=\hat{\boldsymbol{\phi}}\left(\mathrm{j}\,\dfrac{I\mathrm{d}l}{2\lambda R}\sin\theta\right)\mathrm{e}^{-\mathrm{j}\beta R} \quad (\mathrm{A/m})\end{cases} \tag{e2.2.1}$$

试写出瞬时坡印亭矢量的表达式,以及这个电流元的平均辐射功率。

解 由定义得

$$\begin{aligned}\boldsymbol{S}(R,\theta,t)&=\mathrm{Re}[\boldsymbol{E}(R,\theta)\mathrm{e}^{\mathrm{j}\omega t}]\times\mathrm{Re}[\boldsymbol{H}(R,\theta)\mathrm{e}^{\mathrm{j}\omega t}]\\&=30\hat{\boldsymbol{\theta}}\times\hat{\boldsymbol{\phi}}\pi\left(\frac{I\mathrm{d}l}{\lambda R}\right)^2\sin^2\theta\sin^2(\omega t-\beta R)\\&=15\hat{\boldsymbol{R}}\pi\left(\frac{I\mathrm{d}l}{\lambda R}\right)^2\sin^2\theta[1-\cos2(\omega t-\beta R)] \quad (\mathrm{W/m^2})\end{aligned} \tag{e2.2.2}$$

由式(e2.2.2)可以得到

$$\boldsymbol{S}_{\mathrm{av}}(R,\theta)=15\hat{\boldsymbol{R}}\pi\left(\frac{I\mathrm{d}l}{\lambda R}\right)^2\sin^2\theta\quad(\mathrm{W/m^2})\tag{e2.2.3}$$

所以这个电流元的平均辐射功率为

$$\begin{aligned}\boldsymbol{P}_{\mathrm{av}}&=\oint_s\boldsymbol{S}_{\mathrm{av}}(R,\theta)\cdot\mathrm{d}\boldsymbol{s}\\&=\int_0^{2\pi}\int_0^{\pi}\left[\hat{\boldsymbol{R}}15\pi\left(\frac{I\mathrm{d}l}{\lambda R}\right)^2\sin^2\theta\right]\cdot\hat{\boldsymbol{R}}R^2\sin\theta\mathrm{d}\theta\mathrm{d}\phi\\&=40\pi^2\left(\frac{I\mathrm{d}l}{\lambda}\right)^2\quad(\mathrm{W/m^2})\end{aligned}\tag{e2.2.4}$$

2.1.2　层状介质中电磁波的传播

2.1.1节讨论了平面电磁波在均匀介质中的传播特性，这一节要研究平面电磁波在非均匀介质中的传播。如果直接从最一般的三维非均匀介质传播着手研究，由于现象过于复杂，则不利于看清现象本质，进而提炼关键概念。为此，不如先考虑一维非均匀介质中的传播。而一维非均匀介质的离散情形就是本节题目中的层状介质。因此，研究平面电磁波在层状介质中的传播，是研究平面电磁波在非均匀介质中传播的基础和关键，是很多实际现象不失本质的简化分析模型。不难理解，如果弄清了两层介质中电磁波的传播机制，则三层或更多层可进行类似分析。因此两层介质中电磁波的传播问题应该是最为基本的问题。具体而言就是平面电磁波从一种介质传播到另一种介质时所发生的现象。

不失一般性，假设平面电磁波传播方向与两种介质交界面垂直方向组成的入射面为 x-z 面。任何极化方向(即电场方向)的平面波都可分解成垂直于入射面(x-z 平面)的横电波，即**垂直面极化波**(**perpendicular polarization**)，和平行于入射面的横磁波，即**平行面极化波**(**parallel polarization**)。它们又可分别称为TE波和TM波。TE波是transverse electric wave的简称，其意在于电场仅在介质不连续方向的横向上；TM波是transverse magnetic wave的简称，其意在于磁场仅在介质不连续方向的横向上。这种分类法的意义将在2.2节讲述。在第4章讨论散射问题时，常常又将TE波和TM波分别称为**水平极化**(**horizontal polarization**)和**垂直极化**(**vertical polarization**)，因为TE波的电场平行于介质交界面，TM波有电场分量垂直于介质交界面。之所以要分类，是因为描述这两种极化形式的波在从一种介质传播到另一种介质时的公式系统不同。下面先讨论TE波，再研究TM波。

如图2.2(a)所示，假设有一TE波从介质1入射到介质2，介质1和介质2的介质参数分别为 ε_1、μ_1 和 ε_2、μ_2。类比推测可知，TE波从介质1入射到介质2，大致会发生一部分能量反射回来，另一部分能量透射到介质 2。下面给出数学分析。不失一般性，设介质交界面为 $z=0$，如图 2.2(a)所示，入射波可写成

$$\boldsymbol{E}_{\mathrm{i}}=\hat{\boldsymbol{y}}\mathrm{e}^{-\mathrm{j}(k_{\mathrm{i}x}x+k_{\mathrm{i}z}z)} \tag{2.1.69}$$

根据式(2.1.12)可知，对应于入射波电场的磁场可表示为

$$\boldsymbol{H}_{\mathrm{i}}=\frac{1}{\omega\mu_1}(-\hat{\boldsymbol{x}}k_{\mathrm{i}z}+\hat{\boldsymbol{z}}k_{\mathrm{i}x})\mathrm{e}^{-\mathrm{j}(k_{\mathrm{i}x}x+k_{\mathrm{i}z}z)} \tag{2.1.70}$$

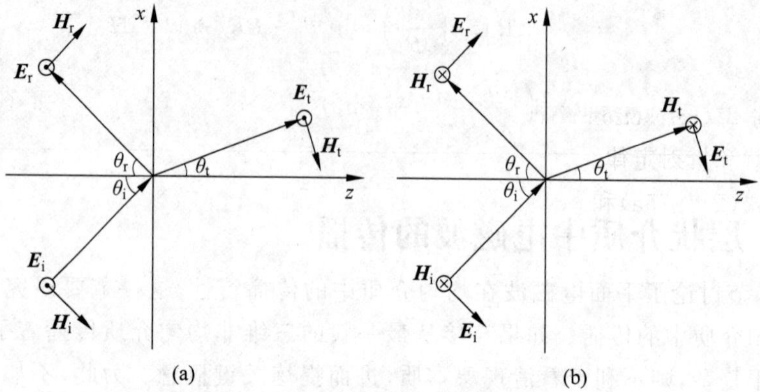

图 2.2 平面波从介质 1 入射到介质 2

(a) TE 波；(b) TM 波

反射波的电场和磁场也可表示成

$$\boldsymbol{E}_{\mathrm{r}}=\hat{\boldsymbol{y}}R\mathrm{e}^{-\mathrm{j}(k_{\mathrm{r}x}x-k_{\mathrm{r}z}z)} \tag{2.1.71}$$

$$\boldsymbol{H}_{\mathrm{r}}=\frac{R}{\omega\mu_1}(\hat{\boldsymbol{x}}k_{\mathrm{r}z}+\hat{\boldsymbol{z}}k_{\mathrm{r}x})\mathrm{e}^{-\mathrm{j}(k_{\mathrm{r}x}x-k_{\mathrm{r}z}z)} \tag{2.1.72}$$

其中，R 是反射系数。透射波的电场和磁场可表示成

$$\boldsymbol{E}_{\mathrm{t}}=\hat{\boldsymbol{y}}T\mathrm{e}^{-\mathrm{j}(k_{\mathrm{t}x}x+k_{\mathrm{t}z}z)} \tag{2.1.73}$$

$$\boldsymbol{H}_{\mathrm{t}}=\frac{T}{\omega\mu_2}(-\hat{\boldsymbol{x}}k_{\mathrm{t}z}+\hat{\boldsymbol{z}}k_{\mathrm{t}x})\mathrm{e}^{-\mathrm{j}(k_{\mathrm{t}x}x-k_{\mathrm{t}z}z)} \tag{2.1.74}$$

式(2.1.73)和式(2.1.74)中的 T 为传输系数。在两种介质中分别有下列色散关系：

$$k_{\mathrm{i}x}^2+k_{\mathrm{i}z}^2=k_1^2=\omega^2\mu_1\varepsilon_1 \tag{2.1.75a}$$

$$k_{\mathrm{r}x}^2+k_{\mathrm{r}z}^2=k_1^2=\omega^2\mu_1\varepsilon_1 \tag{2.1.75b}$$

$$k_{\mathrm{t}x}^2+k_{\mathrm{t}z}^2=k_2^2=\omega^2\mu_2\varepsilon_2 \tag{2.1.75c}$$

且由交界面切向电场和磁场相等得

$$\mathrm{e}^{-\mathrm{j}k_{\mathrm{i}x}x}+R\mathrm{e}^{-\mathrm{j}k_{\mathrm{r}x}x}=T\mathrm{e}^{-\mathrm{j}k_{\mathrm{t}x}x} \tag{2.1.76}$$

$$-\frac{k_{\mathrm{i}z}}{\mu_1}\mathrm{e}^{-\mathrm{j}k_{\mathrm{i}x}x}+\frac{Rk_{\mathrm{r}z}}{\mu_1}\mathrm{e}^{-\mathrm{j}k_{\mathrm{r}x}x}=-\frac{Tk_{\mathrm{t}z}}{\mu_2}\mathrm{e}^{-\mathrm{j}k_{\mathrm{t}x}x} \tag{2.1.77}$$

由于在任何 x 值下，式(2.1.76)和式(2.1.77)都须成立，故必有如下**相位匹配条件**：

$$k_{ix}=k_{rx}=k_{tx} \tag{2.1.78}$$

又

$$k_{ix}=k_1\sin\theta_i,\quad k_{rx}=k_1\sin\theta_r,\quad k_{tx}=k_1\sin\theta_t \tag{2.1.79}$$

将式(2.1.79)代入式(2.1.78)，可得入射角 θ_i、反射角 θ_r，以及折射角 θ_t 的关系：

$$\theta_i=\theta_r \tag{2.1.80}$$

$$n_1\sin\theta_i=n_2\sin\theta_t \tag{2.1.81}$$

在通常介质中 $\mu_1=\mu_2=\mu$，这样就有 $n_1=\sqrt{\varepsilon_1}$，$n_2=\sqrt{\varepsilon_2}$，它们分别称为介质 1 和介质 2 的**折射率**(**refraction index**)。关系式(2.1.80)和式(2.1.81)分别就是我们熟知的反射定律和折射定律。

再由式(2.1.75a)和式(2.1.75b)可知

$$k_{iz}=k_{rz} \tag{2.1.82}$$

将式(2.1.78)代入式(2.1.76)和式(2.1.77)得

$$1+R=T \tag{2.1.83}$$

$$k_{iz}(1-R)=\frac{\mu_1}{\mu_2}Tk_{tz} \tag{2.1.84}$$

由式(2.1.83)和式(2.1.84)可解出

$$R=\frac{Z_2-Z_1}{Z_2+Z_1} \tag{2.1.85}$$

$$T=\frac{2Z_2}{Z_2+Z_1} \tag{2.1.86}$$

其中，

$$Z_1=\frac{\omega\mu_1}{k_{iz}} \tag{2.1.87a}$$

$$Z_2=\frac{\omega\mu_2}{k_{tz}} \tag{2.1.87b}$$

以及

$$k_{iz}=k_1\cos\theta_i,\quad k_{tz}=k_2\cos\theta_t \tag{2.1.87c}$$

对于 TM 波，用同样方式可以得到相同表达式(2.1.85)和式(2.1.86)；只不过，对于 TM 波，式中的 Z_1 和 Z_2 分别为

$$Z_1=\frac{k_{iz}}{\omega\varepsilon_1} \tag{2.1.88a}$$

$$Z_2=\frac{k_{tz}}{\omega\varepsilon_2} \tag{2.1.88b}$$

例题 2.3 从振幅和坡印亭矢量角度分析 TE 波正入射到两理想介质交界面处的情况。

解 正入射时,

$$k_{ix}=k_{rx}=0,\quad k_{iz}=k_{rz}=k_1 \tag{e2.3.1}$$

入射场的振幅为整个问题的归一化系数,不妨设为 1。这样,介质 1 中电场和磁场分别为

$$\begin{aligned}\boldsymbol{E}_1&=\boldsymbol{E}_i+\boldsymbol{E}_r\\&=\hat{\boldsymbol{y}}(e^{-jk_1z}+Re^{jk_1z})\\&=\hat{\boldsymbol{y}}[(1+R)e^{-jk_1z}+j2R\sin(k_1z)]\end{aligned} \tag{e2.3.2}$$

$$\begin{aligned}\boldsymbol{H}_1&=\boldsymbol{H}_i+\boldsymbol{H}_r\\&=-\hat{\boldsymbol{x}}\frac{k_1}{\omega\mu_1}(e^{-jk_1z}-Re^{jk_1z})\\&=-\hat{\boldsymbol{x}}\frac{k_1}{\omega\mu_1}[(1+R)e^{-jk_1z}-j2R\cos(k_1z)]\end{aligned} \tag{e2.3.3}$$

可见,介质 1 中合成波的电场包括两个部分:一是包含传播因子 e^{-jk_1z}、振幅为 $(1+R)$、沿 $+z$ 方向传播的行波;二是振幅为 $2R$ 的驻波。合成波电场的振幅为

$$\begin{aligned}|\boldsymbol{E}_1|&=|e^{-jk_1z}+Re^{jk_1z}|\\&=|1+Re^{j2k_1z}|\\&=|1+R\cos(2k_1z)+jR\sin(2k_1z)|\\&=\sqrt{1+R^2+2R\cos(2k_1z)}\end{aligned} \tag{e2.3.4}$$

由于介质 1 和介质 2 都为理想介质,所以 Z_1、Z_2、R、T 都为实数。所以,当 $Z_2>Z_1$ 时,$R>0$ 电场在 $2k_1z=-2n\pi(n=0,1,2,\cdots)$,即 $z=-\frac{n\lambda_1}{2}$ 处取得最大振幅:

$$|\boldsymbol{E}_1|_{\max}=1+R \tag{e2.3.5}$$

同理,在 $z=-\frac{(2n+1)\lambda_1}{4}$ 处取得最小振幅:

$$|\boldsymbol{E}_1|_{\min}=1-R \tag{e2.3.6}$$

且电场与磁场的最大振幅与最小振幅的位置正好互换。在两介质交界面上,

$$|\boldsymbol{E}_1(0^-)|=|\boldsymbol{E}_1|_{\max}=1+R=T=|\boldsymbol{E}_2(0^+)| \tag{e2.3.7}$$

即幅值连续。$Z_2<Z_1$ 情况同理讨论,不再赘述。介质 1 中的平均功率密度为

$$\begin{aligned}\boldsymbol{S}_{1\mathrm{av}} &= \frac{1}{2}\mathrm{Re}[\hat{\boldsymbol{y}}E_1 \times (-\hat{\boldsymbol{x}})H_1^*] \\ &= \hat{\boldsymbol{z}}\,\frac{1}{2}\mathrm{Re}\left[(\mathrm{e}^{-\mathrm{j}k_1 z} + R\mathrm{e}^{\mathrm{j}k_1 z})\frac{k_1}{\omega\mu_1}(\mathrm{e}^{-\mathrm{j}k_1 z} - R\mathrm{e}^{\mathrm{j}k_1 z})^*\right] \\ &= \hat{\boldsymbol{z}}\,\frac{k_1}{2\omega\mu_1}\mathrm{Re}[(1 + R\mathrm{e}^{\mathrm{j}2k_1 z})(1 - R\mathrm{e}^{-\mathrm{j}2k_1 z})] \\ &= \hat{\boldsymbol{z}}\,\frac{k_1}{2\omega\mu_1}\mathrm{Re}[(1 - R^2) + \mathrm{j}2R\sin(2k_1 z)] \\ &= \hat{\boldsymbol{z}}\,\frac{k_1}{2\omega\mu_1}(1 - R^2)\end{aligned} \tag{e2.3.8}$$

介质 2 中的平均功率密度为

$$\boldsymbol{S}_{2\mathrm{av}} = \frac{1}{2}\mathrm{Re}[\hat{\boldsymbol{y}}E_2 \times (-\hat{\boldsymbol{x}})H_2^*] = \hat{\boldsymbol{z}}\,\frac{1}{2}\mathrm{Re}\left[T\mathrm{e}^{-\mathrm{j}k_2 z}\left(\frac{Tk_{\mathrm{tz}}}{\omega\mu_2}\mathrm{e}^{-\mathrm{j}k_2 z}\right)^*\right] = \hat{\boldsymbol{z}}\,\frac{T^2 k_{\mathrm{tz}}}{2\omega\mu_2} \tag{e2.3.9}$$

$$\boldsymbol{S}_{1\mathrm{av}} = \frac{k_1}{\omega\mu_1}(1 - R^2) = \frac{k_1}{\omega\mu_1}(1 - R)\cdot(1 + R) = \frac{Tk_{\mathrm{tz}}}{\omega\mu_2}\cdot T = \frac{T^2 k_{\mathrm{tz}}}{\omega\mu_2} = \boldsymbol{S}_{2\mathrm{av}} \tag{e2.3.10}$$

可见，从介质 1 到介质 2，波的坡印亭矢量，即功率密度也是连续的。

由此折射定律可推知，当 $n_1 > n_2$ 时，如果入射角 θ_i 大于下面临界角：

$$\theta_\mathrm{c} = \arcsin\left(\frac{n_2}{n_1}\right) \tag{2.1.89}$$

则不论是 TE 波还是 TM 波，都将发生**全反射**(**total reflection**)。由式(2.1.85)可知，在 $Z_1 = Z_2$ 时，发生零反射，即**全折射**(**total refraction**)。对于 TE 波，将式(2.1.87)代入 $Z_1 = Z_2$，有

$$n_1\cos\theta_\mathrm{i} = n_2\cos\theta_\mathrm{t} \tag{2.1.90}$$

在 $n_1 \neq n_2$ 时，式(2.1.90)显然与折射定律矛盾。这就说明 TE 波不可能发生全折射。对于 TM 波，将式(2.1.88)代入 $Z_1 = Z_2$ 有

$$\frac{\cos\theta_\mathrm{i}}{n_1} = \frac{\cos\theta_\mathrm{t}}{n_2} \tag{2.1.91}$$

将式(2.1.91)与式(2.1.81)相乘，得

$$\sin 2\theta_\mathrm{i} = \sin 2\theta_\mathrm{t} \tag{2.1.92}$$

显然式(2.1.92)有两个解：一个解为 $\theta_\mathrm{i} = \theta_\mathrm{t}$；另一个解为 $\theta_\mathrm{i} = \pi/2 - \theta_\mathrm{t}$。在 $n_1 \neq n_2$

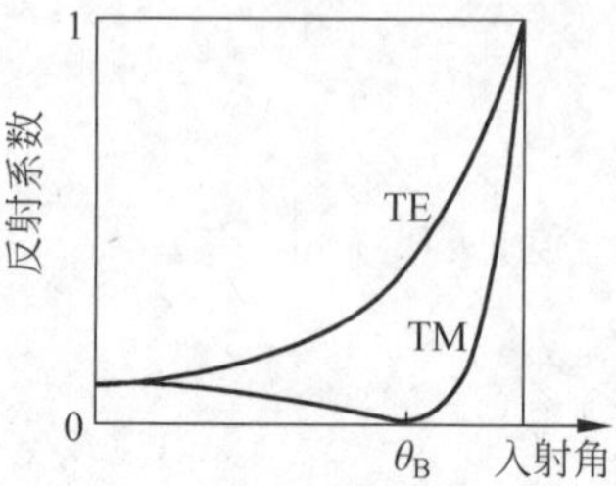

图 2.3　TE 波和 TM 波的反射系数

时,前解显然与式(2.1.81)矛盾。故只有后解满足实际意义。将此解代入式(2.1.81),求出发生全折射的入射角为

$$\theta_B = \arctan\left(\frac{n_2}{n_1}\right) \tag{2.1.93}$$

此入射角 θ_B 通常称为**布儒斯特角(Brewster angle)**。

图 2.3 给出了在空气入射到陆地情况下,TE 波和 TM 波反射系数随入射角度的变化曲线。由图可见,TE 波的反射要大于 TM 波。

例题 2.4　空气中有一波长极短的圆极化波,传输功率密度为 1 W/m²。现有大块玻璃($\varepsilon_2 = 4\varepsilon_0$),为正三角棱镜,其一侧表面涂有电阻薄膜(图 2.4)。

(1) 试述利用此棱镜从圆极化波中取出线极化波的方法;

(2) 求所得的线极化波的平均功率密度。

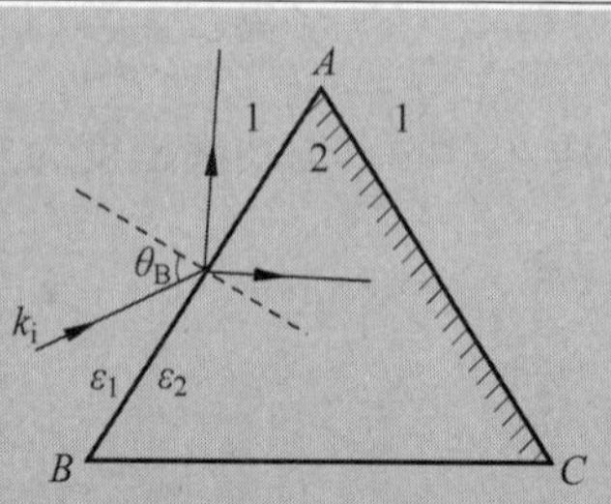

图 2.4　正三角玻璃棱镜

解　(1) 对于任意极化的波,当以布儒斯特角 θ_B 投射到两种介质的分界面时,只有电场垂直于入射面的极化波会产生反射,反射波电场也垂直于入射面,透射波则同时还有电场平行于入射面的极化波。

圆极化波可以分解为垂直面与平行面两个线极化波。令圆极化波在棱镜的 AB 面以 $\theta_B = \arctan\sqrt{\varepsilon_2/\varepsilon_0} = 63.43°$入射,则在空气中得到了垂直面线极化波,而在棱镜中的透射波仍含有两种线极化波,且为椭圆极化波,投射到棱镜的 AC 面。如在 AC 面涂上电阻薄膜,使薄膜的电阻与棱镜的波阻抗相同,则入射到 AC 面上的波全部被吸收,空气中就只有线极化波了。

(2) 设入射圆极化波电场为

$$\boldsymbol{E}_i = (\hat{\boldsymbol{a}}_\perp + j\hat{\boldsymbol{a}}_{/\!/})E_{0i}e^{j\boldsymbol{k}_r\cdot\boldsymbol{r}} \tag{e2.4.1}$$

则所得垂直面线极化波的电场可以写为

$$\boldsymbol{E}_r = \hat{\boldsymbol{a}}_\perp RE_{0i}e^{j\boldsymbol{k}_1\cdot\boldsymbol{r}} \tag{e2.4.2}$$

其中,R 为垂直面线极化波的反射系数,即

$$R = \frac{\cos\theta_B - \sqrt{\varepsilon_2/\varepsilon_0 - \sin^2\theta_B}}{\cos\theta_B + \sqrt{\varepsilon_2/\varepsilon_0 - \sin^2\theta_B}} = -0.6 \tag{e2.4.3}$$

由于入射波的平均功率密度为

$$S_{\mathrm{i}}=\frac{1}{2}\sqrt{\frac{\varepsilon_0}{\mu_0}}\,|(\hat{\boldsymbol{a}}_{\perp}+\mathrm{j}\hat{\boldsymbol{a}}_{/\!/})E_{0\mathrm{i}}|^2=\sqrt{\frac{\varepsilon_0}{\mu_0}}E_{0\mathrm{i}}^2=1\ \mathrm{W/m^2} \tag{e2.4.4}$$

故所得线极化波的平均功率密度为

$$S_{\mathrm{r}}=\frac{1}{2}\sqrt{\frac{\varepsilon_0}{\mu_0}}\,|\hat{\boldsymbol{a}}_{\perp}RE_{0\mathrm{i}}|^2=\frac{1}{2}\sqrt{\frac{\varepsilon_0}{\mu_0}}R^2E_{0\mathrm{i}}^2=0.18\ \mathrm{W/m^2} \tag{e2.4.5}$$

例题 2.5　设平面波从空气一侧以倾斜角 θ 入射到铜(电导率 $\sigma=5.8\times10^7\,\mathrm{S/m}$)的界面。求 $f=10\ \mathrm{GHz}$ 频率下此界面的反射波。

解　此例题是求解微波频率介质-导体界面的反射系数。导体可以看作介电常数 $\varepsilon_2=\varepsilon'-\mathrm{j}\varepsilon''$ 虚部比实部大得多的一种介质。因而,只要求出 $Z_2(k_{\mathrm{tz}})$,即可利用式(2.1.81)求解。对于一般金属来说,

$$\varepsilon'\approx1,\quad \varepsilon''=\frac{\sigma}{\omega\varepsilon_0} \tag{e2.5.1}$$

在微波频率,$\varepsilon''\gg\varepsilon'$。此时无论 TE 波还是 TM 波,铜介质中沿 x 方向传播系数 k_x 都很小,纵向传播系数 k_{tz} 为

$$k_{\mathrm{tz}}=\sqrt{k_0^2(\varepsilon'-\mathrm{j}\varepsilon'')-k_x^2}\approx\sqrt{-\mathrm{j}k_0^2\varepsilon''}=\sqrt{\frac{\omega\mu_0\sigma}{2}}(1-\mathrm{j})=\frac{1}{\delta}(1-\mathrm{j}) \tag{e2.5.2}$$

其中,$\delta=\sqrt{\dfrac{2}{\omega\mu_0\sigma}}$ 为趋肤深度,此时波阻抗

$$Z_{2\mathrm{TE}}=Z_{2\mathrm{TM}}=\sqrt{\frac{\omega\mu_0}{2\sigma}}(1+\mathrm{j})=2.6\times10^{-2}(1+\mathrm{j})\Omega \tag{e2.5.3}$$

因此,由式(2.1.81)反射系数为

$$R=\frac{Z_2-Z_1}{Z_2+Z_1}\approx-1 \tag{e2.5.4}$$

可见,在微波频段金属可视为短路,波全部反射。无论 TE 波还是 TM 波,

$$\boldsymbol{E}_{\mathrm{r}}=-\boldsymbol{E}_{\mathrm{i}},\quad \boldsymbol{H}_{\mathrm{r}}=\boldsymbol{H}_{\mathrm{i}} \tag{e2.5.5}$$

2.1.3　左手介质中电磁波的传播

在 1.8 节中,我们看到两种电小结构单元周期性排布所形成的材料,一种介电常数在频率小于某一频率时为负值;另一种是磁导率在频率小于某一频率时为负值。将这两种介质组合在一起,便可发明一种介电常数和磁导率都为负值的介质。下面研究均匀平面电磁波在这种介质中的传播规律。和 2.1.1 节一样,根据麦克斯韦方

程,可得到下面色散关系:

$$k^2=\omega^2\varepsilon\mu \tag{2.1.94}$$

以及电场、磁场和传播常数之间的关系:

$$\boldsymbol{k}\times\boldsymbol{E}=\omega\mu\boldsymbol{H} \tag{2.1.95}$$

其中,ε、μ 都是负数。我们知道,式(2.1.94)中的 k 能取正或负两种值,在一般介质中取正值,这样 $\boldsymbol{E}$、$\boldsymbol{H}$、$\boldsymbol{k}$ 满足右手螺旋法则。但是在双负介质中,为了满足式(2.1.95),k 只能取负值,这样 $\boldsymbol{E}$、$\boldsymbol{H}$、$\boldsymbol{k}$ 就不再满足右手螺旋法则,而是左手螺旋法则,因此这种双负介质又称为左手介质。利用电磁波在左手介质中的这种传播特性,我们可以实现超分辨率透镜。下面我们就来定性地说一下这其中的道理。

考虑在一个透镜前放置一个角频率为 ω 的无穷小点源,取透镜轴线为 z 轴,对点源产生的电场 $\boldsymbol{E}(\boldsymbol{r},t)$ 在 x-y 平面作二维傅里叶变换,得到 $\widetilde{\boldsymbol{E}}(k_x,k_y)$,这样便有

$$\boldsymbol{E}(\boldsymbol{r},t)=\int_{-\infty}^{+\infty}\int_{-\infty}^{+\infty}\widetilde{\boldsymbol{E}}(k_x,k_y)\mathrm{e}^{\mathrm{j}(k_xx+k_yy+k_zz-\omega t)}\mathrm{d}k_x\mathrm{d}k_y \tag{2.1.96}$$

这里依据麦克斯韦方程,有

$$k_z=\sqrt{\omega^2\mu_0\varepsilon_0-k_x^2-k_y^2} \tag{2.1.97}$$

由式(2.1.94)可知,点源产生的电场 $\boldsymbol{E}(\boldsymbol{r},t)$ 可以看成一系列不同方向传播的平面波的叠加。透镜的作用在于调整各个平面波的相位,使得各个方向的平面波在某一点又重新同相,即聚焦。这便是透镜的成像原理。可是由式(2.1.97)可知,当 $\omega^2\mu_0\varepsilon_0<k_x^2+k_y^2$,$k_z$ 只能取虚数,这意味着这些平面波是消失波,随着传播距离增加,幅度越来越小。这些平面波在成像处是缺失的,而这些平面波所对应的正是 x-y 平面的高分辨率信息。这正是在一般介质中成像分辨率不可能高于电磁平面波的波长的原因。但是在左手介质中,因为式(2.1.97)中的开根号取的是负号,这样消失波在左手介质中不是幅度随距离增加而减少,反而随距离增加而增加,这样就可保证在成像处包含所有平面波信息,从而理论上可以做到任意高分辨率的透镜。

阅读与思考

2.A 坐标变换空间中的麦克斯韦方程

不同坐标系下,规律表述形式的繁简会很不相同。譬如,第1章中提及的索末菲(Sommerfeld)辐射条件就是在球坐标系下得到的简洁表达形式。若在直角坐标系下或柱坐标系下,会比较复杂。第4章中我们还会看到:在同一坐标系不同原点下看格林函数,会得到很有用的加法定理。爱因斯坦在不同的惯性系下看电磁规律,引发了对时空观念的颠覆性改变,进而建立了相对论。本节将考察坐标变换空间中的麦克

斯韦方程。通过考察可以发现，任意坐标变换空间中，麦克斯韦方程形式不变，但是介质会发生相应变化。换言之，通过控制介质，可以控制麦克斯韦方程解的形式。尤其重要的是，英国物理学家 J. B. Pendry 等发现了一个重要变换，通过此变换，一个球形区域可以被完全屏蔽，没有任何电磁场进入，也就是说，通过控制此区域周围介质，此区域内的目标可被完全隐身。这为我们隐身设计提供了一种重要的方法。

我们知道，无源空间麦克斯韦方程组在笛卡儿坐标系下可写为

$$\nabla\times \boldsymbol{E}=-\mu_{\mathrm{r}}\mu_0\frac{\partial \boldsymbol{H}}{\partial t} \tag{2.A.1}$$

$$\nabla\times \boldsymbol{H}=\varepsilon_{\mathrm{r}}\varepsilon_0\frac{\partial \boldsymbol{E}}{\partial t} \tag{2.A.2}$$

其中，$(\mu_{\mathrm{r}},\varepsilon_{\mathrm{r}})$为空间位置的函数。在均匀介质中，电磁波以直线传播，如图 2.A.1(a)所示。若建立图 2.A.1(a)直角坐标系到在一般曲面坐标(q_1,q_2,q_3)的映射，则图 2.A.1(a)中所示的电磁波在变换空间(q_1,q_2,q_3)就变成曲线传播，如图 2.A.1(b)所示。下面严格推导式(2.A.1)、式(2.A.2)在一般曲面坐标(q_1,q_2,q_3)变换空间中的形式。

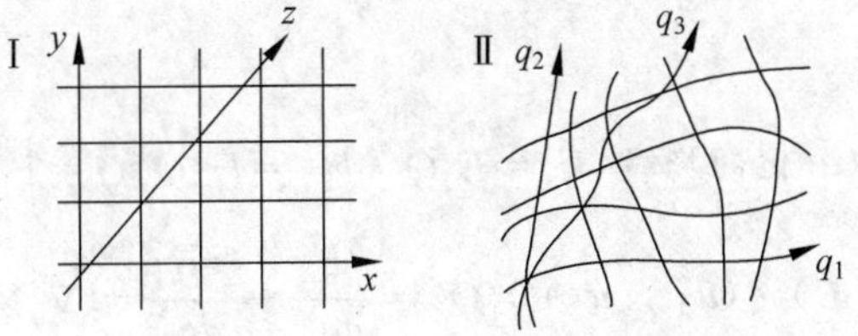

(a) (b)

图 2.A.1 坐标系Ⅰ与Ⅱ的映射

考虑任意曲面坐标系下一段线段的长度，其平方值为

$$\begin{aligned}\mathrm{d}s^2&=\mathrm{d}x^2+\mathrm{d}y^2+\mathrm{d}z^2\\&=Q_{11}\mathrm{d}q_1^2+Q_{22}\mathrm{d}q_2^2+Q_{33}\mathrm{d}q_3^2+2Q_{12}\mathrm{d}q_1\mathrm{d}q_2+2Q_{13}\mathrm{d}q_1\mathrm{d}q_3+2Q_{23}\mathrm{d}q_2\mathrm{d}q_3\end{aligned} \tag{2.A.3}$$

其中，

$$Q_{ij}=\frac{\partial x}{\partial q_i}\frac{\partial x}{\partial q_j}+\frac{\partial y}{\partial q_i}\frac{\partial y}{\partial q_j}+\frac{\partial z}{\partial q_i}\frac{\partial z}{\partial q_j} \tag{2.A.4}$$

还有三个很特别的线度量，即沿着坐标轴(q_1,q_2,q_3)的元胞的长度（曲面坐标系的拉梅系数）：

$$\mathrm{d}s_i=\sqrt{Q_{ii}}\,\mathrm{d}q_i=Q_i\mathrm{d}q_i\quad（其中\ Q_i\triangleq\sqrt{Q_{ii}}） \tag{2.A.5}$$

用$(\hat{\boldsymbol{u}}_1,\hat{\boldsymbol{u}}_2,\hat{\boldsymbol{u}}_3)$表示曲线坐标系沿坐标轴的单位基矢量（协变单位基矢量）。如果我们用足够小的网格来分割空间，那么每个剖分单元可以看作一个如图 2.A.2(a)所示

的平行六面体。

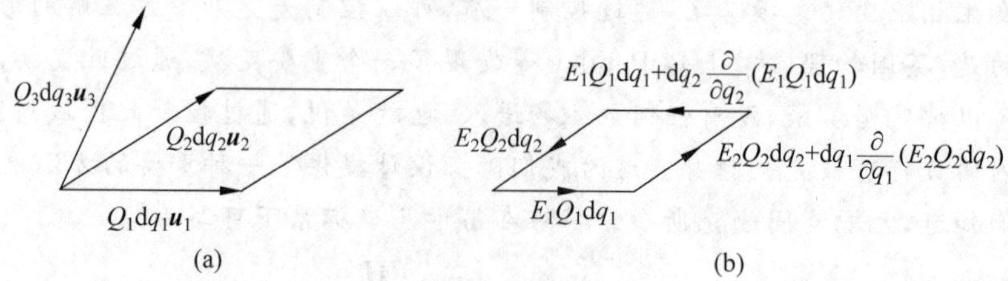

图 2.A.2 变换空间积分示意图

如果剖分网格足够小，我们可以用图 2.A.2(b)所示的积分路径来计算$\nabla\times\boldsymbol{E}$ 在 $\hat{\boldsymbol{u}}_1$ 和 $\hat{\boldsymbol{u}}_2$ 平面法向上的投影。

$$E_1=\boldsymbol{E}\cdot\hat{\boldsymbol{u}}_1,\ E_2=\boldsymbol{E}\cdot\hat{\boldsymbol{u}}_2,\ E_3=\boldsymbol{E}\cdot\hat{\boldsymbol{u}}_3 \tag{2.A.6}$$

其中，E_1、E_2、E_3 分别为线段中点处的值，在积分中作为线段上的平均值参与计算。所以，法拉第定律左边的积分式为

$$(\nabla\times\boldsymbol{E})\cdot(\hat{\boldsymbol{u}}_1\times\hat{\boldsymbol{u}}_2)Q_1\mathrm{d}q_1Q_2\mathrm{d}q_2=\mathrm{d}q_1\frac{\partial}{\partial q_1}(E_2Q_2\mathrm{d}q_2)-\mathrm{d}q_2\frac{\partial}{\partial q_2}(E_1Q_1\mathrm{d}q_1) \tag{2.A.7}$$

如果我们引入归一化的场量，$\widetilde{E}_i=E_iQ_i$，$\widetilde{H}_i=H_iQ_i\,(i=1,2,3)$，则上式变为

$$(\nabla\times\boldsymbol{E})\cdot(\hat{\boldsymbol{u}}_1\times\hat{\boldsymbol{u}}_2)Q_1Q_2=\frac{\partial\widetilde{E}_2}{\partial q_1}-\frac{\partial\widetilde{E}_1}{\partial q_2}=(\nabla_q\times\hat{\boldsymbol{E}})^3 \tag{2.A.8}$$

其中，上标 3 代表第三维度的逆变基矢量 $\hat{\boldsymbol{u}}^3$ 方向分量。把式(2.A.1)代入，得

$$(\nabla\times\boldsymbol{E})\cdot(\hat{\boldsymbol{u}}_1\times\hat{\boldsymbol{u}}_2)Q_1Q_2=-\mu_{\mathrm{r}}\mu_0\frac{\partial\boldsymbol{H}}{\partial t}\cdot(\hat{\boldsymbol{u}}_1\times\hat{\boldsymbol{u}}_2)Q_1Q_2 \tag{2.A.9}$$

接下来处理式(2.A.9)的右端。场量 $\boldsymbol{H}$ 既可以用协变单位基矢量(对应逆变分量)表示，也可以用逆变单位基矢量(对应协变分量)表示：

$$\boldsymbol{H}=H^1\hat{\boldsymbol{u}}_1+H^2\hat{\boldsymbol{u}}_2+H^3\hat{\boldsymbol{u}}_3=H_1\hat{\boldsymbol{u}}^1+H_2\hat{\boldsymbol{u}}^2+H_3\hat{\boldsymbol{u}}^3 \tag{2.A.10}$$

且两种分量间有如下联系：

$$\begin{bmatrix}H_1\\H_2\\H_3\end{bmatrix}=\begin{bmatrix}\hat{\boldsymbol{u}}_1\cdot\hat{\boldsymbol{u}}_1 & \hat{\boldsymbol{u}}_1\cdot\hat{\boldsymbol{u}}_2 & \hat{\boldsymbol{u}}_1\cdot\hat{\boldsymbol{u}}_3\\ \hat{\boldsymbol{u}}_2\cdot\hat{\boldsymbol{u}}_1 & \hat{\boldsymbol{u}}_2\cdot\hat{\boldsymbol{u}}_2 & \hat{\boldsymbol{u}}_2\cdot\hat{\boldsymbol{u}}_3\\ \hat{\boldsymbol{u}}_3\cdot\hat{\boldsymbol{u}}_1 & \hat{\boldsymbol{u}}_3\cdot\hat{\boldsymbol{u}}_2 & \hat{\boldsymbol{u}}_3\cdot\hat{\boldsymbol{u}}_3\end{bmatrix}\begin{bmatrix}H^1\\H^2\\H^3\end{bmatrix}=\overline{\overline{\boldsymbol{g}}}^{-1}\begin{bmatrix}H^1\\H^2\\H^3\end{bmatrix} \tag{2.A.11}$$

其中，$\overline{\overline{\boldsymbol{g}}}$ 由上式定义。上式两端左乘 $\overline{\overline{\boldsymbol{g}}}$ 可得

$$H^i=\sum_{j=1}^{3}g^{ij}H_j \tag{2.A.12}$$

故

$$\frac{\partial \boldsymbol{H}}{\partial t}\cdot(\hat{\boldsymbol{u}}_1\times\hat{\boldsymbol{u}}_2)=\frac{\partial H^3}{\partial t}\hat{\boldsymbol{u}}_3\cdot(\hat{\boldsymbol{u}}_1\times\hat{\boldsymbol{u}}_2)=\sum_{j=1}^{3}g^{3j}\frac{\partial H_j}{\partial t}|\hat{\boldsymbol{u}}_1\cdot(\hat{\boldsymbol{u}}_2\times\hat{\boldsymbol{u}}_3)|$$

$$=\sum_{j=1}^{3}\frac{g^{3j}}{Q_j}\frac{\partial \widetilde{H}_j}{\partial t}|\hat{\boldsymbol{u}}_1\cdot(\hat{\boldsymbol{u}}_2\times\hat{\boldsymbol{u}}_3)| \tag{2.A.13}$$

因此

$$(\nabla\times\boldsymbol{E})\cdot(\hat{\boldsymbol{u}}_1\times\hat{\boldsymbol{u}}_2)Q_1Q_2=-\mu_r\mu_0|\hat{\boldsymbol{u}}_1\cdot(\hat{\boldsymbol{u}}_2\times\hat{\boldsymbol{u}}_3)|Q_1Q_2Q_3\sum_{j=1}^{3}\frac{g^{3j}}{Q_3Q_j}\frac{\partial \widetilde{H}_j}{\partial t} \tag{2.A.14}$$

如果定义

$$\mu^{ij}\triangleq\mu_r g^{ij}\ |\hat{\boldsymbol{u}}_1\cdot(\hat{\boldsymbol{u}}_2\times\hat{\boldsymbol{u}}_3)|\ \frac{Q_1Q_2Q_3}{Q_iQ_j} \tag{2.A.15}$$

则式(2.A.9)可写为

$$(\nabla\times\boldsymbol{E})\cdot(\hat{\boldsymbol{u}}_1\times\hat{\boldsymbol{u}}_2)Q_1Q_2=-\mu_0\sum_{j=1}^{3}\mu^{3j}\frac{\partial \widetilde{H}_j}{\partial t} \tag{2.A.16}$$

由式(2.A.8),有

$$(\nabla_q\times\widetilde{\boldsymbol{E}})^i=-\mu_0\sum_{j=1}^{3}\mu^{ij}\frac{\partial \widetilde{H}_j}{\partial t} \tag{2.A.17}$$

此处已把式(2.A.8)中的第三维度推广至任意维度 i。同理有

$$(\nabla_q\times\widetilde{\boldsymbol{H}})^i=\varepsilon_0\sum_{j=1}^{3}\varepsilon^{ij}\frac{\partial \widetilde{E}_j}{\partial t} \tag{2.A.18}$$

其中,

$$\varepsilon^{ij}\triangleq\varepsilon_r g^{ij}\ |\hat{\boldsymbol{u}}_1\cdot(\hat{\boldsymbol{u}}_2\times\hat{\boldsymbol{u}}_3)|\ \frac{Q_1Q_2Q_3}{Q_iQ_j} \tag{2.A.19}$$

式(2.A.17)、式(2.A.18)也可以写成

$$\nabla_q\times\widetilde{\boldsymbol{E}}=-\mu_0\overline{\overline{\boldsymbol{\mu}}}_r\frac{\partial \widetilde{\boldsymbol{H}}}{\partial t} \tag{2.A.20}$$

$$\nabla_q\times\widetilde{\boldsymbol{H}}=\varepsilon_0\overline{\overline{\boldsymbol{\varepsilon}}}_r\frac{\partial \widetilde{\boldsymbol{E}}}{\partial t} \tag{2.A.21}$$

在正交坐标系(如柱坐标系,球坐标系)中,由于

$$g^{ij}\ |\hat{\boldsymbol{u}}_1\cdot(\hat{\boldsymbol{u}}_2\times\hat{\boldsymbol{u}}_3)|=\delta_{ij} \tag{2.A.22}$$

式(2.A.15)、式(2.A.19)将大大简化,变为

$$\mu^{ij}=\mu_r\frac{Q_1Q_2Q_3}{Q_i^2}\delta_{ij},\quad \varepsilon^{ij}=\varepsilon_r\frac{Q_1Q_2Q_3}{Q_i^2}\delta_{ij} \tag{2.A.23}$$

可见,麦克斯韦方程在任意曲面坐标变换空间中,仍可以保持形式不变,只不过实际空间中的简单介质变成了变换空间中由式(2. A. 15)、式(2. A. 19)定义的各向异性介质。这个结论似乎没有特别精彩之处。但是如果我们深入思考一下,便会得出一个非常有意义的结论:对于实际空间中一种具有一定分布形式的各向异性介质的解,我们往往可以找到一个坐标变换,将实际空间中的复杂解形式等效为在坐标变换空间中均匀介质的简单解形式。更进一步,这实际上给我们提供了一种设计介质控制电磁波传播的方法。具体而言,如果我们希望电磁波按一种方式传播,那么我们就视这种电磁波传播方式为所需要的解,进而找到这种解与均匀介质解的坐标变换关系,利用这个变换关系,依据式(2. A. 15)和式(2. A. 19)便可设计出这种介质了。由此可见,变换空间中的麦克斯韦方程是传统意义下麦克斯韦方程的推广,具有更丰富的内涵。

下面以 Pendry 所用的坐标变换为例,介绍坐标变换在隐身设计中的应用。我们希望电磁波按图 2. A. 3(b)方式传播。如图所示,电磁波绕着中心球形区域传播,即中心球区域被完全隐身。作为参照,图 2. A. 3(a)画出了均匀介质中电磁波的传播。按照上述设计方法,第一步我们需要找到电磁波从图 2. A. 3(a)到图 2. A. 3(b)的变换。Pendry 给出了这个变换,具体变换如下:

$$r=\begin{cases} g(r'), & 0 \leqslant r' \leqslant R_2 \\ r', & r' > R_2 \end{cases}, \quad \theta=\theta', \quad \varphi=\varphi' \tag{2. A. 24}$$

其中,$g(r)=R_1+\dfrac{R_2-R_1}{R_2}r$。其逆变换为

$$r'=\begin{cases} f(r), & R_1 \leqslant r \leqslant R_2 \\ r, & r > R_2 \end{cases}, \quad \theta'=\theta, \quad \varphi'=\varphi \tag{2. A. 25}$$

其中,$f(r)=g^{-1}(r)=\dfrac{R_2}{R_2-R_1}(r-R_1)$。

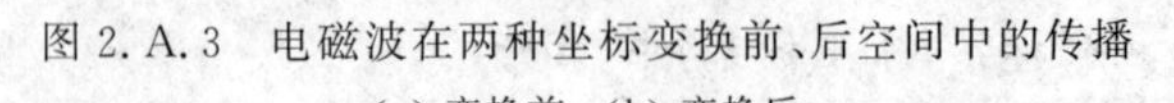

(a) (b)

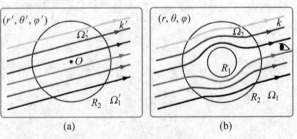

图 2. A. 3 电磁波在两种坐标变换前、后空间中的传播

(a) 变换前;(b) 变换后

接着,我们需要导出这个变换下的拉梅系数。这个变换是在球坐标系下建立的,而上述拉梅系数的推导是在直角坐标系下进行的,为此,我们首先分别导出变换前、后空间各自在球坐标系下的拉梅系数,然后导出对应这个变换本身的拉梅系数。

变换前空间在球坐标系下的拉梅系数为

$$\begin{cases} Q_1=\dfrac{\mathrm{d}s_1}{\mathrm{d}r}=1 \\ Q_2=\dfrac{\mathrm{d}s_1}{\mathrm{d}\theta}=r \\ Q_3=\dfrac{\mathrm{d}s_1}{\mathrm{d}\varphi}=r\sin\theta \end{cases} \tag{2.A.26}$$

变换后空间在球坐标系下的拉梅系数为

$$\begin{cases} Q'_1=\dfrac{\mathrm{d}s'_1}{\mathrm{d}r}=\dfrac{R_2}{R_2-R_1} \\ Q'_2=\dfrac{\mathrm{d}s'_2}{\mathrm{d}\theta}=r'=\dfrac{r-R_1}{R_2-R_1}R_2 \\ Q'_3=\dfrac{\mathrm{d}s'_3}{\mathrm{d}\varphi}=r'\sin\theta'=\dfrac{r-R_1}{R_2-R_1}R_2\sin\theta \end{cases} \tag{2.A.27}$$

因此，对应于 Pendry 变换式(2.A.24)的拉梅系数为

$$Q'_{1\mathrm{r}}=\frac{R_2}{R_2-R_1},\quad Q'_{2\mathrm{r}}=\frac{r-R_1}{r}\frac{R_2}{R_2-R_1},\quad Q'_{3\mathrm{r}}=\frac{r-R_1}{r}\frac{R_2}{R_2-R_1} \tag{2.A.28}$$

根据式(2.A.23)可以设计电磁波按图 2.A.3(b)传播所需的介质的相对电介电常数和磁导率为

$$\begin{cases} \varepsilon_\mathrm{r}=\mu_\mathrm{r}=\dfrac{Q'_{1\mathrm{r}}Q'_{2\mathrm{r}}Q'_{3\mathrm{r}}}{Q'^2_{1\mathrm{r}}}=\dfrac{(r-R_1)^2}{r^2}\dfrac{R_2}{R_2-R_1} \\ \varepsilon_\theta=\mu_\theta=\dfrac{Q'_{1\mathrm{r}}Q'_{2\mathrm{r}}Q'_{3\mathrm{r}}}{Q'^2_{2\mathrm{r}}}=\dfrac{R_2}{R_2-R_1} \\ \varepsilon_\phi=\mu_\phi=\dfrac{Q'_{1\mathrm{r}}Q'_{2\mathrm{r}}Q'_{3\mathrm{r}}}{Q'^2_{3\mathrm{r}}}=\dfrac{R_2}{R_2-R_1} \end{cases} \tag{2.A.29}$$

问题：上述是用坐标变换方法设计出由式(2.A.29)表述的介质。在此介质中电磁波按图 2.A.3(b)所示方式传播。试用时域有限差分方法，或仿真软件(如 Comsol Multiphysics)，从数值求解方程角度，验证图 2.A.3(b)中的电磁波传播。

2.2　波导中的传输

2.1 节讨论了平面电磁波在无边界介质中的传播。本节将讨论电磁波在一定边界限制下的传输。具体而言就是电磁波在传输线中的传输。所谓传输线，指的是截

面形状和尺寸,壁结构以及介质分布沿其轴线方向(纵向)不变的,无限长引导电磁波传输的结构。各种微波器件都是由传输线构成的,因此电磁波在传输线中的传输问题是微波工程技术的基础。传输线多种多样,如图 2.5 所示:可以传输 TEM 波的同轴线和平行线;不能传输 TEM 波的各种形状的金属波导;用介质构成的介质传输线如光纤等。本节没有对每一种传输线作仔细研究,而是先讲述传输线的一般研究途径及基本重要结论,后以矩形波导为例作仔细分析。其他传输线形式的分析可仿照进行。

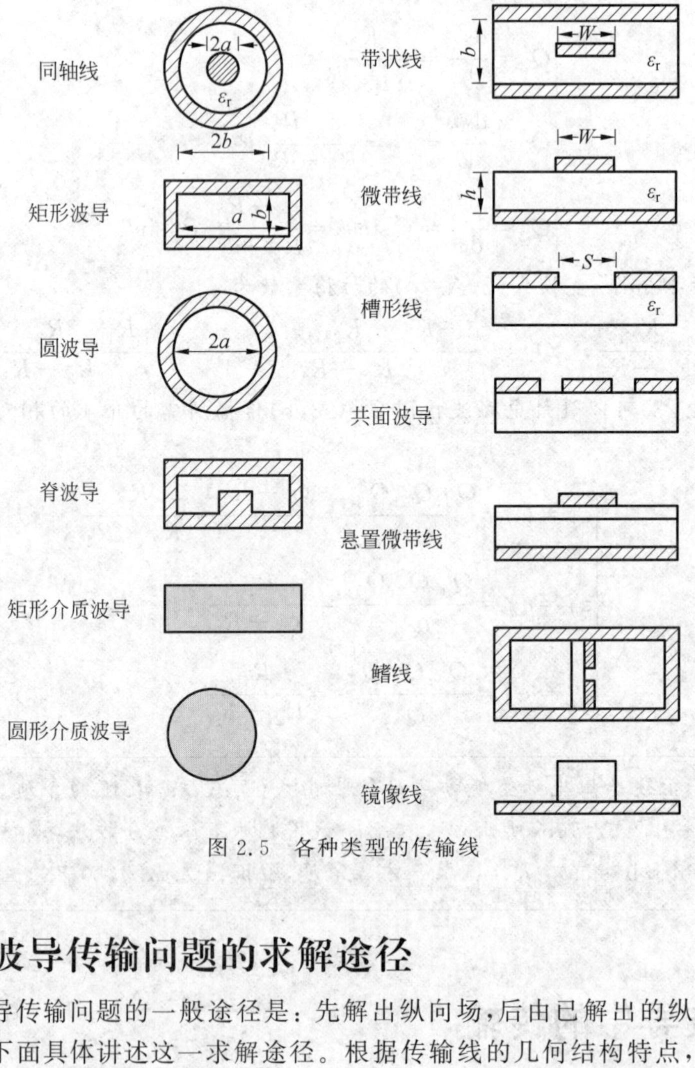

图 2.5　各种类型的传输线

2.2.1　波导传输问题的求解途径

求解波导传输问题的一般途径是:先解出纵向场,后由已解出的纵向场直接求出横向场。下面具体讲述这一求解途径。根据传输线的几何结构特点,建立柱形坐标系统分析是最为合适的,因为这种系统下传输线的边界条件最易写出。不妨设传输线的纵向为柱形坐标系统中的 z 轴,此坐标的度量系数为 $h_3=1$。一个重要结论

是在此坐标系统下，矢量亥姆霍兹方程(2.1.7)的 z 分量可简化成标量亥姆霍兹方程，即

$$(\nabla^2+k^2)E_z=0 \tag{2.2.1}$$

其中，$k=\omega\sqrt{\mu\varepsilon}$。在 2.2.1 节 1. 中，式(2.1.8)在直角坐标系下已给出证明。在柱形坐标系下，仿照 2.1.1 节 1. 证明方式也可证明式(2.2.1)。这里用另一种方式证明式(2.2.1)。矢量拉普拉斯算子由式(2.1.6)定义。不难知道，式(2.1.6)中$\nabla\times\nabla\times\boldsymbol{E}$ 的 z 分量是由$\nabla\times\boldsymbol{E}$ 的横向分量$(\nabla\times\boldsymbol{E})_t$ 决定的。为此将∇算子分解成$\nabla=\nabla_t+\hat{z}\dfrac{\partial}{\partial z}$，展开计算可得

$$\begin{aligned}\left(\nabla_t+\hat{z}\frac{\partial}{\partial z}\right)\times\boldsymbol{E}\Big|_t&=\nabla_t\times\boldsymbol{E}+\hat{z}\times\frac{\partial}{\partial z}\boldsymbol{E}\Big|_t\\&=\nabla_t\times(\hat{z}\boldsymbol{E}_z)+\hat{z}\times\frac{\partial\boldsymbol{E}_t}{\partial z}\\&=\nabla_t\boldsymbol{E}_z\times\hat{z}+\hat{z}\times\frac{\partial\boldsymbol{E}_t}{\partial z}\end{aligned} \tag{2.2.2a}$$

整理得

$$(\nabla\times\boldsymbol{E})_t=\left(\nabla_tE_z-\frac{\partial E_t}{\partial z}\right)\times\hat{z} \tag{2.2.2b}$$

接着便可算出$\nabla\times\nabla\times\boldsymbol{E}$ 的 z 分量：

$$\begin{aligned}(\nabla\times\nabla\times\boldsymbol{E})_z\hat{z}&=\nabla\times(\nabla\times\boldsymbol{E})_t\\&=\nabla_t\times\left[\left(\nabla_t\boldsymbol{E}_z-\frac{\partial\boldsymbol{E}_t}{\partial z}\right)\times\hat{z}\right]\end{aligned} \tag{2.2.3}$$

利用下面恒等式：

$$\nabla\times(\boldsymbol{A}\times\boldsymbol{B})=\boldsymbol{A}\nabla\cdot\boldsymbol{B}-\boldsymbol{B}\nabla\cdot\boldsymbol{A}+(\boldsymbol{B}\cdot\nabla)\boldsymbol{A}-(\boldsymbol{A}\cdot\nabla)\boldsymbol{B} \tag{2.2.4a}$$

得

$$\begin{aligned}\nabla_t\times\left[\left(\nabla_tE_z-\frac{\partial\boldsymbol{E}_t}{\partial z}\right)\times\hat{z}\right]=&\left(\nabla_tE_z-\frac{\partial\boldsymbol{E}_t}{\partial z}\right)\nabla_t\cdot\hat{z}-\hat{z}\,\nabla_t\cdot\left(\nabla_tE_z-\frac{\partial\boldsymbol{E}_t}{\partial z}\right)+\\&\hat{z}\cdot\nabla_t\left(\nabla_tE_z-\frac{\partial\boldsymbol{E}_t}{\partial z}\right)-\left[\left(\nabla_tE_z-\frac{\partial\boldsymbol{E}_t}{\partial z}\right)\cdot\nabla_t\right]\hat{z}\end{aligned} \tag{2.2.4b}$$

又由于

$$\hat{z}\cdot\nabla_t=0,\quad \nabla_t\cdot\hat{z}=0,\quad (\boldsymbol{A}\cdot\nabla_t)\hat{z}=0 \tag{2.2.5a}$$

其中，$\boldsymbol{A}$ 为任意矢量。则式(2.2.3)可简化成

$$(\nabla\times\nabla\times\boldsymbol{E})_z\hat{z}=-\hat{z}\,\nabla_t\cdot\left(\nabla_tE_z-\frac{\partial\boldsymbol{E}_t}{\partial z}\right)=\hat{z}\left(\nabla_t\cdot\frac{\partial\boldsymbol{E}_t}{\partial z}-\nabla_t^2E_z\right) \tag{2.2.5b}$$

即

$$(\nabla\times\nabla\times\boldsymbol{E})_z=\nabla_t\cdot\left(\frac{\partial\boldsymbol{E}_t}{\partial z}\right)-\nabla_t^2E_z=\frac{\partial(\nabla\cdot\boldsymbol{E}_t)}{\partial z}-\nabla_t^2E_z \tag{2.2.6}$$

再来计算式(2.1.6)中$\nabla(\nabla\cdot\boldsymbol{E})$的 z 分量可得

$$\begin{aligned}[\nabla(\nabla\cdot\boldsymbol{E})]_z&=\frac{\partial}{\partial z}\left[\left(\nabla_t+\hat{z}\frac{\partial}{\partial z}\right)\cdot\boldsymbol{E}\right]\\&=\frac{\partial}{\partial z}\left(\nabla_t\cdot\boldsymbol{E}_t+\frac{\partial E_z}{\partial z}\right)\\&=\frac{\partial(\nabla_t\cdot\boldsymbol{E}_t)}{\partial z}+\frac{\partial^2E_z}{\partial z^2}\end{aligned} \tag{2.2.7}$$

将式(2.2.6)和式(2.2.7)代入式(2.1.6)得

$$(\nabla^2\boldsymbol{E})_z=\nabla^2E_z \tag{2.2.8}$$

于是标量亥姆霍兹方程(2.2.1)得证。同样可证得磁场标量亥姆霍兹方程

$$(\nabla^2+k^2)H_z=0 \tag{2.2.9}$$

有了纵向场的标量亥姆霍兹方程，再根据具体波导的边界条件，便可解出纵向场。下面将进一步导出由纵向场求横向场的表达式。

电磁波在波导中传输表现出的特征是，在横向上呈一种固定场分布，在纵向上以一定的速度向前传播。不妨设纵向上的传输因子是 $\mathrm{e}^{-\mathrm{j}\gamma z}$(其中，$\gamma=\beta-\mathrm{j}\alpha$ 是传输常数，β 是相位因子，α 是衰减因子)。这样电磁波在波导中的空间分布可表述成

$$\boldsymbol{E}(\boldsymbol{r})=\boldsymbol{E}(t)\mathrm{e}^{-\mathrm{j}\gamma z} \tag{2.2.10}$$

其中，t 表示横向坐标。由式(2.2.10)可知

$$\nabla_z\times(\boldsymbol{E}\mathrm{e}^{-\mathrm{j}\gamma z})=\hat{z}\frac{\partial}{\partial z}\times(\boldsymbol{E}\mathrm{e}^{-\mathrm{j}\gamma z})=\hat{z}\times\left(\boldsymbol{E}\frac{\partial}{\partial z}\mathrm{e}^{-\mathrm{j}\gamma z}\right)=-\mathrm{j}\gamma\hat{z}\times(\boldsymbol{E}\mathrm{e}^{-\mathrm{j}\gamma z}) \tag{2.2.11a}$$

$$\nabla_z\cdot(\boldsymbol{E}\mathrm{e}^{-\mathrm{j}\gamma z})=\hat{z}\frac{\partial}{\partial z}\cdot(\boldsymbol{E}\mathrm{e}^{-\mathrm{j}\gamma z})=\hat{z}\cdot\left(\boldsymbol{E}\frac{\partial}{\partial z}\mathrm{e}^{-\mathrm{j}\gamma z}\right)=-\mathrm{j}\gamma\hat{z}\cdot(\boldsymbol{E}\mathrm{e}^{-\mathrm{j}\gamma z}) \tag{2.2.11b}$$

$$\nabla_z(\boldsymbol{E}\mathrm{e}^{-\mathrm{j}\gamma z})=\hat{z}\frac{\partial}{\partial z}(\boldsymbol{E}\mathrm{e}^{-\mathrm{j}\gamma z})=\hat{z}\left(\boldsymbol{E}\frac{\partial}{\partial z}\mathrm{e}^{-\mathrm{j}\gamma z}\right)=-\mathrm{j}\gamma\hat{z}(\boldsymbol{E}\mathrm{e}^{-\mathrm{j}\gamma z}) \tag{2.2.11c}$$

即有

$$\nabla_z\equiv-\mathrm{j}\gamma\hat{z} \tag{2.2.12}$$

于是

$$\begin{aligned}(\nabla\times\boldsymbol{E})_t&=[(\nabla_t+\nabla_z)\times(\hat{z}E_z+\boldsymbol{E}_t)]_t\\&=\nabla_t\times(\hat{z}E_z)+\nabla_z\times\boldsymbol{E}_t\\&=(\nabla_tE_z+\mathrm{j}\gamma\boldsymbol{E}_t)\times\hat{z}\end{aligned} \tag{2.2.13}$$

根据法拉第定律式(2.1.1)得

$$(\nabla_t E_z + \mathrm{j}\gamma \boldsymbol{E}_t) \times \hat{z} = -\mathrm{j}\omega\mu \boldsymbol{H}_t \tag{2.2.14}$$

同样可得

$$(\nabla_t H_z + \mathrm{j}\gamma \boldsymbol{H}_t) \times \hat{z} = \mathrm{j}\omega\varepsilon \boldsymbol{E}_t \tag{2.2.15}$$

将式(2.2.14)代入式(2.2.15)得

$$\boldsymbol{E}_t = -\frac{\mathrm{j}\gamma}{k_c^2}(-Z\hat{z} \times \nabla_t H_z + \nabla_t E_z) \tag{2.2.16}$$

其中,$k_c^2 = k^2 - \gamma^2$,$Z = \omega\mu/\gamma$ 为波阻抗,k_c 称为波导的**截止波数(cutoff wavenumber)**,其对应的波长 $\lambda_c = 2\pi/k_c$ 和频率 $f_c = k_c/(2\pi\sqrt{\mu\varepsilon})$ 即波导的**截止波长(cutoff wavelength)**和**截止频率(cutoff frequency)**。同样可推得

$$\boldsymbol{H}_t = -\frac{\mathrm{j}\gamma}{k_c^2}(Y\hat{z} \times \nabla_t E_z + \nabla_t H_z) \tag{2.2.17}$$

其中,$Y = \omega\varepsilon/\gamma$ 为波导纳。这样求解波导问题的方式是：先从式(2.2.1)和式(2.2.9)解出纵向场 E_z 和 H_z,再由式(2.2.16)和式(2.2.17)算出横向场。式(2.2.1)和式(2.2.9)在式(2.2.10)的假设下,可进一步简化为

$$(\nabla_t^2 + k_c^2)E_z = 0 \tag{2.2.18}$$

$$(\nabla_t^2 + k_c^2)H_z = 0 \tag{2.2.19}$$

在金属空波导中,由于除了金属边界,横向上不存在不连续,故式(2.2.18)和式(2.2.19)可分别独立求解。这样金属空波导中一般存在两类模式,一类是由式(2.2.18)确定的TM模式,一类是由式(2.2.19)确定的TE模式。在介质填充波导或介质波导中,由于横向上存在不连续,故TE模式和TM模式不能单独存在,必须组合才能满足边界条件。

2.2.2 矩形波导中电磁波的传输特性

2.2.1节给出了分析波导传输线的具体途径。本节将用这一途径具体求解矩形波导中的电磁波解。再由解出发,分析矩形波导中的模式、场结构,以及其传输特性。

由于矩形波导横向上不存在不连续,故TM模式和TE模式能单独存在,即式(2.2.18)和式(2.2.19)可分别独立求解。下面先分析TM模式,再分析TE模式。如图2.6所示,设矩形波导沿 x 轴的长边尺寸为 a,沿 y 轴的窄边尺寸为 b,此时TM模式的纵向场 E_z 除了满足式(2.2.18),还满足下列边界条件：

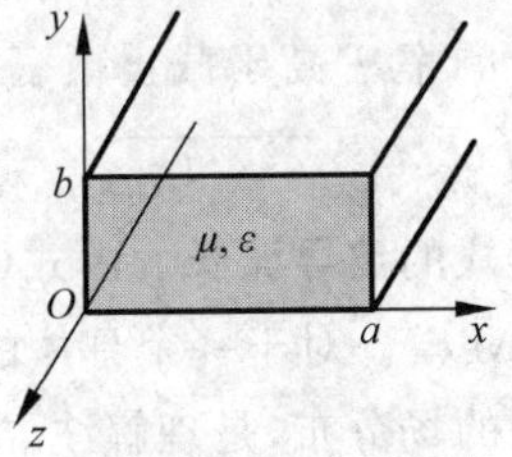

图2.6　矩形波导

$$E_z|_{x=0} = 0, E_z|_{x=a} = 0, \quad E_z|_{y=0} = 0, \quad E_z|_{y=b} = 0 \tag{2.2.20}$$

利用分离变量法求解在边界条件(2.2.20)下的式(2.2.18)得

$$E_z = \sin(k_x x)\sin(k_y y)\mathrm{e}^{-\mathrm{j}k_z z} \tag{2.2.21}$$

其中，

$$k_x = \frac{m\pi}{a},\quad m = 1,2,\cdots \tag{2.2.22a}$$

$$k_y = \frac{n\pi}{b},\quad n = 1,2,\cdots \tag{2.2.22b}$$

且 k_x、k_y、k_z 满足下列色散关系：

$$k_x^2 + k_y^2 + k_z^2 = k_c^2 + k_z^2 = \omega^2\mu\varepsilon = k^2 \tag{2.2.23}$$

由式(2.2.16)和式(2.2.17)可算出 TM 模式的横向分量：

$$E_x = -\frac{\mathrm{j}k_x k_z}{k_c^2}\cos(k_x x)\sin(k_y y)\mathrm{e}^{-\mathrm{j}k_z z} \tag{2.2.24}$$

$$E_y = -\frac{\mathrm{j}k_y k_z}{k_c^2}\sin(k_x x)\cos(k_y y)\mathrm{e}^{-\mathrm{j}k_z z} \tag{2.2.25}$$

$$H_x = \frac{\mathrm{j}\omega\varepsilon k_y}{k_c^2}\sin(k_x x)\cos(k_y y)\mathrm{e}^{-\mathrm{j}k_z z} \tag{2.2.26}$$

$$H_y = -\frac{\mathrm{j}\omega\varepsilon k_x}{k_c^2}\cos(k_x x)\sin(k_y y)\mathrm{e}^{-\mathrm{j}k_z z} \tag{2.2.27}$$

式(2.2.22a)和式(2.2.22b)中 m 和 n 的不同取值，对应于不同的 TM_{mn} 模，其截止波数为

$$k_{cmn} = \sqrt{\left(\frac{m\pi}{a}\right)^2 + \left(\frac{n\pi}{b}\right)^2} \tag{2.2.28}$$

对应截止波数 k_{cmn} 有相应的截止频率 $f_{cmn} = k_{cmn}/(2\pi\sqrt{\mu_0\varepsilon_0})$。这就是说，电磁波的波数($k=\omega\sqrt{\mu\varepsilon}$)或频率只有大于上述波导的截止波数 k_{cmn} 或截止频率时，电磁波才能以 TM_{mn} 模式在波导内传输。由此可见，波导是高通滤波器。也就是说，对于一个频率 f 高于截止频率 f_{cmn} 的电磁波，TM_{mn} 模式是可以传输的，而且其相移常数为 $\beta_{mn} = \sqrt{k^2 - k_{cmn}^2}$。对应于此相移常数 β_{mn} 的波长 $\lambda_{gmn} = 2\pi/\beta_{mn}$，一般称为 TM_{mn} 模式的**波导波长**。由式(2.2.28)可知，TM_{11} 具有最小截止波数或截止频率，是最低 TM 模。对于一个具体的 TM_{mn} 模，都有其独特的电磁场分布特征。弄清波导中模式的场分布，是理解波导中各种深入电磁问题譬如激励、耦合、不连续等的基础。模式的场分布通常用电力线和磁力线来表示：用电力线的方向表示电场的方向，用磁力线的方向表示磁场的方向，用电力线和磁力线的密与稀来表示电场和磁场的强和弱。观察下面 TM_{mn} 模横向场的表达式：

$$\boldsymbol{E}_t=-\frac{\mathrm{j}\beta}{k_{\mathrm{c}}^2}\nabla_t E_z \tag{2.2.29}$$

$$\boldsymbol{H}_t=Y\hat{\boldsymbol{z}}\times\boldsymbol{E}_t \tag{2.2.30}$$

它们是由式(2.2.16)和式(2.2.17)简化得到。由式(2.2.29)可知，横向电场 $\boldsymbol{E}_t$ 垂直于 E_z 的等值线，又由式(2.2.30)可知，横向电场 $\boldsymbol{E}_t$、横向磁场 $\boldsymbol{H}_t$ 和传播 z 方向相互正交，故可推出 $\boldsymbol{H}_t$ 的磁力线和 E_z 的等值线一致。这样 TM_{mn} 模的电磁力线便可按下述途径大致画出：先确定 E_z 的最大、最小值位置，这样便可较为容易地画出 E_z 的等值线，即 $\boldsymbol{H}_t$ 的磁力线。进而根据横向电场 $\boldsymbol{E}_t$ 和横向磁场 $\boldsymbol{H}_t$ 正交，以及电场 $\boldsymbol{E}_t$ 方向是由 E_z 的最大指向最小等特点，画出横向电场 $\boldsymbol{E}_t$ 的电力线。最后根据电场总是垂直于波导壁的特点，不难画出电场在纵向上的电力线分布。据此方法可画出矩形波导 TM_{11} 的场分布，如图 2.7 所示。

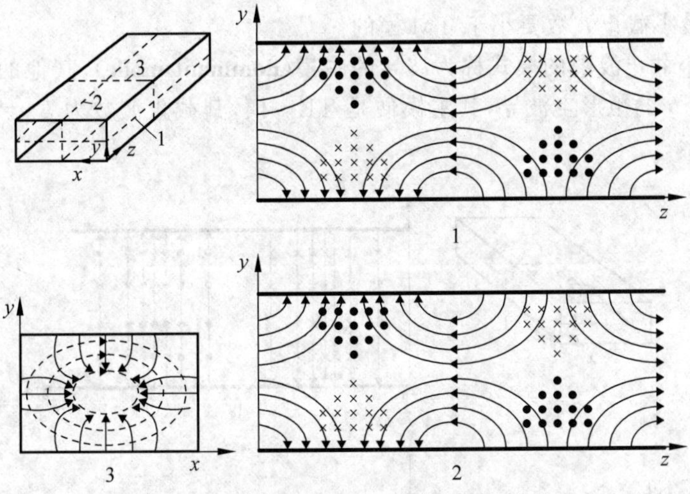

图 2.7　矩形波导 TM_{11} 模的场分布

上述是对矩形波导 TM 模式的分析，下面再来研究 TE 模式。TE 模式的纵向场 H_z 和 TM 模式的纵向场 E_z 所满足的方程完全一样，只是边界条件变成

$$\left.\frac{\partial H_z}{\partial n}\right|_{x=0}=0,\quad \left.\frac{\partial H_z}{\partial n}\right|_{x=a}=0,\quad \left.\frac{\partial H_z}{\partial n}\right|_{y=0}=0,\quad \left.\frac{\partial H_z}{\partial n}\right|_{y=b}=0 \tag{2.2.31}$$

由此解出

$$H_z=\cos(k_x x)\cos(k_y y)\mathrm{e}^{-\mathrm{j}k_z z} \tag{2.2.32}$$

其中，

$$k_x=\frac{m\pi}{a},\quad m=0,1,2,\cdots \tag{2.2.33a}$$

$$k_y=\frac{n\pi}{b},\quad n=0,1,2,\cdots \tag{2.2.33b}$$

注意 m 和 n 不能同时为零，且 k_x、k_y、k_z 同样满足色散关系式(2.2.23)。由式(2.2.16)和式(2.2.17)可算出 TE 模式的横向分量：

$$E_x=\frac{\mathrm{j}\omega\mu k_y}{k_c^2}\cos(k_x x)\sin(k_y y)\mathrm{e}^{-\mathrm{j}k_z z} \tag{2.2.34}$$

$$E_y=-\frac{\mathrm{j}\omega\mu k_x}{k_c^2}\sin(k_x x)\cos(k_y y)\mathrm{e}^{-\mathrm{j}k_z z} \tag{2.2.35}$$

$$H_x=\frac{\mathrm{j}k_x k_z}{k_c^2}\sin(k_x x)\cos(k_y y)\mathrm{e}^{-\mathrm{j}k_z z} \tag{2.2.36}$$

$$H_y=\frac{\mathrm{j}k_y k_z}{k_c^2}\cos(k_x x)\sin(k_y y)\mathrm{e}^{-\mathrm{j}k_z z} \tag{2.2.37}$$

比较 TE_{mn} 模和 TM_{mn} 模可以发现，前者的下标 m、n 可以取零，后者不能取零。故 TE 模的最小截止波数要小于 TM 模的。

具有最小截止波数的模式称为波导的**主模**(**dominant mode**)，其他的模称为高次模。对于 $a>b$ 的矩形空波导，其主模便是 TE_{10} 模，其截止波数为 $k_c=\pi/a$，场分布如图 2.8 所示。

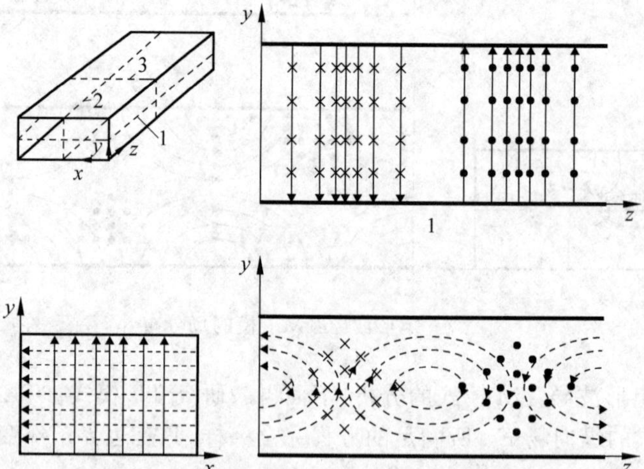

图 2.8　矩形波导主模 TE_{10} 的场分布

在很多情况下，我们希望波导**单模传输**，即只能主模传输。这时，电磁波的频率应大于主模的截止频率而小于第一高次模的截止频率。例如，对于 $a=2b$ 的矩形波导，其截止波长分布如图 2.9 所示，则当 $a<\lambda<2a$ 时，波导中只能传 TE_{10} 模，可以做到单模工作。

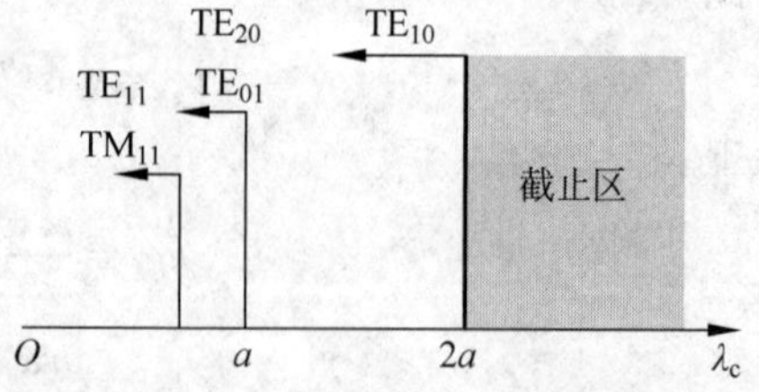

图 2.9　$a=2b$ 的矩形波导，其截止波长分布

例题 2.6　试求等腰直角三角形波导(图 2.10)中最低阶 TM 波和 TE 波的截止波长。

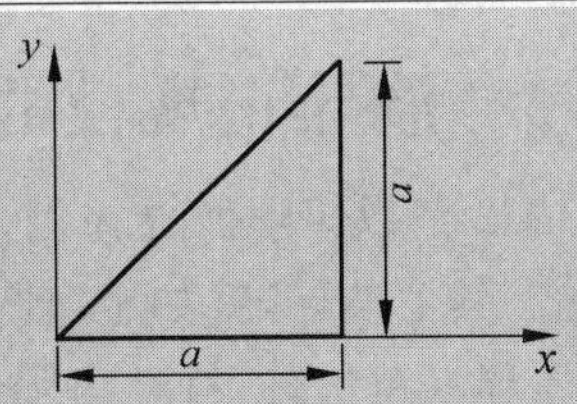

图 2.10　等腰直角三角形波导

解　在方形波导的对角线处加一导体平面即得到等腰直角三角形波导。故等腰直角三角形波导的场解一定可用方形波导模式的线性组合表示。

(1) TM 波：设方形波导中任意一个 TM 型波模式，根据结构对称性，将其模式分布函数的 x、y 坐标对换所得的分布函数也一定是方形波导另一模式的分布函数，且此两模式分布函数关于等腰直角三角形斜边对称。将此两模式函数相减所得的分布函数一定满足在斜边场值为零。因此这两模式相减所构成的模式函数一定是等腰直角三角形波导的模式函数。因为方形波导 TM 型波模式函数为

$$E_z=\sin\frac{m\pi x}{a}\sin\frac{n\pi y}{a},\quad m,n=1,2,\cdots \tag{e2.6.1}$$

所以等腰直角三角形波导的模式函数为

$$E_z=\sin\frac{m\pi x}{a}\sin\frac{n\pi y}{a}-\sin\frac{n\pi x}{a}\sin\frac{m\pi y}{a} \tag{e2.6.2}$$

因为 $m=n$ 时，$E_z=0$，所以不妨设 $m=n+r$，上述模式函数对应的截止波数为

$$k_c=\frac{\pi}{a}\sqrt{(n+r)^2+n^2},\quad n,r=1,2,\cdots \tag{e2.6.3}$$

可见，当 $n=r=1$ 时，最低 TM 波的截止波长为 $\lambda_c=2\pi/k_c=2\pi/[(\pi/a)\sqrt{5}]=2a/\sqrt{5}$。

(2) TE 波：考虑方形波导 TE_{11} 波型的电场分布(图 2.11)。根据场型分割原理，由 $y=0$，$y=x$ 和 $x=l$ 平面围成的等腰直角三角形波导和由 $y=0$，$y=x$ 和 $y=l-x$ 平面围成的等腰直角三角形波导中，纵向磁场分量均为

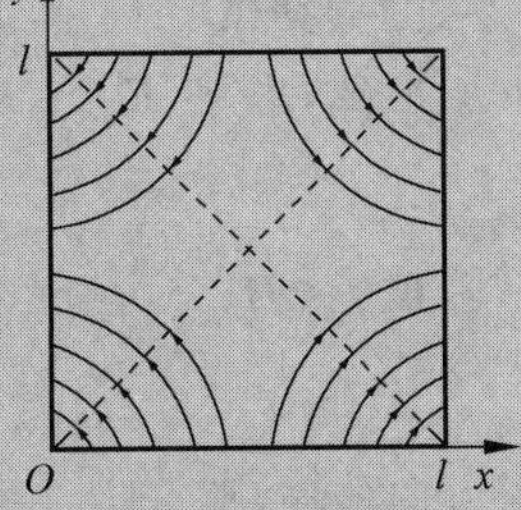

图 2.11　方形波导 TE_{11} 波型的电场分布

$$H_z=\cos\frac{\pi x}{l}\cos\frac{\pi y}{l} \tag{e2.6.4}$$

对于前者，当直角边为 a 时，$l=a$，截止波长 $\lambda_c=\sqrt{2}l=\sqrt{2}a$。对于后者，当直角边为 a 时，$l=\sqrt{2}a$，截止波长 $\lambda_c=\sqrt{2}l=2a$。因此，最低 TE 波的 $\lambda_c=2a$。

2.2.3 波导正规模的特性

2.2.2 节以矩形波导为例,具体展示了波导分析的过程及其从结果中引出的重要概念。其他波导,譬如金属圆波导、介质圆波导(光纤)都可仿照进行,或直接参阅《微波原理》(黄宏嘉,科学出版社,1962),获知它们的详尽分析和结果。本节要讨论的是波导中不同模式之间的关系。假设波导中第 m 个模的场为 $\boldsymbol{E}_m$、$\boldsymbol{H}_m$,第 n 个模的场为 $\boldsymbol{E}_n$、$\boldsymbol{H}_n$,它们应满足下面麦克斯韦方程:

$$\nabla\times\boldsymbol{H}_m=\mathrm{j}\omega\varepsilon\boldsymbol{E}_m \tag{2.2.38}$$

$$\nabla\times\boldsymbol{E}_m=-\mathrm{j}\omega\mu\boldsymbol{H}_m \tag{2.2.39}$$

$$\nabla\times\boldsymbol{H}_n=\mathrm{j}\omega\varepsilon\boldsymbol{E}_n \tag{2.2.40}$$

$$\nabla\times\boldsymbol{E}_n=-\mathrm{j}\omega\mu\boldsymbol{H}_n \tag{2.2.41}$$

$\boldsymbol{H}_n$ 点乘式(2.2.39)减去 $\boldsymbol{E}_m$ 点乘式(2.2.40),得

$$\boldsymbol{H}_n\cdot\nabla\times\boldsymbol{E}_m-\boldsymbol{E}_m\cdot\nabla\times\boldsymbol{H}_n=\nabla\cdot(\boldsymbol{E}_m\times\boldsymbol{H}_n)=\mathrm{j}\omega(-\boldsymbol{H}_n\cdot\mu\boldsymbol{H}_m-\boldsymbol{E}_m\cdot\varepsilon\boldsymbol{E}_n) \tag{2.2.42}$$

$\boldsymbol{E}_n$ 点乘式(2.2.38)减去 $\boldsymbol{H}_m$ 点乘式(2.2.41),得

$$\boldsymbol{E}_n\cdot\nabla\times\boldsymbol{H}_m-\boldsymbol{H}_m\cdot\nabla\times\boldsymbol{E}_n=\nabla\cdot(\boldsymbol{H}_m\times\boldsymbol{E}_n)=\mathrm{j}\omega(\boldsymbol{H}_m\cdot\mu\boldsymbol{H}_n+\boldsymbol{E}_n\cdot\varepsilon\boldsymbol{E}_m) \tag{2.2.43}$$

式(2.2.42)加上式(2.2.43),得

$$\nabla\cdot(\boldsymbol{E}_m\times\boldsymbol{H}_n-\boldsymbol{E}_n\times\boldsymbol{H}_m)=0 \tag{2.2.44}$$

对式(2.2.44)在波导 z 和 $z+\Delta z$ 两平面及波导内壁所围区域积分得

$$\int_{S_1}(\boldsymbol{E}_m\times\boldsymbol{H}_n-\boldsymbol{E}_n\times\boldsymbol{H}_m)\cdot(-\hat{\boldsymbol{z}})\mathrm{d}S+\int_{S_c}(\boldsymbol{E}_m\times\boldsymbol{H}_n-\boldsymbol{E}_n\times\boldsymbol{H}_m)\cdot\hat{\boldsymbol{n}}\mathrm{d}S+$$
$$\int_{S_2}(\boldsymbol{E}_m\times\boldsymbol{H}_n-\boldsymbol{E}_n\times\boldsymbol{H}_m)\cdot(\hat{\boldsymbol{z}})\mathrm{d}S=0 \tag{2.2.45}$$

式(2.2.45)的第二项,即在波导内壁上的积分项,显然为零,因为在波导内壁上满足 $\hat{\boldsymbol{n}}\times\boldsymbol{E}=\boldsymbol{0}$。将式(2.2.45)中的场写成横向场和纵向场相加形式,譬如 $\boldsymbol{E}_m=\boldsymbol{E}_{tm}+E_{zm}\hat{\boldsymbol{z}}$,其他类似,这样式(2.2.45)便可简化成

$$\int_{s_1}(\boldsymbol{E}_{tm}\times\boldsymbol{H}_{tn}-\boldsymbol{E}_{tn}\times\boldsymbol{H}_{tm})\cdot(-\hat{\boldsymbol{z}})\mathrm{d}s+\int_{s_2}(\boldsymbol{E}_{tm}\times\boldsymbol{H}_{tn}-\boldsymbol{E}_{tn}\times\boldsymbol{H}_{tm})\cdot(\hat{\boldsymbol{z}})\mathrm{d}s=0 \tag{2.2.46}$$

根据波导场分布特点,如果第 m 个模和第 n 个模都沿正 z 方向传输,那么

$$\boldsymbol{E}_{tm}=\mathrm{e}^{-\mathrm{j}\gamma_m z}\boldsymbol{e}_m(x,y),\quad \boldsymbol{H}_{tm}=\frac{1}{Z_m}\mathrm{e}^{-\mathrm{j}\gamma_m z}\boldsymbol{h}_m(x,y) \tag{2.2.47a}$$

$$\boldsymbol{E}_{tn}=\mathrm{e}^{-\mathrm{j}\gamma_n z}\boldsymbol{e}_n(x,y),\quad \boldsymbol{H}_{tn}=\frac{1}{Z_n}\mathrm{e}^{-\mathrm{j}\gamma_n z}\boldsymbol{h}_n(x,y) \tag{2.2.47b}$$

根据式(2.2.16)和式(2.2.17),不论 TE 模还是 TM 模,这里选择的模式函数都可使其满足

$$\boldsymbol{h}_m(x,y)=\hat{\boldsymbol{z}}\times\boldsymbol{e}_m(x,y) \tag{2.2.48a}$$

$$\int_S \boldsymbol{e}_m(x,y)\cdot\boldsymbol{e}_m(x,y)\mathrm{d}S=1 \tag{2.2.48b}$$

将式(2.2.47a)和式(2.2.47b)代入式(2.2.46),得

$$(\gamma_m+\gamma_n)\int_S\left(\frac{1}{Z_n}\boldsymbol{e}_m\times\boldsymbol{h}_n-\frac{1}{Z_m}\boldsymbol{e}_n\times\boldsymbol{h}_m\right)\cdot\hat{\boldsymbol{z}}\mathrm{d}S=0 \tag{2.2.49}$$

显然 $\gamma_m+\gamma_n\neq 0$,故

$$\int_S\left(\frac{1}{Z_n}\boldsymbol{e}_m\times\boldsymbol{h}_n-\frac{1}{Z_m}\boldsymbol{e}_n\times\boldsymbol{h}_m\right)\cdot\hat{\boldsymbol{z}}\mathrm{d}S=0 \tag{2.2.50}$$

如果第 m 个模沿正 z 方向传输,而第 n 个模沿负 z 方向传输,那么第 m 个模的场分布不变,第 n 个模的场分布变成

$$\boldsymbol{E}_{tn}=\mathrm{e}^{\mathrm{j}\gamma_n z}\boldsymbol{e}_n(x,y),\quad \boldsymbol{H}_{tn}=-\frac{1}{Z_n}\mathrm{e}^{\mathrm{j}\gamma_n z}\boldsymbol{h}_n(x,y) \tag{2.2.51}$$

将式(2.2.47)和式(2.2.51)代入式(2.2.46),得

$$(\gamma_m-\gamma_n)\int_S\left(\frac{1}{Z_n}\boldsymbol{e}_m\times\boldsymbol{h}_n+\frac{1}{Z_m}\boldsymbol{e}_n\times\boldsymbol{h}_m\right)\cdot\hat{\boldsymbol{z}}\mathrm{d}S=0 \tag{2.2.52a}$$

如果 $\gamma_m\neq\gamma_n$,那么

$$\int_S\left(\frac{1}{Z_n}\boldsymbol{e}_m\times\boldsymbol{h}_n+\frac{1}{Z_m}\boldsymbol{e}_n\times\boldsymbol{h}_m\right)\cdot\hat{\boldsymbol{z}}\mathrm{d}S=0 \tag{2.2.52b}$$

式(2.2.50)和式(2.2.52b)相加,可得

$$\int_S \boldsymbol{e}_m\times\boldsymbol{h}_n\cdot\hat{\boldsymbol{z}}\mathrm{d}S=0,\quad \gamma_m\neq\gamma_n \tag{2.2.53a}$$

利用式(2.2.48a)和式(2.2.48b),可得

$$\int_S \boldsymbol{e}_m\times\boldsymbol{h}_n\cdot\hat{\boldsymbol{z}}\mathrm{d}S=\delta_{mn} \tag{2.2.53b}$$

$$\int_S \boldsymbol{e}_m\cdot\boldsymbol{e}_n\mathrm{d}S=\delta_{mn} \tag{2.2.53c}$$

这就是波导正规模最为一般的**正交性**。由推导过程可以知道,此正交性不仅适用于金属空波导,而且也适用于包括介质填充波导和介质波导在内的其他波导。对于金属空波导,还有其他形式的正交性,在此就不赘述了,有兴趣读者可参阅《微波原理》(黄宏嘉,科学出版社,1962)。另外,还可证明,不管波导中有何种形式的源,激励出何种形式的场,都可以用 TE_{mn} $(m,n=0,1,\cdots)$, TM_{mn} $(m,n=1,2,\cdots)$模式的线性组合来表达,即

$$\boldsymbol{E}=\sum_{m,n}a_{mn}\boldsymbol{e}_{mn}^{\mathrm{TE}}+\sum_{m,n}b_{mn}\boldsymbol{e}_{mn}^{\mathrm{TM}} \tag{2.2.54}$$

其中,a_{mn} 和 b_{mn} 分别为 TE 和 TM 各模式的系数。这称为波导模式的**完备性**。

2.2.4 任意截面空波导电磁波传输模式的有限元分析

2.2.2 节和 2.2.3 节中，我们讨论了矩形波导中电磁波传播模式。对于矩形波导来说，其截面形状规则，可以采用解析方法求得其口径面上的场分布。然而在实际应用中，经常会遇到不规则截面形状的波导。分析电磁波的传输模式，通常需要借助数值计算方法。在各种数值方法中，对于金属封闭形式的空波导传输模式的计算，有限元方法最为灵活高效。下面我们将讲述如何采用有限元方法分析任意截面空波导的电磁波传输模式。

对于任意形状的空波导，其内可以传输 TE 模或 TM 模。以 TM 模式为例，根据式(2.2.18)，场在波导截面上都满足以下的亥姆霍兹方程：

$$\nabla_t^2 E_z + k_c^2 E_z = 0 \tag{2.2.55}$$

同时，在波导金属壁 Γ 上电场满足如下边界条件：

$$E_z|_\Gamma = 0 \tag{2.2.56}$$

对方程(2.2.55)两端同时乘上任意微小变化量，并在横截面上作积分，有

$$\int_S (\nabla_t^2 E_z + k_c^2 E_z)\delta E_z \mathrm{d}S = 0 \tag{2.2.57}$$

根据第一类标量格林定理，有

$$\int_S \delta E_z \cdot \nabla_t^2 E_z \mathrm{d}S = -\int_S \nabla_t \delta E_z \cdot \nabla_t E_z \mathrm{d}S + \int_\Gamma \delta E_z \cdot \frac{\partial E_z}{\partial n}\mathrm{d}l \tag{2.2.58}$$

将式(2.2.58)代入式(2.2.57)，得

$$\int_S (-\nabla_t E_z \cdot \nabla \delta E_z + k_c^2 E_z \delta E_z)\mathrm{d}S + \int_\Gamma \delta E_z \frac{\partial E_z}{\partial n}\mathrm{d}l = 0 \tag{2.2.59}$$

根据式(2.2.56)，可知在边界 Γ 上 $\delta E_z = 0$，因此

$$\int_S (\nabla_t E_z \cdot \nabla_t \delta E_z - k_c^2 E_z \delta E_z)\mathrm{d}S = 0 \tag{2.2.60}$$

这等价于下列泛函的变分：

$$F(E_z) = \frac{1}{2}\int_S (\nabla_t E_z \cdot \nabla_t E_z - k_c^2 E_z^2)\mathrm{d}S \tag{2.2.61}$$

离散泛函变分式(2.2.61)，首先要选取基函数。在本节讨论的问题中，求解域为二维的波导截面，基函数的形状以三角形面元最为灵活方便。选择三角形三个顶点处的值作为插值参量，如图 2.12 所示。在给出基函数的表达式之前，先建立三角形单元上的面积坐标。如图 2.12 所示，设三角形单元三顶点按逆时针方向分别标记为 1、2、3，三角形面积为 Δ。则对于三角形内任意一点 $P(x,y)$，其与

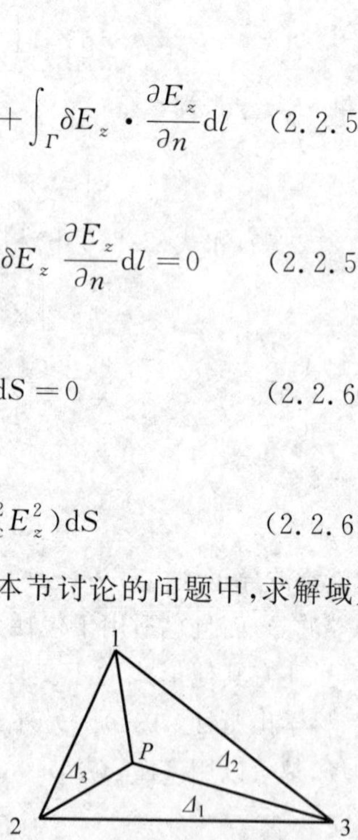

图 2.12 三角形单元

三角形三个顶点的连线将三角形分为三个小三角形，设其面积分别为 Δ_1、Δ_2、Δ_3。

于是三角形单元面积可表达为

$$\Delta = \frac{1}{2}\begin{vmatrix} 1 & x_1 & y_1 \\ 1 & x_2 & y_2 \\ 1 & x_3 & y_3 \end{vmatrix} \tag{2.2.62a}$$

$$\Delta_1 = \frac{1}{2}\begin{vmatrix} 1 & x & y \\ 1 & x_2 & y_2 \\ 1 & x_3 & y_3 \end{vmatrix} = a_1 + b_1 x + c_1 y \tag{2.2.62b}$$

$$\Delta_2 = \frac{1}{2}\begin{vmatrix} 1 & x_1 & y_1 \\ 1 & x & y \\ 1 & x_3 & y_3 \end{vmatrix} = a_2 + b_2 x + c_2 y \tag{2.2.62c}$$

$$\Delta_3 = \frac{1}{2}\begin{vmatrix} 1 & x_1 & y_1 \\ 1 & x_2 & y_2 \\ 1 & x & y \end{vmatrix} = a_3 + b_3 x + c_3 y \tag{2.2.62d}$$

定义点 $P(x,y)$ 的面积坐标 (L_1,L_2,L_3) 为

$$L_i = \frac{\Delta_i}{\Delta},\quad i=1,2,3 \tag{2.2.63}$$

三角形的面积坐标的三个坐标分量并不唯一，它们之和为 1。将整个波导的横截面划分为 M 个小三角形单元。第 e 个三角形内任意一点处的 E_z 用此单元顶点的 E_z 线性插值得到。不难得到，E_z 可以表示成

$$E_z^e = \sum_{i=1}^{3} L_i^e E_{zi}^e = \{E_z^e\}^{\mathrm{T}}\{L^e\} \tag{2.2.64}$$

将式(2.2.64)代入式(2.2.61)，并对计算区域内的所有三角形单元进行累加，得

$$F = \frac{1}{2}\sum_{e=1}^{M}(\{E_z^e\}^{\mathrm{T}}[A^e]\{E_z^e\} - k_c^2[B^e]\{E_z^e\}) = 0 \tag{2.2.65a}$$

其中，

$$A_{ij}^e = \int_{S_e}\{\nabla_t L_i^e\}\cdot\{\nabla_t L_j^e\}^{\mathrm{T}}\mathrm{d}S \tag{2.2.65b}$$

$$B_{ij}^e = \int_{S_e} L_i^e \cdot \{L_j^e\}^{\mathrm{T}}\mathrm{d}S \tag{2.2.65c}$$

这里，S_e 代表第 e 个三角形面积。对式(2.2.65a)求变分，便可以得到本征方程：

$$[\boldsymbol{A}]\{E_z\} = k_c^2[\boldsymbol{B}]\{E_z\} \tag{2.2.66}$$

显然，其中的 $[\boldsymbol{A}]$ 和 $[\boldsymbol{B}]$ 都是稀疏对称矩阵。式(2.2.65b)、式(2.2.65c)中的积分可以采用解析的方法求出，具体的计算结果为

$$A_{ij}^{e}=\frac{1}{\Delta}(b_ib_j+c_ic_j) \tag{2.2.67}$$

$$B_{ij}^{e}=\frac{1+\delta_{ij}}{12}\Delta \tag{2.2.68}$$

在求解方程(2.2.66)之前,还需要对此方程两边强加边界条件式(2.2.56),也即令波导金属壁上 E_z 为零。为此,先将方程(2.2.65a)写成系数矩阵含有未知数 k_c 的线性方程组形式,再进行如下操作:找到关于边界上切向电场变量的方程,在此方程中找到此变量前的系数,将此系数置为1,其他置为0,表现为对矩阵方程的行操作;找到此未知量在其他方程中对应的系数,将其置为0,对应的是矩阵方程的列操作。

强加边界条件完成后,便可求解方程本征值。形如方程(2.2.66)的本征值方程求解是一个经典的数学问题。专业数学家已将求解此类问题的各种方法转化为具有良好平台的软件包。在本征值问题的求解上,就有20世纪70年代的EISPACK软件包,80年代的IMSL软件包,90年代的ARPACK软件包等多种软件包可选。

对于TE传输模式的分析,与TM传输模式的分析基本一致。唯一不同的是,对于TE模式,其边界条件为

$$\left.\frac{\partial H_z}{\partial n}\right|_{\Gamma}=0 \tag{2.2.69}$$

此边界条件可从泛函变分自然得到。因此对于TE模式,泛函形式不变,且不需要强加任何其他边界条件。

2.2.5 波导激励分析

根据2.2.3节可以知道,波导传输模式是正交完备的。利用这个结论,我们便可简化分析求解其他问题。本节将用具体例子说明如何利用波导传输模式分析波导激励问题。如图2.13所示,设同轴线内导体在矩形波导的宽边 $x=a/2,y=0,z=0$ 处深入波导内,形成一个电探针,外导体接在波导壁上,波导在 $z=-l$ 处被短路。当探针很细时,假定其上的电流可表示成

$$\boldsymbol{J}=\hat{\boldsymbol{y}}I_0\sin k(d-y)\delta\left(x-\frac{a}{2}\right)\delta(z) \tag{2.2.70}$$

试求探针在 $z>0$ 区域的辐射场。

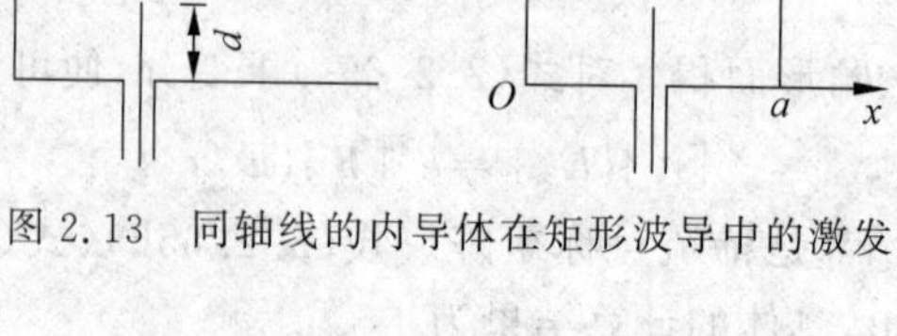

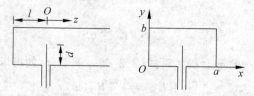

图2.13 同轴线的内导体在矩形波导中的激发

因为 $z=-l$ 处短路，根据镜像原理，我们可去掉短路边界，将电流源改为

$$\boldsymbol{J}=\hat{\boldsymbol{y}}I_0\sin k(d-y)\delta\left(x-\frac{a}{2}\right)[\delta(z)-\delta(z+2l)] \tag{2.2.71}$$

在理想矩形波导中，根据模式完备性，可以知道在 z' 处电流源 $\boldsymbol{J}$ 产生的横向电场可写为

$$\boldsymbol{E}_t=\sum_p a_p\boldsymbol{e}_{tp}\mathrm{e}^{-\mathrm{j}\gamma_p(z-z')},\quad z>z' \tag{2.2.72a}$$

$$\boldsymbol{E}_t=\sum_p a_p\boldsymbol{e}_{tp}\mathrm{e}^{\mathrm{j}\gamma_p(z-z')},\quad z<z' \tag{2.2.72b}$$

其中，$\boldsymbol{e}_{tp}$ 和 γ_p 分别是横向矢量波型函数和传播常数。在波导横截面上满足正交归一条件。

$$\int_S\boldsymbol{e}_{tp}\cdot\boldsymbol{e}_{tq}\cdot\mathrm{d}S=\delta_{pq} \tag{2.2.73}$$

根据波导传输模式特性，可以推知横向磁场为

$$\boldsymbol{H}_t=\sum_p a_pY_p\hat{\boldsymbol{z}}\times\boldsymbol{e}_{tp}\mathrm{e}^{-\mathrm{j}\gamma_p(z-z')},\quad z>z' \tag{2.2.74a}$$

$$\boldsymbol{H}_t=\sum_p a_pY_p(-\hat{\boldsymbol{z}})\times\boldsymbol{e}_{tp}\mathrm{e}^{\mathrm{j}\gamma_p(z-z')},\quad z<z' \tag{2.2.74b}$$

其中，Y_n 是波导传输模式的特性导纳。根据在 $z=z'$ 处磁场连续性条件 $\hat{\boldsymbol{n}}\times(\boldsymbol{H}_t^+-\boldsymbol{H}_t^-)=\boldsymbol{J}_s$，其中 $\boldsymbol{J}_s=\int_{z'_-}^{z'_+}\boldsymbol{J}\mathrm{d}z$ 为 $z=z'$ 处表面电荷密度，可得

$$\hat{\boldsymbol{z}}\times\left(\sum_p a_pY_p\hat{\boldsymbol{z}}\times\boldsymbol{e}_{tp}-\sum_p a_pY_p(-\hat{\boldsymbol{z}})\times\boldsymbol{e}_{tp}\right)=\boldsymbol{J}_s \tag{2.2.75}$$

即

$$-2\sum_p a_pY_p\boldsymbol{e}_{tp}=\boldsymbol{J}_s \tag{2.2.76}$$

对式(2.2.76)两边同点乘 $\boldsymbol{e}_{tp}$，并在截面上作积分，根据波导模式正交性(式(2.2.73))，可得

$$a_p=-\frac{Z_p}{2}\int_s\boldsymbol{J}_s\cdot\boldsymbol{e}_{tp}\mathrm{d}S=-\frac{Z_p}{2}\int_V\boldsymbol{J}\cdot\boldsymbol{e}_{tp}\mathrm{d}V \tag{2.2.77}$$

其中，$Z_p=1/Y_p$。在矩形波导中，TE 波的波型函数为

$$\begin{cases}\boldsymbol{e}_{tmn}=\dfrac{\sqrt{2}}{k_{cmn}\sqrt{ab}}\left(-\hat{\boldsymbol{x}}\dfrac{n\pi}{b}\cos\dfrac{m\pi x}{a}\sin\dfrac{n\pi y}{b}+\hat{\boldsymbol{y}}\dfrac{m\pi}{a}\sin\dfrac{m\pi x}{a}\cos\dfrac{n\pi y}{b}\right)\\ \boldsymbol{e}_{zmn}=\boldsymbol{0}\end{cases} \tag{2.2.78}$$

TM 波的波型函数为

$$\begin{cases} \boldsymbol{e}_{tmn} = \dfrac{\sqrt{2}}{k_{cmn}\sqrt{ab}}\left(\hat{\boldsymbol{x}}\dfrac{m\pi}{a}\cos\dfrac{m\pi x}{a}\sin\dfrac{n\pi y}{b} + \hat{\boldsymbol{y}}\dfrac{n\pi}{b}\sin\dfrac{m\pi x}{a}\cos\dfrac{n\pi y}{b}\right) \\ \boldsymbol{e}_{zmn} = -\hat{\boldsymbol{z}}\dfrac{\sqrt{2}k_{tmn}}{\gamma_{mn}\sqrt{ab}}\sin\dfrac{m\pi x}{a}\sin\dfrac{n\pi y}{b} \end{cases} \tag{2.2.79}$$

故有

$$\begin{aligned} a_p &= -\frac{Z_p}{2}\int_V \boldsymbol{J}\cdot\boldsymbol{e}_{tp}\,\mathrm{d}V \\ &= -\frac{I_0 Z_{mn} C_{mn}}{\sqrt{2ab}\,k_{cmn}}(1-\mathrm{e}^{-2\gamma_{mn}l})\int_0^d \sin k(d-y)\cos\frac{n\pi y}{b}\mathrm{d}y \\ &= -\frac{I_0 Z_{mn} C_{mn}}{\sqrt{2ab}\,k_{cmn}}\frac{k}{k^2-(n\pi/b)^2}\left(\cos\frac{n\pi d}{b}-\cos kd\right)(1-\mathrm{e}^{-2\gamma_{mn}l}) \end{aligned} \tag{2.2.80a}$$

其中，

$$k_{cmn} = [(m\pi/a)^2+(n\pi/b)^2]^{1/2},\quad \gamma_{mn} = [k^2-k_{tmn}^2]^{1/2},\quad C_{mn} = \begin{cases} m\pi/a, & \text{TE 波} \\ n\pi/b, & \text{TM 波} \end{cases}$$

$$m = 1,3,\cdots, \tag{2.2.80b}$$

由式(2.2.78)、式(2.2.79)、式(2.2.80a)可得 $z>0$ 区域的电场。

$TE_{2m+1,n}(m,n=0,1,\cdots)$波型：

$$\begin{aligned} \boldsymbol{E} = \sum_{m=0}^{\infty}\sum_{n=0}^{\infty}&\left[-\frac{Z_{(2m+1)n}kI_0}{(k^2-(n\pi/b)^2)k_{c(2m+1)n}^2 ab}\left(\cos\frac{n\pi d}{b}-\cos kd\right)\frac{(2m+1)\pi}{a}\right]\times \\ &\left[-\hat{\boldsymbol{x}}\frac{n\pi}{b}\cos\frac{(2m+1)\pi x}{a}\sin\frac{n\pi y}{b}+\hat{\boldsymbol{y}}\frac{(2m+1)\pi}{a}\sin\frac{(2m+1)\pi x}{a}\cos\frac{n\pi y}{b}\right]\times \\ &[1-\mathrm{e}^{-2\mathrm{j}\gamma_{(2m+1)}l}]\mathrm{e}^{-\mathrm{j}\gamma_{(2m+1)}z} \end{aligned} \tag{2.2.81}$$

$TM_{2m+1,n}(m,n=0,1,\cdots)$波型：

$$\begin{aligned} \boldsymbol{E} = \sum_{m=0}^{\infty}\sum_{n=0}^{\infty}&\left\{-\frac{Z_{(2m+1)n}kI_0\sin k(d-y)}{[k^2-(n\pi/b)^2]k_{c(2m+1)n}^2 ab}\left(\cos\frac{n\pi d}{b}-\cos kd\right)\frac{n\pi}{b}\right\}\times \\ &\left[\hat{\boldsymbol{x}}\frac{(2m+1)\pi}{a}\cos\frac{(2m+1)\pi x}{a}\sin\frac{n\pi y}{b}+\hat{\boldsymbol{y}}\frac{n\pi}{b}\sin\frac{(2m+1)\pi x}{a}\cos\frac{n\pi y}{b}-\right. \\ &\left.\hat{\boldsymbol{z}}\frac{\sqrt{2}k_{c(2m+1)n}}{\gamma_{(2m+1)n}\sqrt{ab}}\sin\frac{(2m+1)\pi x}{a}\sin\frac{n\pi y}{b}\right][1-\mathrm{e}^{-2\mathrm{j}\gamma_{(2m+1)}l}]\mathrm{e}^{-\mathrm{j}\gamma_{(2m+1)}z} \end{aligned} \tag{2.2.82}$$

若波导中仅能传播主模 TE_{10}，则在 $z>0$ 区域的电场为

$$\boldsymbol{E}_{\mathrm{TE10}} = -\hat{\boldsymbol{y}}\frac{Z_{10}I_0}{kab}(1-\cos kd)(1-\mathrm{e}^{-2\mathrm{j}\gamma_{10}l})\sin\frac{\pi x}{a}\mathrm{e}^{-\mathrm{j}\gamma_{10}z} \tag{2.2.83}$$

其中，$\gamma_{10}=\sqrt{k^2-(\pi/a)^2}$。

2.3　微波传输线的分析模型

2.3.1　传输线分析模型及其解

传输线分析模型是微波技术中一个极其重要的分析模型。在实际问题中，往往是抓住场问题的关键，用传输线模型等效，以简化原来复杂的场问题，同时又不失问题的本质。本节将从两个角度推导传输线分析模型方程：一是从场分析角度，将麦克斯韦方程简化成传输线方程；二是从路分析角度，将传输线视为分布参数电路，利用电路基本理论导出传输线方程。

1. 传输线模型——场方法

根据上述波导分析结果可知，对于波导中任意一个确定的传输模式，其切向电场 $\boldsymbol{E}_t$、切向磁场 $\boldsymbol{H}_t$ 在横截面的分布是固定的，不随传输改变；改变的只是它们的幅值。故可将电磁场幅值单独建模型研究。一般可将电场幅值等效看成电压 U，磁场幅值等效看成电流 I，等效电压和电流满足的方程便是传输线方程。单模工作波导可用单传输线方程表述；多模工作波导可用多个传输线方程表述。这样，复杂的波导"场"问题便转化为简单的传输线"路"问题。

下面推导等效电压和电流所满足的传输线方程。具体来说，横向电磁场可表示为

$$\boldsymbol{E}_t(x,y,z)=U(z)\boldsymbol{e}_t(x,y) \tag{2.3.1}$$

$$\boldsymbol{H}_t(x,y,z)=I(z)\boldsymbol{h}_t(x,y) \tag{2.3.2}$$

且模式函数满足

$$\int_S(\boldsymbol{e}_t\times\boldsymbol{h}_t)\cdot\hat{\boldsymbol{z}}\,\mathrm{d}S=1 \tag{2.3.3}$$

其中，S 表示波导横截面。根据麦克斯韦方程

$$\nabla\times\boldsymbol{E}=-\mathrm{j}\omega\mu\boldsymbol{H} \tag{2.3.4}$$

将算子∇分解成$\nabla_t+\dfrac{\partial}{\partial z}\hat{\boldsymbol{z}}$，电场 $\boldsymbol{E}$ 分解为 $\boldsymbol{E}_t+E_z\hat{\boldsymbol{z}}$，磁场 $\boldsymbol{H}$ 分解为 $\boldsymbol{H}_t+H_z\hat{\boldsymbol{z}}$，这样式(2.3.4)左边可展成

$$\left(\nabla_t+\frac{\partial}{\partial z}\hat{\boldsymbol{z}}\right)\times(\boldsymbol{E}_t+E_z\hat{\boldsymbol{z}})=\nabla_t\times\boldsymbol{E}_t+(\nabla_tE_z)\times\hat{\boldsymbol{z}}+\hat{\boldsymbol{z}}\times\frac{\partial\boldsymbol{E}_t}{\partial z} \tag{2.3.5a}$$

于是，根据式(2.3.4)有

$$(\nabla_tE_z)\times\hat{\boldsymbol{z}}+\hat{\boldsymbol{z}}\times\frac{\partial\boldsymbol{E}_t}{\partial z}=-\mathrm{j}\omega\mu\boldsymbol{H}_t \tag{2.3.5b}$$

$$\nabla_t \times \boldsymbol{E}_t = -\mathrm{j}\omega\mu H_z \hat{\boldsymbol{z}} \tag{2.3.5c}$$

同样,根据

$$\nabla \times \boldsymbol{H} = \mathrm{j}\omega\varepsilon \boldsymbol{E} \tag{2.3.6}$$

可得

$$(\nabla_t H_z) \times \hat{\boldsymbol{z}} + \hat{\boldsymbol{z}} \times \frac{\partial \boldsymbol{H}_t}{\partial z} = \mathrm{j}\omega\varepsilon \boldsymbol{E}_t \tag{2.3.7a}$$

$$\nabla_t \times \boldsymbol{H}_t = \mathrm{j}\omega\varepsilon E_z \hat{\boldsymbol{z}} \tag{2.3.7b}$$

式(2.3.5c)两边点乘 $\hat{\boldsymbol{z}}$,得

$$H_z = -\frac{1}{\mathrm{j}\omega\mu} \hat{\boldsymbol{z}} \cdot \nabla_t \times \boldsymbol{E}_t \tag{2.3.8}$$

将式(2.3.8)代入式(2.3.7a),得

$$-\frac{1}{\mathrm{j}\omega\mu} \nabla_t (\hat{\boldsymbol{z}} \cdot \nabla_t \times \boldsymbol{E}_t) \times \hat{\boldsymbol{z}} + \hat{\boldsymbol{z}} \times \frac{\partial \boldsymbol{H}_t}{\partial z} = \mathrm{j}\omega\varepsilon \boldsymbol{E}_t \tag{2.3.9}$$

利用下面恒等式:

$$\nabla(\boldsymbol{a} \cdot \boldsymbol{b}) = \boldsymbol{a} \times (\nabla \times \boldsymbol{b}) + \boldsymbol{b} \times (\nabla \times \boldsymbol{a}) + (\boldsymbol{a} \cdot \nabla)\boldsymbol{b} + (\boldsymbol{b} \cdot \nabla)\boldsymbol{a} \tag{2.3.10}$$

化简式(2.3.9)左边第一项中的 $\nabla_t (\hat{\boldsymbol{z}} \cdot \nabla_t \times \boldsymbol{E}_t)$,得

$$\nabla_t (\hat{\boldsymbol{z}} \cdot \nabla_t \times \boldsymbol{E}_t) = \hat{\boldsymbol{z}} \times (\nabla_t \times \nabla_t \times \boldsymbol{E}_t) \tag{2.3.11}$$

这样,式(2.3.9)就化简成

$$-\frac{1}{\mathrm{j}\omega\mu} \nabla_t \times \nabla_t \times \boldsymbol{E}_t + \hat{\boldsymbol{z}} \times \frac{\partial \boldsymbol{H}_t}{\partial z} = \mathrm{j}\omega\varepsilon \boldsymbol{E}_t \tag{2.3.12}$$

将式(2.3.1),式(2.3.2)代入式(2.3.12),得

$$[\hat{\boldsymbol{z}} \times \boldsymbol{h}_t(x,y)] \frac{\partial I(z)}{\partial z} = \left[\mathrm{j}\omega\varepsilon \boldsymbol{e}_t(x,y) + \frac{1}{\mathrm{j}\omega\mu} \nabla_t \times \nabla_t \times \boldsymbol{e}_t(x,y)\right] U(z) \tag{2.3.13}$$

上式两边点乘 $-\boldsymbol{e}_t$,并在横截面 S 上作积分,得

$$\int_S -\boldsymbol{e}_t \cdot (\hat{\boldsymbol{z}} \times \boldsymbol{h}_t) \mathrm{d}S \frac{\partial I}{\partial z} = \left[-\mathrm{j}\omega\varepsilon \int_S \left(\boldsymbol{e}_t - \frac{1}{k^2} \nabla_t \times \nabla_t \times \boldsymbol{e}_t\right) \cdot \boldsymbol{e}_t \mathrm{d}S\right] U \tag{2.3.14}$$

利用式(2.3.3)得

$$\frac{\partial I}{\partial z} = -\mathrm{j}\omega C_0 U = -Y_0 U \tag{2.3.15}$$

其中,

$$Y_0 = \mathrm{j}\omega C_0, \quad C_0 = \varepsilon \int_S \left(\boldsymbol{e}_t - \frac{1}{k^2} \nabla_t \times \nabla_t \times \boldsymbol{e}_t\right) \cdot \boldsymbol{e}_t \mathrm{d}S \tag{2.3.16}$$

同理可得

$$\frac{\partial U}{\partial z}=-\mathrm{j}\omega L_0 I=-Z_0 I \tag{2.3.17}$$

其中，

$$Z_0=\mathrm{j}\omega L_0,\quad L_0=\mu\int_S\left(\boldsymbol{h}_t-\frac{1}{k^2}\nabla_t\times\nabla_t\times\boldsymbol{h}_t\right)\cdot\boldsymbol{h}_t\,\mathrm{d}S \tag{2.3.18}$$

式(2.3.15)和式(2.3.17)便是传输线上电压和电流满足的方程，也称为**电报方程**(**telegraph equation**)。

由此可见，如果只研究波导某一种模式的传输，那么三维波矢量方程的求解可转化为一维传输线方程的求解。

2. 传输线模型——路方法

上面是根据麦克斯韦方程，利用等效电压和电流概念，推导出传输线方程。依据电路理论，同样可推导出传输线方程。考虑如图 2.14 所示的一平行双导体传输线。在传输线的始端加上激励电压时，平行的两导体中就有大小相等、方向相反的电流通过。如果激励电压是时变的，则沿导体的电压和电流既是沿线空间坐标的函数，也是时间的函数，用 $U(z,t)$ 和 $I(z,t)$ 表示。

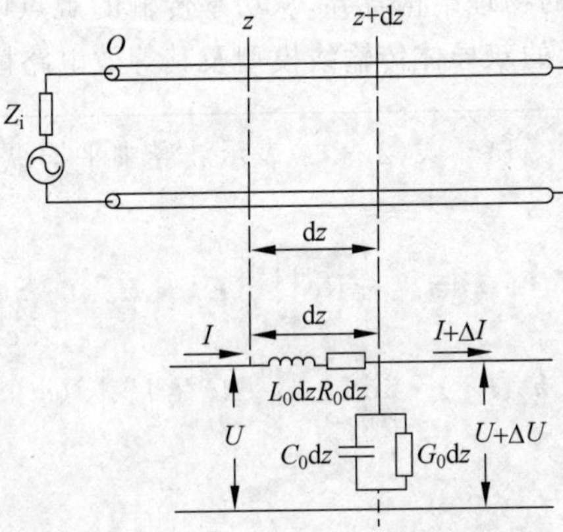

图 2.14　传输线模型及其单位长度 dz 上的等效电路模型

电流流过传输线将使导体发热，这表明导体本身有分布电阻；电流流过导体，其周围将有磁场，表明导体本身有分布电感；由于导体间绝缘不完善而存在漏电流，表明导体间有分布漏电导；由于导体间有电压，其间便有电场，这表明导体间有分布电容。基于上述物理事实，便可得出如图 2.14 所示的**传输线等效电路模型**。图中，R_0、L_0、G_0、C_0 便是传输线上单位长度的电阻、电感、电导和电容，单位分别为 Ω/m、H/m、S/m、F/m。这些电路参数连续分布在传输线上，称为分布参数，传输线模型也因此称为**分布参数模型**。考虑时谐场(角频率 ω)的情况，则每单位长度的串联阻抗

和并联导纳分别为

$$\begin{cases} Z_0 = R_0 + j\omega L_0 \\ Y_0 = G_0 + j\omega C_0 \end{cases} \tag{2.3.19}$$

现取一微分长度 dz,其输入端的电压和电流分别为 U 和 I,输出端的电压和电流分别为 $U+\Delta U$ 和 $I+\Delta I$。注意到,电压的变化是由电流流经串联支路阻抗 $Z_0 dz$ 引起的,而电流的变化是由跨接于线间的并联导纳 $Y_0 dz$ 引起的,故有

$$\begin{cases} \text{电压的变化} = -\Delta U = U - (U + \Delta U) = -\dfrac{\partial U}{\partial z}dz = IZ_0 dz \\ \text{电流的变化} = -\Delta I = I - (I + \Delta I) = -\dfrac{\partial I}{\partial z}dz = UY_0 dz \end{cases} \tag{2.3.20}$$

上式消去 dz,得到与式(2.3.15)和式(2.3.17)相同的传输线方程:

$$\frac{\partial I}{\partial z} = -Y_0 U \tag{2.3.21}$$

$$\frac{\partial U}{\partial z} = -Z_0 I \tag{2.3.22}$$

由此可见,矩形波导和平行双导体传输线可以用相同的等效电路模型来研究。推而广之,尽管不同传输线的物理结构各异,从功率传输的观点以及传输线方程的角度,都可以用如图 2.14 所示的双导体传输线模型及其等效电路模型来研究。

例题 2.7 利用式(2.3.1)~式(2.3.3)表示波导中平均纵向坡印亭功率。

解

$$\begin{aligned} \boldsymbol{P} &= \frac{1}{2}\mathrm{Re}\int_S (\boldsymbol{E} \times \boldsymbol{H}^*) \cdot \hat{\boldsymbol{z}} dS = \frac{1}{2}\mathrm{Re}\left[\int_S (\boldsymbol{E}_t \times \boldsymbol{H}_t^*) \cdot \hat{\boldsymbol{z}} dS\right] \\ &= \frac{1}{2}\mathrm{Re}\left[\int_S (\boldsymbol{e}_t U \times \boldsymbol{h}_t^* I^*) \cdot \hat{\boldsymbol{z}} dS\right] = \frac{1}{2}\mathrm{Re}\left[UI^* \int_S (\boldsymbol{e}_t \times \boldsymbol{h}_t) \cdot \hat{\boldsymbol{z}} dS\right] \\ &= \frac{1}{2}\mathrm{Re}[UI^*] \end{aligned} \tag{e2.7.1}$$

推导中应用了模式函数归一化条件式(2.3.3),这样得到的平均纵向坡印亭功率,与从电压波 U 和电流波 I 角度考虑传输线上的平均纵向功率的结论是一致的。

3. 传输线方程的解

将式(2.3.22)对 z 求偏导,并将式(2.3.21)代入可以得到

$$\frac{\partial^2 U}{\partial z^2} - Z_0 Y_0 U = 0 \tag{2.3.23a}$$

同理可得

$$\frac{\partial^2 I}{\partial z^2} - Z_0 Y_0 I = 0 \tag{2.3.23b}$$

可以看到式(2.3.23a)、式(2.3.23b)中两个方程形式是完全一样的，且都为二阶常系数的微分方程，并与波在均匀介质中传播的形式完全一样。令

$$\gamma = \sqrt{Z_0 Y_0} = \sqrt{(R_0 + \mathrm{j}\omega L_0)(G_0 + \mathrm{j}\omega C_0)} \tag{2.3.24}$$

则式(2.3.23a)可写为

$$\frac{\partial^2 U}{\partial z^2} - \gamma^2 U = 0 \tag{2.3.25}$$

其解为

$$U(z) = U^{\mathrm{i}} \mathrm{e}^{-\gamma z} + U^{\mathrm{r}} \mathrm{e}^{\gamma z} \tag{2.3.26}$$

将式(2.3.26)代入式(2.3.17)，并定义

$$Z_{\mathrm{c}} = \frac{1}{Y_{\mathrm{c}}} = \sqrt{\frac{Z_0}{Y_0}} = \sqrt{\frac{R_0 + \mathrm{j}\omega L_0}{G_0 + \mathrm{j}\omega C_0}} \tag{2.3.27}$$

得

$$I = \frac{1}{Z_{\mathrm{c}}}(U^{\mathrm{i}} \mathrm{e}^{-\gamma z} - U^{\mathrm{r}} \mathrm{e}^{\gamma z}) \tag{2.3.28}$$

记及时间变量，并记 $\gamma = \alpha + \mathrm{j}\beta$，式(2.3.26)和式(2.3.28)写为

$$U(z) = \mathrm{Re}[U^{\mathrm{i}} \mathrm{e}^{\mathrm{j}(\omega t - \beta z)} \mathrm{e}^{-\alpha z} + U^{\mathrm{r}} \mathrm{e}^{\mathrm{j}(\omega t + \beta z)} \mathrm{e}^{\alpha z}] \tag{2.3.29}$$

$$I(z) = \mathrm{Re}\left\{\frac{1}{Z_{\mathrm{c}}}[U^{\mathrm{i}} \mathrm{e}^{\mathrm{j}(\omega t - \beta z)} \mathrm{e}^{-\alpha z} - U^{\mathrm{r}} \mathrm{e}^{\mathrm{j}(\omega t + \beta z)} \mathrm{e}^{\alpha z}]\right\} \tag{2.3.30}$$

式(2.3.29)、式(2.3.30)中第一项表示沿 $+z$ 方向传输的波，记为入射波 U^{i}；第二项表示沿 $-z$ 方向传输的波，记为反射波 U^{r}。由 2.1.1 节可知 γ 正是波沿 z 方向的传播常数。如果传输线是均匀无耗的，则 $R_0 = G_0 = 0$。由式(2.3.24)可知，传输线上波的传播常数为

$$\gamma = \sqrt{\mathrm{j}\omega L_0 \cdot \mathrm{j}\omega C_0} = \mathrm{j}\omega\sqrt{L_0 C_0} \tag{2.3.31}$$

由式(2.3.29)可知，传输线上波的传播速度为

$$v_{\mathrm{p}} = \frac{\mathrm{d}z}{\mathrm{d}t} = \frac{\omega}{\beta} = \frac{1}{\sqrt{L_0 C_0}} \tag{2.3.32}$$

波长 λ 为

$$\lambda = \frac{2\pi}{\beta} = \frac{2\pi v_{\mathrm{p}}}{\omega} = \frac{v_{\mathrm{p}}}{f} \tag{2.3.33}$$

比较式(2.3.29)和式(2.3.30)的第一项，Z_{c} 为入射波电压与入射波电流之比，具有阻抗量纲，称为传输线的特征阻抗。其倒数 $Y_{\mathrm{c}} = 1/Z_{\mathrm{c}}$ 为特征导纳。由式(2.3.29)、式(2.3.30)可以看出，传输线上电压、电流可用两个特征参数，即传播常数 γ 与特征阻抗 Z_{c}(或特征导纳 Y_{c})表示。

2.3.2 传输线特征量及其变换式

2.3.1 节用电压 U 和电流 I，或电压入射波 U^{i} 和电压反射波 U^{r} 来描述传输线的工作状态。本节将以均匀无耗传输线为例，阐明传输线还可以用反射系数、输入阻抗(或导纳)、驻波系数与驻波相位等特征量表述。本节同时研究这些量相互之间的关系及其变换式。

1. 电压和电流变换式

电压 U 和电流 I 可写成如下入射波与反射波的叠加：

$$U(z)=U^{\mathrm{i}}\mathrm{e}^{-\mathrm{j}\beta z}+U^{\mathrm{r}}\mathrm{e}^{\mathrm{j}\beta z} \tag{2.3.34}$$

$$I=\frac{1}{Z_{\mathrm{c}}}(U^{\mathrm{i}}\mathrm{e}^{-\mathrm{j}\beta z}-U^{\mathrm{r}}\mathrm{e}^{\mathrm{j}\beta z}) \tag{2.3.35}$$

反之，入射波和反射波也可用电压、电流表示：

$$U^{\mathrm{i}}\mathrm{e}^{-\mathrm{j}\beta z}=\frac{1}{2}[U(z)+Z_{\mathrm{c}}I(z)] \tag{2.3.36}$$

$$U^{\mathrm{r}}\mathrm{e}^{\mathrm{j}\beta z}=\frac{1}{2}[U(z)-Z_{\mathrm{c}}I(z)] \tag{2.3.37}$$

在 $z=0$ 处，有

$$U^{\mathrm{i}}=\frac{1}{2}[U(0)+Z_{\mathrm{c}}I(0)] \tag{2.3.38}$$

$$U^{\mathrm{r}}=\frac{1}{2}[U(0)-Z_{\mathrm{c}}I(0)] \tag{2.3.39}$$

将式(2.3.38)、式(2.3.39)代入式(2.3.34)、式(2.3.35)中得到

$$U(z)=U(0)\cos(\beta z)-\mathrm{j}Z_{\mathrm{c}}I(0)\sin(\beta z) \tag{2.3.40}$$

$$I(z)=-\mathrm{j}Y_{\mathrm{c}}U(0)\sin(\beta z)+I(0)\cos(\beta z) \tag{2.3.41}$$

写成矩阵表示的形式为

$$\begin{Bmatrix}U(z)\\I(z)\end{Bmatrix}=\begin{bmatrix}\cos(\beta z) & -\mathrm{j}Z_{\mathrm{c}}\sin(\beta z)\\-\mathrm{j}Y_{\mathrm{c}}\sin(\beta z) & \cos(\beta z)\end{bmatrix}\begin{Bmatrix}U(0)\\I(0)\end{Bmatrix} \tag{2.3.42}$$

或

$$\begin{Bmatrix}U(0)\\I(0)\end{Bmatrix}=\begin{bmatrix}\cos(\beta z) & \mathrm{j}Z_{\mathrm{c}}\sin(\beta z)\\\mathrm{j}Y_{\mathrm{c}}\sin(\beta z) & \cos(\beta z)\end{bmatrix}\begin{Bmatrix}U(z)\\I(z)\end{Bmatrix} \tag{2.3.43}$$

式(2.3.42)表示已知 $z=0$ 处电压 $U(0)$ 和电流 $I(0)$ 即可求得传输线上任意位置 z 处的电压 $U(z)$ 和电流 $I(z)$。而式(2.3.43)表示已知传输线上任意位置 z 处的电压 $U(z)$ 和电流 $I(z)$，则可求得传输线上 $z=0$ 处电压 $U(0)$ 和电流 $I(0)$。

利用坐标平移变换关系，两平面 $z=z_1,z_2$ 间电压和电流的一般变换关系为

$$\begin{Bmatrix} U(z_2) \\ I(z_2) \end{Bmatrix} = \begin{bmatrix} \cos[\beta(z_2 - z_1)] & -jZ_c\sin[\beta(z_2 - z_1)] \\ -jY_c\sin[\beta(z_2 - z_1)] & \cos[\beta(z_2 - z_1)] \end{bmatrix} \begin{Bmatrix} U(z_1) \\ I(z_1) \end{Bmatrix} \tag{2.3.44}$$

2. 反射系数变换式

通常,我们希望电磁波只沿期望的方向(入射方向)单向把信号传送出去。但通过式(2.3.34)、式(2.3.35)可知传输线支持入射、反射两个方向的波。这两个行波叠加,将形成传输线上的行驻波状态。为了讨论传输线上入射波和反射波之间的关系,定义反射波电压与入射波电压之比为电压反射系数 $\Gamma_u(z)$:

$$\Gamma_u(z) = \frac{U^r e^{j\beta z}}{U^i e^{-j\beta z}} = \frac{U^r}{U^i} e^{j2\beta z} = \Gamma_u(0) e^{j2\beta z} \tag{2.3.45}$$

其中,$\Gamma_u(0)$为 $z=0$ 处的电压反射系数。同样利用坐标平移变换关系,两平面 $z=z_1, z_2$ 间反射系数的一般变换关系为

$$\Gamma_u(z_2) = \Gamma_u(z_1) e^{j2\beta(z_2 - z_1)} \tag{2.3.46}$$

式(2.3.45)、式(2.3.46)就是电压反射系数沿传输线的变化关系式。

引入反射系数 $\Gamma_u(z)$后,式(2.3.34)、式(2.3.35)又可写成

$$U(z) = [1 + \Gamma_u(z)] U^i e^{-j\beta z} \tag{2.3.47}$$

$$I(z) = [1 - \Gamma_u(z)] \frac{U^i e^{-j\beta z}}{Z_c} \tag{2.3.48}$$

同样方法可以定义电流反射系数 $\Gamma_i(z)$,由式(2.3.34)和式(2.3.35)可见,电流反射波与电压反射波相位相差180°,因此有 $\Gamma_i(z) = -\Gamma_u(z)$。在实际中用的较多的是电压反射系数,所以若无特别说明,"反射系数"一般均指电压反射系数,记为 $\Gamma(z)$。反射系数在一般情况下为复数,即它不仅反映了反射波与入射波大小的比,而且也反映了两者之间的相位关系。后面还将论述,反射系数还反映了负载对传输线传输特性的影响,以及产生反射波的原因。

把式(2.3.45)代入式(2.3.47),得到

$$U(z) = [1 + \Gamma_u(0) e^{j2\beta z}] U^i e^{-j\beta z} = [1 + |\Gamma_u(0)| e^{j2\beta z + \varphi_0}] U^i e^{-j\beta z} \tag{2.3.49}$$

其中,φ_0 为 $\Gamma_u(0)$的相位。由式(2.3.49)可以看到,当

$$2\beta z + \varphi_0 = 2n\pi, \quad n = 0, 1, 2, \cdots \tag{2.3.50}$$

时,电压 $U(z)$有最大的振幅值,即

$$|U(z)|_{max} = |U^i| [1 + |\Gamma_u(0)|] \tag{2.3.51}$$

这些空间位置对应的点称为波腹点。当

$$2\beta z + \varphi_0 = (2n+1)\pi, \quad n = 0, 1, 2, \cdots \tag{2.3.52}$$

时,电压 $U(z)$有最小的振幅值,即

$$|U(z)|_{\min}=|U^{\mathrm{i}}|[1-|\Gamma_u(0)|] \tag{2.3.53}$$

对应波节点。只要简单地把电压和电流的表示式对比即可知,无论电压还是电流,腹点与节点都相距$\frac{\lambda}{4}$,且电压腹点即电流节点,电压节点即电流腹点。

3. 输入阻抗变换式

考虑如图2.15所示的带负载的传输线。传输线上任意一点输入阻抗 Z_{i} 定义为该点的电压与电流之比:

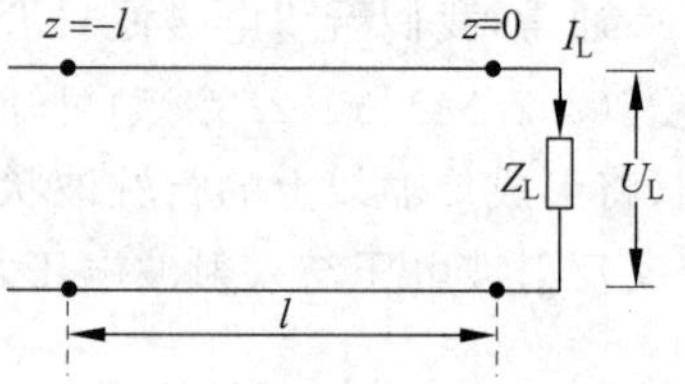

图2.15 带负载的传输线

$$Z_{\mathrm{i}}(z)\equiv\frac{U(z)}{I(z)} \tag{2.3.54}$$

那么根据式(2.3.47)和式(2.3.48)得

$$Z_{\mathrm{i}}(z)=\frac{U(z)}{I(z)}=Z_{\mathrm{c}}\frac{1+\Gamma(z)}{1-\Gamma(z)} \tag{2.3.55}$$

或

$$\Gamma(z)=\frac{Z_{\mathrm{i}}(z)-Z_{\mathrm{c}}}{Z_{\mathrm{i}}(z)+Z_{\mathrm{c}}}=\frac{\bar{Z}_{\mathrm{i}}(z)-1}{\bar{Z}_{\mathrm{i}}(z)+1} \tag{2.3.56}$$

其中,$\bar{Z}_{\mathrm{i}}=Z_{\mathrm{i}}/Z_{\mathrm{c}}$ 称为归一化输入阻抗。在微波技术中,归一化是一种为简化推导和表述的常用手段。式(2.3.55)、式(2.3.56)就是传输线上输入阻抗与反射系数的变换关系式。通过推导可知

$$Z_{\mathrm{i}}(z)=Z_{\mathrm{c}}\frac{Z_{\mathrm{L}}-\mathrm{j}Z_{\mathrm{c}}\tan(\beta z)}{Z_{\mathrm{c}}-\mathrm{j}Z_{\mathrm{L}}\tan(\beta z)} \tag{2.3.57}$$

利用坐标平移变换关系,两平面 $z=z_1,z_2$ 间输入阻抗的一般变换关系为

$$Z_{\mathrm{i}}(z_2)=Z_{\mathrm{c}}\frac{Z_{\mathrm{i}}(z_1)-\mathrm{j}Z_{\mathrm{c}}\tan[\beta(z_2-z_1)]}{Z_{\mathrm{c}}-\mathrm{j}Z_{\mathrm{i}}(z_1)\tan[\beta(z_2-z_1)]} \tag{2.3.58}$$

输入导纳的变换关系同理可推,不再赘述。利用上述变换关系,只要知道传输线上一个截面的特征量,即可求得任意截面上的特征量。

例题 2.8 如图2.16所示,特征阻抗为50 Ω、空气填充的均匀无耗同轴线终端接有 $Z_{\mathrm{L1}}=(50+\mathrm{j}50)\ \Omega$ 的负载阻抗。在距离终端 $l_1=2$ cm 处并接一特性阻抗为75 Ω的同轴线,其终端接有 $Z_{\mathrm{L1}}=(75-\mathrm{j}75)\ \Omega$ 的负载,长度 $l_2=3$ cm。已知工作波长 $\lambda=10$ cm,求接入点 AA' 截面前3.5 cm处传输线始端的输入阻抗,即传输线始端的状态。

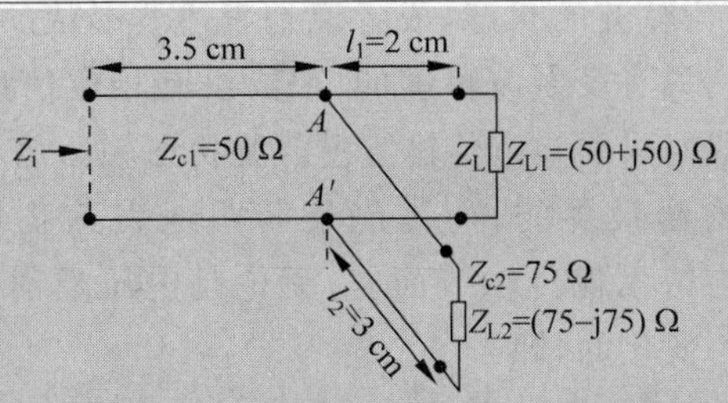

图 2.16 例题 2.8 图

解 从负载 Z_{L1} 到接入点 AA'截面相移 $\beta l_1=\frac{2\pi}{10}\times 2=0.4\pi$，从负载 Z_{L2} 到接入点 AA'截面相移 $\beta l_2=\frac{2\pi}{10}\times 3=0.6\pi$，所以从负载 Z_{L1} 变换到接入点 AA'的输入阻抗 Z_{A1} 为

$$Z_{A1}=Z_{c1}\frac{Z_{L1}+jZ_{c1}\tan(\beta l_1)}{Z_{c1}+jZ_{L1}\tan(\beta l_1)}=(38-j42)\ \Omega \tag{e2.8.1}$$

从负载 Z_{L2} 变换到接入点 AA'的输入阻抗 Z_{A2} 为

$$Z_{A2}=Z_{c2}\frac{Z_{L2}+jZ_{c2}\tan(kl_2)}{Z_{c2}+jZ_{L2}\tan(kl_2)}=(57+j63)\ \Omega \tag{e2.8.2}$$

Z_{A1} 与 Z_{A2} 并联，其并联阻抗为

$$Z_A=\frac{1}{Y_A}=\frac{1}{Y_{A1}+Y_{A2}}=\frac{1}{(Z_{A1})^{-1}+(Z_{A2})^{-1}}=(48.12-j10.59)\ \Omega \tag{e2.8.3}$$

从接入点 AA'到传输线始端相移 $kl_3=\frac{2\pi}{10}\times 3.5=0.7\pi$，所以传输线始端的输入阻抗 Z_i 为

$$Z_i=Z_{c1}\frac{Z_A+jZ_{c1}\tan(kl_3)}{Z_{c1}+jZ_A\tan(kl_3)}=(61.5+j3.4)\ \Omega \tag{e2.8.4}$$

4. 驻波比

两个相反方向的行波叠加形成行驻波。前述为了衡量相反方向的两个行波的大小和相位关系，引入了反射系数概念。为研究同样的问题，还可以定义**驻波比**(standing wave ratio)：

$$s\overset{\Delta}{=}\frac{|U(z)|_{\max}}{|U(z)|_{\min}}=\frac{|I(z)|_{\max}}{|I(z)|_{\min}}=\frac{1+|\Gamma_0|}{1-|\Gamma_0|} \tag{2.3.59}$$

驻波比是反映传输线上行驻波的状态,或者说是表述波形状的一个更为简明的物理量。与反射系数相比,它只有反射波幅度的信息,没有相位信息,但在微波工程中更常用。因为很多时候,我们只要知道传输线上行波状态就已足够了。在工程领域,最好的物理量往往不是内涵最多的,而是能最简明地表达我们最关心的事情。由式(2.3.45)可知,对于均匀无耗传输线而言,无论是电压反射系数还是电流反射系数,它们的模值沿线是不变化的,即

$$|\Gamma_u(z)| = |\Gamma_i(z)| = |\Gamma_0| = |\Gamma| \tag{2.3.60}$$

这样,驻波比 s 可写为

$$s = \frac{1+|\Gamma|}{1-|\Gamma|} \tag{2.3.61}$$

可见 s 沿线不变化,且由它可直接算出反射系数模值:

$$|\Gamma| = \frac{s-1}{s+1} \tag{2.3.62}$$

除了驻波比 s,有时也用**行波系数** K 表示传输线上反射波的强弱:

$$K \triangleq \frac{|U(z)|_{\min}}{|U(z)|_{\max}} = \frac{1}{s} \tag{2.3.63}$$

显而易见,

$$|\Gamma| \leqslant 1, \quad s \geqslant 1, \quad K \leqslant 1 \tag{2.3.64}$$

5. 传输功率与传输效率

由例题 2.7,传输线上的传输功率为

$$P(z) = \frac{1}{2}\mathrm{Re}[U(z)I^*(z)] \tag{2.3.65}$$

其中,$U(z)$和 $I(z)$由入射波和反射波构成。应用反射系数,上式可写为

$$\begin{aligned} P(z) &= \frac{1}{2}\mathrm{Re}\left\{U^{\mathrm{i}}[1+\Gamma_u(z)] \cdot \frac{U^{\mathrm{i}*}}{Z_{\mathrm{c}}^*}[1-\Gamma_u^*(z)]\right\} \\ &= \frac{1}{2}\mathrm{Re}\left\{\frac{|U^{\mathrm{i}}|^2}{Z_{\mathrm{c}}^*} - \frac{|U^{\mathrm{i}}|^2}{Z_{\mathrm{c}}^*}|\Gamma_u(z)|^2 + \frac{|U^{\mathrm{i}}|^2}{Z_{\mathrm{c}}^*}[\Gamma_u(z)-\Gamma_u^*(z)]\right\} \end{aligned} \tag{2.3.66}$$

对于无耗传输线,Z_{c} 是实数,所以上式第三项为零。任意一点处电压反射系数的模恒等于$|\Gamma_u|$,即无耗传输线上的传输功率不随位置变化,即

$$P = \frac{1}{2}\frac{|U^{\mathrm{i}}|^2}{Z_{\mathrm{c}}^*} - \frac{1}{2}\frac{|U^{\mathrm{i}}|^2}{Z_{\mathrm{c}}^*}|\Gamma_u|^2 = P_{\mathrm{i}} - P_{\mathrm{r}} \tag{2.3.67}$$

其中,P_{i} 为传输线的入射波功率,P_{r} 为传输线的反射功率。上式表明,无耗传输线上任意一点的传输功率等于入射波功率与反射波功率之差。且

$$\frac{P_{\mathrm{r}}}{P_{\mathrm{i}}}=|\Gamma_u|^2 \tag{2.3.68}$$

即功率反射系数为电压反射系数模的平方。可见，当$|\Gamma_u|=0$，入射波的能量全部沿传输线的传输方向无反射地传送，即当负载匹配时，传输线传送的功率最大。

由于实际传输线总有一定的损耗，传输线上电压和电流都随着传输距离的增加而减小。那么，从传输线入口$z=-l$的输入功率经损耗后传到终端负载$z=0$处还剩多少呢？传输线终端所接负载的吸收功率P_{L}与传输线入口的输入功率之比即可表征传输线的传输效率：

$$\eta=\frac{P_{\mathrm{L}}}{P_{\mathrm{i}}}\times 100\% \tag{2.3.69}$$

有耗传输线上引入负载处反射系数$\Gamma_u(0)=U^{\mathrm{r}}/U^{\mathrm{i}}$后，电压和电流的复数表示为

$$U(z)=U^{\mathrm{i}}[\mathrm{e}^{-\mathrm{j}\beta z}\mathrm{e}^{-\alpha z}+\Gamma_u(0)\mathrm{e}^{\mathrm{j}\beta z}\mathrm{e}^{\alpha z}] \tag{2.3.70}$$

$$I(z)=\frac{U^{\mathrm{i}}}{Z_{\mathrm{c}}}[\mathrm{e}^{-\mathrm{j}\beta z}\mathrm{e}^{-\alpha z}-\Gamma_u(0)\mathrm{e}^{\mathrm{j}\beta z}\mathrm{e}^{\alpha z}] \tag{2.3.71}$$

则传输线上任意一点的传输功率为

$$P(z)=\frac{1}{2}\mathrm{Re}[U(z)I^*(z)]=\frac{1}{2}\frac{|U^{\mathrm{i}}|^2}{Z_{\mathrm{c}}^*}[\mathrm{e}^{-2\alpha z}-|\Gamma_u(0)|^2\mathrm{e}^{2\alpha z}] \tag{2.3.72}$$

所以$z=-l$处输入功率和$z=0$处负载吸收功率分别为

$$P_{\mathrm{i}}=P(-l)=\frac{1}{2}\frac{|U^{\mathrm{i}}|^2}{Z_{\mathrm{c}}^*}[\mathrm{e}^{2\alpha l}-|\Gamma_u(0)|^2\mathrm{e}^{-2\alpha l}] \tag{2.3.73}$$

$$P_{\mathrm{L}}=P(0)=\frac{1}{2}\frac{|U^{\mathrm{i}}|^2}{Z_{\mathrm{c}}^*}[1-|\Gamma_u(0)|^2] \tag{2.3.74}$$

故传输效率为

$$\eta=\frac{1-|\Gamma_u(0)|^2}{\mathrm{e}^{2\alpha l}-|\Gamma_u(0)|^2\mathrm{e}^{-2\alpha l}}=\frac{1}{\cosh(2\alpha l)+\frac{1}{2}\left(s_0+\frac{1}{s_0}\right)\sinh(2\alpha l)} \tag{2.3.75}$$

其中，s_0为负载端驻波系数。

2.3.3 均匀无耗传输线的工作状态

前面讨论了均匀无耗传输线接有任意负载时，电压、电流、反射系数、驻波比和输入阻抗的一般表达式及其内在联系。下面把负载具体地分成几种不同的类型，并分别讨论接这些负载时传输线的工作状态。

1. 行波状态

由式(2.3.56)、式(2.3.58)可知，当负载与特性阻抗相等时，即

$$Z_L = Z_c \tag{2.3.76}$$

反射系数 $\Gamma=0$。这种传输状态称为行波状态。行波状态下电压和电流可表示为

$$U(z) = U_L e^{j\beta z} \tag{2.3.77}$$

$$I(z) = I_L e^{j\beta z} \tag{2.3.78}$$

由此可见,在行波状态下,均匀无耗传输线上各点电压的幅值相同,电流幅值亦然。在这种状态下,一个随时间作简谐振荡的等振幅电磁波把信号源的能量不断地传向负载,并被负载所完全吸收。由式(2.3.57)可知,

$$Z_i(z) = Z_c \tag{2.3.79}$$

即传输线上任意位置的输入阻抗都等于特性阻抗,且驻波比 $s=1$,行波系数 $K=1$。

2. 纯驻波状态

上面讨论的是无反射的情况,接下来考虑反射最大的情况,即 $|\Gamma|=1, s\to+\infty$。那么什么样的负载满足这样的条件呢?有三种情况:①短路;②开路;③纯电抗。下面分别讨论。

1) 短路线

当负载阻抗 $Z_L=0$ 时,称为终端短路线,简称为短路线。将 $Z_L=0$ 代入式(2.3.56)可得 $|\Gamma|=1$。如果选择 $z=0$ 为短路端,短路条件要求在 $z=0$ 处 $U=0$。代入式(2.3.26)得

$$U(0) = U^i e^{-j\beta\times 0} + U^r e^{j\beta\times 0} = 0 \tag{2.3.80}$$

即 $U^i=-U^r$。再代回式(2.3.26),得

$$U(z) = j2U^i \sin(-\beta z) \tag{2.3.81a}$$

$$I(z) = \frac{1}{Z_c} 2U^i \cos(-\beta z) \tag{2.3.81b}$$

故

$$Z_{in} = \frac{U}{I} = jZ_c \tan(-\beta z) \tag{2.3.82}$$

由下面例题 2.9 可以知道,这种状态下的平均坡印亭矢量为 0,即不传输电磁能量,故称为纯驻波状态。由式(2.3.81a)、式(2.3.81b)和式(2.3.82)可得出如下结论(图 2.17)。

(1) 在短路点及离短路点为 $\lambda/2$ 整数倍的点处,电压总是为 0,为电压驻波波节;而在离短路点为 $\lambda/4$ 奇数倍的点处,电流总是为 0,为电流驻波波节。电压的波节点即电流的波腹点。

(2) 在时间相位上,电压与电流的相位差为 $\pi/2$。故当电压为最大的瞬时,电流为最小;反之,电流最大时电压最小,周期内没有能量的传播。

(3) 长度为 $\lambda/4$ 的整数倍的线上,总的电磁能量为某一恒定值。电能与磁能不断交换,形成电磁振荡,谐振器就是基于这个原理做成的。

(4) 短路线的输入阻抗为纯电抗，且电抗值沿线变化周期为 $\lambda/2$。短路端终端阻抗为 0，相当于短路或串联谐振；当 $0<z<\lambda/4$ 时为感抗，可等效为一个电感；在 $z=\lambda/4$ 时输入阻抗为无穷大，相当于开路并联谐振；在 $\lambda/4<z<\lambda/2$ 时为容抗，可等效为一个电容。在短路线沿线的一个周期内，输入电抗值可连续地取到 $-\infty<\overline{X}<+\infty$ 的任意值。

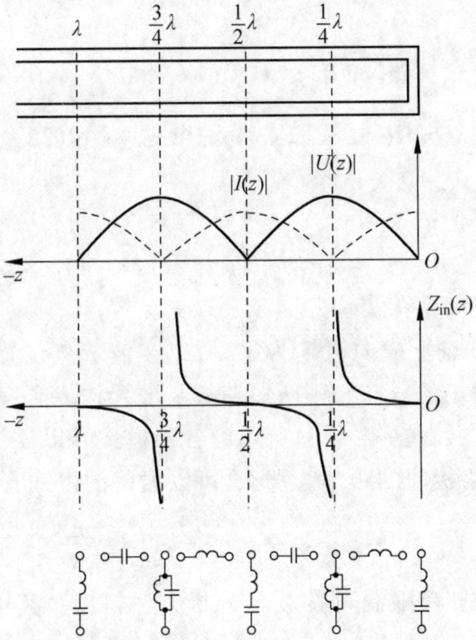

图 2.17　无损耗短路线上电压和电流的分布及阻抗特性

例题 2.9　将一段处于某传输模式的矩形空波导终端面用理想导体封闭，求波导内场的形式，及平均坡印亭矢量，并由此设计振荡器。

解　设终端为 $z=0$ 点，波导内这一模式的行波沿 $+z$ 轴传播，其电场为

$$\boldsymbol{E}^{\mathrm{i}}(x,y,z)=[\boldsymbol{E}_z^{\mathrm{i}}(x,y)+\boldsymbol{E}_t^{\mathrm{i}}(x,y)]\mathrm{e}^{\mathrm{j}\beta z} \tag{e2.9.1}$$

其中，记 $\boldsymbol{E}_t^{\mathrm{i}}(x,y)=U^{\mathrm{i}}(x,y)\hat{\boldsymbol{t}}$。此行波遇到终端理想导体短路板时，将产生反射波。由式(2.3.81a)、式(2.3.81b)可知，横向合波为

$$\begin{cases}\boldsymbol{E}_t^{t}(x,y,z)=2\mathrm{j}\boldsymbol{E}_t^{\mathrm{i}}(x,y)\sin(\beta z)\\ \boldsymbol{H}_t^{t}(x,y,z)=2\boldsymbol{H}_t^{\mathrm{i}}(x,y)\cos(\beta z)\end{cases} \tag{e2.9.2}$$

纵向波可由横向波计算：

$$\begin{cases} \boldsymbol{E}_z^t(x,y)=\dfrac{1}{\mathrm{j}\omega\varepsilon}\nabla_t\times\boldsymbol{H}_t^t \\ \boldsymbol{H}_z^t(x,y)=-\dfrac{1}{\mathrm{j}\omega\mu}\nabla_t\times\boldsymbol{E}_t^t \end{cases} \tag{e2.9.3}$$

可见,横向电场与横向磁场相位相差 $\pi/2$,电场幅值最大时磁场幅值达到最小。平均坡印亭矢量为

$$\begin{aligned} \boldsymbol{S}_{\mathrm{av}}&=\frac{1}{2}\mathrm{Re}[\boldsymbol{E}^t\times\boldsymbol{H}^t] \\ &=\mathrm{Re}[\mathrm{j}\boldsymbol{E}^{\mathrm{i}}(x,y)\times\boldsymbol{H}^t(x,y)\sin(2\beta z)] \\ &=0 \end{aligned} \tag{e2.9.4}$$

电磁波为驻波。电场波节点为

$$z=p\pi/\beta,\quad p=0,1,2,\cdots \tag{e2.9.5}$$

电磁能量在波节点之间振荡。

由于在每个波节点上横向电场为零,所以在波节点位置添加 PEC 短路板时将不会影响到波节间场的分布。则两短路板与波导构成了一个封闭的空腔体,里面可以支持式(e2.9.2)、式(e2.9.3)所示的各种模式。以 a、b、l 分别表示矩形波导的长宽和 PEC 短路板间的距离。那么,可以振荡的模式有

$$k_x=\frac{m\pi}{a},\quad k_y=\frac{n\pi}{b},\quad \beta=\frac{p\pi}{l} \tag{e2.9.6}$$

其中,m、n、p 为整数且其限制可按波导分析方法得到。其中任意模式的色散关系为

$$k_{m,n,p}^2=\omega_{m,n,p}^2\mu\varepsilon=k_x^2+k_y^2+\beta^2 \tag{e2.9.7}$$

那么通过添加激励和输出端口,这样的空腔结构就可作为谐振器,为外界提供固定(但不一定唯一)频率的信号。

谐振器的重要参数除了谐振频率,还有品质因数:

$$Q_0=2\pi\,\frac{\text{谐振器储能}}{\text{一周期损耗的功率}} \tag{e2.9.8}$$

其详细的讨论读者可参见《电磁场与微波技术》(李绪益,3.1节)。

2) 开路线

当负载阻抗 $Z_{\mathrm{L}}\to+\infty$ 时,称为终端开路线,简称为开路线。这时同样有 $|\Gamma|=1$。沿线的电压、电流和输入阻抗分别为

$$U(z)=2U^{\mathrm{i}}\cos(-\beta z) \tag{2.3.83a}$$

$$I(z)=\mathrm{j}\,\frac{2U^{\mathrm{i}}}{Z_{\mathrm{c}}}\sin(-\beta z) \tag{2.3.83b}$$

$$Z_i(z) = -jZ_c\cot(-\beta z) \tag{2.3.84}$$

图 2.18 展示了开路线上电压和电流的分布及阻抗特性。由图可见，只要将短路线的相应曲线的横轴平移 $\lambda/4$ 即可得到开路线的波分布曲线。

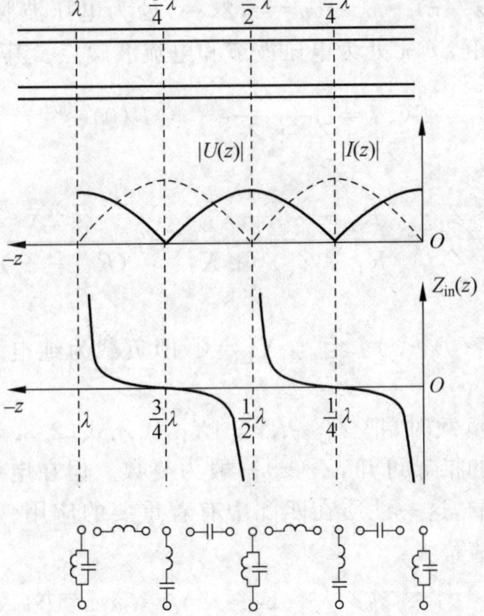

图 2.18 无损耗开路线上电压和电流的分布及阻抗特性

3）纯电抗性负载

由上面分析可知，任意一段纯电抗性负载，都可以用一段有限长的短路线或开路线的输入阻抗来代替。所以，终端接任意一段纯电抗性负载的电压、电流及阻抗特性的分布可直接由图 2.17 或图 2.18 得到，只不过要将横轴的零点平移到输入阻抗为端接电抗的点。这种端接条件下，同样有 $|\Gamma|=1, s=+\infty, K=0$。

3. 行驻波状态

若负载既含有电阻又含有电抗，即 $Z_L = R_L + jX_L$，此时从信号源传向负载的能量有一部分被负载吸收，另一部分则被反射，传输线上既包含行波的成分，也包含驻波的成分，此工作状态称为**行驻波状态**。这是在实际应用中遇到的最为普遍的一种工作状态。由式(2.3.49)和式(2.3.48)，这时传输线上电压和电流为

$$U(z) = U^i(z) + U^r(z) = U^i(0)e^{-j\beta z}[1 + |\Gamma(0)|e^{j(2\beta z+\varphi_0)}] \tag{2.3.85a}$$

$$I(z) = I^i(0)e^{-j\beta z}[1 - |\Gamma(0)|e^{j(2\beta z+\varphi_0)}] \tag{2.3.85b}$$

其中，φ_0 为 $\Gamma(0)$ 的相位。这样电压和电流的幅值可表示为

$$|U(z)| = |U^{\mathrm{i}}(0)|\sqrt{1+|\Gamma(0)|^2+2|\Gamma(0)|\cos(2\beta z+\varphi_0)} \quad (2.3.86a)$$

$$|I(z)| = |I^{\mathrm{i}}(0)|\sqrt{1+|\Gamma(0)|^2-2|\Gamma(0)|\cos(2\beta z+\varphi_0)} \quad (2.3.86b)$$

由式(2.3.86)可见,电压和电流的幅值虽然也是距离 z 的周期函数,但不再是正(余)弦的规律。$z=-(\varphi_0\lambda/4\pi)+n\lambda/2(n=1,2,\cdots)$处为电压波腹和电流波节点。与开路/短路线相似,在相距 $\lambda/4\pi$ 处为电压波节和电流波腹点。其反射系数为

$$\Gamma(z)=\frac{Z_{\mathrm{L}}-Z_{\mathrm{c}}}{Z_{\mathrm{L}}+Z_{\mathrm{c}}}\mathrm{e}^{2\mathrm{j}\beta z}=\Gamma(0)\mathrm{e}^{2\mathrm{j}\beta z} \quad (2.3.87)$$

其中,

$$\Gamma(0)=\frac{(R_{\mathrm{L}}+\mathrm{j}X_{\mathrm{L}})-Z_{\mathrm{c}}}{(R_{\mathrm{L}}+\mathrm{j}X_{\mathrm{L}})+Z_{\mathrm{c}}}=\frac{R_{\mathrm{L}}^2-Z_{\mathrm{c}}^2+X_{\mathrm{L}}^2}{(R_{\mathrm{L}}+Z_{\mathrm{c}})^2+X_{\mathrm{L}}^2}+\mathrm{j}\frac{2X_{\mathrm{L}}Z_{\mathrm{c}}}{(R_{\mathrm{L}}+Z_{\mathrm{c}})^2+X_{\mathrm{L}}^2}=|\Gamma(0)|\mathrm{e}^{\mathrm{j}\varphi_0} \quad (2.3.88)$$

一般行驻波状态下,$|\Gamma(0)|<1$。且当 $X_{\mathrm{L}}=0$,即负载为纯电阻时,终端反射系数初相角 $\varphi_0=0$ 或 π。

当传输线接任意负载时,把 $Z_{\mathrm{L}}=R_{\mathrm{L}}+\mathrm{j}X_{\mathrm{L}}$ 代入式(2.3.57)可以得到输入阻抗的表示式。通过简单的推导可知,$Z_{\mathrm{i}}(z)$一般为复数。但在电压的波腹或波节点处,输入阻抗为纯电阻性的,这一性质在匹配中有着重要的应用。且可推知在电压的波腹点处输入阻抗的模值最大:

$$|Z_{\mathrm{i}}(z)|_{\max}=|Z_{\mathrm{i}}(z)|_{z=-(\varphi_0\lambda/4\pi)+n\lambda/2}=R_{\max}=sZ_{\mathrm{c}} \quad (2.3.89)$$

在电压的波节点处输入阻抗的模值最小:

$$|Z_{\mathrm{i}}(z)|_{\min}=|Z_{\mathrm{i}}(z)|_{z=-(\varphi_0\lambda/4\pi)+(2n+1)\lambda/4}=R_{\min}=KZ_{\mathrm{c}} \quad (2.3.90)$$

2.3.4 圆图

在涉及高频传输线的工程中,经常遇到如下三类问题:第一,由负载求传输线的工作状态(包括求 s、Γ、Z_{i} 等);第二,由实测的 s、Γ 和驻波相位求 Z_{i} 或 Z_{L};第三,阻抗匹配。这些问题可以由前面所得出的公式进行求解,但是这些计算往往冗长。因此,在满足一定精度的情况下,在实际中多采用图解法。

例题 2.10 在如图 2.19 所示的传播常数为 k、特征阻抗为 Z_{c} 的均匀无耗传输线终端接一负载 $Z_{\mathrm{L}}=R_{\mathrm{L}}+\mathrm{j}X_{\mathrm{L}}$,展示 $z<0$ 区域传输线状态的反射系数 $\Gamma_u(z)$沿传输线变换的图示。

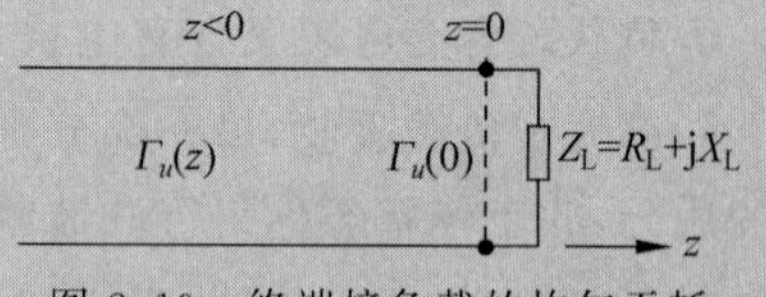

图 2.19 终端接负载的均匀无耗传输线

解 对于均匀无耗传输线

$$Z_{\mathrm{c}}=\sqrt{\frac{L}{C}} \quad (\mathrm{e}2.10.1)$$

可见 Z_c 为实数。由式(2.3.56)知

$$\Gamma_u(0)=\frac{Z_L-Z_c}{Z_L+Z_c}=|\Gamma_u(0)|\,e^{j\varphi(0)} \tag{e2.10.2}$$

所以

$$|\Gamma_u(0)|=\left|\frac{Z_L-Z_c}{Z_L+Z_c}\right|=\sqrt{\frac{(R_L-Z_c)^2+X_L^2}{(R_L+Z_c)^2+X_L^2}}<1 \tag{e2.10.3a}$$

$$\varphi(0)=\arctan\left(\frac{2X_LZ_c}{R_L^2+X_L^2-Z_c^2}\right) \tag{e2.10.3b}$$

由变换关系式(2.3.87)知

$$\Gamma_u(z=-l)=\Gamma_u(0)e^{-j2\beta l}=|\Gamma_u(0)|\,e^{j(\varphi(0)-2\beta l)} \tag{e2.10.4}$$

由上式可见，反射系数沿着 $-z$ 方向，随着与终端负载距离的增加，反射系数的模值不变，相位发生减小 $2\beta l$ 相角的变化。所以对于无耗传输线，反射系数沿线只是相角变化。在复平面上，当阻抗 Z_L 不变时，传输线上 Γ_u 的轨迹是以原点为圆心，半径为 $|\Gamma_u(0)|$ 的圆，且 $|\Gamma_u(0)|<1$。l 增加 $\frac{\lambda}{2}$，相位变化重复一次，如图 2.20 所示。

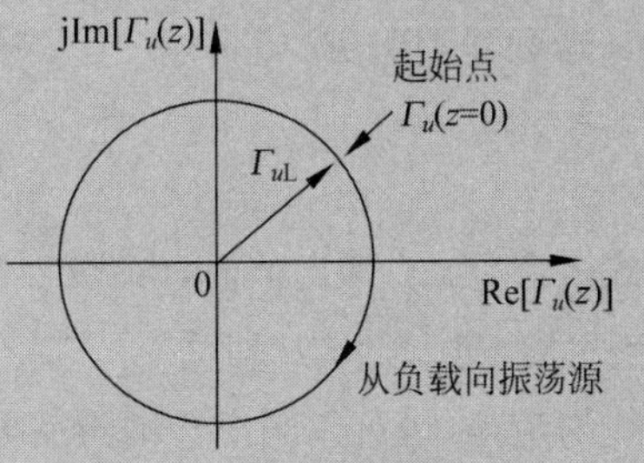

图 2.20　反射系数圆

以如图 2.19 所示传输线模型为例，输入阻抗计算可以有两种途径。一是直接用式(2.3.57)将终端负载阻抗 Z_L 代入，即可求得始端输入阻抗 $Z_i(z=-l)$。另一途径是，先利用阻抗与反射系数的关系式(2.3.56)求得负载端的反射系数 Γ_L，然后利用反射系数变换式(2.3.45)得到输入端的反射系数，再一次利用阻抗与反射系数的关系式(2.3.55)求得输入端的输入阻抗。后一种计算步骤中反射系数沿线的变换是很方便的，只需要沿如图 2.20 所示的等 Γ 圆旋转即可。如果利用阻抗与反射系数一一对应的关系在反射系数图上将阻抗以适当方式标出，那么可以直接利用这个图，以查图表的形式由反射系数求阻抗，或由阻抗求反射系数。这样得到的就是阻抗圆图。

由例题 2.10 可知，传输线上所有可能的反射系数值必须落在半径为 1 的单位圆内或单位圆上，且在阻抗平面 $\bar{Z}_i(\bar{R},\bar{X})$ 上的任意点必定可在 $\Gamma(\Gamma_r,\Gamma_i)$ 平面找到对应点。接下来我们进一步研究阻抗与反射系数图形化的对应关系。利用归一化输入阻抗 $\bar{Z}_i=\frac{Z_i}{Z_c}=\bar{R}+j\bar{X}$，重写式(2.3.56)，得

$$\Gamma(z)=\frac{\overline{Z}_i(z)-1}{\overline{Z}_i(z)+1}=\frac{\overline{R}-1+j\overline{X}}{\overline{R}+1+j\overline{X}} \tag{2.3.91}$$

则 Γ 的实部 Γ_r 和虚部 Γ_i 分别为

$$\Gamma_r=\frac{(\overline{R}^2-1)+\overline{X}^2}{(\overline{R}+1)^2+\overline{X}^2} \tag{2.3.92a}$$

$$\Gamma_i=\frac{2\overline{X}}{(\overline{R}+1)^2+\overline{X}^2} \tag{2.3.92b}$$

联立以上两式消去 $\overline{X}$，得

$$\left(\Gamma_r-\frac{\overline{R}}{\overline{R}+1}\right)^2+\Gamma_i^2=\left(\frac{1}{\overline{R}+1}\right)^2 \tag{2.3.93}$$

上式表明，当 $\overline{R}$ 为定值时，由方程(2.3.93)所确定的点的轨迹为一圆，圆心在($\Gamma_r=\overline{R}/(\overline{R}+1)$，$\Gamma_i=0$)处，半径为 $1/(\overline{R}+1)$。

若联立消去 $\overline{R}$，得

$$(\Gamma_r-1)^2+\left(\Gamma_i-\frac{1}{\overline{X}}\right)^2=\frac{1}{\overline{X}^2} \tag{2.3.94}$$

上式表明，当 $\overline{X}$ 为定值时，由式(2.3.94)所确定的点的轨迹也为一圆，圆心在($\Gamma_r=1$，$\Gamma_i=1/\overline{X}$)处，半径为 $1/\overline{X}$。

对应地，也可以画出导纳与反射系数的一一对应关系，称为导纳圆图，参见图 2.21，这里就不详细介绍了。

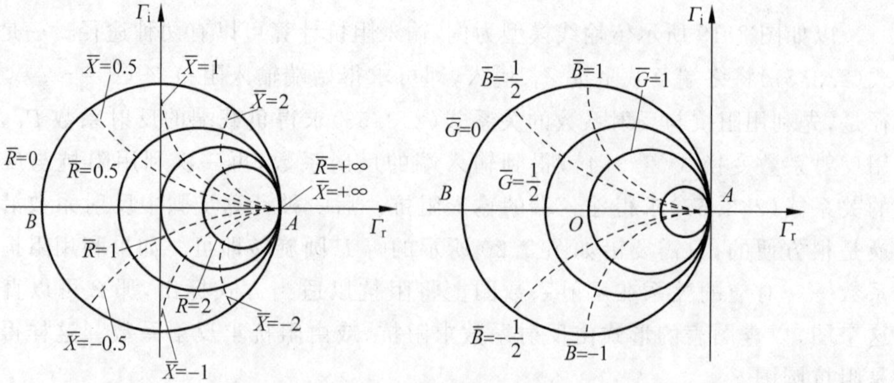

图 2.21 阻抗圆图与导纳圆图

(a) 归一化阻抗圆图；(b) 归一化导纳圆图

为了正确而熟练地应用圆图，下面对阻抗圆图特性作一些分析。

(1) $\overline{R}$ 为定值所确定的曲线为一簇相切在 $A(1,0)$ 点的圆，$\overline{R}=0$ 对应的圆最大，

为单位圆；当 $\bar{R}\to+\infty$ 时的圆收缩为点 A。

(2) $\bar{X}$ 为定值所确定的曲线也为一簇相切在 A 点的圆，$\bar{X}=0$ 对应的圆因其半径为无穷大，圆心位置 $(1,+\infty)$ 为无穷远，因而图中的实轴可认为是对应 $\bar{X}=0$ 的圆。随着 $\bar{X}$ 值的增大，对应的圆越来越小，但始终切于 A 点。$\bar{X}$ 圆与 $-\bar{X}$ 圆以 Γ_r 轴为对称。

(3) 需要注意的是，$\bar{X}$ 圆曲线超过单位圆的部分是没有意义的。阻抗圆图的上半圆内的阻抗为感性；下半圆内的阻抗为容性。单位圆上对应的是纯电抗，称为**纯电抗圆**，实轴上对应的是纯电阻，称为**纯电阻线**。实轴与单位圆的左交点代表阻抗短路点，实轴与单位圆的右交点代表开路点。圆图中心点 $\Gamma=0, s=1$，称为**阻抗匹配点**。

(4) 实轴左半径上的点代表电压波节点(电流波腹点)，其数据代表归一化纯电阻值和驻波比的倒数，实轴右半径上的点代表电压波腹点(电流波节点)，其数据代表归一化纯电阻值和驻波比。

(5) 等模反射系数圆为以原点为圆心、以 $|\Gamma|$ 为半径的一组同心圆，同时也是等驻波比圆(等 s 圆)，反射系数的相角 $\varphi=$ 常数的曲线为经过原点的一系列直线。在传输线上从负载向电源方向移动时，在圆图中对应的是顺时针方向沿等 s 圆转动，反之，从电源向负载方向移动则为逆时针转动。

(6) 圆图旋转一周对应电长度变化 $\lambda/2$。

例题 2.11 已知传输线的特性阻抗 $Z_c=50\Omega$，负载阻抗 $Z_L=(50+j50)\Omega$，求离负载 $l=0.25\lambda$ 处的输入阻抗 Z_i 和驻波比 s。

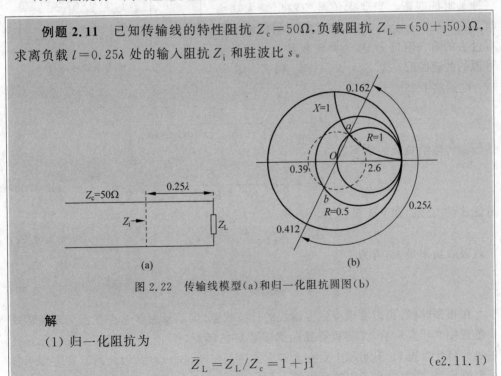

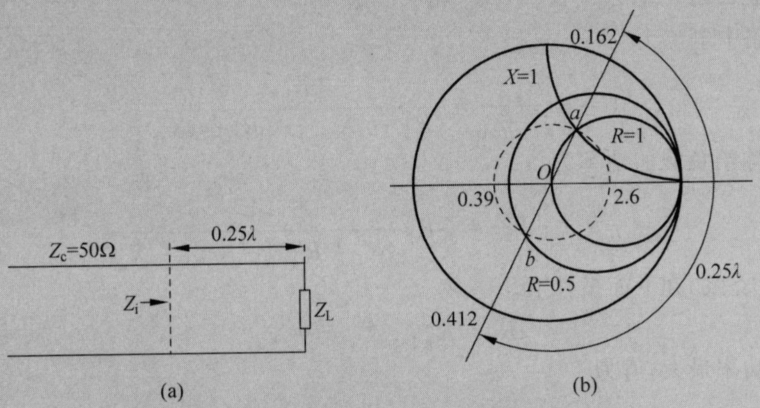

图 2.22 传输线模型(a)和归一化阻抗圆图(b)

解

(1) 归一化阻抗为

$$\bar{Z}_L=Z_L/Z_c=1+j1 \tag{e2.11.1}$$

在如图 2.22 所示圆图上找到此点为 a(称为入图点),其对应的电长度 $\bar{l}=0.162$。

(2) a 点沿等 $|\Gamma|$ 圆顺时针方向转 0.25λ 至 b 点,其对应的电长度 $\bar{l}=0.412$。

(3) 读取 b 点的坐标为 $0.5-\mathrm{j}0.5$,故所求的输入阻抗为

$$Z_{\mathrm{i}}=\bar{Z}_{\mathrm{i}}\cdot Z_{\mathrm{c}}=(0.5-\mathrm{j}0.5)\times 50\ \Omega=25-\mathrm{j}25\ \Omega \tag{e2.11.2}$$

(4) 过 O 点的等 s 圆与实轴的交点标度为 2.6 和 0.39,故 $s=2.6, 1/s\cong 0.39$。

2.3.5 阻抗匹配

在微波技术应用中,往往希望信号源工作稳定,且输出最大功率,终端负载则吸收全部入射功率。这在实际中往往很难达到,需要通过匹配技术才能实现。匹配技术包含两个方面:信号源与传输线的匹配,以及负载与传输线的匹配。下面分别阐述。

1. 信号源与传输线的匹配

图 2.23 是一个由信号源、传输线和终端负载所组成的传输系统的示意图。信号源与传输线的匹配有两种:一种是共轭匹配,另一种是阻抗匹配。当要求信号源输出最大功率时,信号源的内阻 Z_{g} 应与由参考面朝负载方向看过去的输入阻抗 Z_{i} 互为**共轭复数**。这就是信号源的**共轭匹配**。设 $Z_{\mathrm{g}}=R_{\mathrm{g}}+\mathrm{j}X_{\mathrm{g}}$ 和 $Z_{\mathrm{i}}=R_{\mathrm{i}}+\mathrm{j}X_{\mathrm{i}}$,则回路中电流为

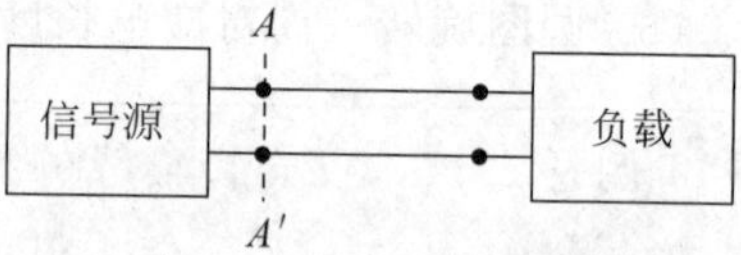

图 2.23 传输系统示意图

$$I=\frac{E_{\mathrm{g}}}{Z_{\mathrm{g}}+Z_{\mathrm{i}}}=\frac{E_{\mathrm{g}}}{(R_{\mathrm{g}}+\mathrm{j}X_{\mathrm{g}})+(R_{\mathrm{i}}+\mathrm{j}X_{\mathrm{i}})} \tag{2.3.95}$$

信号源传输给负载的功率为

$$P=\frac{1}{2}R_{\mathrm{i}}I\cdot I^{*}=\frac{1}{2}R_{\mathrm{i}}\frac{E_{\mathrm{g}}}{(R_{\mathrm{i}}+R_{\mathrm{g}})^{2}+(X_{\mathrm{i}}+X_{\mathrm{g}})^{2}} \tag{2.3.96}$$

易证式(2.3.96)在下面条件下:

$$R_{\mathrm{i}}=R_{\mathrm{g}},\quad X_{\mathrm{i}}=-X_{\mathrm{g}} \tag{2.3.97}$$

负载吸收功率最大,值为

$$P=\frac{E_{\mathrm{g}}^{2}}{8R_{\mathrm{g}}} \tag{2.3.98}$$

在很多时候,我们希望得到传输线的行波状态,但是反射常常存在。为避免源端和负载端的相互影响,源端和负载端都需要**阻抗匹配**,即 $Z_{\mathrm{g}}=Z_{\mathrm{c}}, Z_{\mathrm{L}}=Z_{\mathrm{c}}$($Z_{\mathrm{c}}$ 是传输线的特性阻抗)。但实际中要完全实现上述条件还是很难的,因此通常在电源后接一个隔离器,吸收负载产生的反射波。

2. 负载与传输线的匹配

假定源与传输线已经匹配，接下来我们讨论负载与传输线的匹配问题。其方法是在负载与传输线中加一匹配装置，如图 2.24(b)所示。匹配的基本思路是负载不匹配引起的反射刚好被匹配器引入的反射所抵消。具体方法就是从匹配装置的左面看过去的输入阻抗 Z'_L 等于传输线的特征阻抗 Z_c。而对匹配器的基本要求是引入的附加损耗尽量小，频带宽，能适应不同的负载(可调节)。

考虑一段特性阻抗为 Z_c 的 $\lambda/4$ 传输线终端接纯电阻负载 Z_L 时，其始端输入阻抗为 $Z_i=Z_c^2/Z_L$。可以利用这个特性，在传输线(Z_c)与负载 Z_L 之间接一段长度为 $\lambda/4$、特性阻抗为 $Z_{c1}=\sqrt{Z_cZ_L}$ 的传输线，以实现纯阻性负载的阻抗匹配，这就是 $\lambda/4$ 阻抗变换器。

在实际工程中，如果 Z_L 与 Z_i 的大小相差较大，为了实现较平稳的过渡变换，可以采用多节 $\lambda/4$ 线进行阻抗变换。

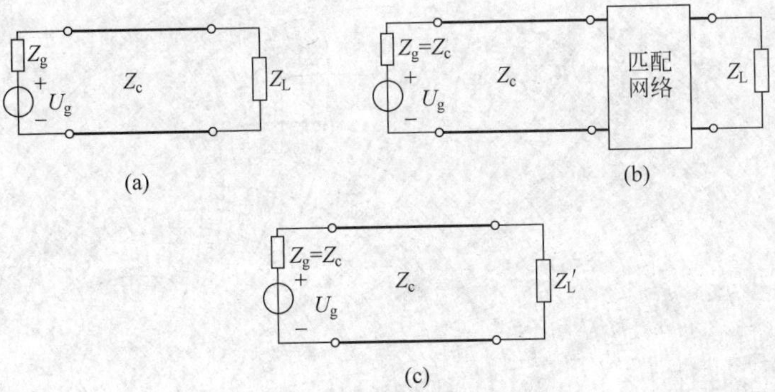

图 2.24 负载的阻抗匹配

(a) 传输线与负载直接连接；(b) 传输线通过匹配装置与负载连接；(c) 传输线与负载匹配

例题 2.12 如果负载 $Z_L=R_L+jX_L$ 不是纯电阻性的，可否利用 $\lambda/4$ 阻抗变换器进行匹配呢？如可能请提出解决方案。

解 由 $\lambda/4$ 阻抗变换器原理可知，它应该被接在传输线与纯电阻负载之间。那么，如果负载非纯电阻，就可以利用传输线变换阻抗的性质，把负载先变换成纯阻性的，然后变换后的纯阻性负载作为新负载($Z'_L=R'_L$)由 $\lambda/4$ 阻抗变换器实现匹配。把负载变换成纯阻性负载又有两个方案。

(1) 由 2.3.3 节可知，在接负载的主传输线上找电压振幅的节点或腹点，此处输入阻抗是纯电阻性的。那么可以利用计算、圆图或实验的方法，找到这个位置作为接入位置，如图 2.25(a)所示。

(2) 可以利用并联电抗等于 $-jX_L$ 的一段传输线，以抵消负载中的电抗部分，如图 2.25(b)所示。由 2.3.3 节可知，这段传输线需要是短路线或开路线，长度仍然可由计算或圆图(图 2.26)的方法得到。

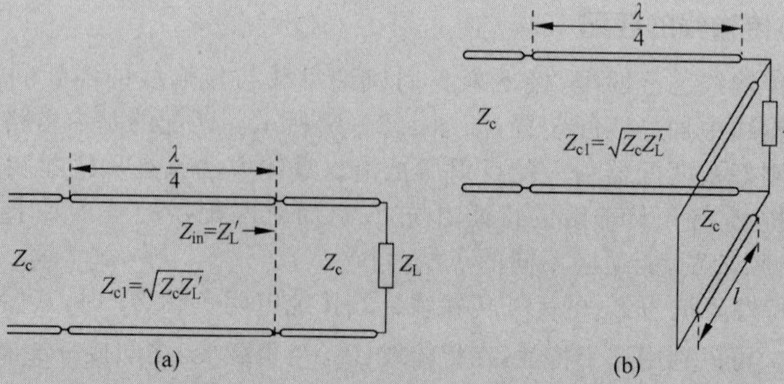

图 2.25 $\frac{\lambda}{4}$阻抗变换器实现一般负载的匹配方案

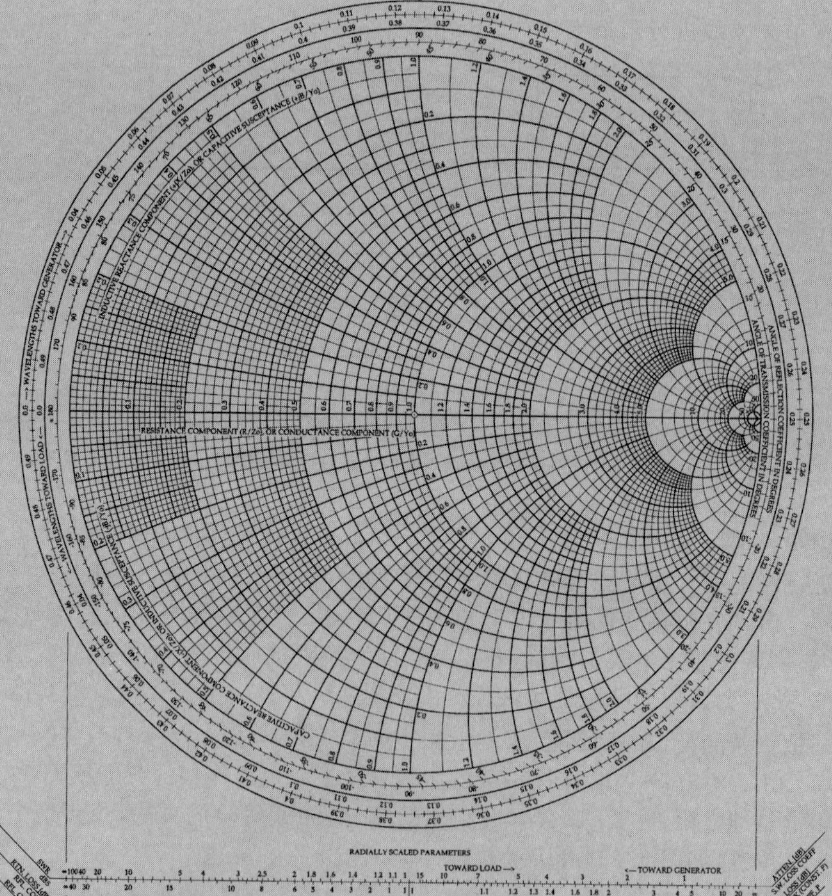

图 2.26 圆图

例题 2.13 如图 2.27 所示，电源经由主馈线($Z_c=50\ \Omega$)向负载 $Z_{L1}=56\ \Omega$ 和负载 $Z_{L2}=25\ \Omega$ 并联馈电。为了实现负载与馈线的匹配，以及两个负载接收同等的功率，在两负载与主馈线间串接 $\lambda/4$ 匹配线。求 $\lambda/4$ 线的特性阻抗及线上的驻波比。

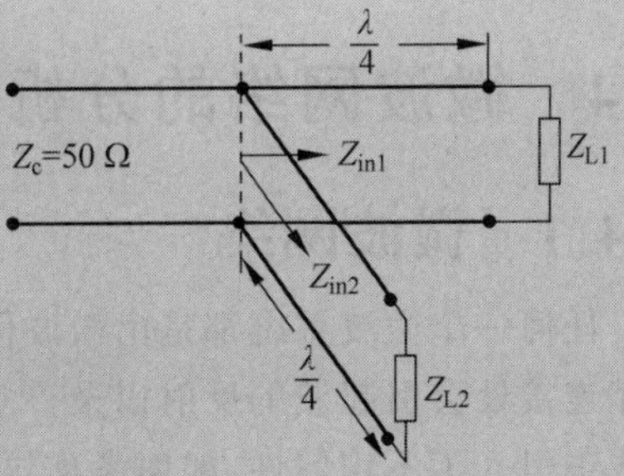

图 2.27 支节匹配

解 为使两个负载接收同等的功率，要求两个负载经 $\lambda/4$ 匹配线变换为同等大小的阻抗，且其并联后与主馈线匹配，即

$$Z_{in1}=Z_{in2}=2Z_c=100\ \Omega \tag{e2.13.1}$$

所以

$$Z_{c1}=\sqrt{Z_{in1}Z_{L1}}=75\ \Omega,\quad Z_{c2}=\sqrt{Z_{in2}Z_{L1}}=50\ \Omega \tag{e2.13.2}$$

第一分支匹配线上，

$$\Gamma_1=\frac{Z_{L1}-Z_{c1}}{Z_{L1}+Z_{c1}}=\frac{56-75}{56+75}=-0.145 \tag{e2.13.3}$$

$$s_1=\frac{1+|\Gamma_1|}{1-|\Gamma_1|}=\frac{1+0.145}{1-0.145}=1.34 \tag{e2.13.4}$$

第二分支匹配线上，

$$\Gamma_2=\frac{Z_{L2}-Z_{c2}}{Z_{L2}+Z_{c2}}=\frac{25-50}{25+50}=-0.33 \tag{e2.13.5}$$

$$s_2=\frac{1+|\Gamma_2|}{1-|\Gamma_2|}=\frac{1+0.33}{1-0.33}=2 \tag{e2.13.6}$$

阻抗匹配还可以通过并联电抗性元件实现。这里以单支线为例说明其原理。实际工程上，双支线或三支线可以实现更大的匹配灵活性。

由于思路为通过并联电抗性元件，所以我们选用导纳圆图辅助设计。考虑一个任意的负载 Z_L，其归一化导纳为 $\overline{Y}_L$($\overline{Y}_L\neq1$)。其在导纳圆图上对应点 M，如图 2.28 所示。最终目标是得到归一化输入导纳 $\overline{Y}_{in}=1$。那么可以先利用等模反射系数圆上 $s=s_1$ 把输入导纳转化为 $\overline{Y}'_{in}=1\pm jb$($b>0$)，再通过并联电抗性元件把输入导纳转化为 $\overline{Y}_{in}=1$。具体来说，第一步反射系数圆 $s=s_1$ 与 $\overline{G}=1$ 圆交于 A、B 两点，它们与终端负载的距离分别为 d_1 和 d_2。那么，通过点 M 沿顺时针转动 d_1/λ 到 A 点，其归一化输入导纳为 $Y'_{in}=1+jb$。则此时在 d_1 处并联一个短路支线，调整其长度，使其归一化电纳为 $-jb$，即可实现传输线的匹配。当然也可转到 B 点实现匹配。

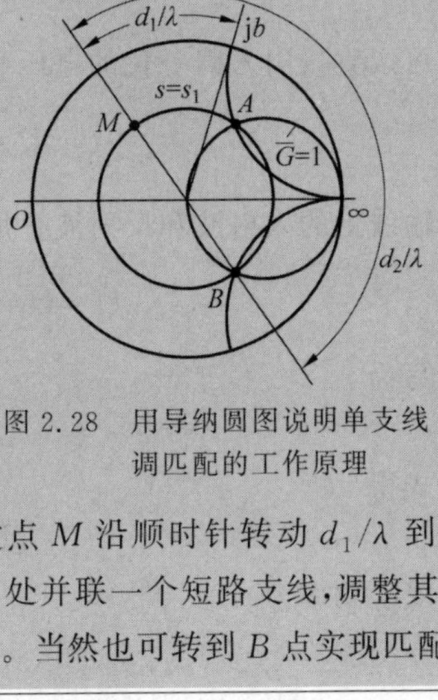

图 2.28 用导纳圆图说明单支线调匹配的工作原理

2.4 微波网络的分析模型

2.4.1 微波网络

任何一个微波系统都是由微波传输线和微波元器件组成的。微波元器件与传输线相连接处会引起波的反射以及产生高次模。因此,微波元器件的引入意味着在传输线中引入了不均匀性,如何考虑这些不均匀对系统带来的影响呢?通过求解边值问题,可以得出微波系统内部的场结构,分析系统的特性。但是在微波工程的实际应用中,并不总是需要详细求出系统内部的场结构,而只是需要知道电信号通过系统后其幅度和相位的变化。因此,我们常常将微波元器件等效为网络。这样,就可以利用传输线理论分析微波系统的特性。由于各种微波网络参量均可通过实测和简单计算得到,所以这种方法不仅可以实现,而且由于其相对快捷方便而得以在工程技术中广泛应用。因此,微波网络理论已成为分析和设计微波电路的一种有力工具,微波网络分析仪也应运而生。

2.4.2 微波网络参量

1. 归一化参量

通过前述引入的归一化阻抗的概念:

$$\bar{Z}=\frac{Z}{Z_c}=\frac{\frac{U}{I}}{Z_c}=\frac{\frac{U}{\sqrt{Z_c}}}{I\sqrt{Z_c}}=\frac{\bar{U}}{\bar{I}} \tag{2.4.1}$$

我们可以直接引入归一化的电压和电流:

$$\bar{U}=\frac{U}{\sqrt{Z_c}},\quad \bar{I}=I\sqrt{Z_c} \tag{2.4.2}$$

则传输线上的入射波和反射波叠加所表述的电压和电流关系为

$$U=U_i+U_r,\quad I=\frac{1}{Z_c}(U_i-U_r) \tag{2.4.3}$$

可重写为

$$\bar{U}=\bar{U}_i+\bar{U}_r,\quad \bar{I}=\bar{U}_i-\bar{U}_r \tag{2.4.4}$$

由上式得

$$\bar{U}_i=\bar{I}_i,\quad \bar{U}_r=-\bar{I}_r \tag{2.4.5}$$

传输线上功率为

$$P=\frac{1}{2}\mathrm{Re}[UI^{*}]=\frac{1}{2}\mathrm{Re}[\overline{U}\overline{I}^{*}] \tag{2.4.6}$$

入射波功率为

$$P_{\mathrm{i}}=\frac{1}{2}\mathrm{Re}\left[\frac{U_{\mathrm{i}}^{2}}{Z_{\mathrm{c}}}\right]=\frac{1}{2}\mathrm{Re}[\overline{U}_{\mathrm{i}}\overline{I}_{\mathrm{i}}^{*}]=\frac{1}{2}|\overline{U}_{\mathrm{i}}|^{2} \tag{2.4.7}$$

反射波功率为

$$P_{\mathrm{r}}=\frac{1}{2}\mathrm{Re}\left[\frac{U_{\mathrm{r}}^{2}}{Z_{\mathrm{c}}}\right]=\frac{1}{2}\mathrm{Re}[\overline{U}_{\mathrm{r}}\overline{I}_{\mathrm{r}}^{*}]=\frac{1}{2}|\overline{U}_{\mathrm{r}}|^{2} \tag{2.4.8}$$

可见，归一化入射电压和归一化入射电流在数值上相等，归一化反射电压和归一化反射电流的绝对值相等；入射波功率只与归一化入射电压模的平方有关，反射波功率只与归一化反射电压模的平方有关。那么，在归一化电路中只需引入一个量，即归一化电压即可。网络特性如果用归一化参量定义则在形式上会比较简化。

2. 微波网络的电路参量

根据微波电路端口数目的不同，微波网络可分为单端口、双端口、三端口……n端口网络。图 2.29 示例了一个同轴低通滤波器等效为一个双端口网络。由双线模型，我们可以直接联想到用各端口的电压和电流来描述此网络的特性，如图 2.29(b)所示。由此，我们可以定义反映此网络端口之间电压和电流关系的参量，如阻抗矩阵$[\boldsymbol{Z}]$如下：

$$\begin{Bmatrix}U_1\\U_2\end{Bmatrix}=\begin{bmatrix}Z_{11}&Z_{12}\\Z_{21}&Z_{22}\end{bmatrix}\begin{Bmatrix}I_1\\I_2\end{Bmatrix} \tag{2.4.9}$$

或简写为

$$\{\boldsymbol{U}\}=[\boldsymbol{Z}]\{\boldsymbol{I}\} \tag{2.4.10}$$

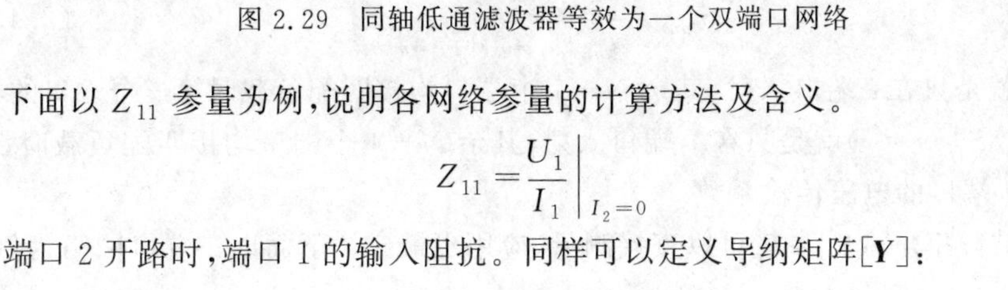

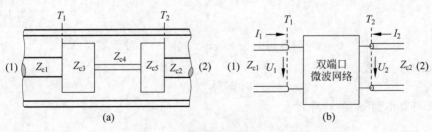

图 2.29　同轴低通滤波器等效为一个双端口网络

下面以 Z_{11} 参量为例，说明各网络参量的计算方法及含义。

$$Z_{11}=\left.\frac{U_1}{I_1}\right|_{I_2=0} \tag{2.4.11}$$

表示端口 2 开路时，端口 1 的输入阻抗。同样可以定义导纳矩阵$[\boldsymbol{Y}]$：

$$\begin{Bmatrix} I_1 \\ I_2 \end{Bmatrix} = \begin{bmatrix} Y_{11} & Y_{12} \\ Y_{21} & Y_{22} \end{bmatrix} \begin{Bmatrix} U_1 \\ U_2 \end{Bmatrix} \tag{2.4.12a}$$

简写为

$$\{\boldsymbol{I}\} = [\boldsymbol{Y}]\{\boldsymbol{U}\} \tag{2.4.12b}$$

为了方便描述网络的级联,还可以定义转移矩阵参量$[\boldsymbol{A}]$:

$$\begin{bmatrix} U_1 \\ I_1 \end{bmatrix} = \begin{bmatrix} A_{11} & -A_{12} \\ A_{21} & -A_{22} \end{bmatrix} \begin{bmatrix} U_2 \\ I_2 \end{bmatrix} \tag{2.4.13}$$

很显然,对于如图 2.28 所示的 n 个网络的级联,有

$$[\boldsymbol{A}] = [\boldsymbol{A}_1][\boldsymbol{A}_2]\cdots[\boldsymbol{A}_n] \tag{2.4.14}$$

3. 微波网络的波参量

上面的参量是以端口的电压和电流来定义的,但这些参量在微波频段很难准确测量。所以有必要引入一些容易测量的量作为网络参量。散射矩阵$[\boldsymbol{S}]$和传输矩阵$[\boldsymbol{T}]$就是这样的参量,其中$[\boldsymbol{S}]$又是微波网络中应用最多的一种主要参量。

由式(2.3.34)和式(2.3.35)可知,网络端口的状态既可以用等效传输线上的电压与电流表示,也可以用入射波($\{U^{\mathrm{i}}\}$或$\{I^{\mathrm{i}}\}$)和反射波($\{U^{\mathrm{r}}\}$或$\{I^{\mathrm{r}}\}$)表示。用$\{\boldsymbol{a}\}$表示各端口归一化入射波组成的列矩阵,$\{\boldsymbol{b}\}$表示各端口归一化反射波组成的列矩阵,如图 2.30 所示,则对于线性网络,$\{\boldsymbol{a}\}$与$\{\boldsymbol{b}\}$有着线性的关系:

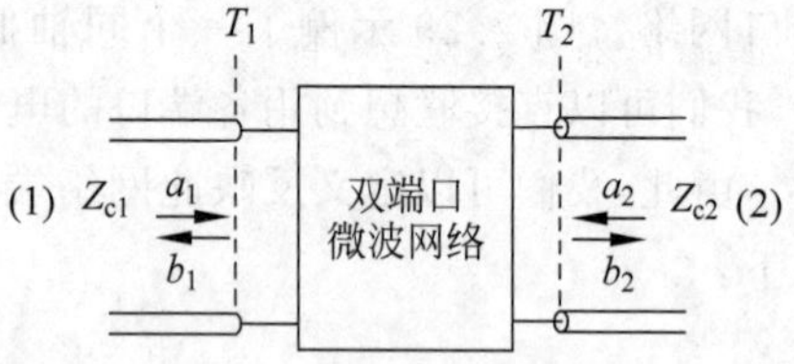

图 2.30　双端口网络模型 2

$$\begin{cases} b_1 = S_{11}a_1 + S_{12}a_2 + \cdots + S_{1N}a_N & (\text{对于端口 } 1) \\ b_2 = S_{21}a_1 + S_{22}a_2 + \cdots + S_{2N}a_N & (\text{对于端口 } 2) \\ \vdots \\ b_N = S_{N1}a_1 + S_{N2}a_2 + \cdots + S_{NN}a_N & (\text{对于端口 } N) \end{cases} \tag{2.4.15a}$$

或简写为

$$\{\boldsymbol{b}\} = [\boldsymbol{S}]\{\boldsymbol{a}\} \tag{2.4.15b}$$

由上式可以得到$[\boldsymbol{S}]$的计算式:

$$S_{mn} = \left.\frac{b_n}{a_m}\right|_{a_k=0(\text{对于}k\neq m)} \tag{2.4.16}$$

显然,S_{ii} 就是只在 i 端口入射,其余 $N-1$ 个端口均接匹配负载时第 i 个端口的电压反射系数。$S_{ij}(i\neq j)$就是只在 j 端口入射,其余 $N-1$ 个端口均接匹配负载时,第 j 端口到第 i 端口的电压传输系数。

在微波频率下,$[\boldsymbol{S}]$参量可以直接测量,应用也最广。下面以二端口网络为例,进

一步说明[$\boldsymbol{S}$]参量的物理意义。

按照式(2.4.16)定义，要测二端口网络的[$\boldsymbol{S}$]参数，只有在输入、输出端口完全匹配的条件下才能确定。因为只有在输入、输出端口匹配时，才能实现 $a_1=0$ 或 $a_2=0$。如果要测量 S_{11} 和 S_{21}，则要求信号源内阻与输入端传输线特征阻抗相等，负载与输出端传输线特征阻抗相等，测试电路如图 2.31 所示。

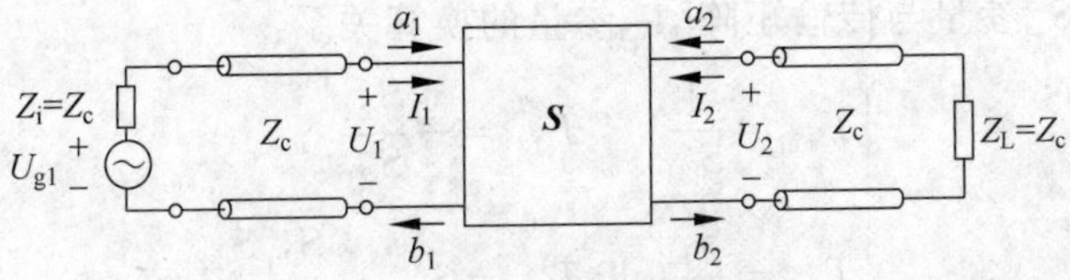

图 2.31　$\boldsymbol{S}$ 参数测量的电路模型

根据定义可以得到：各端口归一化输入波电压 a、反射波电压 b，其与端口电压 U 和电流 I 有如下关系：

$$a=\frac{1}{2}\left(\frac{U}{\sqrt{Z_c}}+\sqrt{Z_c}I\right),\quad b=\frac{1}{2}\left(\frac{U}{\sqrt{Z_c}}-\sqrt{Z_c}I\right) \tag{2.4.17}$$

又根据散射参数定义，有

$$S_{11}=\left.\frac{b_1}{a_1}\right|_{a_2=0}=\Gamma_i=\frac{Z_i-Z_c}{Z_i+Z_c} \tag{2.4.18a}$$

$$S_{21}=\left.\frac{b_2}{a_1}\right|_{a_2=0}=\frac{U_2^r}{(U_1+Z_cI_1)/2} \tag{2.4.18b}$$

由于输出端匹配，故端口 2 的正向波电压为零，方向波电压 U_2^r 等于端口 2 电压 U_2。用信号源电压与信号源内阻上的电压降之差$(U_{g1}-Z_cI_1)$代替端口 1 电压 U_1，于是，

$$S_{21}=\frac{2U_2^r}{U_{g1}}=\frac{2U_2}{U_{g1}} \tag{2.4.18c}$$

由此可见，端口 2 的电压与信号源电压有直接的关系，所以 S_{21} 可以表示二端口网络正向电压增益。$|S_{21}|^2$ 为正向功率增益。同理，S_{22} 表示输出端反射系数，S_{12} 表示反向电压增益，$|S_{12}|^2$ 为反向功率增益。

双端口网络波的关系还可以写成

$$\begin{cases}a_1=T_{11}b_2+T_{12}a_2\\ b_1=T_{21}b_2+T_{22}a_2\end{cases} \tag{2.4.19a}$$

或简写为

$$\begin{Bmatrix}a_1\\ b_1\end{Bmatrix}=[\boldsymbol{T}]\begin{Bmatrix}a_2\\ b_2\end{Bmatrix} \tag{2.4.19b}$$

其中,[$\boldsymbol{T}$]称为传输矩阵。利用{$\boldsymbol{a}$}、{$\boldsymbol{b}$}与[$\boldsymbol{S}$]参量的计算关系:

$$\begin{cases} a_1 = \dfrac{1}{S_{21}} b_2 - \dfrac{S_{22}}{S_{21}} a_2 \\ b_1 = \dfrac{S_{11}}{S_{21}} b_2 + \left(S_{12} - \dfrac{S_{11} S_{22}}{S_{21}} \right) a_2 \end{cases} \tag{2.4.20}$$

可得散射矩阵[$\boldsymbol{S}$]参量与传输矩阵[$\boldsymbol{T}$]参量的换算关系:

$$\begin{cases} T_{11} = \dfrac{1}{S_{21}}, \quad T_{12} = -\dfrac{S_{22}}{S_{21}} \\ T_{21} = \dfrac{S_{11}}{S_{21}}, \quad T_{22} = S_{12} - \dfrac{S_{11} S_{22}}{S_{21}} \end{cases} \tag{2.4.21}$$

与[$\boldsymbol{A}$]参量类似,对于 n 个网络的级联,有

$$[\boldsymbol{T}] = [\boldsymbol{T}_1][\boldsymbol{T}_2]\cdots[\boldsymbol{T}_n] \tag{2.4.22}$$

例题 2.14 如图 2.32 所示的 3 dB 衰减器是由三个电阻 R_1、R_2、R_3 组成的二端口 T 形网络,并与特征阻抗 $Z_c = 50\ \Omega$ 的传输线连接,求该网络的 $\boldsymbol{S}$ 参数以及 R_1、R_2、R_3 的数值。

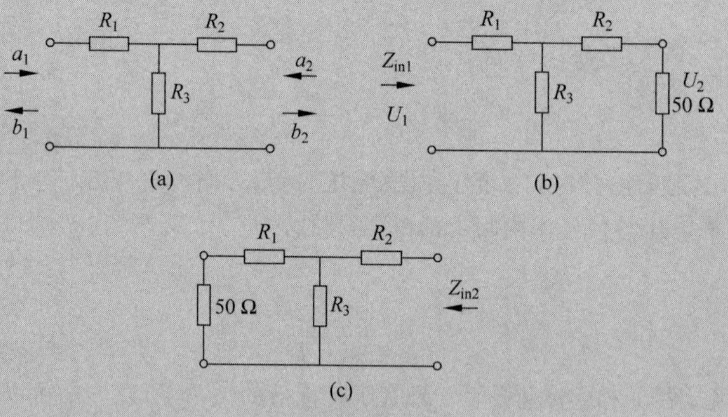

图 2.32 T 形网络 $\boldsymbol{S}$ 参数计算

(a) T 形网络;(b) 端口 2 匹配;(c) 端口 1 匹配

解 作为衰减器,它应当与传输线匹配,即端口 1 和端口 2 的反射系数应为零,故而得到

$$S_{11} = S_{22} = 0 \tag{e2.14.1}$$

此时,

$$b_1 = S_{12} a_2, \quad b_2 = S_{21} a_1 \tag{e2.14.2}$$

3 dB 衰减器要求输出功率为输入功率的一半,有

$$\frac{b_1}{a_2}=\frac{b_2}{a_1}=\frac{1}{\sqrt{2}}\approx 0.707 \tag{e2.14.3}$$

也就是说

$$S_{12}=S_{21}=\frac{1}{\sqrt{2}}\approx 0.707 \tag{e2.14.4}$$

接下来确定 R_1、R_2、R_3。参看图 2.31(b),与输入端口连接的传输线可用 $Z_c=50\ \Omega$ 的负载等效,因此从端口 1 看进去的输入阻抗 Z_{in1} 为

$$Z_{in1}=R_1+\frac{R_3(R_2+50)}{R_3+R_2+50}=50\ \Omega \tag{e2.14.5}$$

同样参看图 2.31(c),从端口 2 看进去的输入阻抗 Z_{in2} 为

$$Z_{in2}=R_2+\frac{R_3(R_1+50)}{R_3+R_1+50}=50\ \Omega \tag{e2.14.6}$$

比较以上两式,可知

$$R_1=R_2 \tag{e2.14.7}$$

即此网络是对称的,这也正是 $S_{12}=S_{21}$ 所要求的。再次参考图 2.31(b),端口 2 的电压与端口 1 电压的关系是

$$U_2=\frac{\dfrac{R_3(R_1+50)}{R_3+R_1+50}}{\dfrac{R_3(R_1+50)}{R_3+R_1+50}+R_1}\cdot\frac{50}{50+R_1}U_1 \tag{e2.14.8}$$

因为该衰减器两个端口都与连接的传输线匹配,即 $S_{11}=S_{22}=0$,故 $U_1^r=U_2^i=0$,由此得到

$$U_1=U_1^i,\quad U_2=U_2^r \tag{e2.14.9}$$

即

$$S_{21}=\frac{U_2^r}{U_1^i}=\frac{U_2}{U_1} \tag{e2.14.10}$$

如此可求得

$$R_1=R_2=\frac{\sqrt{2}-1}{\sqrt{2}+1}50\ \Omega=8.58\ \Omega,\quad R_3=2\sqrt{2}\times 50\ \Omega=141.4\ \Omega \tag{e2.14.11}$$

由上可见,只要获取微波电路中各元器件的网络参量,我们便可以利用微波网络

理论很容易分析得到整个微波电路的特性。因此，利用微波网络理论分析微波电路的关键在于获得电路中各元器件的网络参量。获取元器件网络参量通常可用下面两个方法：一是测量方法；二是全波分析方法(包括 2.2.6 节介绍的模式匹配方法以及有限元等数值方法)。2.4.2 节 4. 中我们将以一个例子来说明如何将微波元件等效为微波网络。

4. 波导不连续性问题分析

本节讲述利用波导模式理论分析波导不连续性问题。如图 2.33 所示，有一波导接头，由两种横截面不同的无限长柱形波导在 $z=0$ 平面上共轴对接所形成，并在接头平面加一零厚度的金属膜片，膜片上有一孔 S_0。设波导中仅能传输主模，膜片使波导 1 中的入射波部分反射，部分传输到波导 2；同样膜片也会使波导 2 中入射波部分反射，部分传输到波导 1，因此膜片可用一个二端口网络等效。下面将用波导模式理论及微波网络理论确定膜片等效网络的散射矩阵。

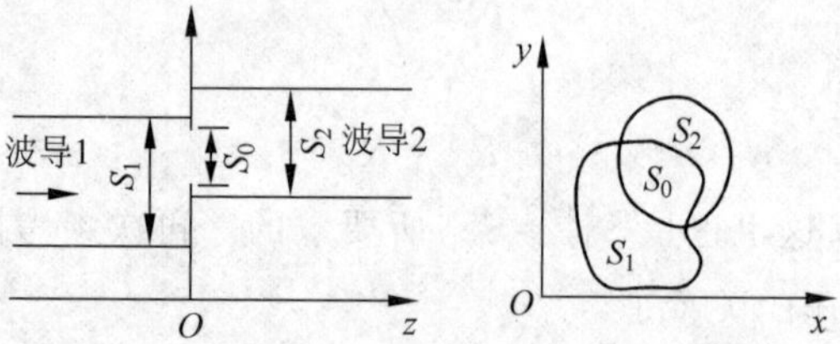

图 2.33　两种横截面不同的无限长柱形波导的对接

根据波导模式理论，波导 1 内($z<0$)的横向场可写为

$$\boldsymbol{E}_{t1}=(\mathrm{e}^{-\gamma_{11}z}+R_1\mathrm{e}^{\gamma_{11}z})\boldsymbol{e}_{11}+\sum_{n=2}^{\infty}A_n\mathrm{e}^{\gamma_{1n}z}\boldsymbol{e}_{1n} \tag{2.4.23a}$$

$$\boldsymbol{H}_{t1}=Y_{11}(\mathrm{e}^{-\gamma_{11}z}-R_1\mathrm{e}^{\gamma_{11}z})\hat{\boldsymbol{z}}\times\boldsymbol{e}_{11}-\sum_{n=2}^{\infty}Y_{1n}A_n\mathrm{e}^{\gamma_{1n}z}\hat{\boldsymbol{z}}\times\boldsymbol{e}_{1n} \tag{2.4.23b}$$

其中，γ_{1n}、Y_{1n}、$\boldsymbol{e}_{1n}$ 分别为波导 1 中第 n 个波型的传播常数、特性导纳和横向矢量波型函数，且 $\boldsymbol{e}_{1n}$ 满足正交归一化条件：

$$\int_{S_1}\boldsymbol{e}_{1m}\cdot\boldsymbol{e}_{1n}\,\mathrm{d}S=\delta_{mn} \tag{2.4.24}$$

而主波型反射系数 R_1 和高阶波型的系数 A_n 待定。

同样，波导 2 内($z>0$)的横向场可写为

$$\boldsymbol{E}_{t2}=\sum_{n=1}^{\infty}B_n\mathrm{e}^{-\gamma_{2n}z}\boldsymbol{e}_{2n} \tag{2.4.25a}$$

$$\boldsymbol{H}_{t2}=\sum_{n=1}^{\infty}Y_{2n}B_n\mathrm{e}^{\gamma_{2n}z}\hat{\boldsymbol{z}}\times\boldsymbol{e}_{2n} \tag{2.4.25b}$$

其中，γ_{2n}、Y_{2n}、$\boldsymbol{e}_{2n}$ 分别为波导 2 中第 n 个波型的传播常数、特性导纳和横向矢量波型函数，且 $\boldsymbol{e}_{2n}$ 满足正交归一化条件：

$$\int_{S_2} \boldsymbol{e}_{2m} \cdot \boldsymbol{e}_{2n} \mathrm{d}S = \delta_{mn} \tag{2.4.26}$$

系数 B_n 待定。将 $z=0$ 截面的横向场记为 $\boldsymbol{E}_0(\boldsymbol{\rho})$ 和 $\boldsymbol{H}_0(\boldsymbol{\rho})$，这里标出截面位置坐标 $\boldsymbol{\rho}$ 是为了后面表达更清楚。由式(2.4.23)、式(2.4.25)及场在 $z=0$ 平面的边界条件，可得

$$\begin{aligned}\boldsymbol{E}_0(\boldsymbol{\rho}) &= (1+R_1)\boldsymbol{e}_{11}(\boldsymbol{\rho}) + \sum_{n=2}^{\infty} A_n \boldsymbol{e}_{1n}(\boldsymbol{\rho}) \\ &= \sum_{n=1}^{\infty} B_n \boldsymbol{e}_{2n}(\boldsymbol{\rho}), \quad \boldsymbol{\rho} \in S_0\end{aligned} \tag{2.4.27a}$$

$$\boldsymbol{E}_0(\boldsymbol{\rho}) = \boldsymbol{0}, \quad \boldsymbol{\rho} \notin S_0 \tag{2.4.27b}$$

$$\begin{aligned}\boldsymbol{H}_0(\boldsymbol{\rho}) \times \hat{\boldsymbol{z}} &= Y_{11}(1-R_1)\boldsymbol{e}_{11}(\boldsymbol{\rho}) - \sum_{n=2}^{\infty} Y_{1n} A_n \boldsymbol{e}_{1n}(\boldsymbol{\rho}) \\ &= \sum_{n=1}^{\infty} Y_{2n} B_n \boldsymbol{e}_{2n}(\boldsymbol{\rho}), \quad \boldsymbol{\rho} \in S_0\end{aligned} \tag{2.4.28}$$

将式(2.4.27a)乘以 $\boldsymbol{e}_{1m}$，并在波导横截面上积分，再利用式(2.4.24)和式(2.4.26)，可得

$$1+R_1 = \int_{S_0} \boldsymbol{E}_0 \cdot \boldsymbol{e}_{11} \mathrm{d}S \tag{2.4.29a}$$

$$A_n = \int_{S_0} \boldsymbol{E}_0 \cdot \boldsymbol{e}_{1n} \mathrm{d}S, \quad n=2,3,\cdots \tag{2.4.29b}$$

$$B_n = \int_{S_0} \boldsymbol{E}_0 \cdot \boldsymbol{e}_{2n} \mathrm{d}S, \quad n=1,2,\cdots \tag{2.4.29c}$$

简洁起见，上式中略去场函数的位置坐标。将式(2.4.29a)～式(2.4.29c)代入式(2.4.28)，即得未知场 $\boldsymbol{E}_0$ 的积分方程

$$\begin{aligned}& Y_{11}\boldsymbol{e}_{11}\left(2-\int_{S_0} \boldsymbol{E}_0 \cdot \boldsymbol{e}_{11} \mathrm{d}S\right) \\ &= \sum_{n=2}^{\infty} Y_{1n}\boldsymbol{e}_{1n} \int_{S_0} \boldsymbol{E}_0 \cdot \boldsymbol{e}_{1n} \mathrm{d}S + \sum_{n=1}^{\infty} Y_{2n}\boldsymbol{e}_{2n} \int_{S_0} \boldsymbol{E}_0 \cdot \boldsymbol{e}_{2n} \mathrm{d}S\end{aligned} \tag{2.4.30}$$

或写成

$$Y_{11}\boldsymbol{e}_{11}\left(2-\int_{S_0} \boldsymbol{E}_0 \cdot \boldsymbol{e}_{11} \mathrm{d}S\right) = \int_{S_0} \boldsymbol{G}_e \cdot \boldsymbol{E}_0 \mathrm{d}S', \quad \boldsymbol{\rho} \in S_0 \tag{2.4.31a}$$

其中，

$$\boldsymbol{G}_e = \sum_{n=2}^{\infty} Y_{1n} \boldsymbol{e}_{1n}(\boldsymbol{\rho}) \boldsymbol{e}_{1n}(\boldsymbol{\rho}') + \sum_{n=1}^{\infty} Y_{2n} \boldsymbol{e}_{2n}(\boldsymbol{\rho}) \boldsymbol{e}_{2n}(\boldsymbol{\rho}') \tag{2.4.31b}$$

可视为并矢格林函数,且有 $\boldsymbol{G}_e(\boldsymbol{\rho},\boldsymbol{\rho}')=\boldsymbol{G}_e^{\mathrm{T}}(\boldsymbol{\rho}',\boldsymbol{\rho})$。

求解积分方程(2.4.31a),便可求出 $z=0$ 截面上的电场 $\boldsymbol{E}_0(\boldsymbol{\rho})$,进而可求得 R_1 和 B_1。依据微波网络散射矩阵的定义,有 $S_{11}=R_1,S_{21}=B_1$。该等效网络散射矩阵的另两个参数 S_{12} 和 S_{22} 可用同样方法求得,只要将式(2.4.23)中的入射场放在式(2.4.25)中便可。

本章小结

核心问题

- 自由空间中电磁波如何传播?
- 层状介质中电磁波如何传播?
- 波导中电磁波如何传输?

核心概念

均匀平面波、传播常数、相速、群速、极化、坡印亭矢量

全反射、全折射、临界角、布儒斯特角

传输模式、截止波数(频率、波长)

核心内容

- 均匀空间中麦克斯韦方程的求解
- 层状介质中电磁波的分析模型
- 均匀波导中麦克斯韦方程的求解
- 传输线方程的建立与求解
- 如何实现匹配
- 任意横截面形状波导本征模的数值求解

练习题

2.1 已知电磁波的电场表示为

$$\boldsymbol{E}=\hat{\boldsymbol{x}}E_0\cos\left[10^8\pi\left(t-\frac{z}{c}\right)+\theta\right]$$

该电场是下列两个电场矢量的合成:

$$\boldsymbol{E}_1=\hat{\boldsymbol{x}}0.03\sin\left[10^8\pi\left(t-\frac{z}{c}\right)\right]$$

$$\boldsymbol{E}_2=\hat{\boldsymbol{x}}0.04\cos\left[10^8\pi\left(t-\frac{z}{c}\right)-\frac{\pi}{3}\right]$$

求 E_0 和 θ。

2.2　已知在简单介质中传播的均匀平面波，其电场的相位复矢量表示为

$$\boldsymbol{E}(\boldsymbol{R})=\boldsymbol{E}_0\mathrm{e}^{-\mathrm{j}\boldsymbol{k}\cdot\boldsymbol{R}}$$

证明麦克斯韦方程组可简化为下列形式：

$$\boldsymbol{k}\times\boldsymbol{E}=\omega\mu\boldsymbol{H}$$
$$\boldsymbol{k}\times\boldsymbol{H}=-\omega\varepsilon\boldsymbol{E}$$
$$\boldsymbol{k}\cdot\boldsymbol{E}=0$$
$$\boldsymbol{k}\cdot\boldsymbol{H}=0$$

2.3　已知自由空间中均匀平面波的磁场表示为

$$\boldsymbol{H}=\hat{\boldsymbol{z}}4\times10^{-6}\cos\left(10^7\pi t-k_0y+\frac{\pi}{4}\right)$$

(1) 计算 k_0，及在 $t=3$ ms 时 H_z 变为零的位置；

(2) 写出该平面波的电场表示。

2.4　已知自由空间中均匀平面波的电场表示为

$$\boldsymbol{E}(t,z)=\hat{\boldsymbol{x}}2\cos(10^8t-z/\sqrt{3})-\hat{\boldsymbol{y}}\sin(10^8t-z/\sqrt{3})$$

(1) 计算平面波的频率和波长；

(2) 计算传播常数；

(3) 判断波的极化方式；

(4) 写出该平面波的磁场表示。

2.5　讨论下列波的极化方式和传播方向($\mathrm{e}^{\mathrm{j}\omega t}$)：

(1) $\boldsymbol{E}=\hat{\boldsymbol{x}}\mathrm{e}^{+\mathrm{j}kz}$；

(2) $\boldsymbol{E}(t,z)=\hat{\boldsymbol{x}}\cos(10^8t-z)+\hat{\boldsymbol{y}}\sin\left(10^8t-z-\frac{\pi}{3}\right)$；

(3) $\boldsymbol{E}=[\hat{\boldsymbol{x}}+\hat{\boldsymbol{y}}+\mathrm{j}(\hat{\boldsymbol{y}}-\hat{\boldsymbol{x}})]\exp(-\mathrm{j}100z)$；

(4) $\boldsymbol{E}=(\hat{\boldsymbol{x}}+\sqrt{3}\hat{\boldsymbol{y}})\mathrm{e}^{-\mathrm{j}kz}$。

2.6　证明：线极化波可以分解为两个旋向相反的圆极化波。

2.7　已知一频率为 3 GHz 及沿 y 轴极化的均匀平面波，在非磁性介质中沿 $+\hat{\boldsymbol{x}}$ 方向传播，该介质的介电常数为 2.5，损耗角正切为 10^{-2}（**损耗角正切** $\tan\delta$ 定义为介电常数虚部与实部的比值）。

(1) 确定电场幅值衰减为原来一半时，波传播的距离；

(2) 计算特性阻抗、波长、相速、群速；

(3) 若电场在 $x=0$ 处为 $\boldsymbol{E}=\hat{\boldsymbol{y}}50\sin(6\pi10^9t+\pi/3)$，写出该平面波的磁场的瞬时值表达式。

2.8　一右旋圆极化平面波，其电场表示为

$$\boldsymbol{E}(z)=E_0(\hat{\boldsymbol{x}}-\mathrm{j}\hat{\boldsymbol{y}})\mathrm{e}^{-\mathrm{j}\beta z}$$

从自由空间垂直入射到无限大光滑金属表面($z=0$)。

(1) 确定反射波的极化方式;

(2) 计算金属表面的感应电流;

(3) 给出入射波和反射波合成总电场的时域表示。

2.9 已知在空气中传播的均匀平面波,其电场表示为

$$\boldsymbol{E}_{\mathrm{i}}(x,z)=\hat{\boldsymbol{y}}10\mathrm{e}^{-\mathrm{j}(6x+8z)}\quad(\mathrm{V/m})$$

该平面波入射到无限大光滑金属表面($z=0$)。

(1) 计算该平面波的频率和波长;

(2) 给出入射波电场和磁场的时域表示;

(3) 计算入射角;

(4) 写出反射波电场和磁场的时域表示。

2.10 在球坐标系中,已知电磁场的瞬时值为

$$\boldsymbol{E}(\boldsymbol{r},t)=\hat{\boldsymbol{\theta}}\frac{E_0}{r}\sin\theta\sin(\omega t-k_0 r)$$

$$\boldsymbol{H}(\boldsymbol{r},t)=\hat{\boldsymbol{\phi}}\frac{E_0}{\eta_0 r}\sin\theta\sin(\omega t-k_0 r)$$

式中,E_0 为常数,$\eta_0=\omega\sqrt{\mu_0\varepsilon_0}$。试计算通过以坐标原点为球心,$r_0$ 为半径的球面 S 的总功率。

2.11 已知无源的真空中电磁波的电场为

$$\boldsymbol{E}=\hat{\boldsymbol{x}}E_0\cos\left(\omega t-\frac{\omega}{c}z\right)\quad(\mathrm{V/m})$$

证明 $\boldsymbol{S}_{\mathrm{av}}=\hat{\boldsymbol{z}}w_{\mathrm{av}}c$,其中 w_{av} 是电磁场能量密度的时间平均值,$c=1/\sqrt{\mu_0\varepsilon_0}$ 为电磁波在真空中的传播速度。

2.12 标准矩形空波导($a\times b$)内电磁波以如下两种模式传输,写出电场和磁场的表达式;画出横截面和纵切面内电场线和磁场线的分布图。

(1) TE_{10} 模;

(2) TM_{11} 模。

2.13 标准矩形空波导($a\times b$)的尺寸为:$a=7.21$ cm,$b=3.40$ cm。在如下两种波长条件下,找出可以在此波导内传输的模式。

(1) $\lambda=10$ cm;

(2) $\lambda=5$ cm。

2.14 标准矩形空波导($a\times b$),其尺寸满足($b<a<2b$),该波导被设计为仅单模传输,工作频率为 3 GHz。若设计该波导的截止频率比工作频率低 20%,次高模截

止频率比工作频率高 20%，则

(1) 设计该波导的尺寸；

(2) 计算所设计的波导的相位常数、相速、波导波长、特性阻抗。

2.15　如图 2.34 所示的电路，画出沿线电压、电流和阻抗的振幅分布图，并求出它们的最大和最小值。

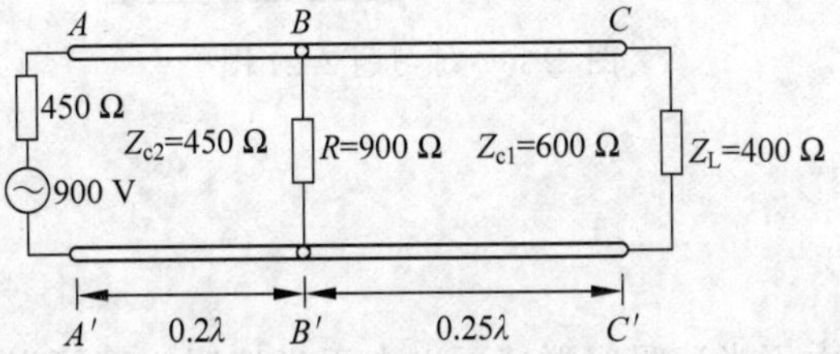

图 2.34　练习题 2.15 图

2.16　考虑一根无耗传输线。当负载阻抗 $Z_L=(40+j30)\Omega$ 时，欲使线上驻波比最小，则传输线的特性阻抗应为多少？求出该最小驻波比及相应的电压反射系数。确定距负载最近的电压最小点位置。

2.17　均匀平面波垂直入射到两种无损耗电介质分界面上，当反射系数与透射系数相等时，其驻波比等于多少？

2.18　均匀平面波从空气中垂直入射到理想电介质($\varepsilon=\varepsilon_r\varepsilon_0$，$\mu_r=1$，$\sigma=0$)表面上。测得空气中驻波比为 2，电场振幅最大值相距 1.0 m，且第一个最大值距离介质表面 0.5 m。试确定电介质的相对介电常数 ε_r。

2.19　一圆极化波自空气中垂直入射于一介质板上，介质板的本征阻抗为 η_2。入射波电场为 $\boldsymbol{E}=E_m(\hat{\boldsymbol{x}}+j\hat{\boldsymbol{y}})e^{-j\beta z}$，求反射波与透射波的电场，它们的极化情况如何？

2.20　如图 2.35 所示，终端负载与传输线特征阻抗不匹配，通过距终端为 λ/8 处并接一段长度为 λ/8 的开路线，与开路线相距 λ/4 处串接一段长度为 λ/8 的短路线，使传输线始端输入阻抗归一化值 $\bar{Z}_{in}=1$，求归一化负载阻抗 $\bar{Z}_L$(要求用圆图求解)。

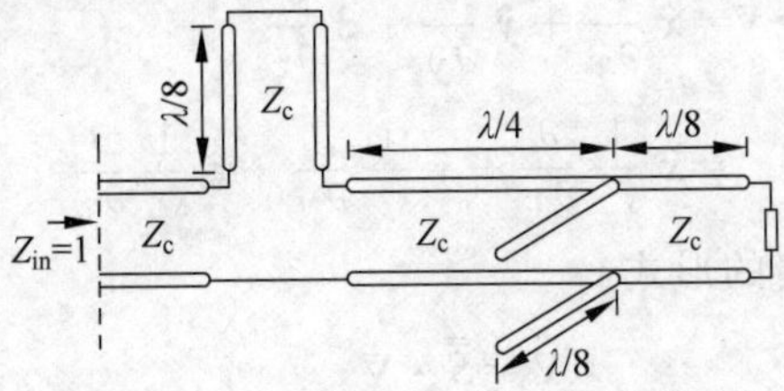

图 2.35　练习题 2.20 图

2.21　如图 2.36 所示，矩形脉冲加到 $Z_c=600\ \Omega$ 无损传输线的始端，试说明信号电压在传输线上的传输过程，并画出输出电压 U_2 的波形($0\leqslant t\leqslant 11\ \mu s$)(注：认为

电源内阻 $Z_g=0$)。

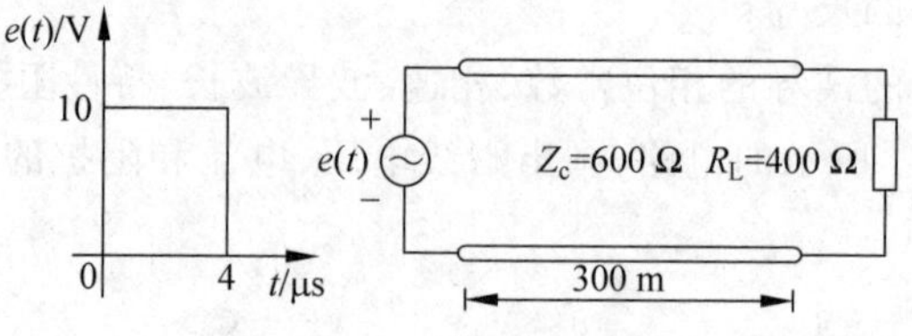

图 2.36 练习题 2.21 图

思考题

2.1 相速可以大于光速吗?群速可以大于光速吗?若可以,举例说明;若不可以,试证明。

2.2 已知某介质的介电常数随频率线性变化。一个电磁波信号在此介质中传播,传播一段距离后,其波形会改变吗?若改变,试举例说明;若不改变,试证明。

2.3 在一般色散介质中,电磁波信号传播一段距离后其形状会改变。试研究影响改变波形的具体因素,找到刻画影响波形改变的关键要素,并用数学语言给出精确定义,及其计算公式。

2.4 这一章我们介绍了波导理论、传输线理论,之前我们还学习过电路理论。请从主要内容、适用范围和分析方法的角度阐述它们各自的特点与联系。

2.5 均匀平面电磁波在不同介质分界面的反射与折射情况取决于不同介质的阻抗匹配情况。这个匹配跟传输线的匹配技术有何联系?本章共介绍了几种阻抗匹配的方法?它们都有什么特点?

2.6 对直角坐标系坐标进行复延拓,即 $x\to\bar{x}=s_x x$, $y\to\bar{y}=s_y y$, $z\to\bar{z}=s_z z$,这里复系数 $s_p=1-\mathrm{j}\alpha_p$, $\alpha_p>0$, $p=x,y,z$。在这种变换下,∇算子在直角坐标系下可写成

$$\nabla\to\overline{\nabla}=\hat{\boldsymbol{x}}\frac{\partial}{\partial\bar{x}}+\hat{\boldsymbol{y}}\frac{\partial}{\partial\bar{y}}+\hat{\boldsymbol{z}}\frac{\partial}{\partial\bar{z}}$$

$$=\hat{\boldsymbol{x}}\frac{1}{s_x}\frac{\partial}{\partial x}+\hat{\boldsymbol{y}}\frac{1}{s_y}\frac{\partial}{\partial y}+\hat{\boldsymbol{z}}\frac{1}{s_z}\frac{\partial}{\partial z} \tag{m.1}$$

将式(m.1)写成下面更紧凑的形式:

$$\overline{\nabla}=\overline{\overline{\boldsymbol{S}}}\cdot\nabla \tag{m.2}$$

其中,

$$\overline{\overline{\boldsymbol{S}}}=\hat{\boldsymbol{x}}\hat{\boldsymbol{x}}\left(\frac{1}{s_x}\right)+\hat{\boldsymbol{y}}\hat{\boldsymbol{y}}\left(\frac{1}{s_y}\right)+\hat{\boldsymbol{z}}\hat{\boldsymbol{z}}\left(\frac{1}{s_z}\right) \tag{m.3}$$

这样麦克斯韦方程也就变成

$$\overline{\nabla} \times \boldsymbol{E}^{c} = -j\omega\mu_0 \boldsymbol{H}^{c} \tag{m.4}$$

$$\overline{\nabla} \times \boldsymbol{H}^{c} = j\omega\varepsilon_0 \boldsymbol{E}^{c} \tag{m.5}$$

这便是复空间中的麦克斯韦方程。试证明该复空间中的麦克斯韦方程等效于下列实空间各向异性介质中的麦克斯韦方程：

$$\nabla \times \boldsymbol{E} = -j\omega\mu_0 \overline{\overline{\mu}}_r \boldsymbol{H} \tag{m.6}$$

$$\nabla \times \boldsymbol{H} = j\omega\varepsilon_0 \overline{\overline{\varepsilon}}_r \boldsymbol{E} \tag{m.7}$$

其中，

$$\boldsymbol{E} = \overline{\overline{\boldsymbol{S}}}^{-1} \cdot \boldsymbol{E}^{c} \tag{m.8}$$

$$\boldsymbol{H} = \overline{\overline{\boldsymbol{S}}}^{-1} \cdot \boldsymbol{H}^{c} \tag{m.9}$$

$$\overline{\overline{\varepsilon}}_r = \overline{\overline{\mu}}_r = (\det \overline{\overline{\boldsymbol{S}}})^{-1} \overline{\overline{\boldsymbol{S}}} \cdot \overline{\overline{\boldsymbol{S}}} \tag{m.10}$$

课程设计(二)

规则波导中存在一系列可以单独存在的模式，这些模式在横截面上的场分布和纵向上的传播常数都不同。如何确定它们，便是波导本征模问题。由于有限元法方法能将此问题转化成数学上标准的矩阵本征值或广义本征值问题，所以较其他数值方法更为适于解决此类问题。考虑如图 2.37 所示的金属空波导($a=457.2$ mm，$b=228.6$ mm)，请编写程序求解这些波导的前 10 个本征模的场模式及传播常数。

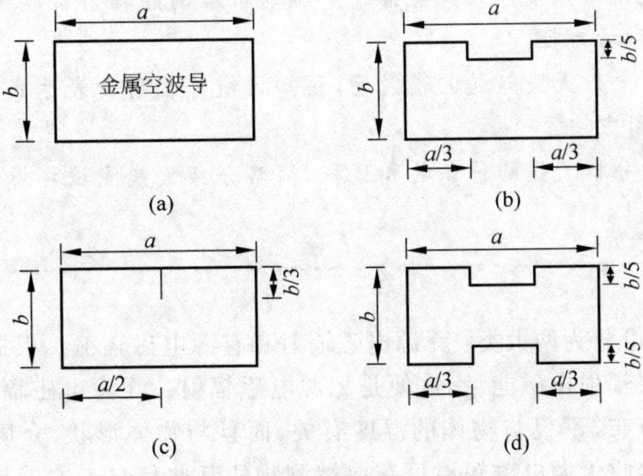

图 2.37　波导横截面示意图

第3章 ▷▷ 电磁波的辐射

这一章

将围绕"电磁波是如何辐射的"这一核心问题而展开：

第一，通过求解自由空间中带源麦克斯韦方程，进而依据解形式，引入两个重要的微分积分算子，得到源辐射场的一般表达式。在此基础上，讨论源辐射场的多种表达形式。

第二，利用源辐射场数学表达式，分析赫兹偶极子的辐射近场、远场特征，进而引入描述天线性能的一系列重要参数。

第三，利用源辐射场数学表达式，建立分析线天线的积分方程，进而通过数值求解线天线积分方程，介绍计算电磁学中的另一重要方法——矩量法。

第四，通过介绍微带天线及其描述其辐射机理的腔辐射机理模型，获知微带天线的远区辐射场特征。

第五，通过分析天线阵远区辐射场，获知天线阵辐射场表达式及其提高天线增益的一种通用方法。

最后，通过分析天线测量参数和过程，简略介绍天线测试环境的要求和所需仪器设备。

电磁波辐射可分为两大类：无源电磁辐射和有源电磁辐射。根据普朗克辐射定律，物体一般都要辐射电磁能量，这便是无源电磁辐射。无源电磁辐射的特性，譬如辐射强弱、空间分布，不仅与物体的温度有关，而且与物体形状、介质参数分布等有关。因此，通过接收无源电磁辐射可获取被测物的某些信息。这就是目前广泛使用的无源遥感，像辐射计、无源成像、无源定位都属于无源电磁辐射原理的应用。掌握无源电磁辐射的特性无疑是开发无源遥感技术的基础和前提。无源电磁辐射研究途径不外两条：一条是通过观测系统，获取大量观测数据，通过研究数据获取对无源电磁辐射的认识；另一条是通过理论方法，也就是通过求解麦克斯韦方程获取对无源电磁辐射的认识。后一条途径的思路一般是：通过能量守恒定律，将无源电磁辐射问题转化成电磁散射问题。其具体做法将在第 4 章电磁波散射中讲述。

有源电磁辐射，顾名思义，就是由激励电流源或磁流源产生的电磁波辐射。这类辐射是电子信息系统中两个重要问题——天线和电磁兼容的基础。电子信息系统一般由很多电子器件构成，每个器件都可等效看作一个辐射源，由于辐射源产生电磁波辐射，所以器件就会相互干扰，如何减少和控制这种干扰，便是电磁兼容的研究内容。有兴趣的读者可参阅《工程电磁兼容原理、测试、技术工艺及计算机模型》(V. P. Kodali，陈淑凤等译，人民邮电出版社，2006)。本章重点讲述的是天线，它是很多信息系统(譬如雷达、无线电通信、导航、遥测、遥控)不可缺少的关键设备之一。具体而言，**天线**(**antenna**)就是一种辐射系统，包括辐射单元部分和馈线部分。在这种辐射系统下，激励源能更有效地按照需要的方式向空间辐射电磁波。这种辐射系统可看作一种激励源与天空相连的一条线，因而被形象地称为天线。

本章首先讲述激励源在自由空间中是如何辐射的，其次讲述激励源在天线辐射系统下是如何辐射的，再次讨论源在自由空间中辐射的计算，最后对天线的馈线系统作一简要介绍。

3.1　激励源在自由空间中的辐射

要弄清激励源在自由空间中是如何辐射的，最基本、最重要的就是求解自由空间中有源麦克斯韦方程。本节首先讲述带激励源的麦克斯韦方程在自由空间中的解，接着讲述解在远场条件下的近似，最后导出一般远场辐射条件。

3.1.1　自由空间中麦克斯韦方程的解

激励源在自由空间中产生的辐射场可通过求解麦克斯韦方程解析表达出来。下面就以电流源为例，讲述如何通过引入矢量势函数和标量势函数求解麦克斯韦方程。因为在自由空间中有方程：

$$\nabla\cdot\boldsymbol{H}=0 \tag{3.1.1}$$

根据矢量恒等式 $\nabla\cdot(\nabla\times\boldsymbol{A})=0$，可以定义矢量势 $\boldsymbol{A}$，使

$$\boldsymbol{H}=-\nabla\times\boldsymbol{A} \tag{3.1.2}$$

将上式代入法拉第定律便有

$$\nabla\times(\boldsymbol{E}-\mathrm{j}\omega\mu\boldsymbol{A})=\boldsymbol{0} \tag{3.1.3}$$

注意，任何梯度场的旋度为零，即有矢量恒等式 $\nabla\times\nabla\phi=\boldsymbol{0}$，因而为表达电场 $\boldsymbol{E}$，需再引入一个标量势 ϕ，这样 $\boldsymbol{E}$ 便可表示成

$$\boldsymbol{E}-\mathrm{j}\omega\mu\boldsymbol{A}=-\nabla\phi \tag{3.1.4}$$

将式(3.1.2)和式(3.1.4)代入安培定律便有

$$\nabla\times\nabla\times\boldsymbol{A}-k^2\boldsymbol{A}=-\boldsymbol{J}+\mathrm{j}\omega\varepsilon\nabla\phi \tag{3.1.5}$$

其中,$k=\omega\sqrt{\mu\varepsilon}$。使用矢量恒等式,上式可改写为

$$\nabla(\nabla\cdot\boldsymbol{A})-\nabla^2\boldsymbol{A}-k^2\boldsymbol{A}=-\boldsymbol{J}+\mathrm{j}\omega\varepsilon\nabla\phi \tag{3.1.6}$$

显然 $\boldsymbol{A}$ 不能由关系式(3.1.2)唯一确定。要确定 $\boldsymbol{A}$,还需给出 $\nabla\cdot\boldsymbol{A}$。为求解方便,这里我们选择

$$\nabla\cdot\boldsymbol{A}=\mathrm{j}\omega\varepsilon\phi \tag{3.1.7}$$

于是式(3.1.6)便简化为只是含有矢量势 $\boldsymbol{A}$ 的矢量偏微分方程:

$$\nabla^2\boldsymbol{A}+k^2\boldsymbol{A}=\boldsymbol{J} \tag{3.1.8}$$

这是矢量亥姆霍兹方程。通过对式(3.1.5)取散度,以及利用式(3.1.7),便可得到关于标量势 ϕ 的标量亥姆霍兹方程:

$$\nabla^2\phi+k^2\phi=\frac{1}{\mathrm{j}\omega\varepsilon}\nabla\cdot\boldsymbol{J} \tag{3.1.9}$$

此时引入矢量势 $\boldsymbol{A}$ 的意义便可看出,因为在某些正交曲线坐标系下,矢量亥姆霍兹方程可转化为标量亥姆霍兹方程。在直角坐标系下有

$$\nabla^2A_x+k^2A_x=J_x \tag{3.1.10}$$

$$\nabla^2A_y+k^2A_y=J_y \tag{3.1.11}$$

$$\nabla^2A_z+k^2A_z=J_z \tag{3.1.12}$$

其中,A_x、A_y、A_z 和 J_x、J_y、J_z 分别是 $\boldsymbol{A}$ 和 $\boldsymbol{J}$ 在直角坐标系下的分量。因为标量亥姆霍兹方程的格林函数为

$$G(\boldsymbol{r}\mid\boldsymbol{r}')=-\frac{\mathrm{e}^{-\mathrm{j}k|\boldsymbol{r}-\boldsymbol{r}'|}}{4\pi|\boldsymbol{r}-\boldsymbol{r}'|} \tag{3.1.13}$$

其中,$\boldsymbol{r}'$代表源点位置,$\boldsymbol{r}$ 代表场点位置。这样便有

$$\boldsymbol{A}(\boldsymbol{r})=-\int\boldsymbol{J}(\boldsymbol{r}')G(\boldsymbol{r}\mid\boldsymbol{r}')\mathrm{d}V' \tag{3.1.14}$$

标量势 ϕ 可由式(3.1.7)直接得到:

$$\phi(\boldsymbol{r})=\frac{1}{\mathrm{j}\omega\varepsilon}\nabla\cdot\boldsymbol{A}(\boldsymbol{r}) \tag{3.1.15}$$

也可由解式(3.1.9)得

$$\phi(\boldsymbol{r})=-\frac{1}{\mathrm{j}\omega\varepsilon}\int\nabla'\cdot\boldsymbol{J}(\boldsymbol{r}')G(\boldsymbol{r}\mid\boldsymbol{r}')\mathrm{d}V' \tag{3.1.16}$$

于是电场 $\boldsymbol{E}$ 便有两种表达式:一种是将式(3.1.14)、式(3.1.15)代入式(3.1.4),得

$$\boldsymbol{E}=-\mathrm{j}\omega\mu\int\left(1+\frac{1}{k^2}\nabla\nabla\cdot\right)(\boldsymbol{J}G)\mathrm{d}V' \tag{3.1.17}$$

另一种是将式(3.1.14)、式(3.1.16)代入式(3.1.4),得

$$\boldsymbol{E}=-\mathrm{j}\omega\mu\int\left[\boldsymbol{J}+\frac{1}{k^2}\nabla(\nabla'\cdot\boldsymbol{J})\right]G\mathrm{d}V' \tag{3.1.18}$$

注意这两种表达式的不同。前者的两个∇算子都是对场点 $\boldsymbol{r}$，即都是作用在格林函数 G 上，导致积分核奇异点阶次很高。然而，由于等效源无需被作用，在某些条件下，如计算远场，能化简得到简明表达式，所以此表达形式一般用于计算远场。后者的两个∇算子，一个对场点 $\boldsymbol{r}$，作用在格林函数 G 上；一个对源点 $\boldsymbol{r}'$，作用在等效源上，因而积分核奇异点阶次低于前者，一般用于计算近场。再将式(3.1.14)代入式(3.1.2)，便有

$$\boldsymbol{H}=-\int\boldsymbol{J}\times\nabla G\mathrm{d}V' \tag{3.1.19}$$

为了以后书写简洁，我们引入下面两个积分微分算子。算子 $\boldsymbol{L}$ 和 $\boldsymbol{K}$ 分别为

$$\boldsymbol{L}(\boldsymbol{X})=-\mathrm{j}k\int\left[\boldsymbol{X}+\frac{1}{k^2}\nabla(\nabla'\cdot\boldsymbol{X})\right]G\mathrm{d}V' \tag{3.1.20}$$

$$\boldsymbol{K}(\boldsymbol{X})=-\int\boldsymbol{X}\times\nabla G\mathrm{d}V' \tag{3.1.21}$$

这样电场 $\boldsymbol{E}$ 和磁场 $\boldsymbol{H}$ 便可写成

$$\boldsymbol{E}=Z\boldsymbol{L}(\boldsymbol{J}) \tag{3.1.22}$$

$$\boldsymbol{H}=\boldsymbol{K}(\boldsymbol{J}) \tag{3.1.23}$$

其中，$Z=\sqrt{\mu/\varepsilon}$。用相同的方法或电磁对偶原理可以求出等效磁流产生的电磁场为

$$\boldsymbol{E}=-\boldsymbol{K}(\boldsymbol{M}) \tag{3.1.24}$$

$$\boldsymbol{H}=\frac{1}{Z}\boldsymbol{L}(\boldsymbol{M}) \tag{3.1.25}$$

根据线性叠加原理，电流源和磁流源共同产生的电磁场便为

$$\boldsymbol{E}=Z\boldsymbol{L}(\boldsymbol{J})-\boldsymbol{K}(\boldsymbol{M}) \tag{3.1.26}$$

$$\boldsymbol{H}=\frac{1}{Z}\boldsymbol{L}(\boldsymbol{M})+\boldsymbol{K}(\boldsymbol{J}) \tag{3.1.27}$$

补充论证 3.1　标量亥姆霍兹方程 $\nabla^2 A_x+k^2 A_x=-J_x$ 的格林函数为 $G(\boldsymbol{r}|\boldsymbol{r}')=\dfrac{\mathrm{e}^{-\mathrm{j}k|\boldsymbol{r}-\boldsymbol{r}'|}}{4\pi|\boldsymbol{r}-\boldsymbol{r}'|}$。

证明　由格林函数定义有

$$\nabla^2 G+k^2 G=-\delta(\boldsymbol{r}-\boldsymbol{r}') \tag{p3.1.1}$$

其中，$\delta(\boldsymbol{r}-\boldsymbol{r}')$满足

$$\begin{cases}\delta(\boldsymbol{r}-\boldsymbol{r}')=0, & \boldsymbol{r}\neq\boldsymbol{r}'\\ \int_v\delta(\boldsymbol{r}-\boldsymbol{r}')\mathrm{d}V=1\end{cases} \tag{p3.1.2}$$

式中,V 是包裹 $\boldsymbol{r}'$ 的区域。则依题要证明

$$\begin{cases}\nabla^2 G + k^2 G = 0, & \boldsymbol{r} \neq \boldsymbol{r}' \\ \int_v (\nabla^2 G + k^2 G)\mathrm{d}V = -1 \end{cases} \tag{p3.1.3}$$

为简便格林函数的记法,作坐标平移,记新的坐标为 $\boldsymbol{R}=\boldsymbol{r}-\boldsymbol{r}'$。则格林函数写为

$$G(\boldsymbol{R}) = \frac{\mathrm{e}^{-\mathrm{j}k|\boldsymbol{R}|}}{4\pi|\boldsymbol{R}|} = \frac{\mathrm{e}^{-\mathrm{j}kR}}{4\pi R} \tag{p3.1.4}$$

首先要证明在 $R\neq 0$ 时,$\nabla^2 G + k^2 G = 0$。由于此时 G 可微,

$$\begin{aligned}\nabla^2 G &= \frac{1}{R^2}\frac{\partial}{\partial R}\left(R^2 \frac{\partial}{\partial R}\frac{\mathrm{e}^{-\mathrm{j}kR}}{4\pi R}\right) \\ &= \frac{1}{R^2}\frac{\partial}{\partial R}\left(R^2 \frac{-1-\mathrm{j}kR}{4\pi R^2}\mathrm{e}^{-\mathrm{j}kR}\right) \\ &= -\frac{1}{4\pi R^2}\frac{\partial}{\partial R}\left[(1+\mathrm{j}kR)\mathrm{e}^{-\mathrm{j}kR}\right] \\ &= -\frac{\mathrm{e}^{-\mathrm{j}kR}}{4\pi R^2}\left[(1+\mathrm{j}kR)(-\mathrm{j}k)+\mathrm{j}k\right] = -k^2\frac{\mathrm{e}^{-\mathrm{j}kR}}{4\pi R}\end{aligned} \tag{p3.1.5}$$

故

$$\nabla^2 G + k^2 \frac{\mathrm{e}^{-\mathrm{j}kR}}{4\pi R} = 0 \tag{p3.1.6}$$

其次证明

$$\int_V (\nabla^2 G + k^2 G)\mathrm{d}V = -1 \tag{p3.1.7}$$

令 V_0 为包裹原点的一个半径为 R_0 趋于零的小球体,由于 $R\neq 0$ 时 $\nabla^2 G + k^2 G = 0$,问题转化为证明

$$\int_{V_0} (\nabla^2 G + k^2 G)\mathrm{d}V = -1 \tag{p3.1.8}$$

因为

$$\nabla G = \hat{\boldsymbol{R}}\frac{\partial G}{\partial R} = \hat{\boldsymbol{R}}\frac{-1-\mathrm{j}kR}{4\pi R^2}\mathrm{e}^{-\mathrm{j}kR} \tag{p3.1.9}$$

所以利用高斯定理,式(p3.1.8)左端第一项可进行如下化简:

$$\begin{aligned}\int_{V_0}\nabla^2 G\mathrm{d}v &= \oint_S \nabla G\,|_{R_0}\cdot \mathrm{d}\boldsymbol{S} \\ &= \int_0^{2\pi}\int_0^{\pi}\frac{-1-\mathrm{j}kR_0}{4\pi R_0^2}\mathrm{e}^{-\mathrm{j}kR}R_0^2\sin\theta\mathrm{d}\theta\mathrm{d}\phi \\ &= -\mathrm{e}^{-\mathrm{j}kR_0} - \mathrm{j}kR_0\mathrm{e}^{-\mathrm{j}kR_0}\end{aligned} \tag{p3.1.10}$$

第二项可进行如下计算：

$$\begin{aligned}\int_{V_0} k^2 G\mathrm{d}V &= k^2\int_0^{2\pi}\int_0^{\pi}\int_0^{R_0}\frac{\mathrm{e}^{-\mathrm{j}kR}}{4\pi R}R^2\sin\theta\mathrm{d}R\mathrm{d}\theta\mathrm{d}\phi \\ &= k^2\int_0^{R_0} R\mathrm{e}^{-\mathrm{j}kR}\mathrm{d}R \\ &= \mathrm{e}^{-\mathrm{j}kR_0}+\mathrm{j}kR_0\mathrm{e}^{-\mathrm{j}kR_0}-1 \end{aligned} \tag{p3.1.11}$$

故

$$\int_{V_0}(\nabla^2 G+k^2 G)\mathrm{d}V=-1 \tag{p3.1.12}$$

式(3.1.14)、式(3.1.16)的解实际上是源 $\boldsymbol{J}(\boldsymbol{r}')$、$\frac{1}{\mathrm{j}\omega\varepsilon}\nabla'\cdot\boldsymbol{J}(\boldsymbol{r}')$ 与格林函数 $G(\boldsymbol{r}|\boldsymbol{r}')$ 的卷积。信号分析与系统课程告诉我们，如果已知线性系统的冲激响应 $h(t)$（即当系统为 $\delta(t)$ 作用时的输出），当信号 $f(t)$ 激励时，系统输出响应 $g(t)$ 就是 $h(t)$ 与 $f(t)$ 的卷积：

$$g(t)=\int_{-\infty}^{+\infty} f(\tau)h(t-\tau)\mathrm{d}\tau \tag{3.1.28}$$

可见，形式上，式(3.1.14)、式(3.1.16)与式(3.1.28)完全一样。这里格林函数可视为空间点源的冲激响应。因为麦克斯韦方程是线性的，所以空间源 $\boldsymbol{J}(\boldsymbol{r}')$、$\frac{1}{\mathrm{j}\omega\varepsilon}\nabla'\cdot\boldsymbol{J}(\boldsymbol{r}')$ 激励的场 $\boldsymbol{A}(\boldsymbol{r})$、$\phi(\boldsymbol{r})$ 就等于源与 $G(\boldsymbol{r}|\boldsymbol{r}')$ 在空间域的卷积。

3.1.2 电流与磁流辐射场的其他数学表达形式

电流源和磁流源在均匀无限大介质中产生辐射场的数学表达形式在电磁场理论中具有极其重要的地位。这个公式是建立积分方程解决电磁问题的基础，是理解辐射和散射机理的依据，也是研究辐射场和散射场特点的出发点。上面给出了利用积分微分算子 $\boldsymbol{L}$ 和 $\boldsymbol{K}$ 的辐射场数学表达式，这个形式被广泛地应用于计算电磁学中。本节我们将给出其他表达形式，它们在某些问题中更适于应用。

1. Stratton-Chu 公式

由惠更斯等效原理可知，如果把包含辐射源的区域用一个闭合曲面 S_0 包住，那么只要在 S_0 的边界面上放置如下电流源和磁流源：

$$\boldsymbol{J}=\hat{\boldsymbol{n}}\times\boldsymbol{H},\quad \boldsymbol{M}=\boldsymbol{E}\times\hat{\boldsymbol{n}} \tag{3.1.29}$$

其中，$\hat{\boldsymbol{n}}$ 为 S_0 的外法向，那么这组源在无界均匀空间（与 S_0 外同介质）中所产生的辐射场在 S_0 外与原问题一样，S_0 内为零场。因此 S_0 外电场可表示成

$$
\begin{aligned}
\boldsymbol{E} &= Z\boldsymbol{L}(\boldsymbol{J}) - \boldsymbol{K}(\boldsymbol{M}) \\
&= -\mathrm{j}\omega\mu\oint_{S_0} \boldsymbol{J}G\,\mathrm{d}S' - \mathrm{j}\omega\mu\oint_{S_0} \frac{1}{k^2}\nabla[(\nabla'\cdot\boldsymbol{J})G]\,\mathrm{d}S' + \oint_{S_0}\boldsymbol{M}\times\nabla G\,\mathrm{d}S' \\
&= -\mathrm{j}\omega\mu\oint_{S_0} \boldsymbol{J}G\,\mathrm{d}S' - \mathrm{j}\omega\mu\oint_{S_0} \frac{1}{k^2}(\nabla'\cdot\boldsymbol{J})\nabla G\,\mathrm{d}S' + \oint_{S_0}\boldsymbol{M}\times\nabla G\,\mathrm{d}S'
\end{aligned}
\tag{3.1.30}
$$

由电流连续性方程(1.4.11)

$$
\nabla'\cdot\boldsymbol{J} = -\frac{\mathrm{d}\rho}{\mathrm{d}t} \Rightarrow \nabla'\cdot\boldsymbol{J} + \mathrm{j}\omega\rho = 0 \tag{3.1.31}
$$

根据边界 S_0 法向电位移连续性条件

$$
D_{1n} - D_{2n} = \rho \tag{3.1.32a}
$$

又 S_0 内电磁场均为零,可得

$$
E_{1n} = \frac{\rho}{\varepsilon_0} = -\frac{1}{\mathrm{j}\omega\varepsilon_0}\nabla'\cdot\boldsymbol{J}
$$

即

$$
\nabla'\cdot\boldsymbol{J} = -\mathrm{j}\omega\varepsilon_0\hat{\boldsymbol{n}}\cdot\boldsymbol{E} \tag{3.1.32b}
$$

把式(3.1.29)、式(3.1.32b)代入式(3.1.30),得

$$
\boldsymbol{E} = -\mathrm{j}\omega\mu\oint_{S_0}(\hat{\boldsymbol{n}}\times\boldsymbol{H})G\,\mathrm{d}S' - \oint_{S_0}(\hat{\boldsymbol{n}}\cdot\boldsymbol{E})\nabla G\,\mathrm{d}S' - \oint_{S_0}(\hat{\boldsymbol{n}}\times\boldsymbol{E})\times\nabla G\,\mathrm{d}S' \tag{3.1.33}
$$

由格林函数性质可知,

$$
\nabla' G = -\nabla G \tag{3.1.34}
$$

故

$$
\boldsymbol{E} = \oint_{S_0}[-\mathrm{j}\omega\mu(\hat{\boldsymbol{n}}\times\boldsymbol{H})G + (\hat{\boldsymbol{n}}\cdot\boldsymbol{E})\nabla' G + (\hat{\boldsymbol{n}}\times\boldsymbol{E})\times\nabla' G]\,\mathrm{d}S' \tag{3.1.35}
$$

由对偶原理,将式(3.1.35)中的 μ 和 ε 互换,$\boldsymbol{E}$ 换成 $\boldsymbol{H}$,$\boldsymbol{H}$ 换成 $-\boldsymbol{E}$,即得

$$
\boldsymbol{H} = \oint_{S_0}[\mathrm{j}\omega\varepsilon(\hat{\boldsymbol{n}}\times\boldsymbol{E})G + (\hat{\boldsymbol{n}}\cdot\boldsymbol{H})\nabla' G + (\hat{\boldsymbol{n}}\times\boldsymbol{H})\times\nabla' G]\,\mathrm{d}S' \tag{3.1.36}
$$

数学表达式(3.1.35)和式(3.1.36)便是著名的 **Stratton-Chu 公式**。此公式与式(3.1.26)和式(3.1.27)的不同在于:Stratton-Chu 公式中等效面上电磁场法向分量对辐射场的贡献是显式表示的,而这在式(3.1.26)和式(3.1.27)中是隐性或者说是间接表示的。

2. 基尔霍夫公式形式

由 Stratton-Chu 公式,在一定条件下还可推导出下面光学领域常用的矢量基尔霍夫公式:

$$\boldsymbol{E}=\oint_{S_0}\left(\frac{\partial G}{\partial n}\boldsymbol{E}-\frac{\partial \boldsymbol{E}}{\partial n}G\right)\mathrm{d}S \tag{3.1.37}$$

以下给出证明。

将法拉第定律代入式(3.1.35)，得

$$\begin{aligned}\boldsymbol{E}(\boldsymbol{r})&=\oint_S[-\mathrm{j}\omega\mu(\hat{\boldsymbol{n}}\times\boldsymbol{H})G+(\hat{\boldsymbol{n}}\times\boldsymbol{E})\times\nabla' G+(\hat{\boldsymbol{n}}\cdot\boldsymbol{E})\nabla' G]\mathrm{d}S'\\&=\oint_S[(\hat{\boldsymbol{n}}\times\nabla'\times\boldsymbol{E})G+(\hat{\boldsymbol{n}}\times\boldsymbol{E})\times\nabla' G+(\hat{\boldsymbol{n}}\cdot\boldsymbol{E})\nabla' G]\mathrm{d}S'\end{aligned} \tag{3.1.38}$$

由矢量恒等式得

$$\nabla'(\hat{\boldsymbol{n}}\cdot\boldsymbol{E})=\hat{\boldsymbol{n}}\times\nabla'\times\boldsymbol{E}+\boldsymbol{E}\times\nabla'\times\hat{\boldsymbol{n}}+(\hat{\boldsymbol{n}}\cdot\nabla')\boldsymbol{E}+(\boldsymbol{E}\cdot\nabla')\hat{\boldsymbol{n}} \tag{3.1.39a}$$

$$(\hat{\boldsymbol{n}}\times\boldsymbol{E})\times\nabla' G=(\hat{\boldsymbol{n}}\cdot\nabla' G)\boldsymbol{E}-(\boldsymbol{E}\cdot\nabla' G)\hat{\boldsymbol{n}} \tag{3.1.39b}$$

由于 S 面上没有自由电荷，所以 $\nabla'\cdot\boldsymbol{E}=0$，进而式(3.1.39b)中右端第二项可变为

$$\begin{aligned}(\boldsymbol{E}\cdot\nabla' G)\hat{\boldsymbol{n}}&=\hat{\boldsymbol{n}}[(\nabla'\cdot\boldsymbol{E})G+\boldsymbol{E}\cdot\nabla' G]\\&=\hat{\boldsymbol{n}}\,\nabla'\cdot(\boldsymbol{E}G)\end{aligned} \tag{3.1.39c}$$

再由梯度定义可知

$$\hat{\boldsymbol{n}}\cdot\nabla' G=\frac{\partial G}{\partial n},\quad (\hat{\boldsymbol{n}}\cdot\nabla')\boldsymbol{E}=\frac{\partial \boldsymbol{E}}{\partial n} \tag{3.1.40}$$

将式(3.1.39)、式(3.1.40)代入式(3.1.38)，得

$$\begin{aligned}\boldsymbol{E}(\boldsymbol{r})=&\oint_S(\hat{\boldsymbol{n}}\times\nabla'\times\boldsymbol{E})G\mathrm{d}S'+\oint_S(\hat{\boldsymbol{n}}\times\boldsymbol{E})\times\nabla' G\mathrm{d}S'+\oint_S(\hat{\boldsymbol{n}}\cdot\boldsymbol{E})\nabla' G\mathrm{d}S'\\=&\oint_S[\nabla'(\hat{\boldsymbol{n}}\cdot\boldsymbol{E})-(\hat{\boldsymbol{n}}\cdot\nabla')\boldsymbol{E}-\boldsymbol{E}\times\nabla'\times\hat{\boldsymbol{n}}+(\boldsymbol{E}\cdot\nabla')\hat{\boldsymbol{n}}]G\mathrm{d}S'+\\&\oint_S[(\hat{\boldsymbol{n}}\cdot\nabla' G)\boldsymbol{E}-(\boldsymbol{E}\cdot\nabla' G)\hat{\boldsymbol{n}}]\mathrm{d}S'+\oint_S(\hat{\boldsymbol{n}}\cdot\boldsymbol{E})\nabla' G\mathrm{d}S'\\=&\oint_S\left[\frac{\partial G}{\partial n}\boldsymbol{E}-\frac{\partial \boldsymbol{E}}{\partial n}G\right]\mathrm{d}S'+\\&\oint_S\{[\nabla'(\hat{\boldsymbol{n}}\cdot\boldsymbol{E})-\boldsymbol{E}\times\nabla'\times\hat{\boldsymbol{n}}-(\boldsymbol{E}\cdot\nabla')\hat{\boldsymbol{n}}]G-\hat{\boldsymbol{n}}\,\nabla'\cdot(\boldsymbol{E}G)+(\hat{\boldsymbol{n}}\cdot\boldsymbol{E})\nabla' G\}\mathrm{d}S'\end{aligned} \tag{3.1.41a}$$

将式(3.1.41a)右边最后一行的第一项和最后一项合并，便有

$$\begin{aligned}\boldsymbol{E}(\boldsymbol{r})=&\oint_S\left(\frac{\partial G}{\partial n}\boldsymbol{E}-\frac{\partial \boldsymbol{E}}{\partial n}G\right)\mathrm{d}S'+\\&\oint_S\nabla'(\hat{\boldsymbol{n}}\cdot\boldsymbol{E}G)\mathrm{d}S'-\oint_S\hat{\boldsymbol{n}}\,\nabla'\cdot(\boldsymbol{E}G)\mathrm{d}S'-\\&\oint_S[\boldsymbol{E}G\times\nabla'\times\hat{\boldsymbol{n}}+(\boldsymbol{E}G\cdot\nabla')\hat{\boldsymbol{n}}]\mathrm{d}S'\end{aligned} \tag{3.1.41b}$$

式(3.1.41b)右边第二行第一项可展开为

$$\nabla'(\hat{\boldsymbol{n}}\cdot\boldsymbol{E}G)=\hat{\boldsymbol{n}}\times\nabla'\times(\boldsymbol{E}G)+\boldsymbol{E}G\times\nabla'\times\hat{\boldsymbol{n}}+(\hat{\boldsymbol{n}}\cdot\nabla')(\boldsymbol{E}G)+(\boldsymbol{E}G\cdot\nabla')\hat{\boldsymbol{n}} \tag{3.1.42}$$

因此式(3.1.41b)可简化为

$$\begin{aligned}\boldsymbol{E}(\boldsymbol{r})=&\oint_S\left(\frac{\partial G}{\partial n}\boldsymbol{E}-\frac{\partial \boldsymbol{E}}{\partial n}G\right)\mathrm{d}S'+\oint_S\hat{\boldsymbol{n}}\times\nabla'\times(\boldsymbol{E}G)\mathrm{d}S'+\\&\oint_S(\hat{\boldsymbol{n}}\cdot\nabla')(\boldsymbol{E}G)\mathrm{d}S'-\oint_S\hat{\boldsymbol{n}}\,\nabla'\cdot(\boldsymbol{E}G)\mathrm{d}S'\end{aligned} \tag{3.1.43}$$

利用下面矢量积分定理：

$$\oint_S\hat{\boldsymbol{n}}\times\nabla'\times(\boldsymbol{E}G)\mathrm{d}S'=\int_V\nabla'\times\nabla'\times(\boldsymbol{E}G)\mathrm{d}V \tag{3.1.44}$$

$$\oint_S(\hat{\boldsymbol{n}}\cdot\nabla')(\boldsymbol{E}G)\mathrm{d}S'=\int_V(\nabla'\cdot\nabla')(\boldsymbol{E}G)\mathrm{d}V=\int_V(\nabla'^2)(\boldsymbol{E}G)\mathrm{d}V \tag{3.1.45}$$

$$\oint_S\hat{\boldsymbol{n}}\,\nabla'\cdot(\boldsymbol{E}G)\mathrm{d}S'=\int_V\nabla'\,\nabla'\cdot(\boldsymbol{E}G)\mathrm{d}V \tag{3.1.46}$$

我们知道矢量拉普拉斯算子有如下恒等式：

$$(\nabla'^2)(\boldsymbol{E}G)=\nabla'\,\nabla'\cdot(\boldsymbol{E}G)-\nabla'\times\nabla'\times(\boldsymbol{E}G) \tag{3.1.47}$$

故式(3.1.43)右边第二行为0，所以矢量基尔霍夫公式(3.1.37)成立。

阅读与思考

3.A 电流与磁流辐射表达式的另类推导

3.1节我们介绍了电流与磁流辐射的其他表达形式。尽管表达形式不同，但传统上计算电流与磁流源辐射的方法都是先引入由式(3.1.14)定义的矢量势 $\boldsymbol{A}$ 以及标量势 ϕ，把矢量亥姆霍兹方程转化为标量亥姆霍兹方程，再由格林函数解出辐射电磁场的表达式。本节将讨论是否可以换个思路来求解电流源和磁流源产生的辐射场。在讨论其他方法之前，我们先用矢量恒等式证明3.1.1节计算电流与磁流源辐射场的两种表达式(式(3.1.17)、式(3.1.18))的等效性。

3.A.1 电流与磁流源辐射场的两种表达式的等效性证明

要证明式(3.1.17)和式(3.1.18)的等效性，即证明

$$\int_V\nabla\nabla\cdot(\boldsymbol{J}G)\mathrm{d}V'=\int_V\nabla[(\nabla'\cdot\boldsymbol{J})G]\mathrm{d}V' \tag{3.A.1}$$

上式两边被积函数中第一个算子 ∇ 由于是对场点坐标 $\boldsymbol{r}$ 作微分运算，而积分是对源点坐标 $\boldsymbol{r}'$ 进行，所以可以把第一个算子 ∇ 提到积分号外。又由矢量恒等式知

$$\nabla\cdot[\boldsymbol{J}G]=G\nabla\cdot\boldsymbol{J}+\boldsymbol{J}\cdot\nabla G=\boldsymbol{J}\cdot\nabla G \tag{3.A.2}$$

所以，证明式(3. A. 1)即要证明

$$\int_V \boldsymbol{J} \cdot \nabla G \mathrm{d}V' = \int_V (\nabla' \cdot \boldsymbol{J}) G \mathrm{d}V' \tag{3. A. 3}$$

注意，等式右端的算子∇'作用在$\boldsymbol{J}$上。因此下面要考虑的是，如何把∇'变成作用在G上，并且转化成∇。第二步比较简单，因为

$$\nabla' G = -\nabla G \tag{3. A. 4}$$

又有下面矢量恒等式：

$$\nabla' \cdot (\boldsymbol{J}G) = (\nabla' \cdot \boldsymbol{J})G + \boldsymbol{J} \cdot \nabla' G \tag{3. A. 5}$$

于是

$$\begin{aligned}\int_V \nabla' \cdot (\boldsymbol{J}G) \mathrm{d}V' &= \int_V (\nabla' \cdot \boldsymbol{J}) G \mathrm{d}V' + \int_V \boldsymbol{J} \cdot \nabla' G \mathrm{d}V' \\ &= \int_V (\nabla' \cdot \boldsymbol{J}) G \mathrm{d}V' - \int_V \boldsymbol{J} \cdot \nabla G \mathrm{d}V'\end{aligned} \tag{3. A. 6}$$

由高斯定理

$$\int_V \nabla' \cdot (\boldsymbol{J}G) \mathrm{d}V' = \oint_S \boldsymbol{J}G \cdot \mathrm{d}\boldsymbol{S}' \tag{3. A. 7}$$

而S上不可能有法向电流，即$\boldsymbol{J} \cdot \mathrm{d}\boldsymbol{S}'|_S = 0$，所以

$$\int_V \nabla' \cdot (\boldsymbol{J}G) \mathrm{d}V' = 0 \tag{3. A. 8}$$

即

$$\int_V (\nabla' \cdot \boldsymbol{J}) G \mathrm{d}V' = \int_V \boldsymbol{J} \cdot \nabla G \mathrm{d}V' \tag{3. A. 9}$$

也就是说式(3. A. 3)和式(3. A. 1)成立。由此，式(3. 1. 17)、式(3. 1. 18)的等效性得证。

3.A.2 电流与磁流源辐射场的另类计算尝试

接下来尝试用另一种看似更为自然的方式推导自由空间中电流源$\boldsymbol{J}$和磁流源$\boldsymbol{M}$产生的辐射场。先写出自由空间中有源$\boldsymbol{J}$、$\boldsymbol{M}$的麦克斯韦方程：

$$\nabla \times \boldsymbol{E} = -\mathrm{j}\omega\mu_0 \boldsymbol{H} - \boldsymbol{M} \tag{3. A. 10}$$

$$\nabla \times \boldsymbol{H} = \mathrm{j}\omega\varepsilon_0 \boldsymbol{E} + \boldsymbol{J} \tag{3. A. 11}$$

对式(3. A. 10)两端求旋度，得

$$\nabla \times \nabla \times \boldsymbol{E} = \nabla \times (-\mathrm{j}\omega\mu_0 \boldsymbol{H} - \boldsymbol{M}) = -\mathrm{j}\omega\mu_0 \nabla \times \boldsymbol{H} - \nabla \times \boldsymbol{M} \tag{3. A. 12}$$

利用矢量拉普拉斯算子的定义$\nabla \times \nabla \times \boldsymbol{E} = \nabla(\nabla \cdot \boldsymbol{E}) - \nabla^2 \boldsymbol{E}$，再把式(3. A. 11)代入式(3. A. 12)得

$$\begin{aligned}\nabla(\nabla \cdot \boldsymbol{E}) - \nabla^2 \boldsymbol{E} &= -\mathrm{j}\omega\mu_0 (\mathrm{j}\omega\varepsilon_0 \boldsymbol{E} + \boldsymbol{J}) - \nabla \times \boldsymbol{M} \\ &= k^2 \boldsymbol{E} - \mathrm{j}\omega\mu_0 \boldsymbol{J} - \nabla \times \boldsymbol{M}\end{aligned} \tag{3. A. 13}$$

整理得

$$\nabla^2 \boldsymbol{E} + k^2 \boldsymbol{E} = \mathrm{j}\omega\mu_0 \boldsymbol{J} + \nabla(\nabla\cdot \boldsymbol{E}) + \nabla\times \boldsymbol{M} \tag{3. A. 14}$$

由电流连续性方程(1.4.11b)

$$\nabla\cdot \boldsymbol{J} = -\frac{\mathrm{d}\rho}{\mathrm{d}t} \Rightarrow \nabla\cdot \boldsymbol{J} + \mathrm{j}\omega\rho = 0 \tag{3. A. 15}$$

又由高斯定理式(1.4.2)得

$$\nabla\cdot \boldsymbol{E} = \frac{\rho}{\varepsilon_0} = -\frac{1}{\mathrm{j}\omega\varepsilon_0} \nabla\cdot \boldsymbol{J} \tag{3. A. 16}$$

将式(3. A. 16)代入式(3. A. 14)得

$$\nabla^2 \boldsymbol{E} + k^2 \boldsymbol{E} = \mathrm{j}\omega\mu_0 \boldsymbol{J} - \frac{1}{\mathrm{j}\omega\varepsilon_0} \nabla(\nabla\cdot \boldsymbol{J}) + \nabla\times \boldsymbol{M} \tag{3. A. 17}$$

利用得到式(3.1.14)的同样方法,可得

$$\boldsymbol{E}(\boldsymbol{r}) = -\int_V \left[\mathrm{j}\omega\mu_0 \boldsymbol{J} - \frac{1}{\mathrm{j}\omega\varepsilon_0} \nabla'(\nabla'\cdot \boldsymbol{J}) + \nabla'\times \boldsymbol{M}\right] G\mathrm{d}V' \tag{3. A. 18}$$

至此,我们不通过引入矢量位和标量位,直接推导出了计算自由空间中电流源 $\boldsymbol{J}$ 和磁流源 $\boldsymbol{M}$ 产生的辐射场的表达式。

接下来,让我们来考察式(3. A. 18)与式(3.1.17)、式(3.1.18)的等效性。假设式(3. A. 18)与式(3.1.26)等效,则有

$$\begin{aligned}&\int_V [\nabla'(\nabla'\cdot \boldsymbol{J}) - \mathrm{j}\omega\varepsilon_0 \nabla'\times \boldsymbol{M}] G\mathrm{d}V' \\ &= \int_V \nabla(\nabla'\cdot \boldsymbol{J}) G\mathrm{d}V' + \mathrm{j}\omega\varepsilon_0 \int_V \boldsymbol{M}\times \nabla G\mathrm{d}V'\end{aligned} \tag{3. A. 19}$$

因为一般 $\boldsymbol{J}$ 与 $\boldsymbol{M}$ 相互独立,则上式等价于

$$\int_V [\nabla'(\nabla'\cdot \boldsymbol{J})] G\mathrm{d}V' = \int_V \nabla(\nabla'\cdot \boldsymbol{J}) G\mathrm{d}V' \tag{3. A. 20a}$$

$$\int_V \nabla'\times \boldsymbol{M} G\mathrm{d}V' = -\int_V \boldsymbol{M}\times \nabla G\mathrm{d}V' \tag{3. A. 20b}$$

由于

$$[\nabla'(\nabla'\cdot \boldsymbol{J})] G = \nabla'(G\,\nabla'\cdot \boldsymbol{J}) - (\nabla'\cdot \boldsymbol{J})\,\nabla' G = \nabla'(G\,\nabla'\cdot \boldsymbol{J}) + (\nabla'\cdot \boldsymbol{J})\,\nabla G \tag{3. A. 21a}$$

$$(\nabla'\times \boldsymbol{M}) G = \nabla'\times(\boldsymbol{M}G) - \boldsymbol{M}\times\nabla G \tag{3. A. 21b}$$

所以,式(3. A. 20)等价于

$$\int_V \nabla'(G\,\nabla'\cdot \boldsymbol{J})\mathrm{d}V' = \boldsymbol{0} \tag{3. A. 22a}$$

$$\int_V \nabla'\times(\boldsymbol{M}G)\mathrm{d}V' = \boldsymbol{0} \tag{3. A. 22b}$$

利用体面积分定理,式(3. A. 22)又等价于

$$\int_V \nabla'(G\nabla'\cdot\boldsymbol{J})\mathrm{d}V' = \oint_S G\,\nabla'\cdot\boldsymbol{J}\,\mathrm{d}S = 0 \tag{3.A.23a}$$

$$\int_V \nabla'\times(\boldsymbol{M}G)\mathrm{d}V' = \oint_S \hat{\boldsymbol{n}}\times(\boldsymbol{M}G)\mathrm{d}S = 0 \tag{3.A.23b}$$

式(3.A.23)未必对所有源都成立。这意味着本节推导得出的辐射场计算公式与3.1.1节公式并不等价。原因何在？问题出在式(3.A.17)。该式对电流源、磁流源的连续性是有要求的，而且这种连续性要求在区域边界和内部也是不同的，或者说需要分别明确定义。这个缺失导致式(3.A.18)与式(3.1.18)不等价。从另一角度看，式(3.A.23)可视为式(3.A.17)对源的要求。总而言之，本节计算方法对源是有要求的，而3.1.1节中通过引入矢量势和标量势的方法则没有对源的要求，因而更一般。

3.1.3 激励源辐射场的远场近似

下面考虑式(3.1.17)在远场下的近似。远场这里泛指 $k|\boldsymbol{r}-\boldsymbol{r}'|\gg 1$，更明确的定义见3.2.1节1.。在远场条件下标量格林函数可近似成

$$\begin{aligned} G(\boldsymbol{r}\mid\boldsymbol{r}') &\approx \frac{\mathrm{e}^{-\mathrm{j}kr}}{4\pi r}\mathrm{e}^{\mathrm{j}k\boldsymbol{r}'\cdot\hat{\boldsymbol{r}}} \\ &= g_1(r)g_2(\theta,\phi) \end{aligned} \tag{3.1.48a}$$

其中，

$$g_1(r) = \frac{\mathrm{e}^{-\mathrm{j}kr}}{4\pi r} \tag{3.1.48b}$$

$$g_2(\theta,\phi) = \mathrm{e}^{\mathrm{j}k\boldsymbol{r}'\cdot\hat{\boldsymbol{r}}} \tag{3.1.48c}$$

在球坐标系下，函数 g_1 只是 r 的函数，与 θ、ϕ 无关；g_2 只是 θ、ϕ 的函数，与 r 无关。于是在球坐标系下，

$$\nabla g_2(\theta,\phi) = \hat{\boldsymbol{\theta}}\frac{1}{r}\frac{\partial}{\partial\theta}(\mathrm{e}^{\mathrm{j}k\boldsymbol{r}'\cdot\hat{\boldsymbol{r}}}) + \hat{\boldsymbol{\phi}}\frac{1}{r\sin\theta}\frac{\partial}{\partial\phi}(\mathrm{e}^{\mathrm{j}k\boldsymbol{r}'\cdot\hat{\boldsymbol{r}}}) = O\left(\frac{1}{r}\right) \tag{3.1.49a}$$

$$\nabla g_1(r) = \hat{\boldsymbol{r}}\frac{\partial}{\partial r}\left(\frac{\mathrm{e}^{-\mathrm{j}kr}}{4\pi r}\right) = \hat{\boldsymbol{r}}\left(-\frac{1+\mathrm{j}kr}{4\pi r^2}\mathrm{e}^{-\mathrm{j}kr}\right) = \hat{\boldsymbol{r}}\left[-\mathrm{j}kg_1(r) + O\left(\frac{1}{r^2}\right)\right] \tag{3.1.49b}$$

因此，

$$\begin{aligned} \nabla G &= g_1\nabla g_2 + g_2\nabla g_1 \\ &= O\left(\frac{1}{r}\right)O\left(\frac{1}{r}\right) + g_2\hat{\boldsymbol{r}}\left[-\mathrm{j}kg_1(r) + O\left(\frac{1}{r^2}\right)\right] \\ &= -\mathrm{j}kG\hat{\boldsymbol{r}} + O\left(\frac{1}{r^2}\right) \end{aligned} \tag{3.1.50}$$

其中,符号 $O\left(\frac{1}{r^2}\right)$ 表示量级为 $\frac{1}{r^2}$ 的无穷小量。忽略高阶量后有

$$\nabla G \approx -\mathrm{j}kG\hat{\boldsymbol{r}} \tag{3.1.51}$$

于是

$$\begin{aligned}\nabla\nabla\cdot[\boldsymbol{J}(\boldsymbol{r}')G] &= \nabla\{[\nabla\cdot\boldsymbol{J}(\boldsymbol{r}')]G + \boldsymbol{J}(\boldsymbol{r}')\cdot\nabla G\} = \nabla[\boldsymbol{J}(\boldsymbol{r}')\cdot\nabla G]\\ &\approx -\mathrm{j}k\,\nabla[\hat{\boldsymbol{r}}\cdot\boldsymbol{J}(\boldsymbol{r}')G]\\ &= -\mathrm{j}k\{\hat{\boldsymbol{r}}\cdot\boldsymbol{J}(\boldsymbol{r}')\,\nabla G + G\,\nabla[\hat{\boldsymbol{r}}\cdot\boldsymbol{J}(\boldsymbol{r}')]\}\end{aligned} \tag{3.1.52}$$

又

$$\begin{aligned}\nabla[\hat{\boldsymbol{r}}\cdot\boldsymbol{J}(\boldsymbol{r}')] &= \hat{\boldsymbol{r}}\times\nabla\times\boldsymbol{J}(\boldsymbol{r}') + \boldsymbol{J}(\boldsymbol{r}')\times\nabla\times\hat{\boldsymbol{r}} + \hat{\boldsymbol{r}}\cdot\nabla\boldsymbol{J}(\boldsymbol{r}') + \boldsymbol{J}(\boldsymbol{r}')\cdot\nabla\hat{\boldsymbol{r}}\\ &= \boldsymbol{J}(\boldsymbol{r}')\cdot\nabla\hat{\boldsymbol{r}} = \frac{1}{r}(J_\theta\hat{\boldsymbol{\theta}} + J_\phi\hat{\boldsymbol{\phi}}) = O\left(\frac{1}{r}\right)\end{aligned} \tag{3.1.53}$$

所以

$$\begin{aligned}\nabla\nabla\cdot[\boldsymbol{J}(\boldsymbol{r}')G] &\approx -\mathrm{j}k\{\hat{\boldsymbol{r}}\cdot\boldsymbol{J}(\boldsymbol{r}')\,\nabla G + G\,\nabla[\hat{\boldsymbol{r}}\cdot\boldsymbol{J}(\boldsymbol{r}')]\}\\ &= -\mathrm{j}k[\hat{\boldsymbol{r}}\cdot\boldsymbol{J}(\boldsymbol{r}')]\cdot\left[-\mathrm{j}kG\hat{\boldsymbol{r}} + O\left(\frac{1}{r^2}\right)\right] + G\cdot O\left(\frac{1}{r}\right)\\ &= -k^2G[\hat{\boldsymbol{r}}\cdot\boldsymbol{J}(\boldsymbol{r}')]\hat{\boldsymbol{r}} + O\left(\frac{1}{r^2}\right)\end{aligned} \tag{3.1.54}$$

故

$$\nabla\nabla\cdot[\boldsymbol{J}(\boldsymbol{r}')G] \approx -k^2[\hat{\boldsymbol{r}}\cdot\boldsymbol{J}(\boldsymbol{r}')]G\hat{\boldsymbol{r}} \tag{3.1.55}$$

由上式可知,在球坐标系下激励源产生的辐射场 $\boldsymbol{E}$ 只有 θ、ϕ 分量,可表示成

$$\boldsymbol{E} \approx -\mathrm{j}kZ\,\frac{\mathrm{e}^{-\mathrm{j}kr}}{4\pi r}\int(\hat{\boldsymbol{\theta}}\hat{\boldsymbol{\theta}} + \hat{\boldsymbol{\phi}}\hat{\boldsymbol{\phi}})\cdot\boldsymbol{J}(\boldsymbol{r}')\mathrm{e}^{\mathrm{j}k\boldsymbol{r}'\cdot\hat{\boldsymbol{r}}}\,\mathrm{d}V' \tag{3.1.56}$$

其中,Z 是自由空间波阻抗。同样方法可推得

$$\boldsymbol{H} \approx -\mathrm{j}k\,\frac{\mathrm{e}^{-\mathrm{j}kr}}{4\pi r}\int\hat{\boldsymbol{r}}\times\boldsymbol{J}(\boldsymbol{r}')\mathrm{e}^{\mathrm{j}k\boldsymbol{r}'\cdot\hat{\boldsymbol{r}}}\,\mathrm{d}V' = \frac{1}{Z}\hat{\boldsymbol{r}}\times\boldsymbol{E} \tag{3.1.57}$$

这样,对于一般情形,即电流源 $\boldsymbol{J}$ 和磁流源 $\boldsymbol{M}$ 共同产生的辐射场的远场近似表达式为

$$\boldsymbol{E} \approx D\int[Z(\hat{\boldsymbol{\theta}}\hat{\boldsymbol{\theta}} + \hat{\boldsymbol{\phi}}\hat{\boldsymbol{\phi}})\cdot\boldsymbol{J} + \hat{\boldsymbol{r}}\times\boldsymbol{M}]\mathrm{e}^{\mathrm{j}k\boldsymbol{r}'\cdot\hat{\boldsymbol{r}}}\,\mathrm{d}V' \tag{3.1.58}$$

$$\boldsymbol{H} \approx D\int\left[\frac{1}{Z}(\hat{\boldsymbol{\theta}}\hat{\boldsymbol{\theta}} + \hat{\boldsymbol{\phi}}\hat{\boldsymbol{\phi}})\cdot\boldsymbol{M} - \hat{\boldsymbol{r}}\times\boldsymbol{J}\right]\mathrm{e}^{\mathrm{j}k\boldsymbol{r}'\cdot\hat{\boldsymbol{r}}}\,\mathrm{d}V' \tag{3.1.59}$$

其中,

$$D = -\mathrm{j}k\,\frac{\mathrm{e}^{-\mathrm{j}kr}}{4\pi r} \tag{3.1.60}$$

进一步观察式(3.1.56)，如果引入

$$\begin{cases} k_x = k\hat{\boldsymbol{r}}\mid_x = k\sin\theta\cos\phi \\ k_y = k\hat{\boldsymbol{r}}\mid_y = k\sin\theta\sin\phi \\ k_z = k\hat{\boldsymbol{r}}\mid_z = k\cos\theta \end{cases} \tag{3.1.61}$$

那么式(3.1.56)可以进一步写为

$$\boldsymbol{E} \approx -\mathrm{j}kZ\frac{\mathrm{e}^{-\mathrm{j}kr}}{4\pi r}\int(\overline{\overline{I}} - \hat{\boldsymbol{r}}\hat{\boldsymbol{r}})\cdot\boldsymbol{J}(\boldsymbol{r}')\mathrm{e}^{\mathrm{j}(k_x x' + k_y y' + k_z z')}\mathrm{d}x'\mathrm{d}y'\mathrm{d}z' \tag{3.1.62}$$

上式为 $\boldsymbol{J}(\boldsymbol{r}')$ 的 θ、ϕ 方向分量的空间傅里叶变换式。故从上式可以看出，远场的本质就是电流源、磁流源的傅里叶变换。因此在计算远场时，可以应用快速傅里叶变换(FFT)加速计算。

补充论证 3.2　在远区场条件下式(3.1.48a)成立。

证明　格林函数为

$$G(\boldsymbol{r}\mid\boldsymbol{r}') = \frac{\mathrm{e}^{-\mathrm{j}k|\boldsymbol{r}-\boldsymbol{r}'|}}{4\pi\mid\boldsymbol{r}-\boldsymbol{r}'\mid} \tag{p3.2.1}$$

其中，鉴于 $\boldsymbol{r}' \ll \boldsymbol{r}$，由图 3.1 可知，

$$\theta_1 \to 0,\quad \mid\boldsymbol{r}-\boldsymbol{r}'\mid \approx r - r'\cos\theta \tag{p3.2.2}$$

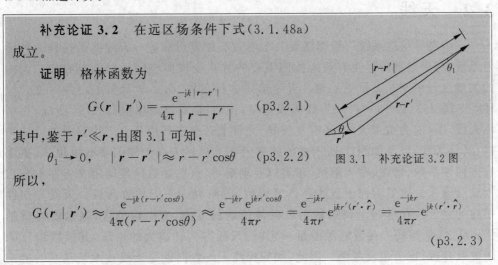

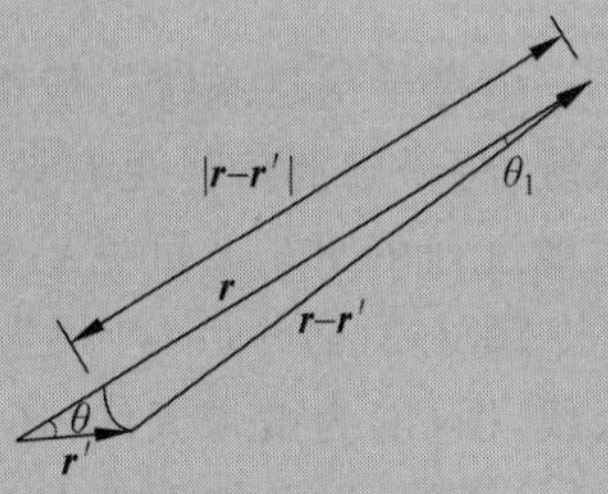

图 3.1　补充论证 3.2 图

所以，

$$G(\boldsymbol{r}\mid\boldsymbol{r}') \approx \frac{\mathrm{e}^{-\mathrm{j}k(r-r'\cos\theta)}}{4\pi(r-r'\cos\theta)} \approx \frac{\mathrm{e}^{-\mathrm{j}kr}\mathrm{e}^{\mathrm{j}kr'\cos\theta}}{4\pi r} = \frac{\mathrm{e}^{-\mathrm{j}kr}}{4\pi r}\mathrm{e}^{\mathrm{j}kr'(\boldsymbol{r}'\cdot\hat{\boldsymbol{r}})} = \frac{\mathrm{e}^{-\mathrm{j}kr}}{4\pi r}\mathrm{e}^{\mathrm{j}k(\boldsymbol{r}'\cdot\hat{\boldsymbol{r}})} \tag{p3.2.3}$$

3.1.4　辐射条件

由偏微分方程理论可知，只有在求解域边界条件确定下，麦克斯韦方程才有确定解。对于辐射问题，求解域一般是无限域，其边界条件就是无限远处电磁场所应满足的条件，此种边界条件又称为**辐射边界条件**(**radiation boundary condition**)。根据 3.1.3 节推出的激励源产生的电磁场远场近似表达式，不难导出下面电磁场辐射条件：

$$\lim_{r\to+\infty} r\left[\nabla\times\begin{pmatrix}\boldsymbol{E}\\\boldsymbol{H}\end{pmatrix} + \mathrm{j}k_0\hat{\boldsymbol{r}}\times\begin{pmatrix}\boldsymbol{E}\\\boldsymbol{H}\end{pmatrix}\right] = \boldsymbol{0} \tag{3.1.63}$$

补充论证 3.3　辐射条件 $\lim\limits_{r\to+\infty} r[\nabla\times\boldsymbol{E} + \mathrm{j}k_0\hat{\boldsymbol{r}}\times\boldsymbol{E}] = \boldsymbol{0}$。

证明　利用式(3.1.57)有

$$\begin{aligned}\nabla\times\boldsymbol{E}+\mathrm{j}k_0\hat{\boldsymbol{r}}\times\boldsymbol{E}&=-\mathrm{j}\omega\mu\boldsymbol{H}+\mathrm{j}k_0\hat{\boldsymbol{r}}\times\boldsymbol{E}\\&=-\mathrm{j}k_0Z\left[\frac{1}{Z}\hat{\boldsymbol{r}}\times\boldsymbol{E}+O\left(\frac{1}{r^2}\right)\right]+\mathrm{j}k_0\hat{\boldsymbol{r}}\times\boldsymbol{E}\\&=O\left(\frac{1}{r^2}\right)\end{aligned}\tag{p3.3.1}$$

$$\lim_{r\to+\infty}r[\nabla\times\boldsymbol{E}+\mathrm{j}k_0\hat{\boldsymbol{r}}\times\boldsymbol{E}]=\lim_{r\to+\infty}r\left[O\left(\frac{1}{r^2}\right)\right]=\lim_{r\to+\infty}O\left(\frac{1}{r}\right)=0\tag{p3.3.2}$$

3.2 天线

一个电子信息系统一般都需要一个电磁波的发射装置。天线就是这样一种辐射系统,将激励源信号更有效地按照需要的方式变成向空间辐射的电磁波。天线的发展过程由图 3.2 可见一斑。天线形式多种多样,图 3.3 示出了一些常见天线种类。图 3.3(a)~(e)可归为线天线范畴,图(f)是典型的反射面天线,图(g)为喇叭天线,图(h)为微带天线,还有在波导/光纤上开缝或开槽从而产生辐射的行波天线、透镜天线,以及如图(i)所示意的阵列天线。描述天线性能的参数也很多,主要有方向性系数、增益、输入阻抗、带宽以及副瓣等,这些参数的准确定义将在本节后面陆续给出。这里为便于叙述和读者理解,先解释一下天线方向性。天线方向性描述的是天线在空间上聚焦辐射电磁波能量的能力,方向性越大,聚焦能力就越强;反之,就越弱。在激励源能量一定时,天线方向性越大的系统,其探测信息的距离就越远,能力也就越强。因此,如何提高天线方向性是天线技术最基本的追求目标。

如图 3.2(a)所示,在德国卡尔斯鲁厄的赫兹实验室中,海因里希·赫兹(Heinrich Hertz)的天线工作于 8 m 波长。电感线圈在偶极子的间隙中所产生的火花,导致相聚数米远的环隙中也产生了火花。这就是世界上首个无线电链路,也是最早的用于无线电的偶极子天线和环天线。

如图 3.2(b)所示,古利莫·马可尼(Guglielmo Marconi)在英格兰波尔多架设的方锥天线,发射波长为 1000 m 的信号。

如图 3.2(c)所示,美国新墨西哥州索科罗附近的美国国立射电天文台工作在厘米波长的甚大阵(VLA),以观测数亿光年以远的射电源。该阵由 27 个直径为 25 m 的可转向抛物面碟形天线组成。

如图 3.2(d)所示,20000 km 的中高度地球轨道上 24 颗全球定位卫星(global position satellite,GPS)之一所装载的螺旋天线阵,工作于 20 cm 波长,为地面或空中的客户提供所处位置的信息，其精度优于 1 m。

如图 3.2(e)所示，到处可见的手持移动电话，工作于十几厘米至三十几厘米波长，不仅可用于语音、视频通信，而且可接入宽带通信网，交换多媒体信息。

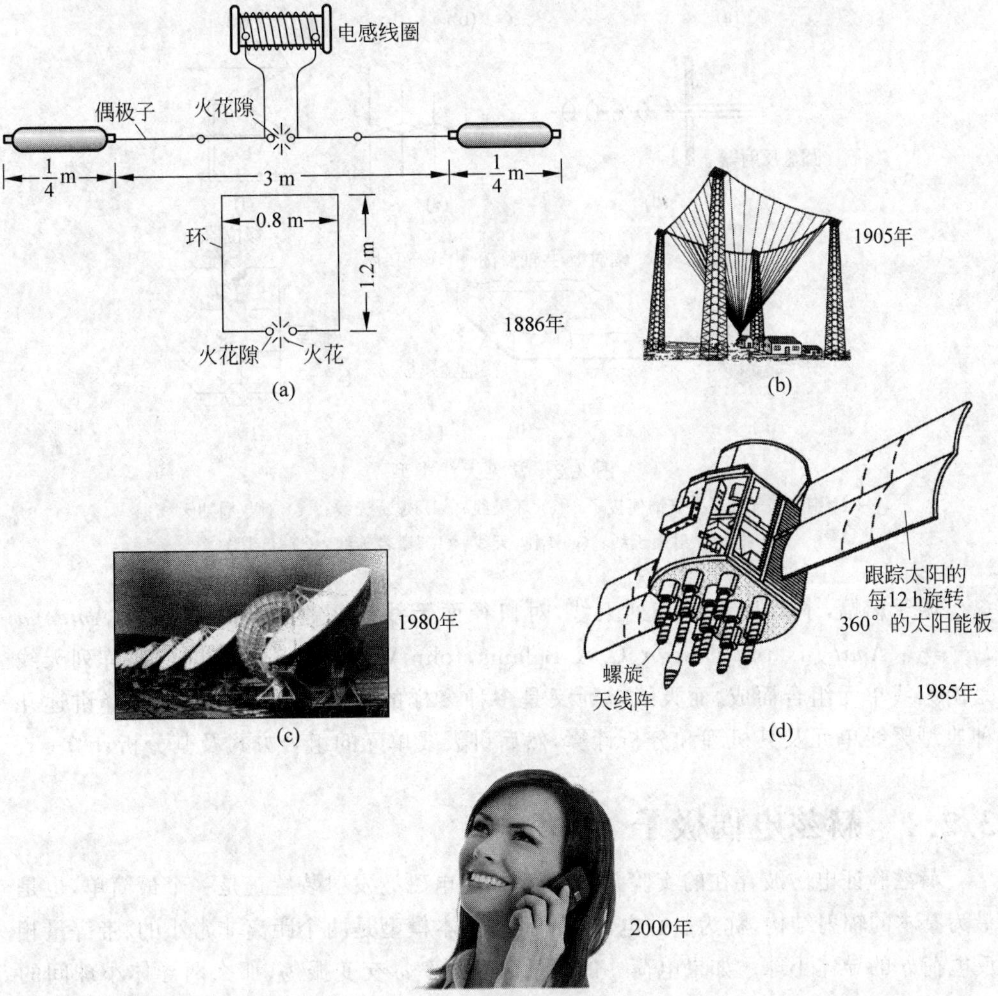

图 3.2　天线的发展历程

从提高天线方向性来说，天线大致可分成两类，一类为口径面天线，像喇叭天线、抛物面天线，主要以增大口径面尺寸来提高方向性；一类为阵列天线，主要以增加天线单元数目来提高方向性。总体来说，要提高方向性，只能以增加天线系统尺寸来达到，只不过前者是连续形式，后者是离散形式。正因如此，后者更利于数字化，更便于在提高天线方向性的同时，兼顾天线带宽、副瓣等要求。

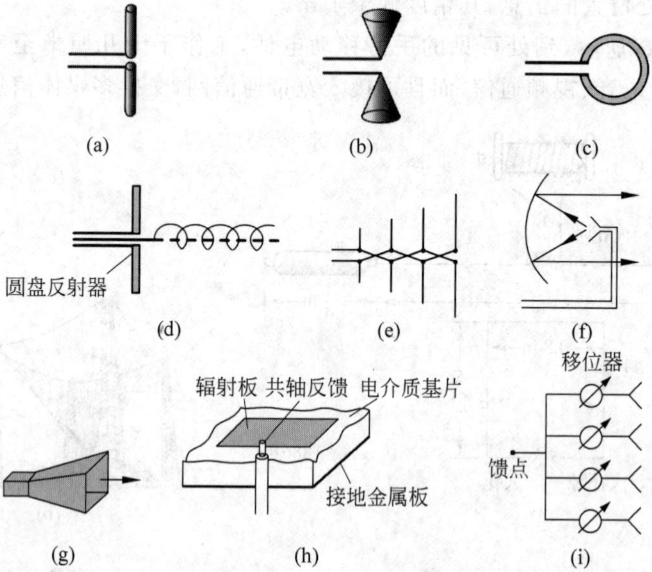

图 3.3 常见天线类型

(a) 细偶极子；(b) 双锥偶极子；(c) 环天线；(d) 螺旋天线；(e) 对数周期天线；(f) 抛物反射面天线；(g) 喇叭天线；(h) 微带天线；(i) 天线阵

限于篇幅，本节只讲述阵列天线，对口径面天线感兴趣的读者可参看 *Antenna Theory: Analysis and Design*(C. A. Balanis, John Wiley & Sons, 2005)。阵列天线是由天线单元组合而成，而天线单元又是多种多样的。因此本节只能先选择讲述几种典型天线单元及其机理和分析计算，然后讲天线单元的组合方式及其分析计算。

3.2.1 赫兹电偶极子

赫兹验证电磁波存在的实验系统，所采用的电磁波发射装置正是一个最简单，也是最为基本的辐射结构，称为赫兹电偶极子。其基本模型是两个距离非常小的、带等量相反电荷 q 的导体小球。如果电荷 q 的电量以角频率 ω 交变振荡，那么两导体小球间的电流大小为 $I=\mathrm{d}q/\mathrm{d}t=\mathrm{j}\omega q$，方向为两导体小球连线方向，方便起见，设为 $\hat{z}$。根据电流源辐射场公式(3.1.17)，又由于 $\int_V X\cdot \boldsymbol{J}\,\mathrm{d}V'=\int_V X\cdot(I/\Delta S)\hat{z}\,\mathrm{d}V'=\int_l X\cdot I\hat{z}\,\mathrm{d}z'$，可得

$$\boldsymbol{E}=-\mathrm{j}\omega\mu\int\left[1+\frac{1}{k^2}\nabla\nabla\cdot\right]I\hat{z}G\,\mathrm{d}z' \tag{3.2.1}$$

由于两导体小球距离 l 很近，故其间电流可视为常数，这样式(3.2.1)中积分便可算出

$$\boldsymbol{E}=-\mathrm{j}\omega\mu Il\left(1+\frac{1}{k^2}\nabla\nabla\cdot\right)G\hat{\boldsymbol{z}} \tag{3.2.2}$$

同样由式(3.1.19)可得赫兹电偶极子产生的磁场表达式为

$$\boldsymbol{H}=-Il\hat{\boldsymbol{z}}\times\nabla G \tag{3.2.3}$$

在球坐标系下式(3.2.2)、式(3.2.3)可展开成

$$\boldsymbol{E}=\frac{ZIl}{2\pi r^2}\left(1+\frac{1}{\mathrm{j}kr}\right)\cos\theta\mathrm{e}^{-\mathrm{j}kr}\hat{\boldsymbol{r}}+\frac{\mathrm{j}ZkIl}{4\pi r}\left(1+\frac{1}{\mathrm{j}kr}-\frac{1}{k^2r^2}\right)\sin\theta\mathrm{e}^{-\mathrm{j}kr}\hat{\boldsymbol{\theta}} \tag{3.2.4}$$

$$\boldsymbol{H}=\frac{\mathrm{j}kIl}{4\pi r}\left(1+\frac{1}{\mathrm{j}kr}\right)\sin\theta\mathrm{e}^{-\mathrm{j}kr}\hat{\boldsymbol{\phi}} \tag{3.2.5}$$

其中,Z 是波阻抗。

补充论证 3.4　证明球坐标系下赫兹电偶极子产生的电磁场表达式(3.2.4)和式(3.2.5)。

证明

$$\nabla\cdot(G\hat{\boldsymbol{z}})=\nabla G\cdot\hat{\boldsymbol{z}}+G\,\nabla\cdot\hat{\boldsymbol{z}}=\nabla G\cdot\hat{\boldsymbol{z}} \tag{p3.4.1}$$

因为

$$\nabla G=\nabla\left(\frac{\mathrm{e}^{-\mathrm{j}kr}}{4\pi r}\right)=\frac{-\mathrm{j}kr-1}{4\pi r^2}\mathrm{e}^{-\mathrm{j}kr}\hat{\boldsymbol{r}} \tag{p3.4.2}$$

又

$$\hat{\boldsymbol{r}}\cdot\hat{\boldsymbol{z}}=\cos\theta \tag{p3.4.3}$$

故

$$\nabla\cdot(G\hat{\boldsymbol{z}})=-\frac{\mathrm{j}kr+1}{4\pi r^2}\mathrm{e}^{-\mathrm{j}kr}\cos\theta \tag{p3.4.4}$$

$$\begin{aligned}\nabla[\nabla\cdot(G\hat{\boldsymbol{z}})]&=\nabla\left(-\frac{\mathrm{j}kr+1}{4\pi r^2}\mathrm{e}^{-\mathrm{j}kr}\cos\theta\right)\\&=\nabla(F(r)\cos\theta)\\&=\cos\theta\,\frac{\partial F(r)}{\partial r}\hat{\boldsymbol{r}}+F(r)\,\frac{\partial\cos\theta}{r\partial\theta}\,\hat{\boldsymbol{\theta}}\end{aligned} \tag{p3.4.5}$$

其中,

$$F(r)=-\frac{\mathrm{j}kr+1}{4\pi r^2}\mathrm{e}^{-\mathrm{j}kr} \tag{p3.4.6}$$

$$\frac{\partial F(r)}{\partial r}=\left[\frac{2(\mathrm{j}kr+1)}{4\pi r^3}-\frac{k^2}{4\pi r}\right]\mathrm{e}^{-\mathrm{j}kr} \tag{p3.4.7}$$

$$G\hat{\boldsymbol{z}}=\frac{\mathrm{e}^{-\mathrm{j}kr}}{4\pi r}(\cos\theta\hat{\boldsymbol{r}}-\sin\theta\,\hat{\boldsymbol{\theta}}) \tag{p3.4.8}$$

所以 $\boldsymbol{E}$ 的 $\hat{\boldsymbol{r}}$ 分量为

$$E_r=-\mathrm{j}ZkIl\left\{\frac{\mathrm{e}^{-\mathrm{j}kr}}{4\pi r}\cos\theta+\frac{1}{k^2}\cos\theta\left[\frac{2(\mathrm{j}kr+1)}{4\pi r^3}-\frac{k^2}{4\pi r}\right]\mathrm{e}^{-\mathrm{j}kr}\right\}$$

$$=-\frac{\mathrm{j}ZkIl}{4\pi r}\left\{1+\frac{1}{k^2}\left[\frac{2(\mathrm{j}kr+1)}{r^2}-k^2\right]\right\}\cos\theta\mathrm{e}^{-\mathrm{j}kr}$$

$$=\frac{ZIl}{2\pi r^2}\left(\frac{\mathrm{j}kr+1}{\mathrm{j}kr}\right)\cos\theta\mathrm{e}^{-\mathrm{j}kr}\tag{p3.4.9}$$

$\hat{\boldsymbol{\theta}}$ 分量为

$$E_\theta=-\mathrm{j}ZkIl\left[-\frac{\mathrm{e}^{-\mathrm{j}kr}}{4\pi r}\sin\theta+\frac{1}{k^2}\left(-\frac{\mathrm{j}kr+1}{4\pi r^2}\mathrm{e}^{-\mathrm{j}kr}\right)\left(-\frac{\sin\theta}{r}\right)\right]$$

$$=\frac{\mathrm{j}ZkIl}{4\pi r}\left[1-\left(\frac{\mathrm{j}kr+1}{k^2r^2}\right)\right]\sin\theta\mathrm{e}^{-\mathrm{j}kr}$$

$$=\frac{\mathrm{j}ZkIl}{4\pi r}\left(1+\frac{1}{\mathrm{j}kr}-\frac{1}{k^2r^2}\right)\sin\theta\mathrm{e}^{-\mathrm{j}kr}\tag{p3.4.10}$$

因此,在球坐标系下 $\boldsymbol{E}$ 可展开成

$$\boldsymbol{E}=\frac{ZIl}{2\pi r^2}\left(1+\frac{1}{\mathrm{j}kr}\right)\cos\theta\mathrm{e}^{-\mathrm{j}kr}\hat{\boldsymbol{r}}+\frac{\mathrm{j}ZkIl}{4\pi r}\left(1+\frac{1}{\mathrm{j}kr}-\frac{1}{k^2r^2}\right)\sin\theta\mathrm{e}^{-\mathrm{j}kr}\hat{\boldsymbol{\theta}}\tag{p3.4.11}$$

又因为

$$\hat{\boldsymbol{z}}\times\nabla G=(\cos\theta\hat{\boldsymbol{r}}-\sin\theta\hat{\boldsymbol{\theta}})\times\left(\frac{-\mathrm{j}kr-1}{4\pi r^2}\mathrm{e}^{-\mathrm{j}kr}\hat{\boldsymbol{r}}\right)=-\frac{\mathrm{j}k}{4\pi r}\left(1+\frac{1}{\mathrm{j}kr}\right)\sin\theta\mathrm{e}^{-\mathrm{j}kr}\hat{\boldsymbol{\phi}}\tag{p3.4.12}$$

将其代入式(3.2.3),即得磁场表达式:

$$\boldsymbol{H}=\frac{\mathrm{j}kIl}{4\pi r}\left(1+\frac{1}{\mathrm{j}kr}\right)\sin\theta\mathrm{e}^{-\mathrm{j}kr}\hat{\boldsymbol{\phi}}\tag{p3.4.13}$$

1. 近区场

赫兹电偶极子产生的电磁场表达式(3.2.4)和式(3.2.5)中有按 $1/r$、$1/r^2$、$1/r^3$ 变化的项,因此天线附近的场随着距离天线远近的不同性质也大不相同。一般把场划分为两个主要的区域:接近天线的区域($r\leqslant 2L^2/\lambda$)称为**近场**(**near field**)或菲涅耳(Fresnel)区;离天线较远的区域($r>2L^2/\lambda$)称为**远场**(**far field**)或夫琅禾费(Fraunhofer)区,这里 L 是天线的大小尺寸。

对于近区场，此时按$1/r^2$和$1/r^3$变化的项就起支配作用，且$e^{-jkr}\approx 1$，这样式(3.2.4)和式(3.2.5)可化简为

$$\boldsymbol{E}=\frac{ZIl}{4\pi r^2}\left(1+\frac{1}{jkr}\right)(2\cos\theta\hat{\boldsymbol{r}}+\sin\theta\,\hat{\boldsymbol{\theta}}) \tag{3.2.6}$$

$$\boldsymbol{H}=\frac{Il\sin\theta}{4\pi r^2}\hat{\boldsymbol{\phi}} \tag{3.2.7}$$

将$\frac{1}{jkr}+1$近似成$\frac{1}{jkr}$，并以$j\omega q$和k^2分别代替I和$\omega^2\varepsilon\mu$，式(3.2.6)可进一步化简为

$$\boldsymbol{E}=\frac{ql}{4\pi\varepsilon}\left(\frac{2\cos\theta}{r^3}\hat{\boldsymbol{r}}+\frac{\sin\theta}{r^3}\hat{\boldsymbol{\theta}}\right) \tag{3.2.8}$$

可见，忽略时因子$e^{j\omega t}$的电偶极子近区场(振幅)，即式(3.2.8)，与静电偶极子产生的场完全一样，式(3.2.7)与短电流线产生的静磁场完全一样。由式(3.2.7)和式(3.2.8)可算出近区场功率密度为

$$\boldsymbol{P}_{\mathrm{av}}=\frac{1}{2}[\boldsymbol{E}\times\boldsymbol{H}^*]=-j\frac{I^2l^2\sin\theta}{32\pi^2r^5\omega\varepsilon}(\sin\theta\hat{\boldsymbol{r}}-2\cos\theta\,\hat{\boldsymbol{\theta}}) \tag{3.2.9}$$

这是纯电抗性的，其表现好比一个电容器。

2. 远区场

对于远区场，$1/r$变化项占支配地位，这样赫兹电偶极子远区产生的电磁场可近似成

$$\boldsymbol{E}=jZ\frac{kIl}{4\pi r}\sin\theta e^{-jkr}\hat{\boldsymbol{\theta}} \tag{3.2.10a}$$

$$\boldsymbol{H}=j\frac{kIl}{4\pi r}\sin\theta e^{-jkr}\hat{\boldsymbol{\phi}} \tag{3.2.10b}$$

由式(3.2.9)和式(3.2.10)可知，赫兹电偶极子远区产生的电磁场具有如下特征：①沿径向传播；②只有横向分量；③电场和磁场相互垂直。这表明赫兹偶极子远区产生的是TEM球面波。在自由空间中，此TEM球面波特性阻抗为$120\pi\approx 377\ \Omega$。由式(3.2.9)和式(3.2.10)可算出远区复功率密度为

$$\boldsymbol{S}_{\mathrm{av}}=\frac{1}{2}[\boldsymbol{E}\times\boldsymbol{H}^*]=\frac{1}{2}Z\left(\frac{kIl}{4\pi r}\sin\theta\right)^2\hat{\boldsymbol{r}} \tag{3.2.11}$$

由式(3.2.9)、式(3.2.10)和式(3.2.11)可知，赫兹偶极子的辐射场的幅度、功率都是方向角的函数，即在不同方向辐射场强和功率是不一样的。这种方向性可以直观地通过图形显示，即画出固定半径的球面①上辐射波的场强或功率密度关系，这就是天

① 这个假想的球面称为辐射球。天线的方向图通常专指远区场辐射方向图，所以辐射球的半径通常很大。

线的**辐射方向图(radiation pattern)**[①]。由于方向图仅用于表征天线的方向属性,所以通常只画归一化的场量。对于场强方向图,一般选取最大值归一;对于功率方向图,一般选取平均值归一。

一个观察者在以天线为中心的假想球面上的每一点分配一个矢量,其长度与这些点处的归一化场强或归一化功率成正比,方向即观察的方向,如图 3.4(a)所示,再把这些矢量的起点平移到原点上(图 3.4(b)),就可以画出场强方向图(field pattern)或功率方向图(power pattern)。方向图是三维图形,为方便描述,通常取两个有代表性的截面,即 E 面和 H 面。E 面是电场矢量和最大辐射方向构成的平面,H 面是磁场矢量和最大辐射方向构成的平面,三维的曲面图形可以由二维曲线图形拓展想象得到。

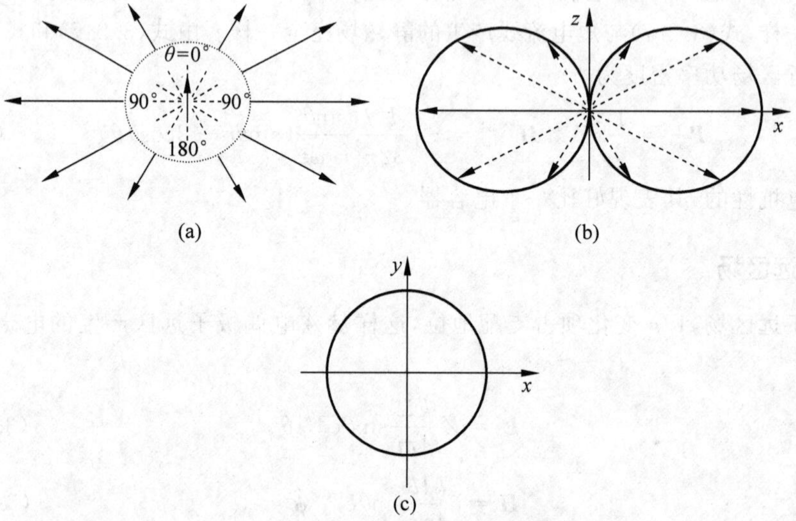

图 3.4 赫兹电偶极子天线辐射场方向图
(a) 画图思路;(b) E 面;(c) H 面

更多时候,人们关心天线的归一化功率方向图。用来得到功率方向图的函数参量称为**方向性(directivity)**$D(\theta,\phi)$,其定义为天线在远区半径为 r 的球面上确定的空间方向(θ,ϕ)的辐射功率密度与平均辐射功率密度$(P_r/4\pi r^2)$之比,其中 P_r 为半径为 r 的封闭球面的总功率:

$$P_r=\oint_{\Omega}\boldsymbol{S}_{av}\cdot\mathrm{d}\boldsymbol{\Omega}=\frac{\omega\mu k}{12\pi}I^2l^2 \tag{3.2.12}$$

这样,赫兹偶极子的方向性就可表示成

① 天线的辐射方向图,或简称方向图。由于图形的形状多为瓣状,也称波瓣图。

$$D(\theta,\phi)=\frac{4\pi r^2\ |\boldsymbol{S}_{\mathrm{av}}|}{P_{\mathrm{r}}}=1.5\sin^2\theta \tag{3.2.13}$$

通常感兴趣的是 $D(\theta,\phi)$ 的最大值，这个值称为最大方向性。在不给出特定角度的情况下所谈论的方向性均指最大方向性。不难知道，赫兹电偶极子的方向性为 1.5，用分贝表示就是 1.76 dB。

图 3.5 展示了赫兹电偶极子的 E 面功率方向图。图中，包含辐射强度最大值方向在内的天线辐射瓣称为**主瓣**(**main lobe**)，其他辐射瓣称为**副瓣**(**side lobes**)。主瓣上低于峰值一半(3 dB)处所成夹角的宽度是天线中一个重要指标——半功率波瓣宽度 β，它定量衡量了天线功率辐射的集中程度。对于赫兹偶极子来说，$\beta=90°$。

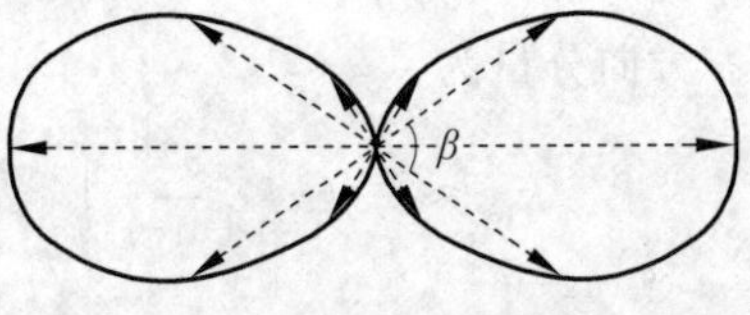

图 3.5　赫兹电偶极子天线辐射功率 E 面方向图与半功率波瓣宽度

补充 3.5　磁偶极子

一个 $\hat{z}$ 方向的小电流环，其电流为常数 I，环半径为 a，试证明此电流环辐射场远场为

$$E_\phi=Zk^2IS\,\frac{\mathrm{e}^{-\mathrm{j}kr}}{4\pi r}\sin\theta,\quad H_\theta=-E_\phi/Z$$

其中，Z 为自由空间中的波阻抗，$S=\pi a^2$ 为环面积。

证明　依据电流源辐射远场公式(3.1.56)有

$$\boldsymbol{E}=-\mathrm{j}kZ\,\frac{\mathrm{e}^{-\mathrm{j}kr}}{4\pi r}\int_0^{2\pi}(\hat{\boldsymbol{\theta}}\hat{\boldsymbol{\theta}}+\hat{\boldsymbol{\phi}}\hat{\boldsymbol{\phi}})\cdot I\hat{\boldsymbol{\phi}}'\mathrm{e}^{\mathrm{j}k\boldsymbol{r}'\cdot\hat{\boldsymbol{r}}}a\,\mathrm{d}\phi' \tag{p3.5.1}$$

因为

$$\hat{\boldsymbol{r}}=\sin\theta\cos\phi\hat{\boldsymbol{x}}+\sin\theta\sin\phi\hat{\boldsymbol{y}}+\cos\theta\hat{\boldsymbol{z}} \tag{p3.5.2a}$$

$$\hat{\boldsymbol{\theta}}=\cos\theta\cos\phi\hat{\boldsymbol{x}}+\cos\theta\sin\phi\hat{\boldsymbol{y}}-\sin\theta\hat{\boldsymbol{z}} \tag{p3.5.2b}$$

$$\hat{\boldsymbol{\phi}}=-\sin\phi\hat{\boldsymbol{x}}+\cos\phi\hat{\boldsymbol{y}} \tag{p3.5.2c}$$

$$\hat{\boldsymbol{\phi}}'=-\sin\phi'\hat{\boldsymbol{x}}+\cos\phi'\hat{\boldsymbol{y}} \tag{p3.5.2d}$$

$$\boldsymbol{r}'=a(\cos\phi'\hat{\boldsymbol{x}}+\sin\phi'\hat{\boldsymbol{y}}) \tag{p3.5.2e}$$

所以

$$\hat{\boldsymbol{\theta}}\cdot\hat{\boldsymbol{\phi}}'=-\cos\theta\cos\phi\sin\phi'+\cos\theta\sin\phi\cos\phi'=\cos\theta\sin(\phi-\phi') \tag{p3.5.3a}$$

$$\hat{\boldsymbol{\phi}}\cdot\hat{\boldsymbol{\phi}}'=\sin\phi\sin\phi'+\cos\phi\cos\phi'=\cos(\phi-\phi') \tag{p3.5.3b}$$

$$\boldsymbol{r}'\cdot\hat{\boldsymbol{r}}=a\sin\theta\cos\phi\cos\phi'+a\sin\theta\sin\phi\sin\phi'=a\sin\theta\cos(\phi-\phi') \tag{p3.5.3c}$$

在环半径 a 很小的情况下，式(p.3.5.1)中的被积函数相位项可作如下近似：

$$e^{jk\boldsymbol{r}'\cdot\hat{\boldsymbol{r}}}=e^{jka\sin\theta\cos(\phi-\phi')}\approx 1+jka\sin\theta\cos(\phi-\phi') \tag{p3.5.4}$$

这样电流环产生电场的 θ 方向分量为

$$E_\theta\approx -jkaIZ\frac{e^{-jkr}}{4\pi r}\int_0^{2\pi}\cos\theta\sin(\phi-\phi')[1+jka\sin\theta\cos(\phi-\phi')]d\phi'=0 \tag{p3.5.5}$$

ϕ 方向分量为

$$\begin{aligned}E_\phi &\approx -jkaIZ\frac{e^{-jkr}}{4\pi r}\int_0^{2\pi}\cos(\phi-\phi')[1+jka\sin\theta\cos(\phi-\phi')]d\phi'\\ &=-jkaIZ\frac{e^{-jkr}}{4\pi r}jka\pi\sin\theta\\ &=Zk^2IS\frac{e^{-jkr}}{4\pi r}\sin\theta\end{aligned} \tag{p3.5.6}$$

再依据式(3.1.57),即 $\boldsymbol{H}=\hat{\boldsymbol{r}}\times\boldsymbol{E}/Z$,有

$$H_\theta=-E_\phi/Z \tag{p3.5.7}$$

根据对偶原理,一个磁偶极子所产生的远场电场,依据式(3.2.10)便可写出

$$\boldsymbol{E}=-jk\frac{Ml}{4\pi r}\sin\theta e^{-jkr}\hat{\boldsymbol{\phi}} \tag{p3.5.8}$$

对比式(p3.5.6)与式(p3.5.8)可知,一个载有电流 I 的小圆环相当于一个磁流为 jZI、长度为 kS 的磁偶极子。另外,不难推得:在小圆环周长与电偶极子长度 l 相等时,小圆环辐射功率要远小于电偶极子,其比值为$(l/2\lambda)^2$。

例题 3.1 严格地说,有电流通过的一段很短的导线不能视作电流均匀分布的电基本振子,因为在短导线的两端电流必须降到零。但对于图 3.6 所示的电容平板天线,在连接两电容平板的短导线上,电流几乎均匀,可视作常数。在上下两块平板上,电流都沿半径方向流动,方向却相反,一块板上电流指向圆心,另一块板上电流离开圆心。所以上下两块平板在远区产生的辐射场相互抵消。这就是说,对于电容平板天线,远区辐射场主要由连接电容板的短导线上流过的电流产生,而短导线上的电流可视作均匀分布。所以电容平板天线可视作电基本振子。请计算如图所示的电容平板天线辐射总功率,假定该天线辐射的调幅波频率为 1 MHz,$\Delta l=1$ m 短导线半径为 0.3 cm,电流 $I=1$ A。

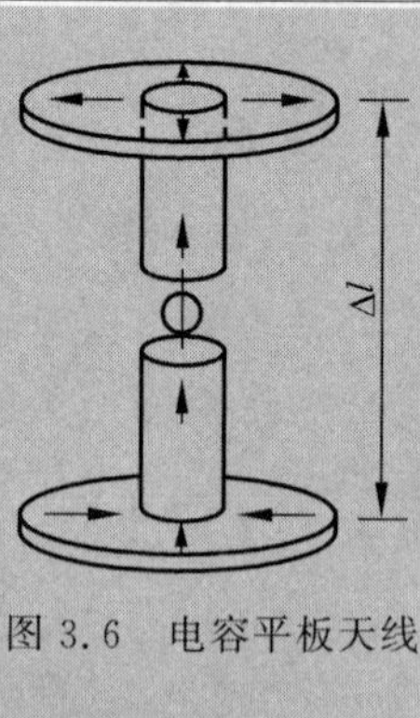

图 3.6 电容平板天线

解　波长为

$$\lambda=\frac{c}{f}=\frac{3\times10^{8}}{1\times10^{6}}\text{m}=300\ \text{m} \tag{e3.1.1}$$

所以该天线长度与波长之比为$\frac{\Delta l}{\lambda}=\frac{1}{300}$,短导线半径与波长之比为$\frac{a}{\lambda}=10^{-5}$,天线尺寸比波长小得多,可以用电基本振子公式(3.2.12)计算。

$$P_{\text{rad}}=\frac{\omega\mu k}{12\pi}I^2l^2=\frac{Z}{12\pi}(kIl)^2=\frac{120\pi}{12\pi}\left(\frac{2\pi}{300}\right)^2\ \text{W}=4.39\times10^{-3}\ \text{W}=4.39\ \text{mW} \tag{e3.1.2}$$

3. 天线的重要参数

天线方向图、方向性、波瓣宽度体现了天线的远场特性。本节将介绍天线的其他重要参数：**输入阻抗**、**天线增益**、**辐射效率**、**极化特性**、**带宽**。应用互易原理可以知道,这些是发射天线与接收天线共同适用的参数。

天线系统一般有辐射和馈电两部分,而馈电一般是由传输线构成。只有给出天线辐射系统的输入阻抗,才能确定用何种特性阻抗的传输线作为天线的馈电,达到馈电系统和辐射系统的匹配。天线系统可视为一个二端口网络,天线辐射部分作为二端口网络的终端负载。因此天线的**输入阻抗**(**input impedance**)Z_{i},即天线馈电处的馈电电压与电流的比值：

$$Z_{\text{i}}=\frac{V_{\text{i}}}{I_{\text{i}}} \tag{3.2.14}$$

天线的输入阻抗反映的是天线近场特征,其求解一般不易,其难度在于天线输入端的电流不易准确确定。本书3.2.2节3.将以线天线为例,讲解天线输入阻抗的精确计算。

一般说来,天线的输入功率P_{i}并不都能转化成辐射功率P_{r},这其中有两个主要原因：一个原因是馈线与辐射单元不匹配,另一个原因是存在金属和介质的损耗。通常将辐射功率P_{r}与输入功率P_{i}的比值,称为**辐射效率**(**radiation efficiency**)η,即

$$\eta=P_{\text{r}}/P_{\text{i}} \tag{3.2.15}$$

天线另一个重要的指标是**天线增益**(**gain**)G,衡量天线将输入给它的功率按特定方向定向辐射的能力,定义为：天线在最大辐射方向的辐射功率密度与假想的全部输入功率P_{i}以各向同性的方式辐射出去的功率密度的比值,即$G=4\pi|\boldsymbol{S}_{\text{av}}|_{\max}/P_{\text{i}}$。不难推算,增益$G$与辐射效率$\eta$和方向性$D$的关系为

$$G=\eta D \tag{3.2.16}$$

工程上经常用辐射电阻来度量天线辐射功率的能力。天线的辐射电阻R_{r}是一

个虚拟的量,定义为:设有一个电阻,当通过它的电流等于天线上的最大电流 I_M 时,其损耗的功率就等于辐射功率 P_r。所以辐射电阻为

$$R_r = \frac{2P_r}{I_M^2} \tag{3.2.17}$$

在第2章,我们介绍过电磁波的极化方式。天线的极化由其辐射的电场的极化方式定义,即按辐射瞬时电场强度矢量终端在一个周期内所描绘的轨迹分为线极化、圆极化或椭圆极化。接收天线在某个方向的**极化特性**(**polarization characteristic**)是指天线在该方向上获得最大接收功率时入射无线电波的极化。若收发天线的极化相同,则称收发天线间的极化是匹配的,否则就是极化失配,并将产生极化失配损耗。

通常将天线辐射所要的极化波称为主极化波,而与主极化波正交的极化波称为交叉极化波或寄生极化波。交叉极化波与主极化波正交,交叉圆极化波或交叉椭圆极化波的旋转方向与主极化波相反。产生交叉极化波将带走一部分能量,使天线发射或接收的效率降低,所以应设法加以消除。然而,由于正交极化的两个分量是彼此隔离的,所以可以利用这个特性,采用两个相互正交的极化波来设计双频共用天线或收发共用天线,以提高设备的利用率和频率资源的利用率。

前面的讨论都是基于某一波长,即单一频率。但是单一频率无法携带信息,所以实际天线都需要在一定频带下工作。严格地说,天线的各项特性参数均会随频率而变化。因此可以定义天线的带宽为天线的某几个主要特性参数指标(如增益、输入阻抗、旁瓣电平、波瓣宽度、圆极化轴比)满足要求的频率范围。对几个特性参数同时提出要求时,取其最窄的一个就是该天线的工作**带宽**(**bandwidth**)。通常用绝对带宽 Δf 和相对带宽 $\Delta f/f_0$ 表示。绝对带宽是指中心频率 f_0 两侧天线特性下降到规定值的两个频率的范围。相对带宽更为常用,指绝对带宽与中心频率的比值,用百分数表示。

3.2.2 线天线

通过3.2.1节对赫兹电偶极子辐射的分析可以知道:赫兹偶极子的辐射功率与其长度的平方成正比,因此要提高辐射功率就需增加其长度。随着偶极子长度的拉长,偶极子也就演变成**线天线**(**linear antenna**)。随着长度的拉长,3.2.1节的分析方法也要作相应改变。因为3.2.1节对赫兹偶极子的分析是基于电流在 l 均匀分布的假设的;随着线天线长度的拉长,此假设显然不再成立。因此分析线天线的关键在于确定线天线上电流的分布。

1. 传输线模型

线天线是电子信息系统中实际常用的一类天线形式。其中最为常用的是一种从

中间馈电的对称振子，如图 3.7 所示。此振子可看作由开路的双导线传输线张开而成。由传输线理论可知，开路传输线上电流呈驻波分布，且终端是波节，电流为零。张开以后，假设电流仍呈驻波分布，终端依然是波节。把振子中点放在坐标原点，让振子与 z 轴重合，这样振子上电流分布可近似表示成

$$I = I_0 \sin k(l - |z|) \tag{3.2.18}$$

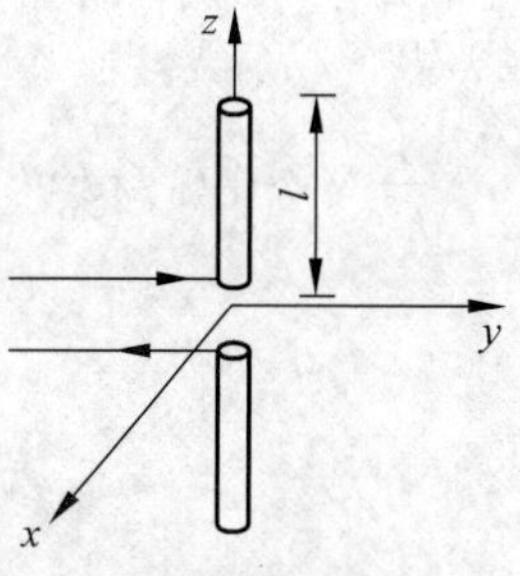

图 3.7　对称线天线

其中，I_0 是电流最大值，k 为传播常数，l 为振子一半的长度。将式(3.2.18)代入式(3.1.18)可得

$$\boldsymbol{E} = -\mathrm{j}Zk\int_{-l}^{l}\left(1 + \frac{1}{k^2}\nabla\nabla\cdot\right) I_0 \sin k(l - |z'|)\hat{\boldsymbol{z}}G\,\mathrm{d}z' \tag{3.2.19}$$

在远区，格林函数 G 中分子相位项可近似成

$$R \approx r - z'\cos\theta \tag{3.2.20}$$

分母可近似为 $R \approx r$。利用远场近似，式(3.2.19)可化简得

$$\boldsymbol{E} = \hat{\boldsymbol{\theta}}\frac{\mathrm{j}Zk}{4\pi r}I_0\sin\theta\mathrm{e}^{-\mathrm{j}kr}\int_{-l}^{l}\sin k(l - |z'|)\mathrm{e}^{\mathrm{j}kz'\cos\theta}\,\mathrm{d}z' \tag{3.2.21}$$

计算式(3.2.21)中积分可得

$$\begin{aligned}
\boldsymbol{E} &= \hat{\boldsymbol{\theta}}\frac{\mathrm{j}Zk}{4\pi r}I_0\sin\theta\mathrm{e}^{-\mathrm{j}kr}\left[\int_{-l}^{0}\sin k(l + z')\mathrm{e}^{\mathrm{j}kz'\cos\theta}\,\mathrm{d}z' + \int_{0}^{l}\sin k(l - z')\mathrm{e}^{\mathrm{j}kz'\cos\theta}\,\mathrm{d}z'\right] \\
&= \hat{\boldsymbol{\theta}}\frac{\mathrm{j}Zk}{2\pi r}I_0\sin\theta\mathrm{e}^{-\mathrm{j}kr}\int_{0}^{l}\sin k(l - z')\cos(kz'\cos\theta)\,\mathrm{d}z' \\
&= \hat{\boldsymbol{\theta}}Z\frac{\mathrm{j}}{2\pi r}I_0\mathrm{e}^{-\mathrm{j}kr}\frac{\cos(kl\cos\theta) - \cos kl}{\sin\theta}
\end{aligned} \tag{3.2.22}$$

相应的磁场强度为

$$\boldsymbol{H} = \hat{\boldsymbol{\varphi}}\frac{\mathrm{j}}{2\pi r}I_0\mathrm{e}^{-\mathrm{j}kr}\frac{\cos(kl\cos\theta) - \cos kl}{\sin\theta} \tag{3.2.23}$$

补充论证 3.6　证明式(3.2.21)成立。

证明　远区场格林函数 G 可近似为

$$G(\boldsymbol{r}\,|\,\boldsymbol{r}') \approx \frac{\mathrm{e}^{-\mathrm{j}kr}}{4\pi r}\mathrm{e}^{\mathrm{j}kz'\cos\theta} \tag{p3.6.1}$$

所以式(3.2.20)可简化为

$$\boldsymbol{E} = -\mathrm{j}Zk\int_{-l}^{l}\left(1 + \frac{1}{k^2}\nabla\nabla\cdot\right) I_0 \sin k(l - z')\hat{\boldsymbol{z}}G\,\mathrm{d}z' \tag{p3.6.2}$$

因为

$$\begin{aligned}\frac{1}{k^2}\nabla\nabla\cdot[I_0\sin k(l-z')\hat{z}G] &= \frac{I_0\sin k(l-z')}{k^2}\nabla(\nabla G\cdot\hat{z})\\ &\approx \frac{I_0\sin k(l-z')}{k^2}\nabla[(-\mathrm{j}kG\hat{r})\cdot\hat{z}]\\ &= -\mathrm{j}\frac{I_0\sin k(l-z')}{k}\nabla(\cos\theta G)\\ &= -\mathrm{j}\frac{I_0\sin k(l-z')}{k}\left(\cos\theta\nabla G+G\frac{\partial\cos\theta}{r\partial\theta}\hat{\boldsymbol{\theta}}\right)\\ &= -\mathrm{j}\frac{I_0\sin k(l-z')}{k}\left[-\mathrm{j}kG\cos\theta\hat{r}+O\left(\frac{1}{r^2}\right)\right]\\ &\approx -I_0\sin k(l-z')\cos\theta G\hat{r}\end{aligned}\tag{p3.6.3}$$

所以

$$\begin{aligned}\boldsymbol{E} &= -\mathrm{j}Zk\int_{-l}^{l}[I_0\sin k(l-|z'|)\hat{z}G-I_0\sin k(l-|z'|)\cos\theta G\hat{r}]\mathrm{d}z'\\ &= -\mathrm{j}ZkI_0\int_{-l}^{l}\sin k(l-|z'|)(\hat{z}-\cos\theta\hat{r})G\mathrm{d}z'\\ &= \hat{\boldsymbol{\theta}}\mathrm{j}ZkI_0\sin\theta\int_{-l}^{l}\sin k(l-|z'|)G\mathrm{d}z'\\ &= \hat{\boldsymbol{\theta}}\frac{\mathrm{j}ZkI_0}{4\pi r}\sin\theta\mathrm{e}^{-\mathrm{j}kr}\int_{-l}^{l}\sin k(l-|z'|)\mathrm{e}^{\mathrm{j}kz'\cos\theta}\mathrm{d}z'\end{aligned}\tag{p3.6.4}$$

由式(3.2.23a)和式(3.2.23b)可以看出，对称振子和赫兹偶极子一样，电场在$\hat{\boldsymbol{\phi}}$方向分量为零。但对称振子的方向性要比赫兹偶极子的方向性复杂得多。很明显，对称振子的辐射功率密度角分布函数为

$$F(\theta)=\frac{[\cos(kl\cos\theta)-\cos kl]^2}{\sin^2\theta}\tag{3.2.24}$$

下面讨论此函数随振子长度变化所呈现的特征。图3.8分别示出了$l/\lambda=1/4$，1/2，3/4时的功率方向图。由图可以看出几个特征：①随着l/λ变大，方向图有变尖锐的趋势；②在$l/\lambda>0.5$以后，方向图出现副瓣。为了分析其中原因，图3.9画出了对应的振子上的电流分布。由图可见，方向图出现副瓣是由于振子上有反向电流，这时在某些方向上电流元的辐射可能抵消。由此得出，增加长度来提高线天线方向性的能力是相当有限的，只是在$l/\lambda<0.5$时比较有效。

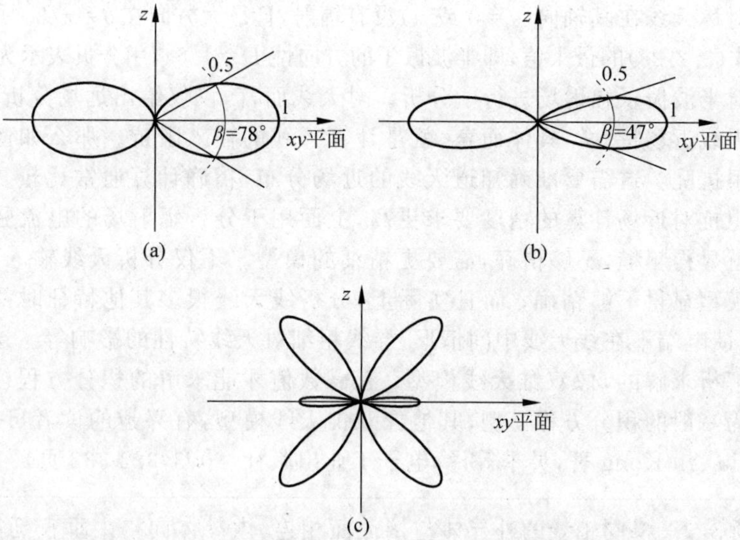

图 3.8 $l/\lambda=1/4,1/2,3/4$ 时的线天线功率方向图

(a) $l/h=1/4$；(b) $l/h=1/2$；(c) $l/\lambda=3/4$

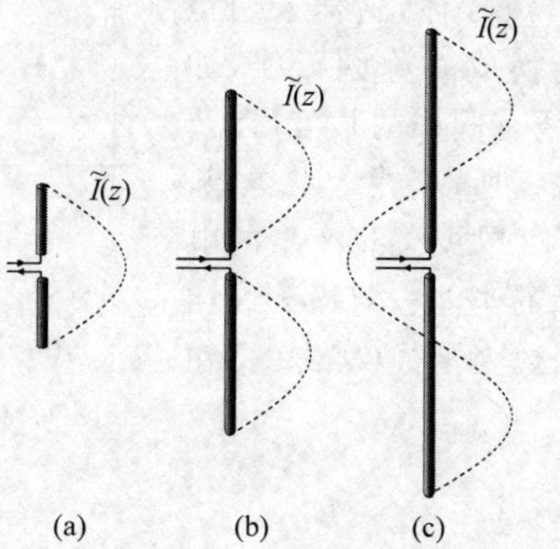

图 3.9 $l/\lambda=1/4,1/2,3/4$ 时对称振子上的电流分布

(a) $l/h=1/4$；(b) $l/h=1/2$；(c) $l/\lambda=3/4$

通常使用的对称振子为 $l/\lambda=1/4$ 的半波振子(天线的总长为半个波长)。由天线方向性的定义不难得出半波振子的方向性为

$$D(\theta)=\frac{2F_{\mathrm{s}}(\theta)}{\int_0^{\pi}F_{\mathrm{s}}(\theta)\mathrm{d}\theta} \tag{3.2.25}$$

其中，

$$F_{\mathrm{s}}(\theta)=\frac{\cos^2\left(\dfrac{\pi}{2}\cos\theta\right)}{\sin^2\theta} \tag{3.2.26}$$

可见半波对称天线在其轴向($\theta=0$ 或 π)没有辐射,且最大方向在 $\theta=\pi/2$。用数值积分可以算出式(3.2.25)的最大值,即半波振子的方向性 $D=1.64$,用分贝表示为 2.15 dB。

以上对半波振子辐射场进行了分析。对天线而言,仅仅给出远场分析是不够的,还需弄清天线近场特性。具体而言,就是计算天线的输入阻抗。那么如何计算线天线的输入阻抗呢?这需要准确知道天线的近场分布,精确计算通常比较复杂。因为计算输入阻抗对近场计算的精度要求更高,上面用于分析辐射场的电流驻波分布传输线模型就显得粗糙,不够精确,需要更精细的模型。不仅分析天线输入阻抗时,简单传输线模型显得不够精确;而且实际上,分析线天线很多其他特征时都需更精细模型,譬如馈电端不在线天线中间情形、导线粗细对天线特性的影响等。这些精细模型中有可解析求解的,像双锥天线模型;有需数值才能求解的积分方程模型。本著只介绍更为一般的积分方程模型,其他像双锥天线模型,有兴趣的读者可参看《电磁波理论》(Jin Au Kong 著,吴季等译,电子工业出版社,2003,322-332 页)。

例题 3.2 将同轴线的外导体与接地面相连,内导体向空中垂直延伸构成的线天线,如图 3.10 所示,称为**λ /4 单极天线(monopole antenna)**。试求该单极天线的辐射方向图、辐射阻抗和方向性。

解 将地面近似看成导体,这样采用镜像法,便将单极天线转换成对称的天线,如图 3.10 所示。镜像天线有同样的长度,以及同样的电流及电流方向。所以,在上半空间,由图 3.10(a)所示的 $\lambda/4$ 单极天线产生的电磁场与图 3.10(b)所示的半波长双极天线相同。双极天线的方向函数因子式(3.2.24)在 $0\leqslant\theta\leqslant\dfrac{\pi}{2}$ 范围仍适用:

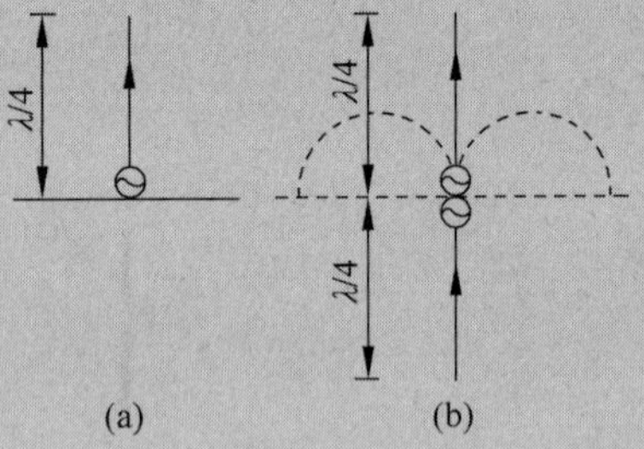

图 3.10 单极天线与双极天线

$$F(\theta)=\left.\frac{\cos(kl\cos\theta)-\cos kl}{\sin\theta}\right|_{kl=\frac{\pi}{2}}=\frac{\cos\left(\dfrac{\pi}{2}\cos\theta\right)}{\sin\theta} \tag{e3.2.1}$$

方向图如图 3.10(b)虚线所示。双极天线的场函数在 $0\leqslant\theta\leqslant\pi/2$ 范围也适用。把 $kl=\pi/2$ 代入式(3.2.23a)、式(3.2.23b)得

$$E_\theta=\frac{\mathrm{j}60}{r}I_0\mathrm{e}^{-\mathrm{j}kr}\frac{\cos\left(\dfrac{\pi}{2}\cos\theta\right)}{\sin\theta} \tag{e3.2.2}$$

$$H_\phi=\frac{\mathrm{j}}{2\pi r}I_0\mathrm{e}^{-\mathrm{j}kr}\frac{\cos\left(\dfrac{\pi}{2}\cos\theta\right)}{\sin\theta} \tag{e3.2.3}$$

平均坡印亭矢量函数式为

$$S_{\mathrm{av}}=\frac{1}{2}E_{\theta}H_{\phi}^{*}=\frac{15I_0^2}{\pi r^2}\frac{\cos^2\left(\frac{\pi}{2}\cos\theta\right)}{\sin^2\theta} \tag{e3.2.4}$$

由于单极天线只在上半空间辐射，所以总功率为

$$\begin{aligned}P_{\mathrm{r}}&=\int_0^{2\pi}\int_0^{\frac{\pi}{2}}S_{\mathrm{av}}r^2\sin\theta\mathrm{d}\theta\mathrm{d}\phi\\&=15I_0^2\int_0^{\frac{\pi}{2}}\frac{\cos^2\left(\frac{\pi}{2}\cos\theta\right)}{\sin\theta}\mathrm{d}\theta\end{aligned} \tag{e3.2.5}$$

通过数值积分可以计算出

$$P_{\mathrm{r}}=18.27I_0^2(\mathrm{W}) \tag{e3.2.6}$$

因此，辐射阻抗为

$$R_{\mathrm{r}}=\frac{2P_{\mathrm{r}}}{I_{\mathrm{m}}^2}=36.54\ \Omega \tag{e3.2.7}$$

也是相应自由空间双极天线的一半。方向性为

$$D=\frac{4\pi r^2\mid S_{\mathrm{av}}\mid_{\max}}{P_{\mathrm{r}}}=3.28=5.16\ \mathrm{dB} \tag{e3.2.8}$$

2. 积分方程模型

前面分析已指出，线天线分析的关键在于确定其上电流的分布。下面讲述如何用积分方程来精确确定线天线上电流的分布。图3.11表示一个圆柱线天线。可以设想其工作原理是：激励源在线天线表面产生感应电流，再由感应电流产生辐射场。积分方程的建立也由此而来，即激励源与感应电流产生的辐射场相加之总场，在线天线金属表面的切向场应为零。因为线天线一般较细，所以可假设电流沿 z 方向流动，且沿 ϕ 方向是均匀的。在这个前提下，化简式(3.1.17)，便得感应电流在线天线上产生的辐射场为

$$E_z^{\mathrm{s}}=-\mathrm{j}kZ\int_{-l}^{l}\left(1+\frac{1}{k^2}\frac{\partial^2}{\partial^2 z}\right)G(z,z')I(z')\mathrm{d}z' \tag{3.2.27}$$

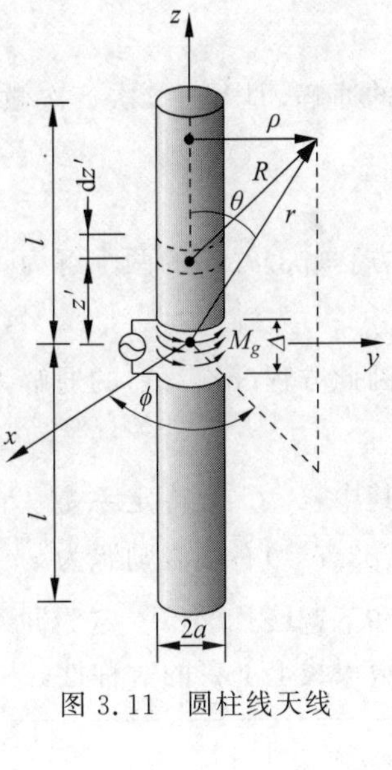

图3.11 圆柱线天线

其中，$I(z')$ 为线天线上 z' 处的总电流。根据线天线表

面总场为零,便有

$$
\mathrm{j}kZ\int_{-1}^{1}\left(1+\frac{1}{k^2}\frac{\partial^2}{\partial^2 z}\right)G(z,z')I(z')\mathrm{d}z'=E_z^{\mathrm{i}} \tag{3.2.28}
$$

这就是著名的 Pocklington 积分方程。改写式(3.2.28)为如下形式:

$$
\frac{\mathrm{d}^2 A}{\mathrm{d}z^2}+k^2 A=-\mathrm{j}\omega\varepsilon E_z^{\mathrm{i}} \tag{3.2.29}
$$

其中,

$$
A=\int_{-1}^{1}G(z,z')I(z')\mathrm{d}z' \tag{3.2.30}
$$

于是便可将求解积分微分方程(3.2.28),转化成先求解微分方程(3.2.29),再求解积分方程(3.2.30)。微分方程(3.2.29)的求解不难。对于对称振子,感应电流 I 必对称,故势函数 A 也对称。因此有

$$
A(z)=B\cos(kz)+C\sin(k\mid z\mid) \tag{3.2.31}
$$

其中,常数 B、C 可由对称振子端条件确定。对于理想 $\delta(z)$激励源,可确定出

$$
C=-\mathrm{j}/(2Z) \tag{3.2.32}
$$

而 B 可由边界条件 $I(l)=0$ 确定。这样就有

$$
\int_{-1}^{1}G(z,z')I(z')\mathrm{d}z'=B\cos(kz)-\frac{\mathrm{j}}{2Z}\sin(k\mid z\mid) \tag{3.2.33}
$$

这就是 Hallen 积分方程。

补充论证 3.7 证明式(3.2.31)成立。

证明 先求微分方程

$$
\frac{\mathrm{d}^2 A}{\mathrm{d}z^2}+k^2 A=-\mathrm{j}\omega\varepsilon E_z^{\mathrm{i}} \tag{p3.7.1}
$$

的通解,即下面二次齐次微分方程两个解的线性组合:

$$
\frac{\mathrm{d}^2 \overline{A}}{\mathrm{d}z^2}+k^2 \overline{A}=0 \tag{p3.7.2}
$$

方程(p3.7.2)的两个解为

$$
\overline{A}_1=\cos(kz),\quad \overline{A}_2=\sin(kz) \tag{p3.7.3}
$$

因此方程(p3.7.1)的通解为

$$
A=B\overline{A}_1+C\overline{A}_2 \tag{p3.7.4}
$$

其中,B、C 为待定系数。由边界条件和方程(p3.7.1)可确定 B、C。因为方程(p3.7.1)右端激励源为 $z=0$ 处的冲击函数 $E_z^{\mathrm{i}}(z)=\delta(z)$,因此天线上臂($z>0$)和下臂($z<0$)不一定为同一函数,所以待定系数分别用 B^+、C^+ 和 B^-、C^- 标识。由天线上下臂的对称性,

$$A\big|_{z=+z_0}=A\big|_{z=-z_0},\quad \forall z_0\in(0,l] \tag{p3.7.5}$$

即

$$B^+\cos(kz_0)+C^+\sin(kz_0)=B^-\cos(-kz_0)+C^-\sin(-kz_0) \tag{p3.7.6}$$

所以

$$B^+=B^-,\quad C^+=-C^- \tag{p3.7.7}$$

因此上、下臂的解可以统一写成

$$A(z)=B\cos(kz)+C\sin(k\mid z\mid) \tag{p3.7.8}$$

补充论证 3.8 式(3.2.31)中的待定系数 C 可由式(3.2.32)确定。

证明 对方程(p3.7.1)两边作从 0^- 到 0^+ 的积分，依据 $\delta(z)$ 的性质可知

$$\begin{aligned}\int_{0^-}^{0^+}(-\mathrm{j}\omega\varepsilon E_z^{\mathrm{i}})\mathrm{d}z&=-\mathrm{j}\omega\varepsilon\\&=\int_{0^-}^{0^+}\left(\frac{\mathrm{d}^2A}{\mathrm{d}z^2}+k^2A\right)\mathrm{d}z=\int_{0^-}^{0^+}\frac{\mathrm{d}^2A}{\mathrm{d}z^2}\mathrm{d}z+\int_{0^-}^{0^+}k^2A\mathrm{d}z=\left.\frac{\mathrm{d}A}{\mathrm{d}z}\right|_{0^-}^{0^+}\\&=[-Bk\sin(kz)+Ck\cos(kz)]_{z=0^+}-[-Bk\sin(kz)-Ck\cos(kz)]_{z=0^-}\\&=2kC\end{aligned} \tag{p3.8.1}$$

所以

$$C=-\frac{\mathrm{j}\omega\varepsilon}{2k}=-\frac{\mathrm{j}}{2Z} \tag{p3.8.2}$$

上面导出了描述线天线的积分方程。这样，原则上只要给出激励源，便可由方程确定出线天线上的电流分布。这里有两个问题：一是如何给出实际激励或馈电系统的数学模型；二是如何求解积分方程。下面先从第二个问题说起，然后给出第一个问题的讨论。

3. 积分方程的求解

积分方程常无法解析求解，需要利用计算数值求解。利用计算机求解积分方程的数值方法称为**矩量法**(**method of moment, MoM**)。由于积分方程自动满足辐射边界条件，所以矩量法也就尤为适合求解开域问题，如辐射和散射问题。本节就以求解Hallen 积分方程为例，来展示如何利用矩量法求解辐射问题。

通常，积分方程都可写成下面形式：

$$\mathscr{L}I=g \tag{3.2.34}$$

其中，$\mathscr{L}$ 为线性算子，g 是已知函数，I 为待定未知函数。利用计算机求解，首先是对待定函数离散。对于光滑未知函数 I，我们选择用带有待定系数的离散已知函数的

线性组合来近似表达。这些函数基称为基函数。例如,对于线天线问题,未知函数为一维的电流函数,可以用一维的基函数表达。如矩形基函数,这是一种最简单的基函数,它是在第 n 分段$(z_n^-,z_n^+]$上定义的常数函数:

$$b_i=\begin{cases}1, & z\in(z_n^-,z_n^+]\\0, & \text{其他}\end{cases}\tag{3.2.35}$$

那么,只要分段足够精细,光滑函数 I 可以在所需精度下近似地离散化表示成

$$I\approx\sum_n b_n I_n\tag{3.2.36}$$

其中,I_n 为第 n 分段的待定系数。从而求解 I 的问题转化为求待定系数 I_n 的问题。由于算子 $\mathscr{L}$ 是线性的,方程(3.2.34)转化为

$$\mathscr{L}\sum_n b_n I_n=\sum_n \mathscr{L}(b_n)I_n=g\tag{3.2.37}$$

对于总数为 M 段的剖分,共有 M 个未知数,则相应需要 M 个方程。由于积分方程(3.2.37)在定义域都成立,所以只要在每个分段上取一个点便可得到 M 个方程。对于 Hallen 积分方程在第 m 分段的中点 z_m 的方程为

$$\int_{-1}^{1}G(z_m,z')I(z')\mathrm{d}z'=\sum_{n=1}^{M}I_n\int_{z_n^-}^{z_n^+}G(z_m,z')\mathrm{d}z'=B\cos(kz_m)-\frac{\mathrm{j}}{2\eta}\sin(k\mid z_m\mid)\tag{3.2.38}$$

则在所有$(m=1,2,\cdots,M)$中的方程组为

$$\begin{cases}\displaystyle\sum_{n=1}^{M}I_n\int_{z_n^-}^{z_n^+}G(z_1,z')\mathrm{d}z'=B\cos(kz_1)-\frac{\mathrm{j}}{2Z}\sin(k\mid z_1\mid)\\ \qquad\vdots\\ \displaystyle\sum_{n=1}^{M}I_n\int_{z_n^-}^{z_n^+}G(z_m,z')\mathrm{d}z'=B\cos(kz_m)-\frac{\mathrm{j}}{2Z}\sin(k\mid z_m\mid)\\ \qquad\vdots\\ \displaystyle\sum_{n=1}^{M}I_n\int_{z_n^-}^{z_n^+}G(z_M,z')\mathrm{d}z'=B\cos(kz_M)-\frac{\mathrm{j}}{2Z}\sin(k\mid z_M\mid)\end{cases}\tag{3.2.39}$$

写成矩阵形式为

$$[\boldsymbol{Z}]_{M\times M}\begin{Bmatrix}I_1\\\vdots\\I_m\\\vdots\\I_M\end{Bmatrix}=\begin{Bmatrix}b_1\\\vdots\\b_m\\\vdots\\b_M\end{Bmatrix}\tag{3.2.40a}$$

其中,

$$\begin{cases} Z_{mn}=\int_{z_n^-}^{z_n^+}G(z_m,z')\mathrm{d}z' \\ b_m=Bb_m^{(1)}+b_m^{(2)} \\ b_m^{(1)}=\cos(kz_m) \\ b_m^{(2)}=-\dfrac{\mathrm{j}}{2Z}\sin(k\mid z_m\mid) \end{cases} \tag{3.2.40b}$$

对于矩阵方程(3.2.40a)，有两个问题需要解决：其一为矩阵元素 Z_{mn} 的计算；其二为右端项中含有的待定系数 B。第一个问题，当场点 z_m 落在源第 z_m 分段内，格林函数出现奇异(分母 0 值)。计算机对这样的被积函数无法给出正确的估值，必须特殊处理。为了避免这个奇异点问题，可以设法使场点不落在源点上。此时我们考虑金属线的半径 a，认为源电流存在于金属线的中心，而场点选在金属线的表面。于是，

$$G(z_m,z')=\frac{\mathrm{e}^{-\mathrm{j}k\sqrt{a^2+(z'-z_m)^2}}}{4\pi\sqrt{a^2+(z'-z_m)^2}} \tag{3.2.41}$$

$$Z_{mn}=\int_{z_n^-}^{z_n^+}G(z_m,z')\mathrm{d}z'=\int_{z_n^-}^{z_n^+}\frac{\mathrm{e}^{-\mathrm{j}k\sqrt{a^2+(z'-z_m)^2}}}{4\pi\sqrt{a^2+(z'-z_m)^2}}\mathrm{d}z' \tag{3.2.42}$$

当第 n 与 m 个单元相距较远时，被积函数光滑，其值随 z' 的变化较缓慢，所以第 n 段上的积分可以用第 n 段中点值 z_n' 代入近似计算：

$$Z_{mn}\approx\frac{\mathrm{e}^{-\mathrm{j}k\sqrt{a^2+(z_n'-z_m)^2}}}{4\pi\sqrt{a^2+(z'_n-z_m)^2}}\cdot(z_n^+-z_n^-) \tag{3.2.43}$$

当第 n 与 m 个单元相距较近时，被积函数分母趋向于 $1/a$，其值随 z' 的变化剧烈，用平均值计算误差较大，需要特别处理。为此，引入 $r_{nn}=\sqrt{a^2+(z'-z_n)^2}$，此时，$r_{nn}\to a$。则被积函数分母为 $4\pi r_{nn}$，分子为 $\mathrm{e}^{-\mathrm{j}kr_{nn}}$。对分子在零点附近作泰勒展开，得

$$\mathrm{e}^{-\mathrm{j}kr_{nn}}=1+(-\mathrm{j}kr_{nn})+\frac{1}{2!}(-\mathrm{j}kr_{nn})^2+O(r_{nn}^3)\approx 1-\mathrm{j}kr_{nn}-\frac{1}{2}k^2r_{nn}^2 \tag{3.2.44}$$

故

$$Z_{nn}=\frac{1}{4\pi}\int_{z_n-\frac{\Delta l}{2}}^{z_n+\frac{\Delta l}{2}}\left(\frac{1}{r_{nn}}-\mathrm{j}k-\frac{1}{2}k^2r_{nn}\right)\mathrm{d}z' \tag{3.2.45}$$

其中，第一项、第三项积分分别为

$$Z_{nn\_1}=\frac{1}{4\pi}\int_{z_n-\frac{\Delta l}{2}}^{z_n+\frac{\Delta l}{2}}\frac{1}{r_{nn}}\mathrm{d}z'=\frac{1}{4\pi}\int_{z_n-\frac{\Delta l}{2}}^{z_n+\frac{\Delta l}{2}}\frac{1}{\sqrt{a^2+(z'-z_n)^2}}\mathrm{d}z'$$

$$=\frac{1}{4\pi}\ln\frac{\sqrt{\Delta l^2+4a^2}+\Delta l}{\sqrt{\Delta l^2+4a^2}-\Delta l} \tag{3.2.46}$$

$$Z_{ii\_3}=\frac{1}{4\pi}\int_{z_n-\frac{\Delta l}{2}}^{z_n+\frac{\Delta l}{2}}r_{ii}\,\mathrm{d}z'=\frac{1}{4\pi}\int_{z_n-\frac{\Delta l}{2}}^{z_n+\frac{\Delta l}{2}}\sqrt{a^2+(z'-z_i)^2}\,\mathrm{d}z'$$

$$=\frac{1}{8\pi}\left(\frac{\Delta l}{2}\sqrt{4a^2+\Delta l^2}+a^2\ln\frac{\sqrt{\Delta l^2+4a^2}+\Delta l}{\sqrt{\Delta l^2+4a^2}-\Delta l}\right) \tag{3.2.47}$$

接下来解决右端项中含有的待定系数 B 问题。它可由天线端点电流为零来确定。将方程(3.2.40a)中的阻抗矩阵分块,拆解出与 I_1 相作用的子矩阵$[\boldsymbol{Z}_1]_{M\times 1}$ 和不与其作用的子矩阵$[\boldsymbol{Z}_2]_{M\times(M-1)}$,方程写为

$$[\boldsymbol{Z}_1\quad \boldsymbol{Z}_2]_{M\times M}\begin{Bmatrix}I_1\\ I_2\\ \vdots\\ I_M\end{Bmatrix}=[\boldsymbol{Z}_1\quad \boldsymbol{Z}_2]_{M\times M}\begin{Bmatrix}0\\ I_2\\ \vdots\\ I_M\end{Bmatrix}=B[\boldsymbol{b}^{(1)}]_{M\times 1}+[\boldsymbol{b}^{(2)}]_{M\times 1} \tag{3.2.48}$$

去掉已知元素,把右端第一项移至方程左端,得

$$[\boldsymbol{b}^{(1)}\quad \boldsymbol{Z}_2]_{M\times M}\begin{Bmatrix}-B\\ I_2\\ \vdots\\ \vdots\\ I_M\end{Bmatrix}=\begin{Bmatrix}b_1^{(2)}\\ \vdots\\ b_k^{(2)}\\ \vdots\\ b_M^{(2)}\end{Bmatrix} \tag{3.2.49}$$

这样就可以同时解出线上电流分布及待定系数。

根据求出的线上电流$\{I\}$,便可计算出所需的物理量。对于天线,人们关心的是输入阻抗、方向图、方向性、增益以及辐射效率。我们知道,增益是方向性与辐射效率的乘积,而辐射效率是由具体馈电网络与天线输入阻抗共同确定。在馈电网络不确定的情况下,天线的分析主要是计算出输入阻抗、方向图和方向性。由于在输入端口处电压可求,

$$V_i=\int_{-\Delta}^{\Delta}\boldsymbol{E}^{\mathrm{i}}\cdot\mathrm{d}\boldsymbol{l}=1\quad(\Delta\rightarrow 0) \tag{3.2.50}$$

输入阻抗便可由输入电压和所求得的输入端电流,利用式(3.2.14)算出。

4. 实际馈电系统的数学模型

给出实际激励系统的数学模型是一项重要且困难的工作，因为天线激励附近场分布较为复杂。上面已经提及一种线天线激励模型——缝隙 $\delta(z)$ 激励模型，即只在线天线馈电处有激励电场，其他部分没有激励源。这种模型很简单，便于计算，因而常被使用。然而在某些情况下，这样计算的输入阻抗还是误差较大。下面介绍另一种较为精确的磁环激励模型。如图 3.12 所示，这种模型假设线天线上任何一处都有激励电场，此激励电场由馈电处的磁流环产生。此模型来源于同轴线激励，磁流环便是由同轴线内、外导体之间的电场而成。此电场一般可表示成

$$\boldsymbol{E}=\hat{\boldsymbol{\rho}}\frac{V_{\mathrm{i}}}{\rho\ln(b/a)},\quad a\leqslant\rho\leqslant b \tag{3.2.51}$$

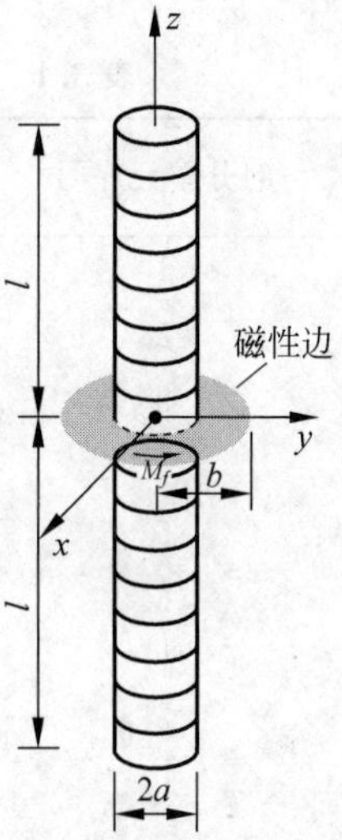

图 3.12　圆柱线天线分离和缝隙模型

于是等效的磁流源便是

$$\boldsymbol{M}=\boldsymbol{E}\times\hat{\boldsymbol{n}}=-\hat{\boldsymbol{\varphi}}\frac{V_{\mathrm{i}}}{\rho\ln(b/a)},\quad a\leqslant\rho\leqslant b \tag{3.2.52}$$

利用式(3.1.24)，在细天线的近似下，可得此等效磁流源在线天线上产生的激励电场表达式为①

$$E_z^{\mathrm{i}}(z)=-\frac{V_{\mathrm{i}}}{2\ln(b/a)}\left(\frac{\mathrm{e}^{-\mathrm{j}kR_1}}{R_1}-\frac{\mathrm{e}^{-\mathrm{j}kR_2}}{R_2}\right)\quad\rho=0,-l/2\leqslant z\leqslant l/2 \tag{3.2.53a}$$

其中，

$$R_1=\sqrt{z^2+a^2} \tag{3.2.53b}$$

$$R_2=\sqrt{z^2+b^2} \tag{3.2.53c}$$

为了具体比较缝隙 $\delta(z)$ 激励模型和磁流环激励模型入射电场分布的差异，表 3.1 给出半波对称振子这两种模型的入射电场分布。线天线半径 $a=0.005\lambda$，整个天线的实际长度为 $2l=0.47\lambda$。

按照同轴线特性阻抗为 50 Ω，可计算出 $b=2.3a$。将整个半波振子分成 21 等份，表中 $n=1$ 表示最外侧单元，$n=11$ 表示中心馈电单元。由表可见，虽然两种模型

① L. L. Tsai. A numerical solution for the near and far fields of an annular ring of magnetic current. IEEE Trans. on Antenna and Propagation, 1972, 20(5).

入射电场分布不一致,但磁流环激励模型入射电场随着与中心距离的加大,衰减很快。由此可见,缝隙 $\delta(z)$ 激励模型还是一个较好的简单激励模型。

表 3.1 半波对称振子两种激励模型的入射电场分布之比较

剖分单元序号	缝隙 $\delta(z)$ 激励模型 输入电场幅值	磁环激励模型 输入电场幅值
1	0	7.3×10^{-5}
2	0	9.3×10^{-5}
3	0	1.2×10^{-4}
4	0	1.7×10^{-4}
5	0	2.6×10^{-4}
6	0	4.1×10^{-4}
7	0	7.5×10^{-5}
8	0	1.7×10^{-3}
9	0	5.2×10^{-3}
10	0	3.5×10^{-2}
11	1	1

用矩量法求解积分方程,就可得出线天线上的电流分布,由式(3.2.14)便得线天线的输入阻抗。表 3.2 给出了用 Hallen 积分方程计算出的,在不同天线长度和半径下线天线的输入阻抗。对于细半波对称振子,其输入阻抗大致为 73+j11;对于粗半波振子,其输入阻抗大致为 97+j28。从表中可以看出一个大体趋势,即在一个波长范围内,随着天线的缩短,辐射电阻急剧减少;随着天线的加长,天线阻抗急剧增加。分析表 3.2 还可得出:细导线天线的输入阻抗比粗导线天线对频率更为敏感。因此粗导线天线相较于细导线天线更适于宽频带应用。

表 3.2 在不同天线长度和半径下线天线输入阻抗的矩量法计算值

$2l/\lambda$	a/λ	N	Z_{in}
0.25	0.001	10	13−j737
0.50	0.001	20	74+j11
0.75	0.001	30	424+j827
1.00	0.001	40	2724−j1067
0.25	0.01	10	11−j186
0.50	0.01	20	97+j28
0.75	0.01	30	534+j80
1.00	0.01	40	178−j344

3.2.3 微带天线

微带天线因其易共形、质量轻、低成本、易集成等特点，成为最为广泛使用的天线之一，也是研究最为深入、变种最为众多的天线之一。本节先简述微带天线的发展历程，接着分析微带天线经典的近似腔模型理论，以明晰微带天线的基本工作原理，最后介绍分析微带天线更为严格的全波数值方法。

1. 微带天线的发展历程

微带天线的原始概念源于 G. Deschamps 和 W. Sichak 的工作①。1953 年，在为美国联邦远程通信实验室制作 X 波段高分辨天线项目中，他们提出并具体实施了用微带线代替传统波导作为馈线的喇叭天线阵。虽然报告中并没有明确提出微带天线的概念，但已指出微带线带来的体积小、质量轻、易制作等众多优点。更为重要的是，他们发现微带线在不连续处有较强的辐射，只不过当时这些辐射是有害的，影响了整个天线阵的辐射方向图，需要想办法抑制。图 3.13 示出了他们制作的，用微带线作为馈线的 32 单元天线阵。

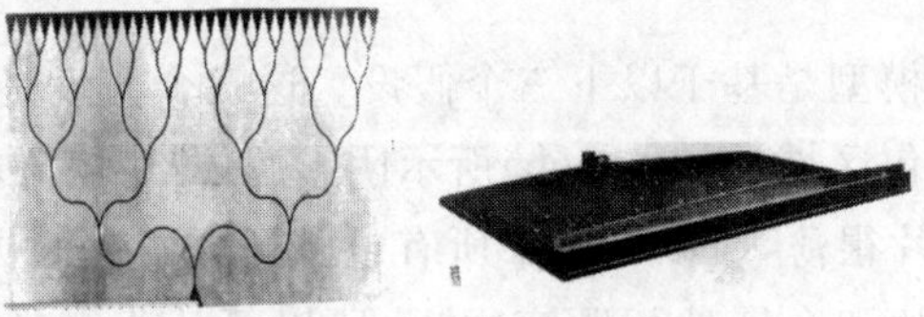

图 3.13 G. Deschamps 和 W. Sichak 在 1953 年用微带线作为馈线的 32 单元天线阵

事过近二十年，即 1972 年，R. E. Munson 变有害辐射为有用辐射，首次明确提出了如图 3.14 所示的微带天线，并且指出可通过几种方法以增加这种天线的带宽。随之，微带天线受到了广泛的关注。J. L. Kerr 在 1977—1978 年先后发现：可通过裁剪微带天线中的顶层金属贴片控制微带天线的中心辐射频率，也可通过增加细金属柱调整中心辐射频率。

随着微带天线新特性的不断发现，分析微带天线的理论模型也在不断更新完善。最早使用的传输线模型，因无法分析非矩形微带天线，很快被罗远祉（Y. T. Lo）于 1978 年提出的腔模型以及 1981 年的修正模型所取代。腔模型理论是分析微带天线的经典模型，不仅能较为精确地估计出复杂形状微带天线的中心辐射频率，而且能清晰给出微带天线的辐射机理。

① G. Deschamps and W. Sichak. Microstrip microwave antennas. Proceedings of the Third Symposium on the USAF Antenna Research and Development Program.

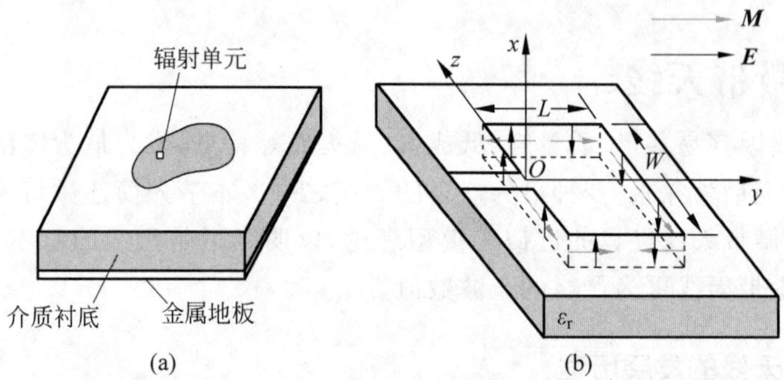

图 3.14 微带天线示意图(a)及矩形贴片微带天线的腔模型等效磁流分布(b)

20 世纪 80 年代以来,微带天线的研究工作、研究人员都极其繁多,很难穷尽。这里只指出一条重要的研究主线:如何增加微带天线的带宽。具体内容这里暂且不论,有兴趣的读者可参看 *Broadband Microstrip Antennas*(G. Kumar 和 K. P. Ray, 2003)。随着微带天线形式的复杂,近似的腔模型理论已不够使用,更为精确的分析方法——全波数值方法已提出,并被广泛使用。

2. 腔模型理论

罗远祉教授的腔模型是基于以下三个假设。这三个假设是关于微带贴片及其正下方所对金属基片所包区域(图 3.14(b)所示阴影腔体)中电磁场的。具体如下:

(1) 由于介质基片很薄,所以区域中所有电磁场分量在 x 方向上不变化;

(2) 由于微带贴片和金属地板距离很近,所以可认为微带贴片和金属地板之间电场只有 x 分量,磁场只有 y、z 分量;

(3) 腔体四侧壁切向磁场很小。

这三个基本假设抓住了微带天线的主要特征。有了这三个基本假设,微带天线的分析就可分两步进行:先分析上、下为电壁,四周为磁壁的腔所支持的模式及其激励源所能激起的腔模式,后分析此腔在四周开缝后的辐射场。具体而言,腔内的模式可表述成

$$\boldsymbol{E}_m = \varphi_m \hat{\boldsymbol{x}} \tag{3.2.54}$$

$$\boldsymbol{H}_m = \frac{1}{\mathrm{j}\omega\mu} \hat{\boldsymbol{x}} \times \nabla_t \varphi_m \tag{3.2.55}$$

其中,算子∇_t是相对于 x 的横向梯度算子。φ_m 满足下列方程:

$$(\nabla_t^2 + k_m^2)\varphi_m = 0 \tag{3.2.56}$$

$$\frac{\partial \varphi_m}{\partial n} = 0, \quad \text{在磁壁上} \tag{3.2.57}$$

其中,$k_m = \omega_m \sqrt{\mu\varepsilon_d}$ 是第 m 个模的截止波数。对于一个 $\boldsymbol{J} = J\hat{\boldsymbol{x}}$ 的激励源,激励产生

的场便可表示成

$$\boldsymbol{E}=\hat{\boldsymbol{x}}E_x=\hat{\boldsymbol{x}}\sum_m a_m\varphi_m \tag{3.2.58a}$$

$$\boldsymbol{H}=\frac{1}{\mathrm{j}\omega\mu}\hat{\boldsymbol{x}}\times\sum_m a_m\nabla_t\varphi_m \tag{3.2.58b}$$

其中,a_m 为待定系数。将式(3.2.58a)和式(3.2.58b)代入下面带源麦克斯韦方程:

$$\nabla\times\boldsymbol{H}=\mathrm{j}\omega\varepsilon\boldsymbol{E}+J\hat{\boldsymbol{x}} \tag{3.2.59}$$

通过对方程(3.2.59)两边同乘模式函数 φ_m,并在腔体内作积分,利用模式函数的正交性,通过矢量运算,便可求出式(3.2.58a)和式(3.2.58b)中的待定系数 a_m,从而得到电磁场的表达式如下:

$$\boldsymbol{E}=\hat{\boldsymbol{x}}E_x=\hat{\boldsymbol{x}}\mathrm{j}\omega\mu\sum_m\frac{1}{k^2-k_m^2}\frac{\langle J\varphi_m\rangle}{\langle\varphi_m\varphi_m\rangle}\varphi_m \tag{3.2.60}$$

$$\boldsymbol{H}=\frac{1}{\mathrm{j}\omega\mu}\hat{\boldsymbol{x}}\times\nabla E_x \tag{3.2.61}$$

其中,

$$\langle J\varphi_m\rangle=\int_{源}J\varphi_{\mathrm{m}}\mathrm{d}V \tag{3.2.62}$$

$$\langle\varphi_m\varphi_m\rangle=\int_V\varphi_m\varphi_m\mathrm{d}V \tag{3.2.63}$$

一旦贴片下面区域中的场确定,便可利用等效原理计算辐射场。贴片四周窄缝上的等效磁流面密度为

$$\boldsymbol{M}=\hat{\boldsymbol{x}}E_x\times\hat{\boldsymbol{n}} \tag{3.2.64}$$

其中,$\hat{\boldsymbol{n}}$ 为缝隙表面的外法向单位矢量。由于介质基片厚度 t 很小,此等效磁流可看成在 $x=0$ 平面上的一条值为 $t\boldsymbol{M}$ 的磁流线。由于电场只有 x 方向分量,所以等效面磁流均与接地板平行,如图 3.14(b)中灰色线箭头所示。又此磁流线在金属板上,根据镜像原理,微带天线的辐射场就等效为 $2t\boldsymbol{M}$ 的磁流线在自由空间中产生的辐射场。于是由式(3.1.24)可得微带天线远区辐射场为

$$\boldsymbol{E}=\mathrm{j}2tk\frac{\mathrm{e}^{-\mathrm{j}kr}}{4\pi r}\int_C\hat{\boldsymbol{r}}\times\boldsymbol{M}(y',z')\mathrm{e}^{\mathrm{j}k(y'\sin\theta\sin\phi+z'\cos\theta)}\mathrm{d}C \tag{3.2.65}$$

$$\boldsymbol{H}=\frac{1}{Z}\hat{\boldsymbol{r}}\times\boldsymbol{E} \tag{3.2.66}$$

其中,C 是贴片边缘回路。

例题 3.3 设 $L>W$,最低次 TM 模为 TM_{10},电场分布可表示为 $\boldsymbol{E}=E_0\cos\left(\frac{\pi y}{L}\right)\hat{\boldsymbol{x}}$,即贴片处的场沿宽度 $\boldsymbol{W}$ 方向没有变化,而仅在长度方向 $L\approx\lambda_{\mathrm{g}}/2$ 有变化。试求此模式下磁流源 $\boldsymbol{M}=-\hat{\boldsymbol{n}}\times\boldsymbol{E}$ 在自由空间远区产生的电场。

解 先考察磁流源的情况。贴片四周窄缝上的等效面磁流密度为

$$\begin{cases}\boldsymbol{M}(\boldsymbol{r})\big|_{y=0}=\hat{\boldsymbol{y}}\times\hat{\boldsymbol{x}}E_0=-\hat{\boldsymbol{z}}E_0\\ \boldsymbol{M}(\boldsymbol{r})\big|_{y=L}=-\hat{\boldsymbol{y}}\times(-\hat{\boldsymbol{x}}E_0)=-\hat{\boldsymbol{z}}E_0\\ \boldsymbol{M}(\boldsymbol{r})\big|_{z=-\frac{W}{2}}=\hat{\boldsymbol{z}}\times\hat{\boldsymbol{x}}E_0\cos\left(\dfrac{\pi y}{L}\right)=\hat{\boldsymbol{y}}E_0\cos\left(\dfrac{\pi y}{L}\right)\\ \boldsymbol{M}(\boldsymbol{r})\big|_{z=\frac{W}{2}}=-\hat{\boldsymbol{z}}\times\left[\hat{\boldsymbol{x}}E_0\cos\left(\dfrac{\pi y}{L}\right)\right]=-\hat{\boldsymbol{y}}E_0\cos\left(\dfrac{\pi y}{L}\right)\end{cases}\tag{e3.3.1}$$

由式(e3.3.1)可知,表面磁流沿两条 W 边是同向的,其辐射场在 x 轴方向同相叠加,呈最大辐射,并随偏离角的增大而减小,形成边射方向图。在两条 L 边的磁流彼此呈反对称分布,辐射场也相互抵消。所以,产生有效辐射的磁流源为 $y=0,y=L$ 两条 W 边上的 $\boldsymbol{M}$。利用式(3.2.64),则边 $y=0$ 上产生的辐射场 $\boldsymbol{E}_1$ 为

$$\begin{aligned}\boldsymbol{E}_1(\boldsymbol{r})&\approx \mathrm{j}2tk\frac{\mathrm{e}^{-\mathrm{j}kr}}{4\pi r}\int_{-\frac{W}{2}}^{\frac{W}{2}}\hat{\boldsymbol{r}}\times\boldsymbol{M}(y',z')\mathrm{e}^{\mathrm{j}k(y'\sin\theta\sin\phi+z'\cos\theta)}\big|_{y=0}\mathrm{d}z'\\&=\hat{\boldsymbol{r}}\times(-\hat{\boldsymbol{z}})\mathrm{j}2tk\frac{\mathrm{e}^{-\mathrm{j}kr}}{4\pi r}\int_{-\frac{W}{2}}^{\frac{W}{2}}E_0\mathrm{e}^{\mathrm{j}kz'\cos\theta}\mathrm{d}z'\\&=\hat{\boldsymbol{\varphi}}\mathrm{j}2tkE_0W\frac{\mathrm{e}^{-\mathrm{j}kr}}{4\pi r}\frac{\sin\left(\frac{1}{2}kW\cos\theta\right)}{\frac{1}{2}kW\cos\theta}\sin\theta\end{aligned}\tag{e3.3.2}$$

上式是一个侧面 $y=0$ 上的等效磁流产生的电场。由于微带天线是间距为 $L=\lambda_g/2$ 的两个侧面磁流对辐射场的贡献,所以要考虑两个源产生场的相位叠加的效果。记 $y=0$ 处源产生的电场为 $\boldsymbol{E}_1$,在 $y=L$ 处的源产生的电场为 $\boldsymbol{E}_2$。由于两个磁流源等幅同相,所以合电场为

$$\begin{aligned}\boldsymbol{E}&=\boldsymbol{E}_1+\boldsymbol{E}_2\\&=\boldsymbol{E}_1(\mathrm{e}^{-\mathrm{j}k\frac{L}{2}\sin\phi\sin\theta}+\mathrm{e}^{\mathrm{j}k\frac{L}{2}\sin\phi\sin\theta})\mathrm{e}^{\mathrm{j}k\frac{L}{2}\sin\phi\sin\theta}\\&=2\cos\left(\frac{1}{2}kL\sin\theta\sin\phi\right)\boldsymbol{E}_1\mathrm{e}^{\mathrm{j}\varphi_0}\end{aligned}\tag{e3.3.3}$$

其中,φ_0 对应于一个初相位角:

$$\varphi_0=k\frac{L}{2}\sin\phi\sin\theta\tag{e3.3.4}$$

习惯上不予标出。所以矩形微带线两个缝隙天线远区辐射场为

$$\boldsymbol{E}=\hat{\boldsymbol{\varphi}}\frac{\mathrm{j}2E_0t}{\pi r}\frac{\sin(kt\sin\theta\cos\phi)}{kt\sin\theta\cos\phi}\frac{\sin\left(\frac{1}{2}kW\cos\theta\right)}{\cos\theta}\sin\theta\cos\left(\frac{1}{2}kL\sin\theta\sin\phi\right)\mathrm{e}^{-\mathrm{j}kr}$$

$$\approx\hat{\boldsymbol{\varphi}}\frac{\mathrm{j}2E_0t}{\pi r}\frac{\sin\left(\frac{1}{2}kW\cos\theta\right)}{\cos\theta}\sin\theta\cos\left(\frac{1}{2}kL\sin\theta\sin\phi\right)\mathrm{e}^{-\mathrm{j}kr}\qquad(\mathrm{e}3.3.5)$$

这个微带线天线的辐射场角分布函数(方向函数)为

$$F(\theta,\varphi)=\left|\frac{\sin\left(\frac{1}{2}kW\cos\theta\right)}{\frac{1}{2}kW\cos\theta}\sin\theta\cos\left(\frac{1}{2}kL\sin\theta\sin\varphi\right)\right|\qquad(\mathrm{e}3.3.6)$$

E 面(yOz 面),$\theta=90°$,方向函数为

$$F_{\mathrm{E}}(\phi)=F(90°,\phi)=\left|\cos\left(\frac{1}{2}kL\sin\phi\right)\right|\qquad(\mathrm{e}3.3.7)$$

H 面(xOz 面),$\varphi=0°$,方向函数为

$$F_{\mathrm{H}}(\theta)=F(\theta,0°)=\left|\frac{\sin\left(\frac{1}{2}kW\cos\theta\right)}{\frac{1}{2}kW\cos\theta}\sin\theta\right|\qquad(\mathrm{e}3.3.8)$$

下面考虑如何计算描述近场特性的输入阻抗。由式(3.2.14)得

$$Z_{\mathrm{i}}=\frac{V_{\mathrm{i}}}{I_{\mathrm{i}}}=\frac{t\cdot\bar{E}_x}{I}\qquad(3.2.67)$$

其中,$\bar{E}_x$ 是馈电部分 E_x 的平均值,I 是总输入电流。很明显,如果 $\bar{E}_x$ 直接用式(3.2.60)获得,输入阻抗就无法表述由辐射、导体、介质带来的损耗。为此,引入等效损耗介质,将这些损耗考虑其中。具体而言,就是将式(3.2.60)中的 k 用下式代替:

$$k_{\mathrm{eff}}=k_0\sqrt{\varepsilon_{\mathrm{r}}(1-\mathrm{j}\delta_{\mathrm{eff}})}\qquad(3.2.68)$$

其中,δ_{eff} 和腔的品质因数 Q 具有如下关系:

$$\delta_{\mathrm{eff}}=1/Q=P/(2\omega W_{\mathrm{E}})\qquad(3.2.69)$$

其中,P 为辐射、导体、介质损耗的总和,W_{E} 为平均电场储能。很显然,严格说来,W_{E} 和 P 都是 δ_{eff} 的函数,因此式(3.2.69)是非线性方程,需用迭代法确定。对于通常薄介质基片微带天线,用 $k=\omega\sqrt{\mu\varepsilon_{\mathrm{d}}}$ 作迭代初始值,只需一次便已足够精确。下面再来考虑式(3.2.67)中电流 I 的取值。I 的取值应与式(3.2.60a)中内积的计算一致,都取决于馈电模型。如果天线是以微带线馈电,那么激励电流就是 x 方向,馈电宽度为微带线宽度;如果是用同轴线馈电,实践证明,仍可认为激励电流就是 x 方向,馈电宽

度为同轴内导线半径的 2.25 倍。当然,这种处理方式对于介质基片较厚的微带天线,计算误差就偏大了,需要更精细的馈电模型才能较为精确地计算微带天线的输入阻抗。这些模型较为复杂,本著就不讨论了,有兴趣的读者可参看 *Handbook of Microwave and Optical Components*(K. Chang,John Wiley & Sons,卷一,第 13 章,1997)。

阅读与思考

腔模型是分析微带天线的一种重要的近似模型,它不仅能对微带天线的主要特性进行较为精确的估计,而且更为重要的是,这种模型给出了一种简单、便于分析的微带天线辐射机理。虽然如此,这种模型也有很多局限。前面已经提及,腔模型不再适用于分析介质基片较厚的微带天线。不仅如此,实际上这种模型很难分析下面要提及的、旨在提高带宽的种种变形微带天线,也无法估计微带天线阵中单元之间的耦合。为此,人们提出了一种更为精确的全波分析方法。

3.B 微带天线的全波分析法

这种方法对微带天线辐射机理的分析,与腔模型不太相同。这种方法认为,微带天线的辐射是因为馈电系统在不连续处,即微带天线金属贴片上产生感应电流,由感应电流产生辐射。因此这种方法的关键是确定金属贴片上的感应电流。这需要通过在金属贴片上建立积分方程求解得到。具体而言,假设金属贴片上感应电流源 $\boldsymbol{J}$ 产生的辐射场为 $\boldsymbol{E}^{\mathrm{s}}(\boldsymbol{J})$,那么根据金属贴片上切向总电场为零可得

$$\hat{\boldsymbol{n}} \times [\boldsymbol{E}^{\mathrm{s}}(\boldsymbol{J}) + \boldsymbol{E}^{\mathrm{i}}] = \boldsymbol{0} \tag{3.B.1}$$

其中,$\boldsymbol{E}^{\mathrm{i}}$ 为激励源,$\hat{\boldsymbol{n}}$ 为金属贴片的单位法向矢量。很明显,下面关键一步就是推导 $\boldsymbol{E}^{\mathrm{s}}(\boldsymbol{J})$ 的具体表达式。这需要较为复杂的层状介质并矢格林函数。

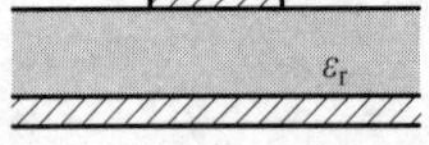

图 3.B.1 微带天线模型

层状介质是实际生活中最常见的一种简化的介质模型。像微带天线(图 3.B.1)、地面上的坦克、海洋中的舰船、埋于地下的地雷等目标都需归为层状介质中辐射或散射问题。此类问题的求解比自由空间中电磁问题的求解更为复杂和困难。本节着重讲述的是层状介质中的矩量法。

为此,需首先求出层状介质中的格林函数。考虑下面频域中的一般形式麦克斯韦方程:

$$\nabla \times \boldsymbol{E} = -\mathrm{j}\omega\mu\boldsymbol{H} \tag{3.B.2}$$

$$\nabla \times \boldsymbol{H} = \mathrm{j}\omega\varepsilon\boldsymbol{E} + \boldsymbol{J} \tag{3.B.3}$$

根据层状结构在 x、y 方向均匀的特点,引入下面二维傅里叶变换,以转化式(3.B.2)、式(3.B.3),得到只含有对 z 求微分的方程:

$$\tilde{f}(\boldsymbol{k}_\rho;\ z)=\int_{-\infty}^{+\infty}\int_{-\infty}^{+\infty} f(\boldsymbol{r})\mathrm{e}^{-\mathrm{j}\boldsymbol{k}_\rho\cdot\boldsymbol{\rho}}\mathrm{d}x\mathrm{d}y \tag{3.B.4}$$

与此变换对应的二维傅里叶逆变换为

$$f(\boldsymbol{r})=\frac{1}{(2\pi)^2}\int_{-\infty}^{+\infty}\int_{-\infty}^{+\infty}\tilde{f}(\boldsymbol{k}_\rho;\ z)\mathrm{e}^{\mathrm{j}\boldsymbol{k}_\rho\cdot\boldsymbol{\rho}}\mathrm{d}k_x\mathrm{d}k_y \tag{3.B.5}$$

利用柱面波的平面波函数表达式：

$$J_n(\rho)=\frac{j^n}{2\pi}\int_0^{2\pi}\mathrm{e}^{-\mathrm{j}\rho\cos\phi}\mathrm{e}^{-\mathrm{j}n\phi}\mathrm{d}\phi \tag{3.B.6}$$

式(3.B.5)可简化成一维积分形式：

$$f(\boldsymbol{r})=\frac{1}{2\pi}\int_0^{+\infty}\tilde{f}(k_\rho)J_0(k_\rho\rho)k_\rho\mathrm{d}k_\rho \tag{3.B.7}$$

式(3.B.7)通常称为索末菲积分，记为$\mathbb{S}_0$。将式(3.B.2)和式(3.B.3)中的算子∇分解成$\nabla=\nabla_t+\nabla_z$，利用$\nabla_t\equiv\mathrm{j}\boldsymbol{k}_\rho$，可得

$$\frac{\mathrm{d}\tilde{\boldsymbol{E}}_t}{\mathrm{d}z}=\frac{1}{\mathrm{j}\omega\varepsilon}(k^2-k_\rho^2)(\tilde{\boldsymbol{H}}_t\times\hat{\boldsymbol{z}})+\frac{\boldsymbol{k}_\rho}{\omega\varepsilon}\tilde{J}_z \tag{3.B.8}$$

$$\frac{\mathrm{d}\tilde{\boldsymbol{H}}_t}{\mathrm{d}z}=\frac{1}{\mathrm{j}\omega\mu}(k^2-k_\rho^2)(\hat{\boldsymbol{z}}\times\tilde{\boldsymbol{E}}_t)-\hat{\boldsymbol{z}}\times\tilde{\boldsymbol{J}}_t \tag{3.B.9}$$

$$\tilde{E}_z=-\frac{1}{\mathrm{j}\omega\varepsilon}[\mathrm{j}\boldsymbol{k}_\rho\cdot(\tilde{\boldsymbol{H}}_t\times\hat{\boldsymbol{z}})+\tilde{J}_z] \tag{3.B.10}$$

$$\tilde{H}_z=-\frac{1}{\mathrm{j}\omega\mu}[\mathrm{j}\boldsymbol{k}_\rho\cdot(\hat{\boldsymbol{z}}\times\tilde{\boldsymbol{E}}_t)] \tag{3.B.11}$$

其中，$k^2=\omega^2\mu\varepsilon$。将$(\hat{\boldsymbol{k}}_x,\hat{\boldsymbol{k}}_y)$构成的坐标系旋转至$(\hat{\boldsymbol{k}}_\rho,\hat{\boldsymbol{z}}\times\hat{\boldsymbol{k}}_\rho)$，记为$(\hat{\boldsymbol{u}},\hat{\boldsymbol{v}})$，并将$\tilde{\boldsymbol{E}}_t$和$\tilde{\boldsymbol{H}}_t$在$(\hat{\boldsymbol{u}},\hat{\boldsymbol{v}})$坐标系中分解成

$$\tilde{\boldsymbol{E}}_t=\hat{\boldsymbol{u}}V^{\mathrm{e}}+\hat{\boldsymbol{v}}V^{\mathrm{h}} \tag{3.B.12}$$

$$\tilde{\boldsymbol{H}}_t\times\hat{\boldsymbol{z}}=\hat{\boldsymbol{u}}I^{\mathrm{e}}+\hat{\boldsymbol{v}}I^{\mathrm{h}} \tag{3.B.13}$$

将式(3.B.12)和式(3.B.13)代入式(3.B.8)、式(3.B.9)，发现式(3.B.8)、式(3.B.9)可等效成下列两组独立的、互不耦合的传输线方程：

$$\frac{\mathrm{d}V^p}{\mathrm{d}z}=-\mathrm{j}k_zZ^pI^p+v^p \tag{3.B.14}$$

$$\frac{\mathrm{d}I^p}{\mathrm{d}z}=-\mathrm{j}k_zY^pV^p+i^p \tag{3.B.15}$$

其中，上标p表示e或h，且

$$k_z=\sqrt{k^2-k_\rho^2} \tag{3.B.16a}$$

$$Z^{\mathrm{e}}=\frac{k_z}{\omega\varepsilon} \tag{3.B.16b}$$

$$Z^{h}=\frac{\omega\mu}{k_z} \tag{3.B.16c}$$

源项 v^p 和 i^p 分别为

$$v^{e}=\frac{k_\rho}{\omega\varepsilon}\widetilde{J}_z,\quad i^{e}=-\widetilde{J}_u$$

$$v^{h}=0,\quad i^{h}=-\widetilde{J}_v \tag{3.B.16d}$$

利用式(3.B.10)～式(3.B.13),谱域中的电磁场便可表示为

$$\widetilde{\boldsymbol{E}}=\hat{\boldsymbol{u}}V^{e}+\hat{\boldsymbol{v}}V^{h}-\hat{\boldsymbol{z}}\,\frac{1}{\mathrm{j}\omega\varepsilon}(\mathrm{j}k_\rho I^{e}+\widetilde{J}_z) \tag{3.B.17}$$

$$\widetilde{\boldsymbol{H}}=-\hat{\boldsymbol{u}}I^{h}+\hat{\boldsymbol{v}}I^{e}+\hat{\boldsymbol{z}}\,\frac{k_\rho}{\omega\mu}V^{h} \tag{3.B.18}$$

其中,(V^e, I^e)和(V^h, I^h)分别表示相对于 z 方向的 TM 波和 TE 波。空域中的电磁场可由对式(3.B.17)、式(3.B.18)作如式(3.B.7)所示逆变换得到。这样层状介质中格林函数的求解便转化成传输线方程(3.B.14)、方程(3.B.15)的格林函数的求解。具体可分解为如图 3.B.2 所示的两种格林函数:$V_i^p(z|z')$和 $I_i^p(z|z')$是由 z'处的电流源 $\delta(z-z')$ 产生的;$V_v^p(z|z')$和 $I_v^p(z|z')$是由 z'处的电压源 $\delta(z-z')$ 产生的,分别满足下列方程:

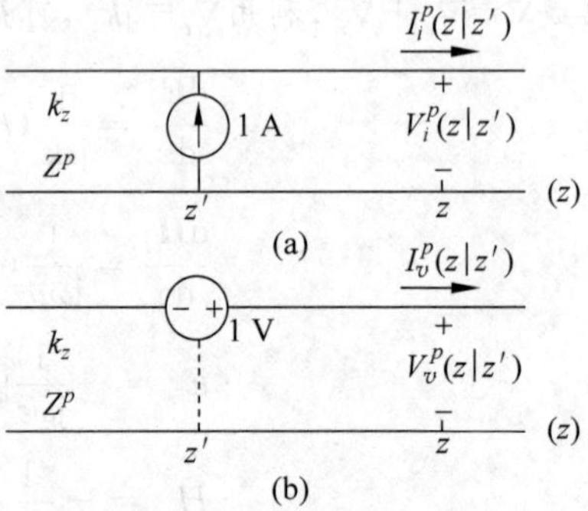

图 3.B.2　传输线格林函数

$$\frac{\mathrm{d}V_i^p}{\mathrm{d}z}=-\mathrm{j}k_z Z^p I_i^p \tag{3.B.19a}$$

$$\frac{\mathrm{d}I_i^p}{\mathrm{d}z}=-\mathrm{j}k_z Y^p V_i^p+\delta(z-z') \tag{3.B.19b}$$

$$\frac{\mathrm{d}V_v^p}{\mathrm{d}z}=-\mathrm{j}k_z Z^p I_v^p+\delta(z-z') \tag{3.B.19c}$$

$$\frac{\mathrm{d}I_v^p}{\mathrm{d}z}=-\mathrm{j}k_z Y^p V_v^p \tag{3.B.19d}$$

根据互易原理不难得到

$$\begin{cases} V_i^p(z\mid z')=V_i^p(z'\mid z)\\ I_v^p(z\mid z')=I_v^p(z'\mid z)\\ V_v^p(z\mid z')=-I_i^p(z'\mid z)\\ I_i^p(z\mid z')=-V_v^p(z'\mid z)\end{cases} \tag{3.B.20}$$

由式(3. B. 14)～式(3. B. 15),式(3. B. 17)～式(3. B. 18),以及式(3. B. 19),就可写出电流源 $\boldsymbol{J}$ 在层状介质中产生的电磁场:

$$\widetilde{\boldsymbol{E}}=\int_V \widetilde{\overline{\overline{\boldsymbol{G}}}}^{\mathrm{e}}\cdot\widetilde{\boldsymbol{J}}\,\mathrm{d}V \tag{3.B.21}$$

$$\widetilde{\boldsymbol{H}}=\int_V \widetilde{\overline{\overline{\boldsymbol{G}}}}^{\mathrm{h}}\cdot\widetilde{\boldsymbol{J}}\,\mathrm{d}V \tag{3.B.22}$$

其中,$\widetilde{\overline{\overline{\boldsymbol{G}}}}^{\mathrm{e}}$、$\widetilde{\overline{\overline{\boldsymbol{G}}}}^{\mathrm{h}}$ 为层状介质中的并矢格林函数,分别为

$$\widetilde{\overline{\overline{\boldsymbol{G}}}}^{\mathrm{e}}=\begin{bmatrix}-V_i^{\mathrm{e}} & 0 & \dfrac{k_\rho}{\omega\varepsilon}V_v^{\mathrm{e}}\\ 0 & -V_i^{\mathrm{h}} & 0\\ \dfrac{k_\rho}{\omega\varepsilon}I_i^{\mathrm{e}} & 0 & \dfrac{1}{\mathrm{j}\omega\varepsilon}\left[\dfrac{k_\rho^2}{\mathrm{j}\omega\varepsilon}I_v^{\mathrm{e}}-\delta(z-z')\right]\end{bmatrix} \tag{3.B.23}$$

$$\widetilde{\overline{\overline{\boldsymbol{G}}}}^{\mathrm{h}}=\begin{bmatrix}0 & I_i^{\mathrm{h}} & 0\\ -I_i^{\mathrm{e}} & 0 & \dfrac{k_\rho}{\omega\varepsilon}I_v^{\mathrm{e}}\\ 0 & -\dfrac{k_\rho}{\omega\mu}V_i^{\mathrm{h}} & 0\end{bmatrix} \tag{3.B.24}$$

对上述谱域并矢格林函数式(3. B. 23)和式(3. B. 24)作如式(3. B. 7)所示的逆变换,便可得到空域中的并矢格林函数。然由于式(3. B. 23)中含有 k_ρ^2 项,此项逆变换将导致数值求解困难。为此,需寻求等价于式(3. B. 21)的另类电流源 $\boldsymbol{J}$ 在层状介质中的电场表达式——矢量和标量混合势表达式。与 3.1.1 节求解电流源 $\boldsymbol{J}$ 自由空间的电场表达式一样,引入矢量势 $\boldsymbol{A}$ 和标量势 ϕ 满足

$$\boldsymbol{H}=\nabla\times\boldsymbol{A} \tag{3.B.25}$$

$$\boldsymbol{E}=-\mathrm{j}\omega\mu\boldsymbol{A}-\nabla\phi \tag{3.B.26}$$

令

$$\boldsymbol{A}=\int_V \overline{\overline{\boldsymbol{G}}}^{A}\cdot\boldsymbol{J}\,\mathrm{d}V \tag{3.B.27}$$

这样据式(3. B. 22),以及式(3. B. 25)、式(3. B. 27),便得

$$\overline{\overline{\boldsymbol{G}}}^{\mathrm{h}}=\nabla\times\overline{\overline{\boldsymbol{G}}}^{A} \tag{3.B.28}$$

不难知道,满足式(3. B. 28)的 $\overline{\overline{\boldsymbol{G}}}^{A}$ 不唯一,不妨取 $\overline{\overline{\boldsymbol{G}}}^{A}$ 在(u,v,z)坐标系下的谱域形式为

$$\widetilde{\overline{\overline{\boldsymbol{G}}}}^{A}=\begin{bmatrix}\widetilde{G}_{vv}^{A} & 0 & 0\\ 0 & \widetilde{G}_{vv}^{A} & 0\\ \widetilde{G}_{zu}^{A} & 0 & \widetilde{G}_{zz}^{A}\end{bmatrix} \tag{3.B.29}$$

将式(3.B.28)变换为谱域，并将式(3.B.29)代入其左边

$$\nabla\times\tilde{\bar{\bar{G}}}^{A}=\left(-\mathrm{j}k_{\rho}\hat{\boldsymbol{u}}+\frac{\mathrm{d}}{\mathrm{d}z}\hat{\boldsymbol{z}}\right)\times\begin{bmatrix}\widetilde{G}_{vv}^{A} & 0 & 0\\ 0 & \widetilde{G}_{vv}^{A} & 0\\ \widetilde{G}_{zu}^{A} & 0 & \widetilde{G}_{zz}^{A}\end{bmatrix}$$

$$=\begin{bmatrix}0 & -\dfrac{\mathrm{d}\widetilde{G}_{vv}^{A}}{\mathrm{d}z} & 0\\ \mathrm{j}k_{\rho}\widetilde{G}_{zu}^{A}+\dfrac{\mathrm{d}\widetilde{G}_{vv}^{A}}{\mathrm{d}z} & 0 & \mathrm{j}k_{\rho}\widetilde{G}_{zz}^{A}\\ 0 & -\mathrm{j}k_{\rho}\widetilde{G}_{vv}^{A} & 0\end{bmatrix}\tag{3.B.30}$$

比较式(3.B.24)和式(3.B.30)，可得

$$\widetilde{G}_{vv}^{A}=\frac{1}{\mathrm{j}\omega\mu}V_{i}^{\mathrm{h}}\tag{3.B.31}$$

$$\widetilde{G}_{zz}^{A}=\frac{1}{\mathrm{j}\omega\varepsilon}I_{v}^{\mathrm{e}}\tag{3.B.32}$$

$$\widetilde{G}_{zu}^{A}=\frac{1}{\mathrm{j}k_{\rho}}(I_{i}^{\mathrm{h}}-I_{i}^{\mathrm{e}})\tag{3.B.33}$$

为唯一确定矢量势 A，还需给出 $\nabla\cdot\boldsymbol{A}$。一般选择

$$\nabla\cdot\widetilde{\boldsymbol{A}}=\mathrm{j}\omega\varepsilon\widetilde{\varphi}\tag{3.B.34}$$

为统一起见，将标量势 $\widetilde{\varphi}$ 写成

$$\widetilde{\varphi}=\frac{1}{\mathrm{j}\omega\varepsilon}\int_{V}\widetilde{\boldsymbol{G}}^{\varphi}\cdot\widetilde{\boldsymbol{J}}\,\mathrm{d}V\tag{3.B.35}$$

将式(3.B.27)和式(3.B.35)代入式(3.B.34)得

$$\nabla\cdot\tilde{\bar{\bar{G}}}^{A}=\widetilde{\boldsymbol{G}}^{\varphi}\tag{3.B.36}$$

再将式(3.B.29)代入式(3.B.36)左边得

$$\nabla\cdot\tilde{\bar{\bar{G}}}^{A}=\left(-\mathrm{j}k_{\rho}\hat{\boldsymbol{u}}+\frac{\mathrm{d}}{\mathrm{d}z}\hat{\boldsymbol{z}}\right)\cdot\begin{bmatrix}\widetilde{G}_{vv}^{A} & 0 & 0\\ 0 & \widetilde{G}_{vv}^{A} & 0\\ \widetilde{G}_{zu}^{A} & 0 & \widetilde{G}_{zz}^{A}\end{bmatrix}$$

$$=\left(-\mathrm{j}k_{\rho}\widetilde{G}_{vv}^{A}+\frac{\mathrm{d}\widetilde{G}_{zu}^{A}}{\mathrm{d}z}\right)\hat{\boldsymbol{u}}+\frac{\mathrm{d}\widetilde{G}_{zz}^{A}}{\mathrm{d}z}\hat{\boldsymbol{z}}\tag{3.B.37}$$

取 $\widetilde{\boldsymbol{G}}^{\varphi}$ 如下形式：

$$\widetilde{\boldsymbol{G}}^{\varphi}=-\nabla'\widetilde{K}+\widetilde{C}\hat{\boldsymbol{z}} \tag{3. B. 38}$$

将式(3. B. 37)和式(3. B. 38)代入式(3. B. 36)，并注意到$\nabla'=\mathrm{j}\boldsymbol{k}_{\rho}+\hat{\boldsymbol{z}}\dfrac{\mathrm{d}}{\mathrm{d}z'}$，得

$$\widetilde{K}=\widetilde{G}_{vv}^{A}-\frac{1}{\mathrm{j}k_{\rho}}\frac{\mathrm{d}\widetilde{G}_{zu}^{A}}{\mathrm{d}z} \tag{3. B. 39}$$

$$\widetilde{C}=\frac{\mathrm{d}\widetilde{G}_{zz}^{A}}{\mathrm{d}z}+\frac{\mathrm{d}\widetilde{K}}{\mathrm{d}z'} \tag{3. B. 40}$$

将式(3. B. 31)～式(3. B. 33)代入式(3. B. 39)，得

$$\widetilde{K}=\frac{1}{\mathrm{j}\omega\mu}V_{i}^{\mathrm{h}}+\frac{1}{k_{\rho}^{2}}\frac{\mathrm{d}}{\mathrm{d}z}(I_{i}^{\mathrm{h}}-I_{i}^{\mathrm{e}}) \tag{3. B. 41}$$

再将式(3. B. 19b)代入上式(3. B. 41)，并利用式(3. B. 16)，可得

$$\widetilde{K}=\frac{\mathrm{j}\omega\varepsilon}{k_{\rho}^{2}}(V_{i}^{\mathrm{e}}-V_{i}^{\mathrm{h}}) \tag{3. B. 42}$$

将式(3. B. 32)、式(3. B. 42)代入式(3. B. 40)，得

$$\widetilde{C}=\frac{1}{\mathrm{j}\omega\varepsilon}\frac{\mathrm{d}}{\mathrm{d}z}I_{v}^{\mathrm{e}}+\frac{\mathrm{j}\omega\varepsilon}{k_{\rho}^{2}}\frac{\mathrm{d}}{\mathrm{d}z'}(V_{i}^{\mathrm{e}}-V_{i}^{\mathrm{h}}) \tag{3. B. 43}$$

再将式(3. B. 19)，并利用式(3. B. 20)，可得

$$\widetilde{C}=\frac{k^{2}}{k_{\rho}^{2}}(V_{v}^{\mathrm{h}}-V_{v}^{\mathrm{e}}) \tag{3. B. 44}$$

至此谱域中的混合势$\widetilde{\mathbf{A}}$和$\widetilde{\varphi}$就已求出。空域中的混合势只需对$\widetilde{\mathbf{A}}$和$\widetilde{\varphi}$作索末菲积分便可得到。下面对$\widetilde{\mathbf{A}}$和$\widetilde{\varphi}$每项的索末菲积分稍加讨论。由于空域中通常采用的是直角坐标系，为此先将$\widetilde{\mathbf{A}}$在(u,v,z)坐标系下的谱域形式改写成下面直角坐标系形式：

$$\widetilde{\overline{\boldsymbol{G}}}^{A}=\begin{bmatrix}\widetilde{G}_{vv}^{A} & 0 & 0\\ 0 & \widetilde{G}_{vv}^{A} & 0\\ \cos\varphi\widetilde{G}_{zu}^{A} & \sin\varphi\widetilde{G}_{zu}^{A} & \widetilde{G}_{zz}^{A}\end{bmatrix} \tag{3. B. 45}$$

上式对角线项与坐标φ无关，因此它们的索末菲积分都只是零阶形式，而非对角线项因含有坐标φ，它们的索末菲积分可用下列恒等式转化成一阶形式：

$$\mathbb{S}_{0}\left\{\begin{pmatrix}\sin n\phi\\ \cos n\phi\end{pmatrix}\tilde{f}(k_{\rho})\right\}=(-\mathrm{j})^{n}\begin{pmatrix}\sin n\varphi\\ \cos n\varphi\end{pmatrix}\mathbb{S}_{n}\{\tilde{f}(k_{\rho})\} \tag{3. B. 46}$$

其中，$\mathbb{S}_{n}$表示n阶索末菲积分，具体为

$$\mathbb{S}_{n}\{\tilde{f}(k_{\rho})\}=\frac{1}{2\pi}\int_{0}^{+\infty}\tilde{f}(k_{\rho})J_{n}(k_{\rho}\rho)k_{\rho}^{n+1}\mathrm{d}k_{\rho} \tag{3. B. 47}$$

至于 $\widetilde{\boldsymbol{G}}^{\varphi}$ 中各项,由于与坐标 φ 无关,它们的索末菲积分也都是零阶形式。

将式(3.B.42)和式(3.B.44)代入式(3.B.38),再将所得表达式和式(3.B.27)代入式(3.B.26),利用式(3.B.20)以及高斯定理,便可得到电流源 $\boldsymbol{J}$ 在层状介质中的电场混合势表达式为

$$\boldsymbol{E}=-\mathrm{j}\omega\mu\int_{V}\overline{\overline{\boldsymbol{G}}}^{A}\cdot\boldsymbol{J}\,\mathrm{d}V-\frac{1}{\mathrm{j}\omega\varepsilon}\nabla\left(\int_{V}K\nabla'\cdot\boldsymbol{J}\,\mathrm{d}V+\int_{V}CJ_{z}\,\mathrm{d}V\right)\quad(3.\mathrm{B}.48)$$

有了此电流源 $\boldsymbol{J}$ 在层状介质中的电场表达式,便可完全仿照自由空间中建立积分方程的过程,在金属表面建立关于等效电流源的积分方程。有了积分方程,便可用矩量法求解。其过程也与自由空间中的矩量法相当,不同之处在于计算矩阵元素时,要作索末菲积分。此积分若不作特殊处理,直接数值计算将非常耗时。对索末菲积分的特殊处理技巧,有兴趣者可参看 M. I. Aksun 的文章(A robust approach for the derivation of closed-form Green's functions. IEEE Trans. Microwave Theory Tech.,1996,44(5):651-658)。

具体到计算微带天线的辐射问题,由于实际的电流源只在 xOy 平面上,式(3.B.45)简化为

$$\overline{\overline{\boldsymbol{G}}}^{A}=\begin{bmatrix}G_{vv}^{A} & 0 & 0\\ 0 & G_{vv}^{A} & 0\\ \cos\varphi G_{zu}^{A} & \sin\varphi G_{zu}^{A} & 0\end{bmatrix}\quad(3.\mathrm{B}.49)$$

再由式(3.B.48)及

$$\int_{\boldsymbol{r}_s}^{\boldsymbol{r}_s+\Delta\cdot\hat{\boldsymbol{r}}}\boldsymbol{E}^{\mathrm{i}}\cdot\mathrm{d}\boldsymbol{l}=V_{\mathrm{in}}=1\quad(\Delta\rightarrow0)\quad(3.\mathrm{B}.50)$$

其中,$\boldsymbol{r}_s$ 为馈源点的位置,就可以利用矩量法求解微带天线的辐射场。

3.2.4 天线阵

前面已经提及,提高天线增益的一个有效方式是利用天线阵。所谓天线阵就是将很多天线单元,譬如线天线、微带天线,按照一定方式排列在一起。通过设计阵列元数目、阵列元间距,以及每个阵列元馈电电流的大小和相位,使得一定数目的阵列元在空间某些方向的辐射场同相,在另一些方向反相,由此形成在某些方向辐射能量很强,在另一些方向很弱的方向图。

天线阵排列有多种方式,有按直线排列的,也有按曲线排列的,有按平面排列的,也有按曲面排列的,更有按三维立体排列的。如果不考虑阵列元之间的耦合,那么这些方式的天线阵分析没有实质区别,基本上可以按同一方式进行。如果要考虑阵列元之间的耦合,则情况要复杂得多,只能区别对待。本节只考虑阵列元之间无耦合的天线阵。先考虑二元阵,再考虑多阵列元的线阵列。

图 3.15 是一个间距为 d 的二元阵。若以阵元 1 的电流为参考，即

$$I_1 = I_0 \tag{3.2.70}$$

则阵元 2 的电流为

$$I_2 = mI_0 e^{j\alpha} \tag{3.2.71}$$

其中，m 是阵元 2 与阵元 1 电流幅度之比，α 是阵元 2 领先阵元 1 的相位。每个阵元在远区辐射的电场强度可表示成

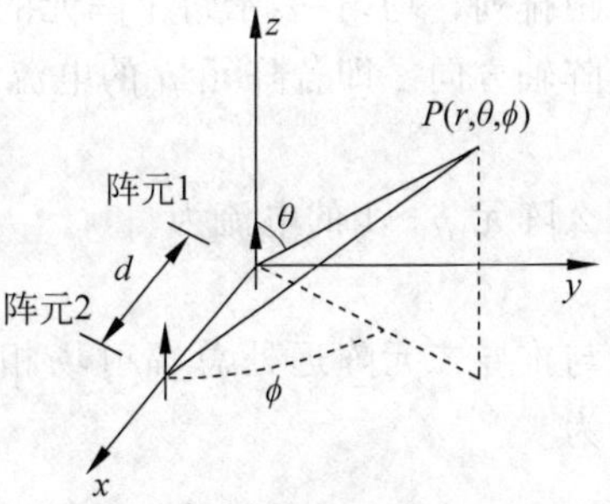

图 3.15　二元天线阵

$$E_\theta = E_m F(\theta,\phi)\frac{1}{r}e^{-jkr} \tag{3.2.72}$$

其中，E_m 是一常数；$F(\theta,\phi)$是阵元的辐射场角分布函数，称为单元因子。由于两阵元形式一样且指向同一方向，故远离阵列的点 $P(r,\theta,\phi)$的总电场强度为

$$E_\theta = E_m F(\theta,\phi)\left(\frac{1}{r}e^{-jkr} + \frac{m}{r_2}e^{-jkr_2}e^{j\alpha}\right) \tag{3.2.73}$$

其中，r_2 为阵元 2 到点 P 的距离。由于观察点 $P(r,\theta,\phi)$远离阵列，所以有

$$\frac{1}{r_2} \approx \frac{1}{r} \tag{3.2.74}$$

及

$$r_2 \approx r - d\sin\theta\cos\phi \tag{3.2.75}$$

于是式(3.2.73)可简化为

$$E_\theta = E_m F(\theta,\phi)\frac{1}{r}e^{-jkr}(1 + me^{j\delta}) \tag{3.2.76}$$

其中，$\delta = kd\sin\theta\cos\phi + \alpha = kd\cos\psi + \alpha$，$\psi$ 的定义如图 3.16 所示。于是总电场强度的幅值为

$$|E_\theta| = \frac{1}{r}E_m\,|F(\theta,\phi)|\,[(1 + m\cos\delta)^2 + (m\sin\delta)^2]^{1/2} \tag{3.2.77}$$

若定义阵因子 $F(\delta)$为

$$F(\delta) = [(1 + m\cos\delta)^2 + (m\sin\delta)^2]^{1/2} \tag{3.2.78}$$

则式(3.2.77)便能表示成

$$|E_\theta| = \frac{1}{r}E_m\,|F(\theta,\phi)|\,|F(\delta)| \tag{3.2.79}$$

这样，二元阵列的总场方向图是单元因子 $F(\theta,\phi)$和阵因子 $F(\delta)$的积。此即**方向图相乘原理**。

显然，二元阵对场方向图的调控能力是相当有限的。为了得到更好的方向，需要更多阵元的阵列。下面介绍一种常用的 n 元均匀线形阵列，如图 3.16 所示。此处，“线形”表示阵元按直线

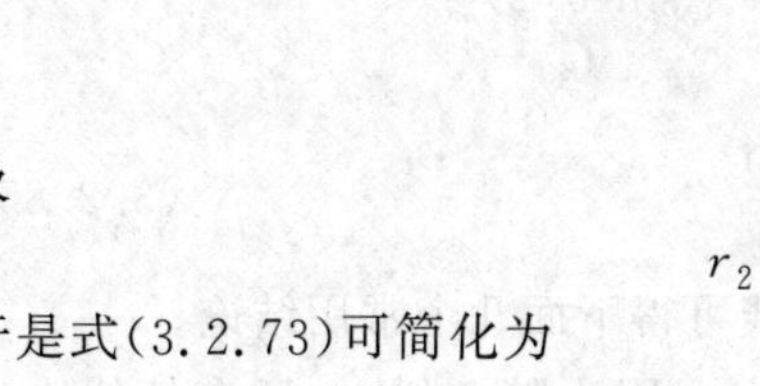

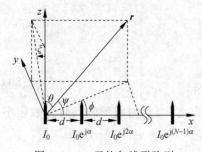

图 3.16　n 元均匀线形阵列

等距排列,"均匀"表示每个阵元的馈电电流大小相同、相移均匀递增。该直线方向称为阵轴方向。即若阵元 p 的电流为

$$I_p = I_0 e^{jp\alpha} \tag{3.2.80}$$

那么阵元 $p+1$ 的电流为

$$I_{p+1} = I_0 e^{j(p+1)\alpha} \tag{3.2.81}$$

作与推导二元阵远处总辐射场相同的近似,可得此 n 元均匀线形阵列的总辐射电场为

$$E_\theta = E_m F(\theta,\phi)\frac{1}{r}e^{-jkr}\left[1 + e^{j\delta} + e^{j2\delta} + \cdots + e^{j(n-1)\delta}\right] \tag{3.2.82}$$

利用等比级数求和公式,可化简式(3.2.82)为下列形式:

$$E_\theta = \frac{1}{r}E_m F(\theta,\phi)e^{-jkr}\left(\frac{1-e^{jn\delta}}{1-e^{j\delta}}\right) \tag{3.2.83}$$

进一步进行数学操作,可将式(3.2.83)写成下面人们通常使用的表达式:

$$E_\theta = \frac{1}{r}E_m F(\theta,\phi)e^{-jkr}e^{j(n-1)\delta/2}\left[\frac{\sin(n\delta/2)}{\sin(\delta/2)}\right] \tag{3.2.84}$$

这样归一化的阵方向图为

$$F(\delta) = \frac{\sin(n\delta/2)}{\sin(\delta/2)} \tag{3.2.85}$$

图 3.17 给出了 $F(\delta)$随 δ 的变化曲线。由曲线可得下面几个常用结论。

(1) 当 $\delta=0°$时,$F(\delta)$有极大值 n,称为主极大值,因为随 δ 增大,还有其他比其小的极大值,称为次极大值。在极大值之间有零点出现。由式(3.2.85)可知,零点出现在

$$\delta = \pm\frac{2p\pi}{n}, \quad p=1,2,\cdots \tag{3.2.86}$$

(2) 任意两零点之间有一极大值,它们可以近似认为出现在

$$\delta = \pm\frac{(2p+1)\pi}{n}, \quad p=1,2,\cdots \tag{3.2.87}$$

由式(3.2.87)可知,第一个次极大值出现在

$$\delta = \frac{3\pi}{n} \tag{3.2.88}$$

当 n 很大时,第一个次极大值的幅值为

$$\frac{1}{\sin(1.5\pi/n)} \approx \frac{n}{1.5\pi} \tag{3.2.89}$$

这样主极大值与第一个次极大值之比为 1.5π。换言之,当均匀线形阵列阵元数很多时,主瓣要比第一副瓣高 13.5 dB。

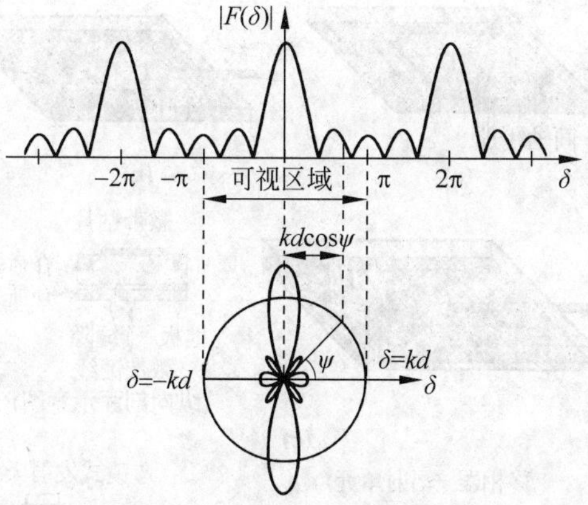

图 3.17 $n=5, kd=\pi$ 时的阵因子与辐射方向图

应用较为广泛的均匀直线阵有两种：一种是各向同性源等幅同相直线阵($\alpha=0$)，此时最大辐射方向垂直于阵的轴向，称为边射阵；另一种是最大辐射方向沿着直线阵轴向的阵，此时 $\alpha=-kd$，称为端射阵。

上述分析得到的天线阵方向图相乘原理是在忽略阵单元之间相互作用下得出的，因此只能近似、粗略地用于天线阵的分析和设计。对于高性能天线阵的分析和设计，尤其是超低副瓣天线阵，阵单元之间的相互作用是极其重要、不可忽略的。在这种情况下，上述分析就不够了，需更精确、更严格的分析、设计手段。

3.2.5 天线馈电

前面讨论是假定已知天线辐射单元的激励源分布形式。但是，如何实现天线辐射单元的激励电流分布，就要涉及一门技术——天线馈电技术。通常，天线馈电系统是天线辐射单元与发射机或接收机之间传输和控制电磁信号的传输线、元器件与网络的总称，是天线系统不可或缺的组成部分之一。它可以是一段馈线，也可能还包含有阻抗匹配装置，以及平衡-不平衡变换装置等。雷达天线通常由阵列天线构成，其馈线除了能量传输模块，通常还包括信号分配/合成、波束形成与扫描、变极化、监测控制等功能模块。天线馈电方式可分为强迫馈电和空间馈电。图 3.18(a)、(b)就是直接用一段同轴线或微带线与辐射贴片相连给微带天线馈电，属于强迫馈电。图 3.18(c)是利用缝隙把微带线上的信号耦合给微带贴片，属于空间馈电范畴。图 3.18(d)是把输入信号通过功能模块后强制馈给辐射单元，而图 3.18(e)利用馈源的空间特性完成功率分配/合成，用移相器扫描和修复波束。一般说来，相对于强馈而言，空馈的波束形成网络简单、损耗小、成本低，但天线系统纵向尺寸大，且幅度分布较难控制。本节简要讨论如何对天线有效馈电。

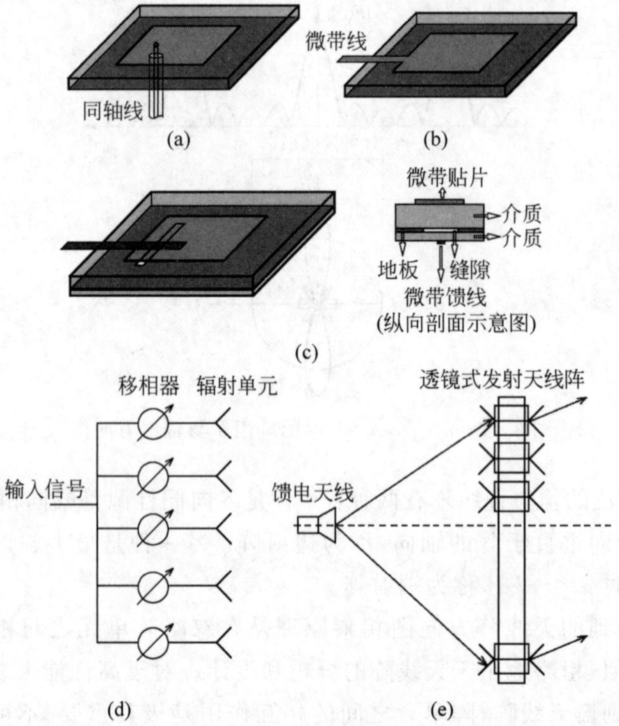

图 3.18　天线的馈电种类

(a) 微带天线的同轴馈电；(b) 微带天线的微带馈电；(c) 微带天线的缝隙馈电；(d) 雷达相控阵天线的强馈示意简图；(e) 雷达相控阵天线的空馈示意简图

1. 馈电系统要求

天线馈电系统的任务是尽可能无衰减、无失真地将发射机能量传输到天线辐射单元。为此要求此系统传输效率要高。另外，工程上还应考虑馈线的功率容量、频带要求，以及受天线体积、空间、质量和环境的限制。

1）影响传输效率的因素

第 2 章我们介绍过，匹配是实现传输线高效传输的主要保障。这既包括源端的共轭匹配，也包括传输线的终端阻抗匹配。其次，影响传输效率的因素还有传输系统本身的损耗，包括馈电导体的铜耗、支持馈线的介质损耗、匹配元器件的损耗等。实际中应正确设计馈线并合理安装馈电系统，尽量减少馈线和匹配电路与周围物体的电磁耦合。

2）馈线不应辐射电磁波

馈线如果向周围空间辐射电磁波，则一方面降低传输效率，另一方面将影响天线的方向图。为此应尽量使用屏蔽式馈线（如同轴式）。对于二线式的馈线，应正确架设,避免馈线与天线之间发生耦合。

图 3.19(a)为地面上的单根导线,通常仅用于馈线长度较短的场合。它不适用于馈线长度较长的情况,因为一则地损耗较大,二则它还有向外辐射或拾取外界场源能量的倾向。图 3.19(b)表示一对平衡线。图 3.19(c)表示一同轴电缆,从避免向外辐射或拾取外界场源能量的角度看,这种形式的馈线最好。

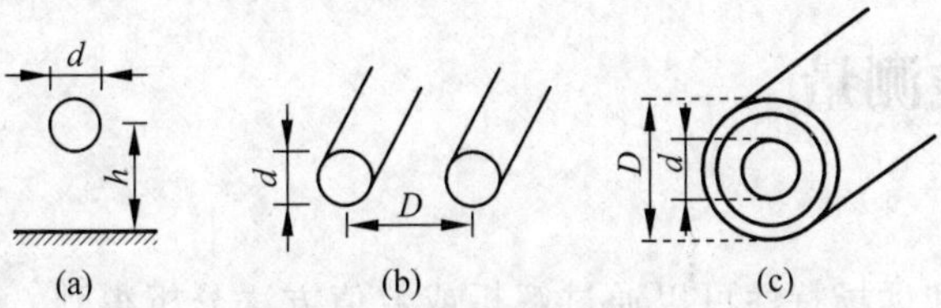

图 3.19　馈线的种类举例

2. 天线馈线系统常用微波器件

在天线的馈线系统中常用的微波无源器件包括电桥、定向耦合器、功率分配器、微波旋转关节等。具体的器件及其特定的性能指标可参考《雷达馈线技术》(张德斌等,电子工业出版社,2010)。下面只介绍一种同轴馈电时常用的装置。

超短波波段常用不平衡式的同轴电缆作为天线的馈线,而天线又多为对称天线,这就会出现不平衡的馈线到平衡的天线间的连接转换问题。如将两者直接连接,如图 3.20(a)所示,则由于电缆外导体的电流 I_2 的一部分流到外表面上去(I_3),从而对称振子两臂上的电流大小及相位就不相同,又由于同轴线外导体外表面上的电流的辐射作用,这些将使对称振子的方向图发生畸变。

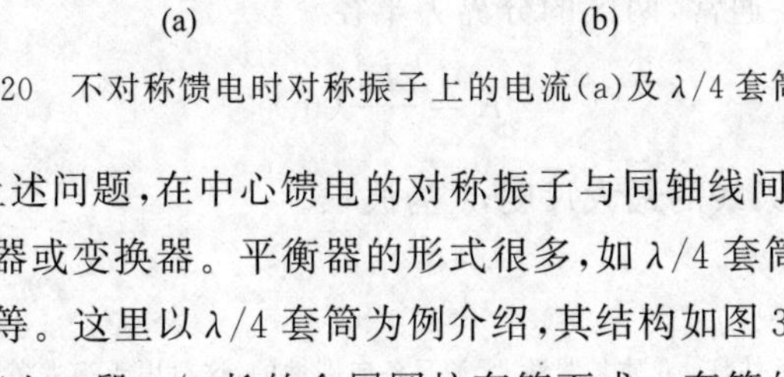

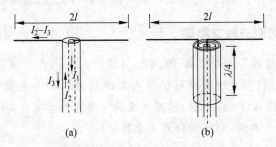

图 3.20　不对称馈电时对称振子上的电流(a)及 $\lambda/4$ 套筒(b)

为了避免出现上述问题,在中心馈电的对称振子与同轴线间应加接平衡-不平衡转换器,简称为平衡器或变换器。平衡器的形式很多,如 $\lambda/4$ 套筒、U 形环、短路式变换器、传输线变压器等。这里以 $\lambda/4$ 套筒为例介绍,其结构如图 3.20(b)所示,是在同轴线外导体表面再套上一段 $\lambda/4$ 长的金属圆柱套筒而成。套筒的下端与外导体的外表面进行电气连接,而其上端与外导体不相连接。因此,套筒的内壁与同轴线外导体的外表面形成了终端短路的 $\lambda/4$ 同轴线。在理想情况下,其输入阻抗为无穷大,从而阻止了同轴线外导体内壁电流的外溢,即确保了图中 $I_3 \approx 0$,从而保证天线两臂上电流的对称性。实际上,由于振子在连接处的实际因素的影响,使 I_3 最小时的套筒长度并不恰为 $\lambda/4$,而大约是 0.23λ。

3.2.6 天线测量

1. 概述

天线的近场和远场特性可以通过解析或数值方法分析得到。除此之外,我们还常用测量的方法获知或检验天线的特性。本节将简单介绍天线的测量。

天线测量主要是测量反映天线近场特性的输入阻抗和反映天线远场辐射特性的方向图。天线输入阻抗的测量很简单:只要将天线视为负载,与矢量网络分析仪连接,从矢量网络分析仪的反射系数中便可推算出天线的输入阻抗。天线方向图的测量方法是:将已知的源天线与待测天线按一定距离要求放置在一个等效的自由空间(往往是微波暗室)中,通过待测天线的原地转动来测量其方向图,如图 3.21 所示。

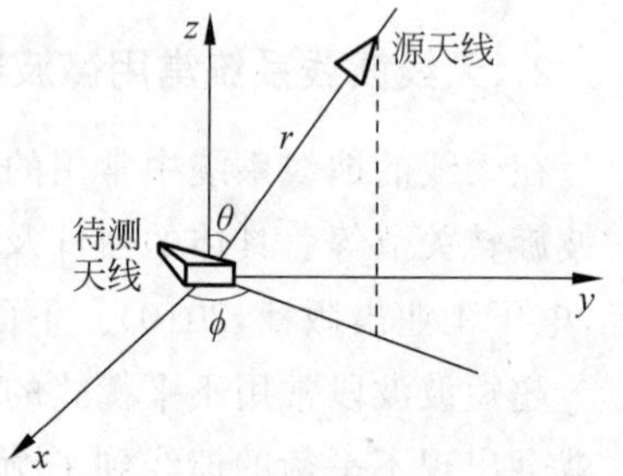

图 3.21 测量天线辐射特性的典型配置

由互易原理可以导出,天线的发射与接收状态的波瓣图是相同的[①]。因此,待测天线既可以是发射天线,也可以作为接收天线。

2. 源天线与待测天线之距离

在 3.2.6 节"概述"中就提及,源天线与待测天线需按一定距离要求放置。在 3.2.1 节 1. 就曾介绍过,天线的辐射场可人为地划分为两个主要区域:接近天线的区域称为近场或菲涅耳(Fresnel)区,远离天线的区域称为远场或夫琅禾费(Fraunhofer)区,如图 3.22 所示。通常,两区的分界为半径

$$R = \frac{2L^2}{\lambda}(\mathrm{m}) \tag{3.2.90}$$

的球面。其中,L 为天线的最大尺度,λ 为波长。

---

① 互易原理有效的条件是:介质是线性、无源且各向同性的,这适用于绝大多数天线,但也不排除有非互易天线的设计。

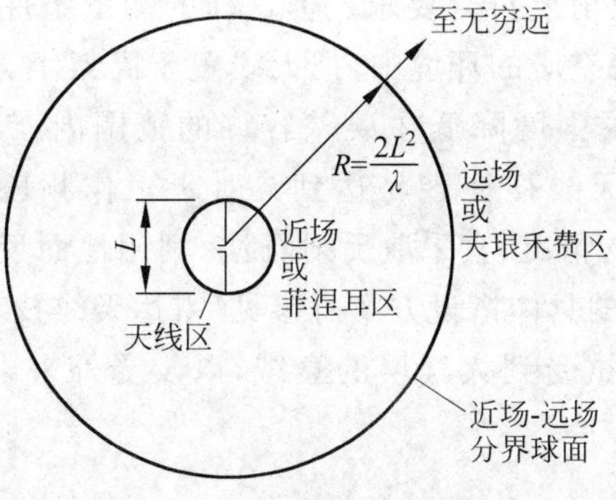

图 3.22 天线辐射场的分区

一般说来，人们使用天线的辐射功能都是在天线的远场区，因而所说的方向图都是远场，所以在天线方向图测量中，源天线与待测天线的距离一定要大于上述 R。

例题 3.4 某手机安装的是一只长 25 mm 的螺旋天线，工作于 900 MHz。天线置于手机顶部，手机底壳的长度为 110 mm。另一只天线是直径为 0.5 m 的反射镜天线，工作于 300 GHz。试求这两个天线的远场最小距离。

解 根据式(3.2.90)，手机天线的远场的最小距离为

$$R_{手机}=\frac{2\times 135^2}{333}\ \text{mm}=110\ \text{mm} \tag{e3.4.1}$$

反射镜天线远场的最小距离为

$$R_{反射镜}=\frac{2\times 0.5^2}{10^{-3}}\ \text{m}=500\ \text{m} \tag{e3.4.2}$$

由此可见，对于题中的手机天线，远场的测量是可行的，而题中的反射镜天线则很难做到全尺寸场地的测量。

3. 天线测量环境

在 3.2.6 节“概述”中提及，源天线与待测天线必须放置在一个等效的自由空间的环境中。这在很多情况下是不易实现的。为此产生了多种方法，主要有三类：第一类是外场测量；第二类是紧缩场测量；第三类是近场测量。下面简单介绍这三类测量的测量环境。

1）外场测量

将源天线和待测天线置于自由空间中，并保证两者距离满足远场条件，那么待测天线的方向图可以直接得到。远场的条件通常要求很大的测量场地，常需在室外进行，故称外场测量。这种测量要求各种机械或电器装置引入的有源干扰要小，四周的

建筑、环境引入的杂散反射要符合要求。但这样的测量条件在现实生活中常常是不具备的。退而求其次，在空旷的环境中，把天线置于高架上，让其尽量远离地面和周围的散射物，使散射波的强度降低在误差容许的范围内。这些要求对于工作频段较高、垂直波瓣较窄的天线往往容易达到。对于工作频段较低、天线垂直波瓣较宽、无法避开地面影响的情况，宜采取反射场法，利用地面反射信号的规律使其引入的误差最小。这些方法的具体搭设方案可参见《雷达天线技术》(张祖稷等，电子工业出版社，2013)。外场测试受到大气层的衰减，以及受外来电磁场的干扰，而且保密性差。

2) 紧缩场测量

紧缩场测量和近场测量一般是在微波暗室里进行，所以两者有场地紧凑、保密性好、不受外界电磁干扰的优点。紧缩场测量通过在微波暗室中借助于反射镜、透镜、喇叭、阵列或其他手段所产生的平整的电磁波前来模拟无限远处传来的均匀平面波，将待测天线架设在人工均匀平面波区域(静区)，以实现天线远场方向图的直接测试。图 3.23 所示为一架偏馈的抛物面反射镜，它将馈源辐射的球面波变换成反射镜前方的平面波。由于波束瞄准，测试所需的功率远小于远场测试的要求。

3) 近场测量

近场测量是在微波暗室中借助探头天线在接近待测天线的某已知面上采样扫描电磁场数据，并通过扫描数据计算获得天线远场方向图。由惠更斯等效原理可知，若已知在闭合表面上由其内部某天线所产生的辐射场的切向场值，就能计算出远区场值。又根据采样原理，有限个取样值足以完整描述连续的场。所以这种测量方法不受远场条件的限制，且由于测得的场是对辐射的完整描述，根据这些数据能计算得出各种天线参量。扫描面(惠更斯等效面)可根据被测天线的辐射特点，灵活取为球面、柱面或平面，目前以平面扫描最为普遍。图 3.24 示出了柱面扫描近场测量的环境。相较于远场测试，由于扫描架和天线本身的限制，不可能精确得到被测天线全方向的远场方向图。

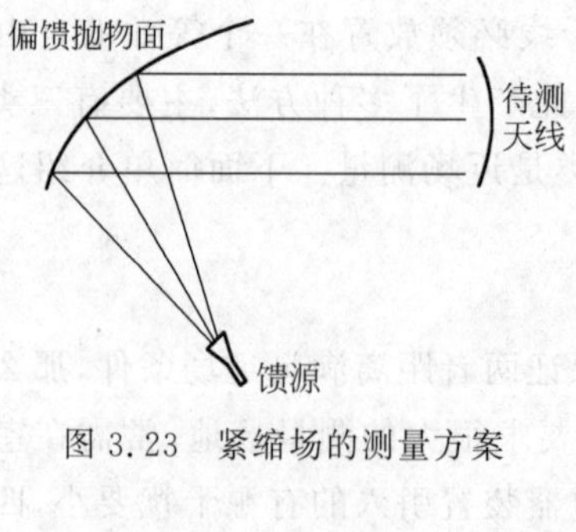

图 3.23 紧缩场的测量方案

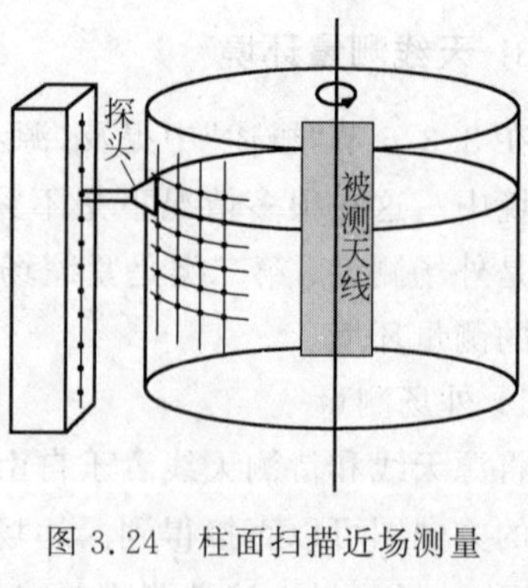

图 3.24 柱面扫描近场测量

4. 天线测量典型仪器设备

图 3.25 示出了天线测量场地的典型仪器设备。其中性能已知的参考天线的加入是为了利用比较法测量待测天线的增益：

$$G_{\mathrm{AUT}}=\frac{P_{\mathrm{AUT}}}{P_{\mathrm{ref}}}G_{\mathrm{ref}} \tag{3.2.91}$$

其中，P_{AUT} 和 P_{ref} 分别是待测天线和参考天线接收到的功率，G_{ref} 为已知的参考天线增益。

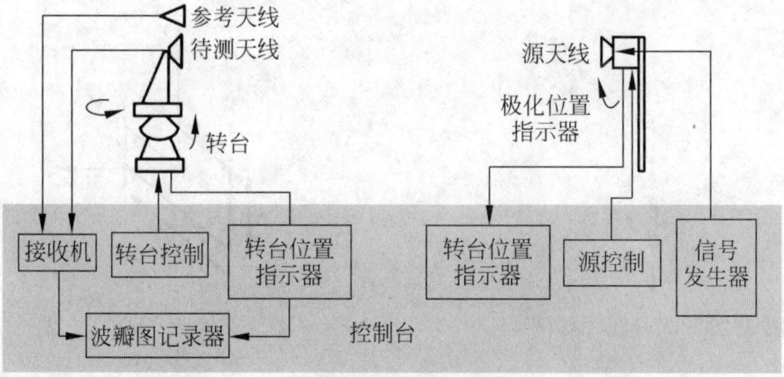

图 3.25 天线测量场地的典型仪器设备

本章小结

核心问题

- 激励电流源或磁流源在自由空间中如何发射电磁波？
- 如何控制电磁波发射？

核心概念

天线、方向图、方向性、增益、辐射效率、输入阻抗

半功率波瓣宽度、天线阵

核心内容

- 有源麦克斯韦方程在自由空间中的求解
- 源激励场多种表达形式的等效性
- 偶极子天线的辐射场
- 线天线的数值求解——矩量法
- 微带天线的腔模型辐射机理
- 天线阵辐射场的分析

练习题

3.1 分别求一维、二维亥姆霍兹方程的格林函数。

3.2 如图 3.26 所示，S_a 为一含电流源 $\boldsymbol{J}$ 的平面区域，S_f 为 S_a 所处平面上 S_a 的互补区域。证明 S_a 上的切向电流源 $\boldsymbol{J}$ 在 S_f 上不能产生切向磁场。

3.3 无限大导电平面上有一 $a \times b$ 的巨型孔径，如图 3.27 所示，受矩形波导 TE_{10} 波激励。设孔径上的场是理想 TE_{10} 波，试求其辐射远场。

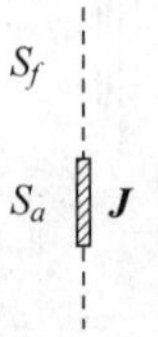

图 3.26　练习题 3.2 图

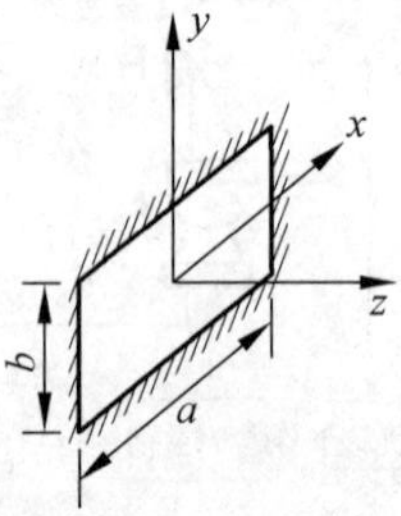

图 3.27　练习题 3.3 图

3.4 坐标原点处 $\hat{z}$ 方向电流元 Il 和电流环 IS 所产生的辐射场，如果 $Il = kIS$，试证明辐射场是圆极化(k 为自由空间的传播常数)。

3.5 无限大理想导体平面上方距平面 h 处垂直放置一半波阵子天线，求远区辐射场及方向性。

3.6 天线发射功率为 10 kV，方向性为 45 dB，则距离天线 50 km 处，功率密度是多少？

3.7 假设商用广播覆盖地域最小信号场强为 25 mV/m。假定广播用天线为 $\dfrac{\lambda}{4}$ 单极天线，最大覆盖地域离发射天线 10 km，计算天线最小的辐射总功率。

3.8 距地球 36000 km 的同步轨道上的卫星，发射天线波束宽度为 0.1°，该天线波束辐射到地球上的覆盖面积有多大？

3.9 均匀线形天线阵的元间距 $d = \lambda/2$，如要求它的最大辐射方向在偏离天线阵轴线 $\pm 60°$ 的方向，则单元之间的相位差应为多少？

3.10 如图 3.28 所示，三个各向同性的源间隔 $d = \lambda/2$ 放置，等相位馈电，幅度比为 1∶2∶1。利用方向图乘法原理计算三元天线阵的方向图。

3.11 如图 3.29 所示，一个线天线，其两边电臂长度分别为 l_1 和 $l_2(l_1 \neq l_2)$，编计算程序计算其辐射方向图。

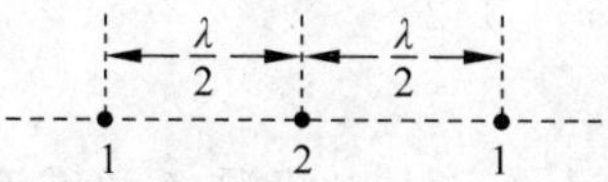

图 3.28 练习题 3.10 图

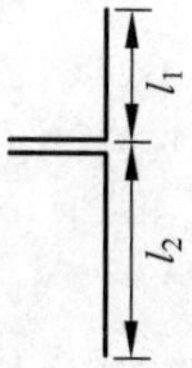

图 3.29 练习题 3.11 图

思考题

3.1 试证明：一个矢量场由其散度、旋度以及边界值唯一确定。

3.2 考虑如图 3.30 所示的一个简单电路。传输线上有电流 I。这个电路能否辐射？为什么？

3.3 有一条沿 $\hat{z}$ 方向的无限长均匀电流带，如图 3.31 所示，试求其产生的辐射场。

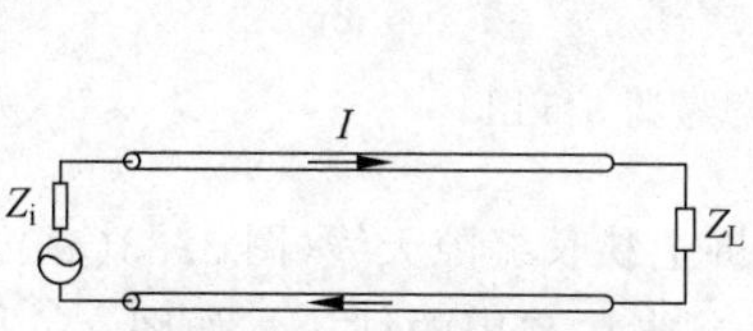

图 3.30 思考题 3.2 图

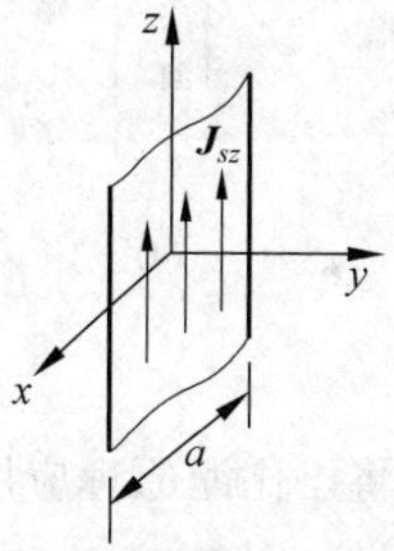

图 3.31 思考题 3.3 图

3.4 在 x-y 平面上有一个 N 边的多边形，其顶点为 $\boldsymbol{r}_1, \boldsymbol{r}_2, \cdots, \boldsymbol{r}_N$，多边形上有一个电流源 $\boldsymbol{J}=\mathrm{e}^{-\mathrm{j}k\hat{\boldsymbol{k}}_i \cdot \boldsymbol{r}}\hat{\boldsymbol{y}}$，试证明：此源在自由空间中的辐射电磁场在远场可表示成

$$\boldsymbol{E}=ZS(\cos\theta\sin\varphi\,\hat{\boldsymbol{\theta}}+\cos\varphi\,\hat{\boldsymbol{\varphi}})$$

$$\boldsymbol{H}=S(-\cos\varphi\,\hat{\boldsymbol{\theta}}+\cos\theta\sin\varphi\,\hat{\boldsymbol{\varphi}})$$

其中，Z 为自由空间中的波阻抗，S 的表达式为

$$S=-\frac{\mathrm{e}^{-\mathrm{j}kr}}{4\pi r}\frac{1}{\Delta k_t^2}\sum_{i=1}^{N}\Delta\boldsymbol{k}_t^* \cdot \Delta\boldsymbol{r}_i \,\mathrm{sinc}(k\Delta\boldsymbol{k}_t \cdot \Delta\boldsymbol{r}_i/2)\mathrm{e}^{\mathrm{j}k\Delta\boldsymbol{k}_t \cdot \Delta\boldsymbol{r}_i^c}$$

这里，

$$\Delta\boldsymbol{k}=\hat{\boldsymbol{k}}_s-\hat{\boldsymbol{k}}_i=\Delta k_x\hat{\boldsymbol{x}}+\Delta k_y\hat{\boldsymbol{y}}+\Delta k_z\hat{\boldsymbol{z}}=\Delta\boldsymbol{k}_t+\Delta k_z\hat{\boldsymbol{z}}$$

$$\Delta \boldsymbol{k}_t^* = \Delta k_x \hat{\boldsymbol{x}} - \Delta k_y \hat{\boldsymbol{y}}$$

$$\Delta \boldsymbol{r}_i = \boldsymbol{r}_{i+1} - \boldsymbol{r}_i$$

$$\boldsymbol{r}_i^{\mathrm{c}} = (\boldsymbol{r}_i + \boldsymbol{r}_{i+1})/2$$

$$\boldsymbol{r}_{N+1} = \boldsymbol{r}_1$$

3.5 如图 3.32(a)～(c)所示的三个问题：(a)电流源 $\boldsymbol{J}$ 和磁流源 $\boldsymbol{M}$ 在自由空间中产生电磁场 $\boldsymbol{E}^{\mathrm{i}}$、$\boldsymbol{H}^{\mathrm{i}}$；(b)电流源 $\boldsymbol{J}$ 和磁流源 $\boldsymbol{M}$ 在带孔理想导电屏存在时产生的电磁场 $\boldsymbol{E}^{\mathrm{a}}$、$\boldsymbol{H}^{\mathrm{a}}$；(c)磁流源 $\boldsymbol{M}_{\mathrm{c}}$ 和电流源 $\boldsymbol{J}_{\mathrm{c}}$ 在理想导电屏存在时产生的电磁场 $\boldsymbol{E}^{\mathrm{c}}$、$\boldsymbol{H}^{\mathrm{c}}$，其中，$\boldsymbol{M}_{\mathrm{c}} = Z_0 \boldsymbol{J}$，$\boldsymbol{J}_{\mathrm{c}} = -\boldsymbol{M}/Z_0$，导电屏大小和位置刚好与(b)问题中的孔相同。试证明：

$$\boldsymbol{E}^{\mathrm{a}} + Z_0 \boldsymbol{H}^{\mathrm{c}} = \boldsymbol{E}^{\mathrm{i}}, \quad \boldsymbol{H}^{\mathrm{a}} - \frac{1}{Z_0}\boldsymbol{E}^{\mathrm{c}} = \boldsymbol{H}^{\mathrm{i}}, \quad z > 0$$

其中，Z_0 为自由空间中的波阻抗。这就是电磁理论中的巴比涅(Babinet)原理。

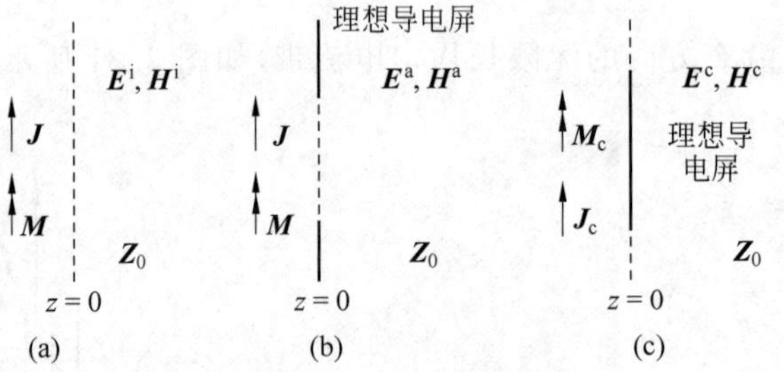

图 3.32 思考题 3.5 图

3.6 将巴比涅原理应用于平面导电屏上狭长缝隙天线(图 3.33(a))及其薄导体电偶极子天线(图 3.33(b))，可以得到一个非常有用的结论。如图 3.33(c)、(d)所示，若将中心馈电的缝隙天线和薄导体电偶极子的馈电系统视为理想电压发生器，那么这两种天线的输入阻抗之间有下面关系：

$$Z_{\mathrm{s}} Z_{\mathrm{d}} = \frac{1}{4} Z_0^2$$

其中，Z_0 是天线周边自由空间的波阻抗。试利用巴比涅原理证明之。

由上式我们可知，互补天线间的阻抗关系与缝隙的形状无关，由此可以导出频率无关天线(frequency independent antenna)的重要概念。如果平面导体片的开口形状与它的互补导体片的形状及大小完全相同，则这样的平面导体片称为自互补平面片，从而

$$Z_{\mathrm{s}} = Z_{\mathrm{d}} = \frac{1}{2} Z_0 \approx 189\ \Omega$$

因此天线的输入阻抗与频率无关。这样的天线可以工作于极宽的工作频带，即频率

无关天线。图 3.34(a)为自互补平面片结构的一种示例,图 3.34(b)示出的结构称为平面等角螺旋天线。

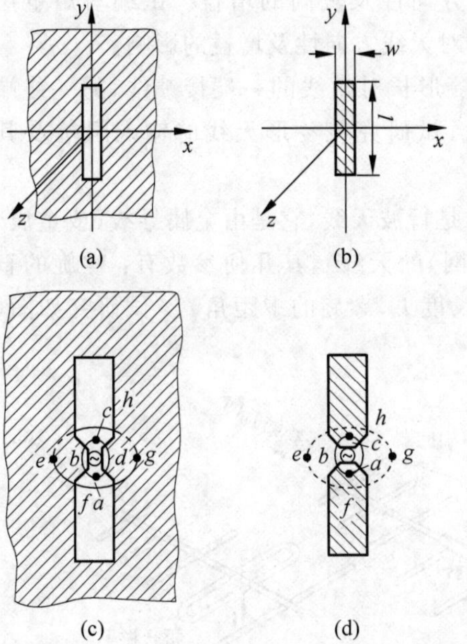

图 3.33　思考题 3.6 图

(a) 缝隙天线;(b) 互补结构——扁平导体带电偶极子;
(c) 缝隙天线的馈电模型;(d) 互补结构——偶极子馈电模型

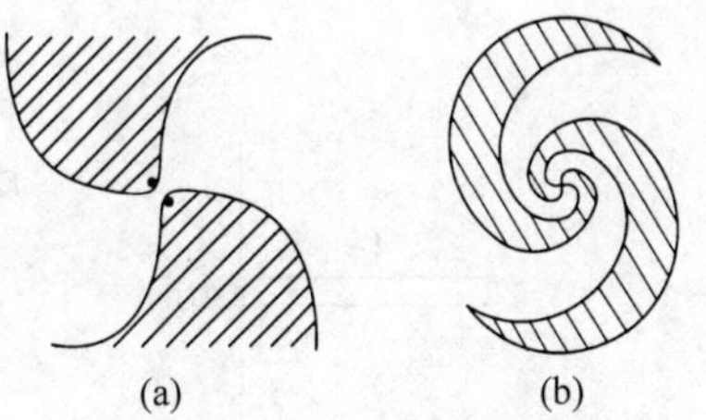

图 3.34　自互补型天线

(a) 互补平面片结构;(b) 平面等角螺旋天线

课程设计(三)

在 3.2.2 节 2. 和 3.2.2 节 3. 中我们讨论了线天线的矩量法数值求解。其他形式的天线也可以用矩量法数值求解。请利用矩量法编写程序,研究以下四种天线问题。

(1) 线天线。考虑如图 3.35(a)所示的以双线馈电的对称偶极子天线,在建模时既可以 A_1 点作为天线输入点,把天线作为传输线的负载,对天线和传输线分别用矩量法和传输线方法考虑;也可以 A_2 点作为天线输入点,对天线和一段传输线整体建模。试比较这两种方法计算出的 A_2 点输入阻抗和反射系数,并研究反射系数的区别与 A_2 点位置的关系。

(2) 线天线属于驻波天线,即天线上的电流是驻波分布的。由于天线的电长度随频率变化,天线输入阻抗随频率变化较大,所以其相对带宽一般只有百分之几到百分之十几。从长线理论可知,如果线上载行波,其输入阻抗将不随频率而变,并始终等于它的特性阻抗。如果用载行波的导线构成天线,显然这种天线的阻抗频带一定是较宽的,从而适宜于宽频带应用。如图 3.35(b)所示的引向天线又称**八木天线**(Yagi antenna),它结构简单又具有较好的方向性及较高的增益。试编写矩量法程序,研究天线各结构、间隔尺寸、引向器个数对天线方向性及增益的影响。

(3) 如图 3.35(c)所示的**菱形天线**,其菱形长对角线的一端接馈线,另一终端接天线的特性阻抗,所以也是一种行波天线。试研究该菱形天线的输入阻抗及其方向性。

(4) 如图 3.35(d)所示的**螺旋天线**同样是行波天线,它是由金属导线(或金属管)绕制成螺旋形,并在馈电端设有反射板(或网)的天线。其几何参数有:螺旋的直径 D,螺距 h,螺旋的圈数 n,螺旋天线的轴向长度 L,螺旋的螺距角 α。试研究如图(d)所示的螺旋天线的输入阻抗及其方向性。

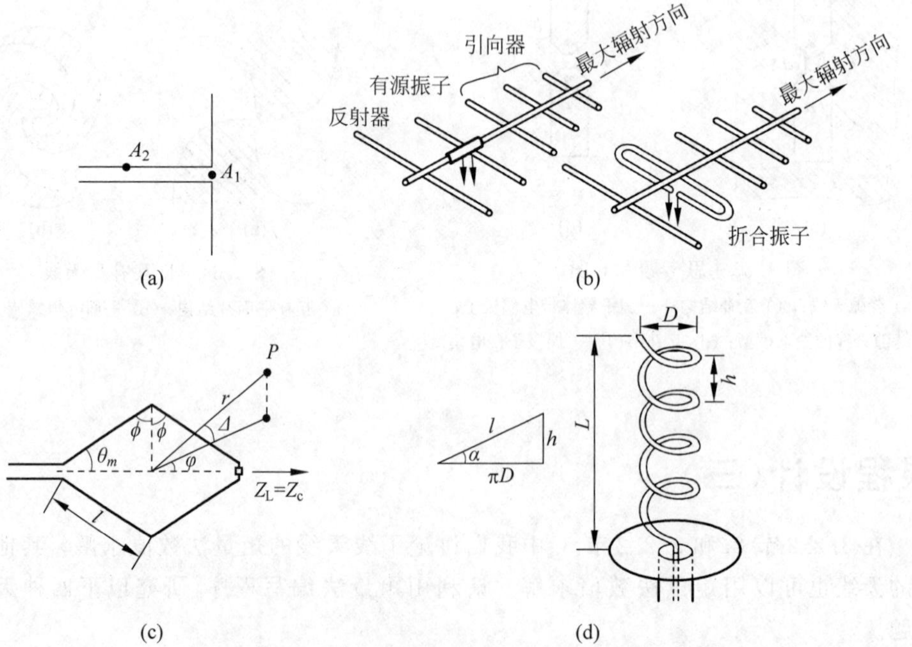

图 3.35　四种天线示意图

第4章 电磁波的散射

这一章

将围绕“电磁波是如何散射的，以及如何利用散射来探测目标”这一核心问题展开：

第一，通过求解平面波入射下无限长金属圆柱的散射场，介绍求解散射问题的本征模式展开方法，通过对散射场解的进一步分析，了解金属圆柱的散射特征；

第二，通过求解平面波入射下金属球的散射场，进一步理解求解散射问题的本征模式展开方法，通过对金属球散射场解的深入分析，了解金属球的散射特征；

第三，通过介绍各类目标散射的分析方法以及散射机理，全面了解目标与环境电磁特性的分析方法与散射特征；

第四，针对雷达需求，介绍反映目标特性的重要参量及其计算方法；

最后，通过详细分析单脉冲雷达系统，阐释从原理到技术的演化历程。

电磁波散射问题大致可分为两类：确定性目标的散射和随机性目标的散射。目前这两类问题的研究方法、研究进展都不太一样，应用背景也很不相同。应该说，研究确定性目标散射的实验和仿真技术相对较为成熟。尽管仿真技术仍然不能满足某些需要，但是近年来随着快速算法研究的突破和计算机技术的飞进，仿真技术已逐渐成为研究确定性目标散射的重要手段。而随机性目标散射的研究，无论是实验还是仿真，相比于确定性目标散射的研究，其要求和方法都是不同的。目前，随机性目标散射的研究更依赖于实验研究，因此十分耗资费力。确定性目标散射的研究目前主要用于目标的隐身和反隐身、识别、制导，进而用于一般雷达和成像雷达新体制的研究；随机性目标散射的研究则更多用于遥感，譬如辐射计和散射计对海水盐浓度、土壤湿度的监控，进而预测大气的变化。随着需求的扩大，这两类问题变得不可再分，譬如要研究飞机在海面低空飞行的散射特征，就既要考虑飞机的散射，又要考虑随机目标海面的散射，同时还要考虑它们之间的相互作用。对于电磁波散射的分析计算，本章先讨论确定性目标散射,再讲述随机性目标的散射分析计算。对于电磁波散射在雷达上的应用,本章首先分析雷达接收的目标回波的特征,即目标散射特性;之后再从目标散射特性的角度阐述不同雷达体制的工作原理;最后以一个典型的雷达系统为例,剖析关键技术,让读者领会从雷达原理到雷达系统的技术发展过程。

4.1 确定性目标的散射

一般说来,**确定性目标**是指其形状与介质分布可准确描述的目标。譬如军事上的导弹、飞机、卫星、坦克、舰船等,就是确定性目标。现实生活中,目标总是置于环境之中,因此,从应用角度上来说,研究目标散射特性离不开环境。虽然一般说来环境是极其复杂的,但有两种简单却又极其有用的模型:自由空间和层状介质。像研究导弹、飞机、卫星的散射,就可视为这些目标在自由空间中的散射,而研究坦克、舰船的散射,就须视为这些目标在层状介质中的散射。研究这两种环境中目标散射的方法不太一样,本节只阐述自由空间中目标散射的分析,层状介质中散射的分析可参阅 *Essentials of Computational Electromagnetics*(X. Q. Sheng and W. Song,IEEE Press & Wiley,2012)。

确定性目标可分为规则目标和不规则目标。规则目标,譬如圆柱、球,它们的散射一般可用解析法严格求解。不规则目标的散射则无法严格解析求解。一般说来,要研究不规则目标的高频散射特征(散射体电尺寸大于 10λ),可用高频近似法;要研究不规则目标的低频散射特征(散射体电尺寸小于 10λ),须用全波数值法。高频近似法的优势在于高效,同时能给出散射机理性分析;不足在于其近似性,计算精度无法保证。全波数值法的优势在于通用、精度可控,不足在于计算效率过低。实际复杂目标散射特征的仿真往往需要多种方法的有机结合。

4.1.1 规则目标的散射

有多种不同形状的规则目标,但其散射的解析求解思路是一样的。基本思路都是:根据目标形状选定坐标系,以使目标边界可用一个坐标表示,譬如对于圆柱,就可选定柱坐标(ρ,ϕ,z),这样圆柱边界就可只用坐标 $\rho=a$(a 为圆柱半径)表示;然后将描述电磁规律的矢量亥姆霍兹方程(2.1.7)在这种坐标系下转化成标量亥姆霍兹方程,类似于式(2.2.1),求出此标量亥姆霍兹方程的本征函数。此本征函数通常又称为波函数,一般是完备的,即可用波函数的线性组合表述任何一种场分布;这样目标的散射问题就转化成电磁波在目标边界的不连续问题,便可用模匹配方法,通过边界条件唯一确定出波函数的线性组合形式。下面就以二维导体圆柱和三维导体球散射的求解为例,具体阐述这种解析求解方法。

1. 导体圆柱散射

导体圆柱散射问题是这样表述的：在一个确定的电磁波入射下，如何确定一个在某一方向(不妨假定为 z 方向)无限长的导体圆柱的散射场。入射波有多种：有平面波，譬如远处雷达照射过来的入射波，就可视为平面波；有球面波，譬如近处点源产生的入射波，就应该视为球面波。这里只考虑平面波入射情形，而且是垂直于 z 方向。下面要明确的是入射波的极化方向，换言之，就是入射波的电场方向。同样，在垂直于入射方向的平面内，任何一个方向的电场都可分解成平行于 z 方向和垂直于 z 方向的两个分量。通常把平行于 z 方向的，称为 TM 极化，垂直于 z 方向的称为 TE 极化。根据电磁波叠加原理，TM 极化分量和 TE 极化分量可以分别求解，然后叠加而成。这里只给出 TM 极化的散射分析，TE 极化的散射分析可仿照进行。

因此，本节的问题就是求出沿 x 轴方向垂直投射于导体柱的 TM 极化入射波的散射场，如图 4.1 所示。即求出下面形式入射场的散射场：

$$E_z^{\mathrm{i}} = E_0 \mathrm{e}^{-\mathrm{j}kx} = E_0 \mathrm{e}^{-\mathrm{j}k\rho\cos\phi} \tag{4.1.1}$$

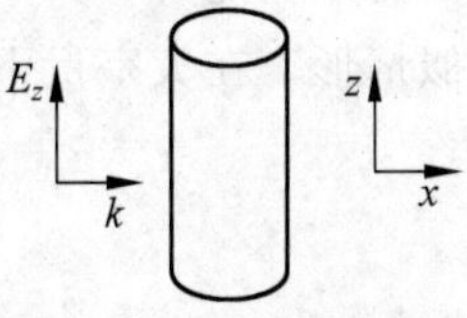

图 4.1 导体柱的 TM 极化散射

根据本节开头所述思路，先选择柱坐标系。在柱坐标系下，根据 2.2.1 节结论可知矢量亥姆霍兹方程(2.1.7)可转化成

$$(\nabla^2 + k^2) E_z = 0 \tag{4.1.2}$$

即

$$\frac{1}{\rho}\frac{\partial}{\partial\rho}\left(\rho\frac{\partial E_z}{\partial\rho}\right) + \frac{1}{\rho^2}\frac{\partial^2 E_z}{\partial\phi^2} + \frac{\partial^2 E_z}{\partial z^2} + k^2 E_z = 0 \tag{4.1.3}$$

利用分离变量法，可确定出式(4.1.3)的本征函数系。令 $E_z = R(\rho)\Phi(\phi)Z(z)$，代入式(4.1.3)，等式两边同除 $R(\rho)\Phi(\phi)Z(z)$ 得

$$\frac{\dfrac{\partial}{\partial\rho}\left(\rho\dfrac{\partial R(\rho)}{\partial\rho}\right)}{\rho R(\rho)} + \frac{\dfrac{\partial^2\Phi(\phi)}{\partial\phi^2}}{\rho^2\Phi(\phi)} + \frac{\dfrac{\partial^2 Z(z)}{\partial z^2}}{Z(z)} + k^2 = 0 \tag{4.1.4}$$

令

$$\frac{\dfrac{\partial^2 Z(z)}{\partial z^2}}{Z(z)} = -k_z^2 \tag{4.1.5}$$

$$\frac{\dfrac{\partial^2\Phi(\phi)}{\partial\phi^2}}{\Phi(\phi)} = -n^2 \tag{4.1.6}$$

以及 $k_\rho^2 = k^2 - k_z^2$，因此式(4.1.4)变为

$$\rho\frac{\partial}{\partial\rho}\left(\rho\frac{\partial R(\rho)}{\partial\rho}\right) + R(\rho)(\rho^2 k_\rho^2 - n^2) = 0 \tag{4.1.7}$$

很明显式(4.1.5)和式(4.1.6)的解都是谐波函数。其解可分别表示为 $Z=\exp(\mathrm{j}k_z z)$ 和 $\Phi=\exp(\mathrm{j}n\phi)$。考虑到圆柱为旋转体结构，$\Phi$ 具有周期性：$\Phi(\phi)=\Phi(\phi+m2\pi)$。

可见，根据圆柱的结构特点可以确定式(4.1.6)中的 n 是整数，式(4.1.5)中的 k_z^2 是实数。再由数理方程理论可知，式(4.1.7)的解是 n 阶贝塞尔(Bessel)函数，通常表示成

$$R(\rho)=\mathrm{J}_n(k_\rho\rho)\quad 或\quad \mathrm{N}_n(K_\rho\rho)\tag{4.1.8}$$

其中，$\mathrm{J}_n(k_\rho\rho)$ 称为第一类贝塞尔函数，$\mathrm{N}_n(K_\rho\rho)$ 称为第二类贝塞尔函数。也可以将这两类函数组合成下列汉克尔(Hankel)函数：

$$\mathrm{H}_n^{(1)}(\rho)=\mathrm{J}_n(\rho)+\mathrm{j}\mathrm{N}_n(\rho)\tag{4.1.9}$$

$$\mathrm{H}_n^{(2)}(\rho)=\mathrm{J}_n(\rho)-\mathrm{j}\mathrm{N}_n(\rho)\tag{4.1.10}$$

为了确定哪一类函数更适于表述圆柱散射解，不妨看看这些函数在大宗量下的近似情形。在大宗量下有

$$\mathrm{J}_n(\rho)\xrightarrow[\rho\to+\infty]{}\sqrt{\frac{2}{\pi\rho}}\cos\left(\rho-\frac{\pi}{4}-\frac{n\pi}{2}\right)\tag{4.1.11}$$

$$\mathrm{N}_n(\rho)\xrightarrow[\rho\to+\infty]{}\sqrt{\frac{2}{\pi\rho}}\sin\left(\rho-\frac{\pi}{4}-\frac{n\pi}{2}\right)\tag{4.1.12}$$

$$\mathrm{H}_n^{(1)}(\rho)\xrightarrow[\rho\to+\infty]{}\sqrt{\frac{2}{\mathrm{j}\pi\rho}}\,\mathrm{j}^{-n}\mathrm{e}^{\mathrm{j}\rho}\tag{4.1.13}$$

$$\mathrm{H}_n^{(2)}(\rho)\xrightarrow[\rho\to+\infty]{}\sqrt{\frac{2\mathrm{j}}{\pi\rho}}\,\mathrm{j}^{n}\mathrm{e}^{-\mathrm{j}\rho}\tag{4.1.14}$$

由此可见，贝塞尔函数适于表述驻波场，譬如波导内的场，汉克尔函数适于表述行波场。换言之，圆柱的散射解应该用汉克尔函数表述。进一步分析式(4.1.13)和式(4.1.14)可知，第一类汉克尔函数表述的是向内传播的行波，第二类汉克尔函数表述的是向外传播的行波，故圆柱的散射解应该用第二类汉克尔函数表述。因此式(4.1.7)的解为 $R(\rho)=\mathrm{H}_n^{(2)}(k_\rho\rho)$。这样圆柱的散射解可表述成下列形式：

$$E_z^{\mathrm{s}}=E_0\sum_n\int_{k_z}a_n(k_z)\mathrm{H}_n^{(2)}(k_\rho\rho)\mathrm{e}^{\mathrm{j}n\phi}\mathrm{e}^{\mathrm{j}k_z z}\mathrm{d}k_z\tag{4.1.15}$$

其中，$a_n(k_z)$ 是待定函数。因为这里只考虑垂直于 z 入射的电磁波，所以 $k_z=0$。故式(4.1.15)可进一步简化成

$$E_z^{\mathrm{s}}=E_0\sum_n a_n\mathrm{H}_n^{(2)}(k_\rho\rho)\mathrm{e}^{\mathrm{j}n\phi}\tag{4.1.16}$$

因为总场可表述成入射场与散射场之和，即

$$E_z=E_z^{\mathrm{i}}+E_z^{\mathrm{s}}\tag{4.1.17}$$

故可根据总场 E_z 在圆柱边界 $\rho=a$ 为零，来确定出式(4.1.16)中待定常数 a_n。为了用边界 $\rho=a$ 处的条件，需将入射平面波展开成柱面波形式：

$$E_i = E_0 e^{-jk\rho\cos\phi} = E_0 \sum_{n=-\infty}^{+\infty} j^{-n} J_n(k\rho) e^{jn\phi} \tag{4.1.18}$$

此恒等式将在 4.1.1 节 4."规则目标散射的解析求解法"中给予证明。由此便可很容易确定

$$a_n = j^{-n} \frac{-J_n(ka)}{H_n^{(2)}(ka)} \tag{4.1.19}$$

于是导体柱的散射场为

$$E_z^s = -E_0 \sum_{n=-\infty}^{+\infty} j^{-n} \frac{J_n(ka)}{H_n^{(2)}(ka)} H_n^{(2)}(k\rho) e^{jn\phi} \tag{4.1.20}$$

在远距离,即 $k\rho \gg 1$ 下,利用式(4.1.14),导体柱的散射场可进一步表示成

$$E_z^s = -E_0 \sqrt{\frac{2j}{\pi k\rho}} e^{-jk\rho} \sum_{n=-\infty}^{+\infty} \frac{J_n(ka)}{H_n^{(2)}(ka)} e^{jn\phi} \tag{4.1.21}$$

为了表述二维目标的散射特征,我们用均匀散射场能量来归一实际散射场能量,引入回波宽度,其定义如下:

$$\sigma(\phi) = \lim_{\rho \to +\infty} 2\pi\rho \frac{|E_z^s|^2}{|E_z^i|^2} \tag{4.1.22}$$

这样导体柱的回波宽度便为

$$\sigma(\phi) = \frac{4}{k} \left| \sum_{n=-\infty}^{+\infty} \frac{J_n(ka)}{H_n^{(2)}(ka)} e^{jn\phi} \right|^2 \tag{4.1.23}$$

在 $ka \to 0$ 下,式(4.1.23)级数求和中的 $n=0$ 项成为主导项,其他项可以忽略,式(4.1.23)可以进一步化简为

$$\sigma \approx \left(\frac{\pi}{\ln ka}\right)^2 \frac{1}{k} \tag{4.1.24}$$

由此可见,此回波宽度与方向无关。这是容易解释的,因为在 $ka \to 0$ 时,就相当于一个线电流的辐射。

2. 导体圆柱绕射

导体圆柱绕射本质上是导体圆柱散射。之所以有此概念,是历史原因,也是因为导体圆柱的散射解(式(4.1.21))有更为简单的射线近似表达式。历史上,在很长一段时间内,光都被认为是直线传播的,后来发现光可以绕行。那么电磁波是如何绕行的呢? 这就需要进一步研究导体圆柱的散射解(式(4.1.21))。式(4.1.21)是一个收敛较慢的级数求和,通过沃森变换(Watson transform),可转化成下列收敛极快的级数求和,具体过程见《近代电磁理论》(龚中麟,北京大学出版社,2010 年,第 295-303 页)。在阴影区,即 $-\pi/2 < \phi < \pi/2$ 区域内,导体圆柱的电场可表示成

$$E_z = \mathrm{j}E_0\sqrt{\frac{2\pi}{k(\rho^2-a^2)^{1/2}}}\mathrm{e}^{-\mathrm{j}k\sqrt{\rho^2-a^2}}\sum_{n=1}^{\infty}\frac{\mathrm{H}_{\nu_n}^{(1)}(ka)}{\left[\frac{\partial}{\partial\nu}\mathrm{H}_{\nu}^{(2)}(ka)\right]\Big|_{\nu=\nu_n}}\cdot$$
$$\left\{\exp\left[-\mathrm{j}\nu_n\left(\frac{\pi}{2}-\phi-\arccos\frac{a}{\rho}\right)\right]+\exp\left[-\mathrm{j}\nu_n\left(\frac{\pi}{2}+\phi-\arccos\frac{a}{\rho}\right)\right]\right\}$$
(4.1.25)

其中，ν_n 为方程 $\mathrm{H}_{\nu_n}^{(2)}(ka)=0$ 的根，在整个复平面内的分布如图 4.2 所示。由于 ν_n 有大的负虚部，故在 $-\pi/2+\arccos\frac{a}{\rho}<\phi<\pi/2-\arccos\frac{a}{\rho}$ 内，式(4.1.25)收敛极快，只需很少几项就可得足够精确的结果。下面让我们再来分析式(4.1.25)。从阴影区观察点 $P(\rho,\phi)$ 向导体柱的截面圆作出两条切线，如图 4.3 所示。由几何关系可以得到，入射平面波在截圆上的掠射点到切点的两段圆弧所张角度分别为

$$\theta_1=\frac{\pi}{2}-\phi-\arccos\frac{a}{\rho} \tag{4.1.26}$$

$$\theta_2=\frac{\pi}{2}+\phi-\arccos\frac{a}{\rho} \tag{4.1.27}$$

θ_1 和 θ_2 刚好是式(4.1.25)两个指数项中圆括号内的角度值，如图 4.3 所示。由此可引出一个重要概念来解释导体背后阴影区中绕射场的形成。入射波到达柱面上掠射点的射线可以在阴影区的柱面上继续爬行，到达切点时沿切线方向射出。这种沿着柱面爬行的射线称为爬行射线，相应的波称为爬行波。ν_n 正是爬行波的角波数。爬行波沿柱面爬行的过程中由于不断沿柱面的切向放出射线而严重衰减。阴影区中任何一点的绕射场都是由沿柱面切向射出的两条爬行射线合成的。式(4.1.25)中的相位因子 $\exp(-\mathrm{j}k\sqrt{\rho^2-a^2})$ 正是爬行波从切点射出后到达观测点中所经历的相位。值得一提的是，爬行波概念可推广适用于任意具有光滑凸面导体的绕射。

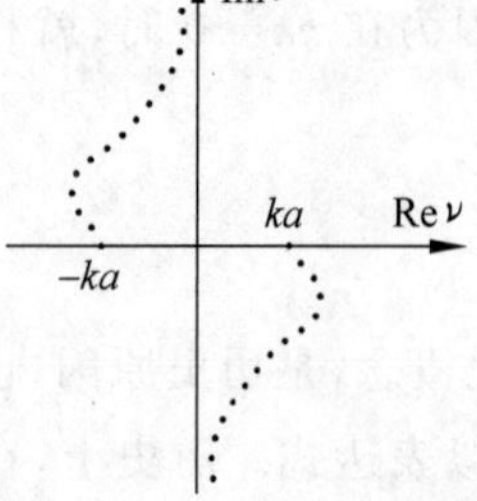

图 4.2　ν_n 在整个复平面内的分布

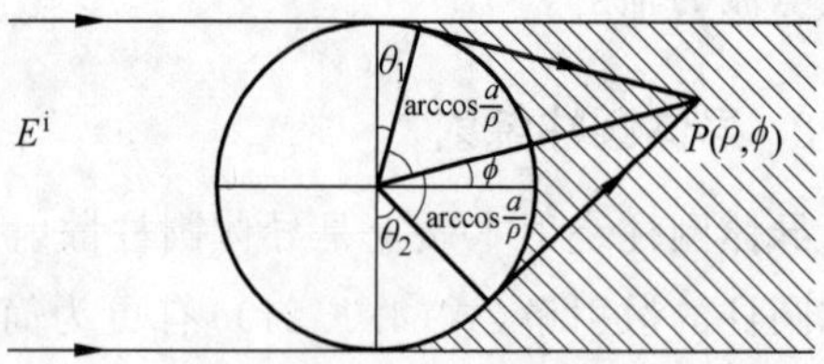

图 4.3　导体柱爬行波示意图

级数求和式(4.1.25)在阴影区有极快的收敛速度，但在照明区(图 4.4)，即不在区域 $-\pi/2+\arccos\frac{a}{\rho}<\phi<\pi/2-\arccos\frac{a}{\rho}$ 时，式(4.1.25)收敛变坏，为此需要重新

寻找适合照明区的电磁场表达式。同样利用沃森变换，但用不同的被积形式和积分路径，可得出照明区的电场表达式为

$$E_z \approx E_0 \exp(-\mathrm{j}k\rho\cos\phi) - E_0 \sqrt{\frac{a}{2\rho}\sin\frac{\phi}{2}} \exp\left[-\mathrm{j}k\left(\rho - 2a\sin\frac{\phi}{2}\right)\right] \tag{4.1.28}$$

此式可用几何光学来解释。第一项为入射波，第二项对应射线在圆柱面上的反射。当射线在 $\rho=a$ 点到达圆柱表面时，它有一相位因子 $\mathrm{e}^{\mathrm{j}ka\sin(\phi/2)}$。从圆柱面反射到观察点时，又得到另一相位因子 $\mathrm{e}^{-\mathrm{j}k[\rho-a\sin(\phi/2)]}$。

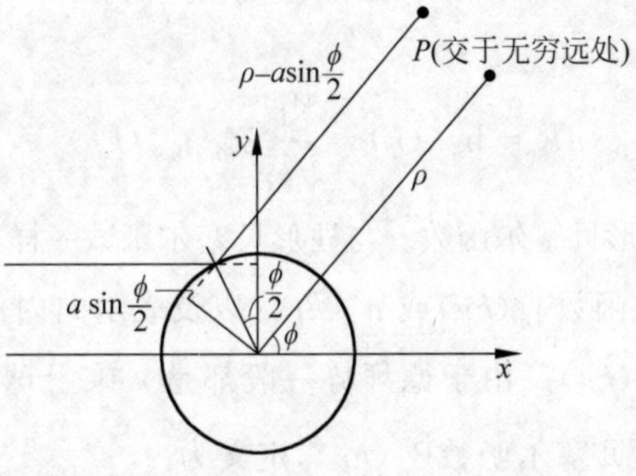

图 4.4 导体柱照明区散射示意图

3. 导体球的散射

4.1.1 节 1. 和 2. 具体讨论了二维导体圆柱的散射。下面来讨论三维导体球的散射。与解析求解二维导体圆柱散射一样，首先建立易于表述球边界的球坐标系。接着便是考虑如何构造球坐标系下齐次矢量亥姆霍兹方程的本征函数系。比构造柱坐标系下本征函数系困难的是，球坐标系下电场或磁场的任一分量都不满足标量亥姆霍兹方程。只能通过两个辅助的标量势函数 Π_e 和 Π_m（通常称为德拜(Debye)势）将电磁场分量由德拜势表达，德拜势的变形 Π_e/r 和 Π_m/r 满足标量亥姆霍兹方程，即

$$(\nabla^2 + k^2)\begin{Bmatrix}\Pi_e/r \\ \Pi_m/r\end{Bmatrix} = \mathbf{0} \tag{4.1.29}$$

利用分离变量法，在球坐标系下可求出

$$\begin{Bmatrix}\Pi_e/r \\ \Pi_m/r\end{Bmatrix} = R(r)H(\theta)\Phi(\phi) \tag{4.1.30}$$

其中，$R(r)$、$H(r)$、$\Phi(\phi)$满足下列方程：

$$\frac{\mathrm{d}}{\mathrm{d}r}\left(r^2\frac{\mathrm{d}R}{\mathrm{d}r}\right) + [(kr)^2 - n(n+1)]R = 0 \tag{4.1.31}$$

$$\frac{1}{\sin\theta}\frac{\mathrm{d}}{\mathrm{d}\theta}\left(\sin\theta\frac{\mathrm{d}H}{\mathrm{d}\theta}\right)+\left[n(n+1)-\frac{m^2}{\sin^2\theta}\right]H=0 \tag{4.1.32}$$

$$\frac{\mathrm{d}^2\Phi}{\mathrm{d}\phi^2}+m^2\Phi=0 \tag{4.1.33}$$

令 $\xi=kr, R=\xi^{-1/2}T$,式(4.1.31)变为

$$\xi\frac{\partial}{\partial\xi}\left(\xi\frac{\partial T}{\partial\xi}\right)+\left[\xi^2-\left(n+\frac{1}{2}\right)^2\right]T=0 \tag{4.1.34}$$

比较式(4.1.34)和式(4.1.7)可以知道,T 的解为 $n+1/2$ 阶贝塞尔函数,故 R 通常可表示成

$$R=\mathrm{b}_n(kr)=\frac{1}{\sqrt{kr}}Z_{n+1/2}(kr) \tag{4.1.35}$$

一般称 $\mathrm{b}_n(kr)$为球形贝塞尔函数。与柱形贝塞尔函数一样,球形贝塞尔函数 $\mathrm{b}_n(kr)$ 也有表示驻波的贝塞尔函数 $\mathrm{j}_n(kr)$或 $\mathrm{n}_n(kr)$,以及表示向内传播的第一类 $\mathrm{h}_n^{(1)}(kr)$,向外传播的第二类 $\mathrm{h}_n^{(2)}(kr)$。由于德拜势一般都是 r 乘上球形贝塞尔函数 $\mathrm{b}_n(kr)$,故这里引入另一类球形贝塞尔函数$\hat{\mathrm{B}}_n(kr)$,定义为

$$\hat{\mathrm{B}}_n(kr)=kr\,\mathrm{b}_n(kr)=\sqrt{kr}\,Z_{n+1/2}(kr) \tag{4.1.36}$$

这类球形贝塞尔函数与柱形贝塞尔函数性质相似,而且不难验证它们满足下面偏微分方程:

$$\left[\frac{\mathrm{d}^2}{\mathrm{d}r^2}+k^2-\frac{n(n+1)}{r^2}\right]\hat{\mathrm{B}}_n=0 \tag{4.1.37}$$

再看式(4.1.32)和式(4.1.33),易知式(4.1.33)的解为谐波函数。式(4.1.32)的解,由数理方程理论可知为勒让德(Legendre)多项式 $\mathrm{P}_n^m(\cos\theta)$。故德拜势可表示成

$$\begin{Bmatrix}\Pi_\mathrm{e}\\ \Pi_\mathrm{m}\end{Bmatrix}=\hat{\mathrm{B}}_n(kr)\mathrm{P}_n^m(\cos\theta)\begin{Bmatrix}\cos m\phi\\ \sin m\phi\end{Bmatrix} \tag{4.1.38}$$

求出了德拜势,下面将证明矢量亥姆霍兹方程在球坐标系下的解可由德拜势表达。换言之,我们可以证明 $\nabla\times(\Pi_\mathrm{e}\hat{\boldsymbol{r}})$ 和$\nabla\times(\Pi_\mathrm{m}\hat{\boldsymbol{r}})$ 是矢量亥姆霍兹方程的解。

令 $V=\Pi_\mathrm{e}/r$,用矢量恒等式化简电场表达式:

$$\begin{aligned}\boldsymbol{E}&=\nabla\times(\Pi_\mathrm{e}\hat{\boldsymbol{r}})\\&=\nabla\times(V\boldsymbol{r})\\&=\nabla V\times\boldsymbol{r}+V\nabla\times\boldsymbol{r}\\&=\nabla V\times\boldsymbol{r}\end{aligned} \tag{4.1.39}$$

再计算$\nabla\times\boldsymbol{E}$:

$$
\begin{aligned}
\nabla\times \boldsymbol{E} &= \nabla\times(\nabla V\times \boldsymbol{r}) \\
&= (\boldsymbol{r}\cdot\nabla)\nabla V-(\nabla^2 V)\boldsymbol{r}+\nabla V(\nabla\cdot\boldsymbol{r})-(\nabla V\cdot\nabla)\boldsymbol{r} \\
&= (\boldsymbol{r}\cdot\nabla)\nabla V-(\nabla^2 V)\boldsymbol{r}+3\nabla V-\nabla V \\
&= (\boldsymbol{r}\cdot\nabla)\nabla V-(\nabla^2 V)\boldsymbol{r}+2\nabla V
\end{aligned}
\tag{4.1.40}
$$

最后计算$\nabla\times\nabla\times\boldsymbol{E}$：

$$
\begin{aligned}
\nabla\times\nabla\times\boldsymbol{E} &= \nabla\times[(\boldsymbol{r}\cdot\nabla)\nabla V-(\nabla^2 V)\boldsymbol{r}+2\nabla V] \\
&= \nabla\times[(\boldsymbol{r}\cdot\nabla)\nabla V]-[\nabla(\nabla^2 V)]\times\boldsymbol{r}
\end{aligned}
\tag{4.1.41}
$$

下面我们来分析式(4.1.41)中第二行的第一项：

$$
\begin{aligned}
\nabla\times[(\boldsymbol{r}\cdot\nabla)\nabla V] &= \nabla\times\left[x\frac{\partial\nabla V}{\partial x}+y\frac{\partial\nabla V}{\partial y}+z\frac{\partial\nabla V}{\partial z}\right] \\
&= \nabla\times\left[\nabla\left(x\frac{\partial V}{\partial x}+y\frac{\partial V}{\partial y}+z\frac{\partial V}{\partial z}\right)-\nabla V\right] \\
&= \boldsymbol{0}
\end{aligned}
\tag{4.1.42}
$$

所以

$$
\nabla\times\nabla\times\boldsymbol{E}=-[\nabla(\nabla^2 V)]\times\boldsymbol{r}
\tag{4.1.43}
$$

故

$$
\begin{aligned}
\nabla\times\nabla\times\boldsymbol{E}-k^2\boldsymbol{E} &= -[\nabla(\nabla^2 V)]\times\boldsymbol{r}-k^2\nabla V\times\boldsymbol{r} \\
&= -\nabla[\nabla^2 V+k^2 V]\times\boldsymbol{r}
\end{aligned}
\tag{4.1.44}
$$

因为V满足标量亥姆霍兹方程$\nabla^2 V+k^2 V=0$，所以电场$\boldsymbol{E}=\nabla\times\Pi_e$满足矢量波动方程$\nabla\times\nabla\times\boldsymbol{E}-k^2\boldsymbol{E}=0$。故只要求出球坐标系下标量亥姆霍兹方程的本征函数系，电场的本征函数系就可由$\boldsymbol{E}=\nabla\times(\Pi_e\hat{r})$得到，展开可得电场各分量为

$$
\begin{cases}
E_r=0 \\
E_\theta=\dfrac{1}{r\sin\theta}\dfrac{\partial\Pi_e}{\partial\varphi} \\
E_\varphi=-\dfrac{1}{r}\dfrac{\partial\Pi_e}{\partial\theta}
\end{cases}
\tag{4.1.45}
$$

再由$\boldsymbol{H}=-\nabla\times\boldsymbol{E}/\mathrm{j}\omega\mu$，可得

$$
\begin{cases}
H_r=-\dfrac{1}{\mathrm{j}\omega\mu}\left(\dfrac{\partial^2}{\partial r^2}+k^2\right)\Pi_e \\
H_\theta=-\dfrac{1}{\mathrm{j}\omega\mu r}\dfrac{\partial^2\Pi_e}{\partial r\partial\theta} \\
H_\varphi=-\dfrac{1}{\mathrm{j}\omega\mu r\sin\theta}\dfrac{\partial^2\Pi_e}{\partial r\partial\varphi}
\end{cases}
\tag{4.1.46}
$$

式(4.1.45)和式(4.1.46)所表示的电磁波是相对于$\hat{\boldsymbol{r}}$的TE波。类似地，可用$\nabla\times$

$(\Pi_m \hat{\boldsymbol{r}})$表示磁场而得出相对于 $\hat{\boldsymbol{r}}$ 的 TM 波，即

$$\begin{cases} H_r = 0 \\ H_\theta = \dfrac{1}{r\sin\theta}\dfrac{\partial \Pi_m}{\partial \varphi} \\ H_\varphi = -\dfrac{1}{r}\dfrac{\partial \Pi_m}{\partial \theta} \\ E_r = \dfrac{1}{j\omega\varepsilon}\left(\dfrac{\partial^2}{\partial r^2} + k^2\right)\Pi_m \\ E_\theta = \dfrac{1}{j\omega\varepsilon r}\dfrac{\partial^2 \Pi_m}{\partial r \partial \theta} \\ E_\varphi = \dfrac{1}{j\omega\varepsilon r\sin\theta}\dfrac{\partial^2 \Pi_m}{\partial r \partial \varphi} \end{cases} \tag{4.1.47}$$

至此便已构造出球坐标系下矢量波动方程的本征函数系。下面便可求解导体球的散射。这里暂且只考虑平面波入射下的散射。不失一般性，假设入射波为 x 方向极化，沿 z 方向传播的平面波，即

$$E_x^i = E_0 e^{-jkz} = E_0 e^{-jkr\cos\theta} \tag{4.1.48}$$

$$H_y^i = \frac{E_0}{\eta} e^{-jkz} = \frac{E_0}{\eta} e^{-jkr\cos\theta} \tag{4.1.49}$$

为了便于利用边界条件，将入射波分解成相对于 $\hat{\boldsymbol{r}}$ 方向的 TE 和 TM。表述入射波 TE 分量的德拜势 Π_e 可由入射场的 H_r 分量反推得到；表述入射波 TM 分量的德拜势 Π_m 可由入射场的分量 E_r 反推得到。入射场的 E_r 分量为

$$E_r^i = E_x^i \cos\phi \sin\theta = E_0 \frac{\cos\phi}{jkr}\frac{\partial}{\partial\theta} e^{-jkr\cos\theta} \tag{4.1.50}$$

为了利用边界条件，上式还需用球坐标系下矢量波动方程的本征函数系表达。为此利用下面平面波的球面波展开式(此式的证明将在 4.1.1 节 4. 给出)：

$$e^{jr\cos\theta} = \sum_{n=0}^{\infty} j^n (2n+1) j_n(r) P_n(\cos\theta) \tag{4.1.51}$$

以及$\partial P_n/\partial\theta = P_n^1$ 和式(4.1.36)，可将式(4.1.50)改写成

$$E_r^i = -E_0 \frac{j\cos\phi}{(kr)^2} \sum_{n=1}^{\infty} j^{-n}(2n+1)\hat{J}_n(kr) P_n^1(\cos\theta) \tag{4.1.52}$$

注意，上述级数求和是从 $n=1$ 开始，因为 $P_0^1(\cos\theta)=0$。根据式(4.1.37)以及式(4.1.47)，不难推得对应 E_r^i 的德拜势 Π_m^i 为

$$\Pi_m^i = \frac{E_0}{\omega\mu}\cos\varphi \sum_{n=1}^{\infty} a_n \hat{J}_n(kr) P_n^1(\cos\theta) \tag{4.1.53}$$

其中，

$$a_n=\frac{\mathrm{j}^{-n}(2n+1)}{n(n+1)} \tag{4.1.54}$$

同样可推得对应 H_r^{i} 的德拜势 $\Pi_{\mathrm{e}}^{\mathrm{i}}$ 为

$$\Pi_{\mathrm{e}}^{\mathrm{i}}=\frac{E_0}{k}\sin\varphi\sum_{n=1}^{\infty}a_n\hat{\mathrm{J}}_n(kr)\mathrm{P}_n^1(\cos\theta) \tag{4.1.55}$$

我们知道，散射场的德拜势 $\Pi_{\mathrm{e}}^{\mathrm{s}}$ 和 $\Pi_{\mathrm{m}}^{\mathrm{s}}$ 应与入射场的德拜势 $\Pi_{\mathrm{e}}^{\mathrm{i}}$ 和 $\Pi_{\mathrm{m}}^{\mathrm{i}}$ 具有相同的形式，只要将其中的函数 $\hat{\mathrm{J}}_n(kr)$ 换成 $\hat{\mathrm{H}}_n^{(2)}(kr)$，因为散射场是向外传播的，即

$$\Pi_{\mathrm{m}}^{\mathrm{s}}=\frac{E_0}{\omega\mu}\cos\varphi\sum_{n=1}^{\infty}b_n\hat{\mathrm{H}}_n^{(2)}(kr)\mathrm{P}_n^1(\cos\theta) \tag{4.1.56}$$

$$\Pi_{\mathrm{e}}^{\mathrm{s}}=\frac{E_0}{k}\sin\varphi\sum_{n=1}^{\infty}c_n\hat{\mathrm{H}}_n^{(2)}(kr)\mathrm{P}_n^1(\cos\theta) \tag{4.1.57}$$

故总场的德拜势为

$$\Pi_{\mathrm{m}}=\frac{E_0}{\omega\mu}\cos\varphi\sum_{n=1}^{\infty}(a_n\hat{\mathrm{J}}_n(kr)+b_n\hat{\mathrm{H}}_n^{(2)}(kr))\mathrm{P}_n^1(\cos\theta) \tag{4.1.58}$$

$$\Pi_{\mathrm{e}}=\frac{E_0}{k}\sin\varphi\sum_{n=1}^{\infty}(a_n\hat{\mathrm{J}}_n(kr)+c_n\hat{\mathrm{H}}_n^{(2)}(kr))\mathrm{P}_n^1(\cos\theta) \tag{4.1.59}$$

利用式(4.1.45)和式(4.1.47)可求出电场分量 E_θ 和 E_ϕ。再根据边界条件 $r=a$ 时，$E_\theta=E_\phi=0$，便可确定出

$$b_n=-a\frac{\hat{\mathrm{J}}_n'(ka)}{\hat{\mathrm{H}}_n^{(2)\prime}(ka)} \tag{4.1.60}$$

$$c_n=-a_n\frac{\hat{\mathrm{J}}_n(ka)}{\hat{\mathrm{H}}_n^{(2)}(ka)} \tag{4.1.61}$$

其中，$\hat{\mathrm{J}}_n'(ka)=\left.\frac{\partial\hat{\mathrm{J}}_n(x)}{\partial x}\right|_{x=ka}$，$\hat{\mathrm{H}}_n^{(2)\prime}(ka)=\left.\frac{\partial\hat{\mathrm{H}}_n^{(2)}(x)}{\partial x}\right|_{x=ka}$。至此金属球的散射场便已求出。对于远区散射场，利用下面近似公式：

$$\hat{\mathrm{H}}_n^{(2)}(kr)\xrightarrow[kr\to+\infty]{}\mathrm{j}^{n+1}\mathrm{e}^{-\mathrm{j}kr} \tag{4.1.62}$$

散射场的德拜势 $\Pi_{\mathrm{e}}^{\mathrm{s}}$ 和 $\Pi_{\mathrm{m}}^{\mathrm{s}}$ 可近似为

$$\Pi_{\mathrm{e}}^{\mathrm{s}}=\frac{E_0}{\omega\mu}\cos\phi\sum_{n=0}^{\infty}b_n\mathrm{j}^{n+1}\mathrm{e}^{-\mathrm{j}kr}\mathrm{P}_n^1(\cos\theta) \tag{4.1.63}$$

$$\Pi_{\mathrm{m}}^{\mathrm{s}}=\frac{E_0}{k}\sin\phi\sum_{n=1}^{\infty}c_n\mathrm{j}^{n+1}\mathrm{e}^{-\mathrm{j}kr}\mathrm{P}_n^1(\cos\theta) \tag{4.1.64}$$

利用式(4.1.45)和式(4.1.47)可求出远区散射场电场分量 E_θ^s 和 E_ϕ^s，

$$E_\theta^s = \frac{jE_0}{kr} e^{-jkr} \cos\phi \sum_{n=1}^{\infty} j^n \left[b_n \sin\theta P_n^{1'}(\cos\theta) - c_n \frac{P_n^1(\cos\theta)}{\sin\theta} \right] \tag{4.1.65}$$

$$E_\phi^s = \frac{jE_0}{kr} e^{-jkr} \sin\phi \sum_{n=1}^{\infty} j^n \left[b_n \frac{P_n^1(\cos\theta)}{\sin\theta} - c_n \sin\theta P_n^{1'}(\cos\theta) \right] \tag{4.1.66}$$

其中，b_n 和 c_n 由式(4.1.60)和式(4.1.61)给出。

为了突出地反映物体的散射特征，我们用均匀散射场强度来归一化实际散射场强度，从而引入下面一个常被使用的物理量，即雷达散射截面 σ：

$$\sigma = \lim_{r \to +\infty} 4\pi r^2 \frac{|\boldsymbol{E}^s|^2}{|\boldsymbol{E}^i|^2} \tag{4.1.67}$$

根据观察角度和入射角度的关系，散射截面又分为双基地散射截面、后向或单基地散射截面，以及前向散射截面。双基地散射截面是固定入射方向，观察不同散射方向的物体散射截面，在反演问题中常常使用；后向散射截面是散射观察方向始终与入射方向反向，观察不同入射方向的物体散射截面，雷达接收的通常都是后向散射截面；前向散射截面，顾名思义，就是散射观察方向与入射方向同向，这个方向的散射场往往与入射场的相位反向。再进一步，如果要反映物体的极化散射特征，我们要用下面的散射截面矩阵表示：

$$\begin{bmatrix} \sigma_{\theta\theta} & \sigma_{\theta\phi} \\ \sigma_{\phi\theta} & \sigma_{\phi\phi} \end{bmatrix} \tag{4.1.68}$$

其中，$\sigma_{\theta\theta}$ 表示垂直极化散射截面，即极化为 θ 方向的入射场产生的极化为 θ 方向的散射截面；$\sigma_{\phi\phi}$ 表示水平极化散射截面，即极化为 ϕ 方向的入射场产生的极化为 ϕ 方向的散射截面；$\sigma_{\theta\phi}$ 和 $\sigma_{\phi\theta}$ 表示交叉极化散射截面，即极化为 θ 方向的入射场产生的极化为 ϕ 方向的散射截面或极化为 ϕ 方向的入射场产生的极化为 θ 方向的散射截面。

下面来分析金属球的后向散射截面。可以证明，交叉极化 $\sigma_{\theta\phi} = \sigma_{\phi\theta} = 0$，垂直和水平极化散射截面一样，$\sigma_{\theta\theta} = \sigma_{\phi\phi}$。利用下面关系：

$$\frac{P_n^1(\cos\theta)}{\sin\theta} \xrightarrow[\theta \to \pi]{} \frac{(-1)^n}{2} n(n+1) \tag{4.1.69}$$

$$\sin\theta P_n^{1'}(\cos\theta) \xrightarrow[\theta \to \pi]{} \frac{(-1)^n}{2} n(n+1) \tag{4.1.70}$$

以及球形贝塞尔函数的朗斯基(Wronskian)关系

$$J_n(ka) H_n^{(2)'}(ka) - J_n'(ka) H_n^{(2)}(ka) = 1 \tag{4.1.71}$$

可得出导体球的垂直和水平极化散射截面的简化表达式：

$$\sigma_{\theta\theta} = \sigma_{\phi\phi} = \frac{\lambda^2}{4\pi} \left| \sum_{n=1}^{\infty} \frac{(-1)^n (2n+1)}{\hat{H}_n^{(2)'}(ka) \hat{H}_n^{(2)}(ka)} \right|^2 \tag{4.1.72}$$

在 $ka \ll 1$ 时，式(4.1.72)中 $n=1$ 为主要项，且有

$$\hat{\mathrm{H}}_1^{(2)}(ka) \xrightarrow[ka \to 0]{} \mathrm{j}\frac{1}{ka} \tag{4.1.73}$$

$$\hat{\mathrm{H}}_1^{(2)\prime}(ka) \xrightarrow[ka \to 0]{} \mathrm{j}\frac{3}{2}\frac{1}{(ka)^2} \tag{4.1.74}$$

故式(4.1.72)可近似为

$$\sigma_{\theta\theta} = \sigma_{\phi\phi} \xrightarrow[ka \to 0]{} \frac{\lambda^2}{\pi}(ka)^6 \tag{4.1.75}$$

这就是我们通常所说的瑞利(Rayleigh)散射公式。由此公式可以知道，电小尺寸球，换言之，在频率很低，通常称为瑞利区，金属球的散射截面与频率的 4 次方成正比。对于电大尺寸金属球，电磁波呈光学特征，利用下面将要介绍的物理光学方法，可以计算得到其后向散射截面为

$$\sigma_{\theta\theta} = \sigma_{\phi\phi} = \pi a^2 \tag{4.1.76}$$

由此公式可知，在频率很高时，即在高频区，金属球的散射截面与频率无关。在瑞利区和高频区之间，金属球的后向散射截面随频率振荡变化，故此区通常被称为谐振区。图 4.5 给出了金属球后向散射截面随频率的变化曲线。

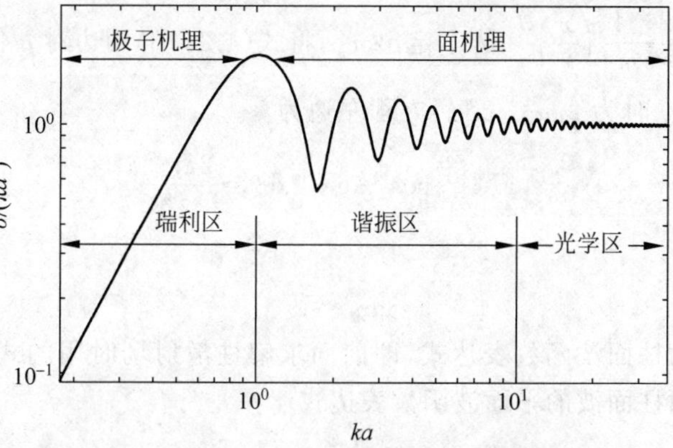

图 4.5　金属球后向散射截面随频率的变化曲线

4. 规则目标散射的解析求解法

上面三节讲述了如何求解两种规则目标——二维圆柱和三维球在平面波入射下的散射场。下面对规则目标散射的解析求解法先进行简单总结，然后对关键步骤展开更为全面的论述。通过上面两个问题的求解可以知道，规则目标散射解析求解的第一步，是选择适当坐标系，并构造此坐标系下的本征函数系。选择坐标系很简单，一般就是让规则目标的边界能在坐标系下用一个坐标分量简单表述出来。至于构造此坐标系下的矢量波动方程完备正交本征函数系，一般是用标量波动方程的本征函

数来构造，其构造过程也已在上面两节有所阐述，更为全面具体的可见文献 *Dyadic Green's Functions in Electromagnetic Theory*（C. T. Tai，IEEE Press，1994）。有了完备正交本征函数系，便可根据入射波及边界条件确定出散射场。首先是将入射波用坐标系下的完备正交本征函数系表达出来，后再用同一函数系表示散射场，其系数待定，最后利用边界条件确定出散射场表达式中的待定系数。这中间一个关键问题便是如何用坐标系下的完备正交本征函数系来表达入射波。因为表达入射波的坐标系和描述目标的坐标系往往不一致；有时即使一致，坐标原点又不同。对于前者，可用不同坐标系下波函数变换来解决；对于后者，我们需要坐标系下波函数的加法定理。下面就讲述这两个问题。首先来看不同坐标系下的波函数变换。

1）平面波与柱面波函数的转换公式

设平面波可用柱面波函数表示成

$$\mathrm{e}^{-\mathrm{j}x}=\mathrm{e}^{-\mathrm{j}\rho\cos\phi}=\sum_{n=-\infty}^{\infty}a_n\mathrm{J}_n(\rho)\mathrm{e}^{\mathrm{j}n\phi}\tag{4.1.77}$$

为了确定 a_n，将式(4.1.77)两边同乘 $\mathrm{e}^{-\mathrm{j}m\phi}$，并对 ϕ 从 0 到 2π 作积分得

$$\int_0^{2\pi}\mathrm{e}^{-\mathrm{j}\rho\cos\phi}\mathrm{e}^{-\mathrm{j}m\phi}\mathrm{d}\phi=2\pi a_m\mathrm{J}_m(\rho)\tag{4.1.78}$$

因为有 $\mathrm{J}_m(x)\xrightarrow[x\to 0]{}\frac{1}{m!}\left(\frac{x}{2}\right)^m$，为了定出 a_n，将式(4.1.78)两边对 ρ 作 m 次导数，这样方程右边在 $\rho=0$ 时为 $2\pi a_m/2^m$。方程左边为

$$\mathrm{j}^{-m}\int_0^{2\pi}\cos^m\phi\,\mathrm{e}^{-\mathrm{j}m\phi}\mathrm{d}\phi=\frac{2\pi\mathrm{j}^{-m}}{2^m}\tag{4.1.79}$$

由此可得

$$a_m=\mathrm{j}^{-m}\tag{4.1.80}$$

故推得平面波的柱面波函数表达式，即前面求解柱散射场时用的式(4.1.18)。由此也不难得到下面柱面波的平面波函数表达式

$$\mathrm{J}_n(\rho)=\frac{\mathrm{j}^n}{2\pi}\int_0^{2\pi}\mathrm{e}^{-\mathrm{j}\rho\cos\phi}\mathrm{e}^{-\mathrm{j}n\phi}\mathrm{d}\phi\tag{4.1.81}$$

2）平面波与球面波函数的转换公式

再设平面波可用球面波函数表示成

$$\mathrm{e}^{-\mathrm{j}r\cos\theta}=\sum_{n=0}^{\infty}a_n\mathrm{j}_n(r)\mathrm{P}_n(\cos\theta)\tag{4.1.82}$$

同样为了确定 a_n，将式(4.1.82)两边同乘以 $\mathrm{P}_m(\cos\theta)\sin\theta$，并对 θ 从 0 到 π 作积分得

$$\int_0^{\pi}\mathrm{e}^{-\mathrm{j}r\cos\theta}\mathrm{P}_n(\cos\theta)\sin\theta\,\mathrm{d}\theta=\frac{2a_n}{2n+1}\mathrm{j}_n(r)\tag{4.1.83}$$

令 $x=\cos\theta$，式(4.1.83)转化成

$$\int_{-1}^{1} \mathrm{e}^{-\mathrm{j}rx} \mathrm{P}_n(x) \mathrm{d}x = \frac{2a_n}{2n+1} \mathrm{j}_n(r) \tag{4.1.84}$$

相似地，将式(4.1.84)两边对 r 作 n 次导数，并让 $r \to 0$，左边变成

$$\lim_{r \to 0} \int_{-1}^{1} (-\mathrm{j}x)^n \mathrm{e}^{\mathrm{j}rx} \mathrm{P}_n(x) \mathrm{d}x = (-\mathrm{j})^n \int_{-1}^{1} x^n \mathrm{P}_n(x) \mathrm{d}x \tag{4.1.85}$$

因为 x^n 一定可以用正交勒让德多项式组合表示，即

$$x^n = \sum_{i=0}^{n} c_i \mathrm{P}_i(x) \tag{4.1.86a}$$

又

$$\mathrm{P}_n(x) = \frac{1}{2^n n!} \frac{\mathrm{d}^n}{\mathrm{d}x^n} (x^2 - 1)^n \tag{4.1.86b}$$

所以勒让德多项式 $\mathrm{P}_n(x)$ 中 x^n 项前系数一定是 $(2n)!/[2^n(n!)^2]$，故可确定出

$$c_n = \frac{2^n (n!)^2}{(2n)!} \tag{4.1.86c}$$

将式(4.1.86a)代入式(4.1.85)，再利用勒让德多项式的正交性，可得

$$(-\mathrm{j})^n \int_{-1}^{1} x^n \mathrm{P}_n(x) \mathrm{d}x = (-\mathrm{j})^n \frac{2^{n+1} (n!)^2}{(2n+1)!} \tag{4.1.86d}$$

再看式(4.1.84)右边，在 r 很小时有

$$\mathrm{j}_n(r) \approx \frac{2^n n!}{(2n+1)!} r^n \tag{4.1.86e}$$

将其对 r 作 n 次导数，式(4.1.83)右边就变成

$$\frac{2a_n}{2n+1} \frac{2^n (n!)^2}{(2n+1)!} \tag{4.1.86f}$$

比较式(4.1.86d)与式(4.1.86f)，可确定出

$$a_n = (-\mathrm{j})^n (2n+1) \tag{4.1.86g}$$

故也就得到平面波的球面波函数表达式，即前面求解球散射场时用的式(4.1.51)。由此不难得到下面球面波的平面波函数表达式：

$$\mathrm{j}_n(r) = \frac{\mathrm{j}^n}{2} \int_0^{\pi} \mathrm{e}^{-\mathrm{j}r\cos\theta} \mathrm{P}_n(\cos\theta) \sin\theta \mathrm{d}\theta \tag{4.1.87}$$

利用相似方法可得到柱面波的球面波函数表达式和球面波的柱面波函数表达式，具体推导见 *Time-Harmonic Electromagnetic Fields*（R. F. Harrington，IEEE Press，2001）。

上述是关于不同坐标系中波函数的转换。下面讨论同一坐标系中，相对于不同坐标原点的波函数转换。对于直角坐标系而言，相对于不同坐标原点的平面波，它们之间的关系很简单，只相差一个相位因子，无需多论。而对于柱坐标系而言，相对于不同坐标原点的柱面波，它们之间的关系就要复杂些。

3）柱面波加法公式

下面考虑柱面波函数 $H_0^{(2)}(|\boldsymbol{\rho}-\boldsymbol{\rho}'|)$ 与 $H_0^{(2)}(\rho)$ 的关系，换言之，如何用 $H_0^{(2)}(\rho)$ 表示 $H_0^{(2)}(|\boldsymbol{\rho}-\boldsymbol{\rho}'|)$。可以认为，$H_0^{(2)}(|\boldsymbol{\rho}-\boldsymbol{\rho}'|)$ 是由线源在 $\boldsymbol{\rho}'$ 产生的波函数，如果用 $H_0^{(2)}(\rho)$ 表示 $H_0^{(2)}(|\boldsymbol{\rho}-\boldsymbol{\rho}'|)$，那么整个区域就应该分成两部分：$\rho<\rho'$ 和 $\rho>\rho'$。因为在 $\boldsymbol{\rho}=\boldsymbol{\rho}'$ 处有线源，导致两区域中场不连续，需用不同形式表示。因为在区域 $\rho<\rho'$，场有限，所以应该用 $J_n(\rho)e^{jn\phi}$ 表示；在区域 $\rho>\rho'$，$H_0^{(2)}(|\boldsymbol{\rho}-\boldsymbol{\rho}'|)$ 相对于原点是向外传播的，所以应该用 $H_n^{(2)}(\rho)e^{jn\phi}$ 表示。又由于 $H_0^{(2)}(|\boldsymbol{\rho}-\boldsymbol{\rho}'|)$ 是关于 $\boldsymbol{\rho}$ 和 $\boldsymbol{\rho}'$ 的对称函数，所以 $H_0^{(2)}(|\boldsymbol{\rho}-\boldsymbol{\rho}'|)$ 可用 $H_0^{(2)}(\rho)$ 表示成

$$H_0^{(2)}(|\boldsymbol{\rho}-\boldsymbol{\rho}'|)=\begin{cases}\sum\limits_{n=-\infty}^{\infty} a_n H_n^{(2)}(\rho')J_n(\rho)e^{jn(\phi-\phi')}, & \rho<\rho' \\ \sum\limits_{n=-\infty}^{\infty} a_n H_n^{(2)}(\rho)J_n(\rho')e^{jn(\phi-\phi')}, & \rho>\rho'\end{cases} \tag{4.1.88}$$

为了确定 a_n，我们来考虑式(4.1.88)左右两边在 $\rho'\to\infty$，$\phi'=0$ 时的近似式。利用 $|\boldsymbol{\rho}-\boldsymbol{\rho}'|=\rho'-\rho\cos\theta$，式(4.1.88)左边可近似为

$$H_0^{(2)}(|\boldsymbol{\rho}-\boldsymbol{\rho}'|)\xrightarrow[\rho'\to\infty,\phi'=0]{}\sqrt{\frac{2j}{\pi\rho'}}e^{-j\rho'}e^{j\rho\cos\phi} \tag{4.1.89}$$

式(4.1.88)右边可近似为

$$\sqrt{\frac{2j}{\pi\rho'}}\sum_{n=-\infty}^{\infty}a_n J_n(\rho)e^{jn(\phi-\phi')} \tag{4.1.90}$$

利用式(4.1.77)，比较式(4.1.89)和式(4.1.90)可知 $a_n=1$。故 $H_0^{(2)}(|\boldsymbol{\rho}-\boldsymbol{\rho}'|)$ 可用 $H_0^{(2)}(\rho)$ 表示成

$$H_0^{(2)}(|\boldsymbol{\rho}-\boldsymbol{\rho}'|)=\begin{cases}\sum\limits_{n=-\infty}^{\infty} H_n^{(2)}(\rho')J_n(\rho)e^{jn(\phi-\phi')}, & \rho<\rho' \\ \sum\limits_{n=-\infty}^{\infty} H_n^{(2)}(\rho)J_n(\rho')e^{jn(\phi-\phi')}, & \rho>\rho'\end{cases} \tag{4.1.91}$$

此式又称柱面波第二类汉克尔函数的加法公式。将式(4.1.91)中的上标“2”换成“1”时同样成立，这便是第一类汉克尔函数的加法公式。将第一类和第二类汉克尔函数的加法公式表达式相加，便得下面第一类贝塞尔函数的加法公式：

$$J_0(|\boldsymbol{\rho}-\boldsymbol{\rho}'|)=\sum_{n=-\infty}^{\infty}J_n(\rho')J_n(\rho)e^{jn(\phi-\phi')} \tag{4.1.92}$$

如果让它们相减，便可得第二类贝塞尔函数的加法公式，具有与式(4.1.92)完全相同的形式。

4）球面波加法公式

利用完全相同的方法，可推得下面球面波函数的加法定理

$$\mathrm{h}_0^{(2)}(|\boldsymbol{r}-\boldsymbol{r}'|)=\begin{cases}\sum_{n=0}^{\infty}(2n+1)\mathrm{j}_n(r)\mathrm{h}_n^{(2)}(r')\mathrm{P}_n(\hat{r}\cdot\hat{r}'), & r<r' \\ \sum_{n=0}^{\infty}(2n+1)\mathrm{j}_n(r')\mathrm{h}_n^{(2)}(r)\mathrm{P}_n(\hat{\boldsymbol{r}}\cdot\hat{\boldsymbol{r}}'), & r>r'\end{cases} \tag{4.1.93}$$

又

$$\mathrm{h}_0^{(2)}(|\boldsymbol{r}-\boldsymbol{r}'|)=-\frac{\mathrm{e}^{-\mathrm{j}|\boldsymbol{r}-\boldsymbol{r}'|}}{j\,|\boldsymbol{r}-\boldsymbol{r}'|} \tag{4.1.94}$$

故

$$\frac{\mathrm{e}^{-\mathrm{j}|\boldsymbol{r}-\boldsymbol{r}'|}}{4\pi|\boldsymbol{r}-\boldsymbol{r}'|}=\begin{cases}-\frac{\mathrm{j}}{4\pi}\sum_{n=0}^{\infty}(2n+1)\mathrm{j}_n(r)\mathrm{h}_n^{(2)}(r')\mathrm{P}_n(\hat{r}\cdot\hat{r}'), & r<r' \\ -\frac{\mathrm{j}}{4\pi}\sum_{n=0}^{\infty}(2n+1)\mathrm{j}_n(r')\mathrm{h}_n^{(2)}(r)\mathrm{P}_n(\hat{r}\cdot\hat{r}'), & r>r'\end{cases} \tag{4.1.95}$$

5）勒让德多项式加法公式

在改变球坐标系极轴方向时，有下面勒让德多项式加法公式

$$\mathrm{P}_n(\cos\gamma)=\mathrm{P}_n(\cos\theta)\mathrm{P}_n(\cos\theta')+2\sum_{m=1}^{n}\frac{(n-m)!}{(n+m)!}\mathrm{P}_n^m(\cos\theta)\mathrm{P}_n^m(\cos\theta')\cos[m(\varphi-\varphi')] \tag{4.1.96}$$

其中，γ 是 OP（方向为 θ,φ）与 OP'（方向为 θ',φ'）之间的夹角，见图 4.6。

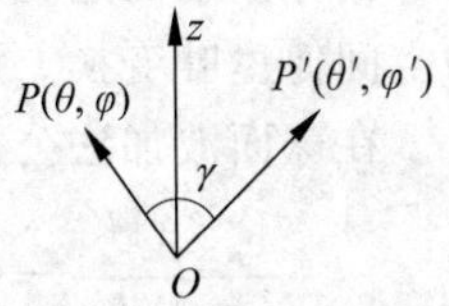

图 4.6 坐标变换关系

因为 $\mathrm{P}_n^m(\cos\theta)\mathrm{e}^{\mathrm{j}m\varphi}(m=-n,-(n-1),\cdots,n-1,n)$ 构成了方程(4.1.32)的完备正交函数系，又 $\mathrm{P}_n(\cos\gamma)$ 也是方程(4.1.32)的解，所以 $\mathrm{P}_n(\cos\gamma)$ 可由 $\mathrm{P}_n^m(\cos\theta)\mathrm{e}^{\mathrm{j}m\varphi}$ 正交函数系线性表达出来，即

$$\mathrm{P}_n(\cos\gamma)=\sum_{m=-n}^{n}a_m\mathrm{P}_n^m(\cos\theta)\mathrm{e}^{\mathrm{j}m\varphi} \tag{4.1.97}$$

利用 $\mathrm{e}^{\mathrm{j}m\varphi}$ 和 $\mathrm{P}_n^m(\cos\theta)$ 的正交性可得

$$a_m=(-1)^m\frac{2n+1}{4\pi}\oint\mathrm{P}_n(\cos\gamma)\mathrm{P}_n^{-m}(\cos\theta)\mathrm{e}^{-\mathrm{j}m\varphi}\,\mathrm{d}^2\hat{k} \tag{4.1.98}$$

其中，$\mathrm{d}^2\hat{k}$ 表示单位球上的积分。又 $\mathrm{P}_n^{-m}(\cos\theta)\mathrm{e}^{-\mathrm{j}m\varphi}$ 也是方程(4.1.32)的解，所以

$$\mathrm{P}_n^{-m}(\cos\theta)\mathrm{e}^{-\mathrm{j}m\varphi}=\sum_{l=-n}^{n}b_l\mathrm{P}_n^l(\cos\gamma)\mathrm{e}^{\mathrm{j}l\varphi} \tag{4.1.99}$$

将式(4.1.99)代入式(4.1.98)得

$$a_m = (-1)^m \frac{2n+1}{4\pi} \oint \mathrm{P}_n(\cos\gamma) \sum_{l=-n}^{n} b_l \mathrm{P}_n^l(\cos\gamma) \mathrm{e}^{\mathrm{j}l\varphi} \mathrm{d}^2 \hat{k}$$
$$= (-1)^m \frac{2n+1}{4\pi} 2\pi \frac{2}{2n+1} b_0$$
$$= (-1)^m b_0 \tag{4.1.100}$$

b_0 可以从式(4.1.99)算出：当 $\gamma=0$ 时，$\theta=\theta'$，$\varphi=\varphi'$，$\mathrm{P}_n^l(\cos\gamma)=\mathrm{P}_n^l(1)$；又 $l\neq 0$ 时，$\mathrm{P}_n^l(1)=0$，而

$$b_0 = \mathrm{P}_n^{-m}(\cos\theta') \mathrm{e}^{-\mathrm{j}m\varphi'} \tag{4.1.101}$$

所以

$$\mathrm{P}_n(\cos\gamma) = \sum_{m=-n}^{n} (-1)^m \mathrm{P}_n^m(\cos\theta) \mathrm{P}_n^{-m}(\cos\theta') \mathrm{e}^{\mathrm{j}m(\varphi-\varphi')} \tag{4.1.102}$$

又

$$\mathrm{P}_n^{-m}(\cos\theta') = (-1)^m \frac{(n-m)!}{(n+m)!} \mathrm{P}_n^m(\cos\theta') \tag{4.1.103}$$

将式(4.1.103)代入式(4.1.102)，便得勒让德多项式加法公式(4.1.96)。

5. 目标散射机理

依据式(3.1.62)可知，辐射远场为源的空间傅里叶变换，即

$$\boldsymbol{E} \approx -\mathrm{j}kZ \frac{\mathrm{e}^{-\mathrm{j}kr}}{4\pi r} \int (\overline{\overline{\boldsymbol{I}}} - \hat{\boldsymbol{r}}\hat{\boldsymbol{r}}) \cdot \boldsymbol{J}(\boldsymbol{r}') \mathrm{e}^{\mathrm{j}(k_x x' + k_y y' + k_z z')} \mathrm{d}x' \mathrm{d}y' \mathrm{d}z' \tag{4.1.104}$$

所以目标散射的远场形成机理也很明确，即入射场在目标上产生的感应电流或磁流的空间傅里叶变换。那么目标散射的近场如何呢？本节将讨论此问题。

在球面波加法公式(4.1.95)中，令 $\boldsymbol{r}'=-\boldsymbol{d}$，且有 $r>d$，这样就有

$$\frac{\mathrm{e}^{-\mathrm{j}k|\boldsymbol{r}+\boldsymbol{d}|}}{|\boldsymbol{r}+\boldsymbol{d}|} = -\mathrm{j}k \sum_{n=0}^{\infty} (-1)^n (2n+1) \mathrm{j}_n(kd) \mathrm{h}_n^{(2)}(kr) \mathrm{P}_n(\hat{\boldsymbol{r}} \cdot \hat{\boldsymbol{d}}) \tag{4.1.105}$$

又在平面波的球面波展开式(4.1.82)中，让 d 代替 r，且 $\cos\theta = \hat{\boldsymbol{k}} \cdot \hat{\boldsymbol{d}}$，这样就有

$$\mathrm{e}^{-\mathrm{j}\boldsymbol{k}\cdot\boldsymbol{d}} = \sum_{n=0}^{\infty} (-\mathrm{j})^n (2n+1) \mathrm{j}_n(kd) \mathrm{P}_n(\hat{\boldsymbol{k}} \cdot \hat{\boldsymbol{d}}) \tag{4.1.106}$$

在勒让德多项式加法公式(4.1.96)中，让 $\hat{\boldsymbol{k}} \cdot \hat{\boldsymbol{d}}$ 代替 $\cos\gamma$，$\hat{\boldsymbol{k}} \cdot \hat{\boldsymbol{r}}$ 代替 $\cos\theta$，$\hat{\boldsymbol{r}} \cdot \hat{\boldsymbol{d}}$ 代替 $\cos\theta'$，这样便有

$$\mathrm{P}_n(\hat{\boldsymbol{k}} \cdot \hat{\boldsymbol{d}}) = \mathrm{P}_n(\hat{\boldsymbol{k}} \cdot \hat{\boldsymbol{r}}) \mathrm{P}_n(\hat{\boldsymbol{d}} \cdot \hat{\boldsymbol{r}}) + 2 \sum_{m=1}^{n} \frac{(n-m)!}{(n+m)!} \mathrm{P}_n^m(\hat{\boldsymbol{k}} \cdot \hat{\boldsymbol{r}}) \mathrm{P}_n^m(\hat{\boldsymbol{d}} \cdot \hat{\boldsymbol{r}}) \cos[m(\varphi-\varphi')] \tag{4.1.107}$$

将式(4.1.107)代入式(4.1.106)得

$$e^{-jk\cdot d}=\sum_{n=0}^{\infty}(-j)^n(2n+1)j_n(kd)\{P_n(\hat{k}\cdot\hat{r})P_n(\hat{d}\cdot\hat{r})+$$
$$2\sum_{m=1}^{n}\frac{(n-m)!}{(n+m)!}P_n^m(\hat{k}\cdot\hat{r})P_n^m(\hat{d}\cdot\hat{r})\cos[m(\varphi-\varphi')]\}\tag{4.1.108}$$

对式(4.1.108)两边同乘以 $P_n(\hat{k}\cdot\hat{r})$,并在单位球上作积分,再利用勒让德多项式正交性可得

$$4\pi(-j)^n j_n(kd)P_n(\hat{d}\cdot\hat{r})=\oint e^{-jk\cdot d}P_n(\hat{k}\cdot\hat{r})d^2\hat{k}\tag{4.1.109}$$

再将式(4.1.109)代入式(4.1.106)得

$$\frac{e^{-jk|r+d|}}{|r+d|}=-\frac{jk}{4\pi}\oint e^{-jk\cdot d}T(\hat{k}\cdot\hat{r})d^2\hat{k}\tag{4.1.110}$$

其中,

$$T(\hat{k}\cdot\hat{r})=\sum_{n=0}^{\infty}(-j)^n(2n+1)h_n^{(2)}(kr)P_n(\hat{k}\cdot\hat{r})\tag{4.1.111}$$

式(4.1.110)左边是源产生场的核函数,其右边展开式给出了源产生场的一种新机理阐释,即源产生场可分两步：第1步是源先按各个方向汇聚到某一点 O',第2步是把各个方向汇聚的平面波再从 O' 点转移到场点 O。这两步是可分离的,第1步的源汇聚与第2步的场点无关,而且第2步的各个方向转移是彼此相互独立的。这个机理为源产生场的快速计算方法——快速多极子算法奠定了基础。快速多极子算法是20世纪十大优秀算法之一,具体可参见《计算电磁学要论》(盛新庆,科学出版社,2018)。

下面考虑在转移函数式(4.1.111)中汉克尔函数的远场近似,即

$$h_n^{(2)}(kr)\sim j^{n+1}\frac{e^{-jkr}}{kr},\quad r\to+\infty\tag{4.1.112}$$

这样转移函数 $T(\hat{k}\cdot\hat{r})$便可近似为

$$T(\hat{k}\cdot\hat{r})\sim j\frac{e^{-jkr}}{kr}\sum_{n=0}^{\infty}(2n+1)P_n(\hat{k}\cdot\hat{r})\tag{4.1.113}$$

令

$$f(u)=\sum_{n=0}^{\infty}(2n+1)P_n(u)\tag{4.1.114}$$

其中,$u=\hat{k}\cdot\hat{r}$。利用下面勒让德多项式性质：

$$(n+1)P_{n+1}(u)=(2n+1)uP_n(u)-nP_{n-1}(u)\tag{4.1.115}$$

可以得到

$$f(u)=uf(u)\tag{4.1.116}$$

所以在 $u\neq1$ 时,$f(u)=0$；在 $u=1$ 时,由于 $P_n(1)=1$,由式(4.1.114)可知 $f(u)\to+\infty$。由于

$$\int_{-1}^{1}f(u)P_0(u)du=\sum_{n=0}^{\infty}(2n+1)\int_{-1}^{1}P_n(u)P_0(u)du=2\tag{4.1.117}$$

故可推得

$$f(u)=2\delta(u-1) \tag{4.1.118}$$

这表明在远场情况下,从各个方向汇聚到O'的平面波只有一个方向对场点有贡献,即与场点一致的方向,其他方向的平面波对场点的贡献都抵消了,这与式(4.1.104)是一致的。但在非远场的情况下,散射机理颇为复杂,可以视具体情况,依据式(4.1.110)作具体讨论。譬如说,在$r>2d$的情况下,式(4.1.106)中的无穷级数求和,取$L=kd+2\ln(kd+\pi)$项截断便可达到较高精度,即级数截断为

$$\mathrm{e}^{-\mathrm{j}\boldsymbol{k}\cdot\boldsymbol{d}}=\sum_{n=0}^{L}(-\mathrm{j})^n(2n+1)\mathrm{j}_n(d)\mathrm{P}_n(\hat{\boldsymbol{k}}\cdot\hat{\boldsymbol{d}}) \tag{4.1.119}$$

此时式(4.1.110)中的单位球积分可以用高斯数值面积分方法得到。具体就是,θ方向在区间$[0,\pi]$上取L点,使得$\cos\theta$在区间$[-1,1]$上满足高斯-勒让德(Gauss-Lengendre)积分公式;φ方向在区间$[0,2\pi]$上等间隔取$2L$点。这相当于在$K=2L^2$个方向将源汇聚于O'点,然后将这K个方向平面波从O'转移到场点O,从而完成源对场的作用。不难理解,这K个方向的平面波对场点O的贡献是不一样的,而且随着场点距离的远近而变化。有些时候,某些方向的贡献很小,可忽略以提高计算效率。为了使平面波的贡献更加聚焦在场方向附近,我们可以通过调整窗函数的方法来截断式(4.1.106)中的无穷级数求和,即

$$\mathrm{e}^{-\mathrm{j}\boldsymbol{k}\cdot\boldsymbol{d}}=\sum_{n=0}^{L}(-\mathrm{j})^n(2n+1)\mathrm{j}_n(kd)\mathrm{P}_n(\hat{\boldsymbol{k}}\cdot\hat{\boldsymbol{d}})\mathrm{W}_n \tag{4.1.120}$$

其中,窗函数W_n可取下面形式:

$$W_n=\begin{cases}1, & n\leqslant L/2\\ \dfrac{1}{2}\left[1+\cos\left(\dfrac{2n-L}{L}\pi\right)\right], & n>L/2\end{cases} \tag{4.1.121}$$

阅读与思考

4.A 半平面导体散射的解析解

本节讨论平面波在无限薄半平面导体散射问题。因为此问题有解析解,而且此解是几何绕射理论的重要基础之一,所以此问题具有特殊重要的意义。如图4.A.1所示,导体面处于$y=0$且$x>0$半平面上,假定入射波为垂直面极化波(相对于z方向,垂直入射于导体半平面的边缘(z轴),入射线与xOz平面的夹角为ϕ_i,$\boldsymbol{k}=k(\cos\phi_\mathrm{i}\hat{\boldsymbol{x}}+\cos\phi_\mathrm{i}\hat{\boldsymbol{y}})$。设观察点坐标为$\boldsymbol{\rho}=\rho\cos\phi\hat{\boldsymbol{x}}+\rho\sin\phi\hat{\boldsymbol{y}}$。则入射场

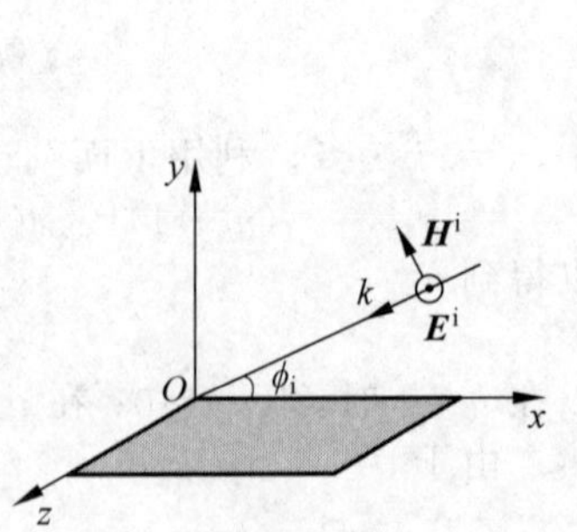

图4.A.1 垂直面极化波垂直入射到无限薄半平面导体边缘

可表示为

$$E_z^{\mathrm{i}}=E_0\exp(\mathrm{j}\boldsymbol{k}\cdot\boldsymbol{\rho})=E_0\exp[\mathrm{j}k\rho\cos(\phi-\phi_{\mathrm{i}})] \tag{4.A.1}$$

入射波在导体面上会激励 z 方向的感应面电流，此感应面电流会产生散射场。在 $y>0$ 半空间沿角度 α（与 x 轴的夹角）辐射出去的散射场的各分量可表示成

$$E_z^{\mathrm{s}}(\alpha)=F(\alpha)\exp[-\mathrm{j}k\rho\cos(\phi-\alpha)] \tag{4.A.2}$$

$$H_x^{\mathrm{s}}(\alpha)=\frac{1}{Z}F(\alpha)\sin\alpha\exp[-\mathrm{j}k\rho\cos(\phi-\alpha)] \tag{4.A.3}$$

$$H_y^{\mathrm{s}}(\alpha)=-\frac{1}{Z}F(\alpha)\cos\alpha\exp[-\mathrm{j}k\rho\cos(\phi-\alpha)] \tag{4.A.4}$$

其中，$Z=\sqrt{\mu/\varepsilon}$ 为波阻抗。依据边界条件，可求出此散射场所对应的感应电流：

$$J_{\mathrm{s}z}(\alpha)=-H_x^{\mathrm{s}}(\alpha)\big|_{\phi_{\mathrm{s}}=0}=-\frac{1}{Z}F(\alpha)\sin\alpha\exp(-\mathrm{j}k\rho\cos\alpha) \tag{4.A.5}$$

将所有方向的散射场所对应的感应电流叠加，可获得导体面上的感应面电流：

$$J_{\mathrm{s}z}(x)=-\int_C\frac{1}{Z}F(\alpha)\sin\alpha\exp(-\mathrm{j}kx\cos\alpha)\mathrm{d}\alpha \tag{4.A.6}$$

此感应电流所产生的场可以表示为

$$E_z^{\mathrm{s}}(\rho,\phi)=\int_C F(\alpha)\exp[-\mathrm{j}k\rho\cos(\phi\mp\alpha)]\mathrm{d}\alpha \tag{4.A.7}$$

$$H_x^{\mathrm{s}}(\rho,\phi)=\pm\frac{1}{Z}\int_C F(\alpha)\sin\alpha\exp[-\mathrm{j}k\rho\cos(\phi\mp\alpha)]\mathrm{d}\alpha \tag{4.A.8}$$

$$H_y^{\mathrm{s}}(\rho,\phi)=-\frac{1}{Z}\int_C F(\alpha)\cos\alpha\exp[-\mathrm{j}k\rho\cos(\phi\mp\alpha)]\mathrm{d}\alpha \tag{4.A.9}$$

其中，对于 $y>0$ 半空间，式(4.A.7)～式(4.A.9)取正负或负正号上面的符号；对于 $y<0$ 半空间，则取正负或负正号下面的符号。积分路径 C 在复平面的路径如图 4.A.2 所示，分为三段，第一段 $\alpha=-\mathrm{j}\beta$，第二段 $\alpha=0\sim\pi$，第三段 $\alpha=\pi+\mathrm{j}\beta$，其中 $\beta=0\sim+\infty$。

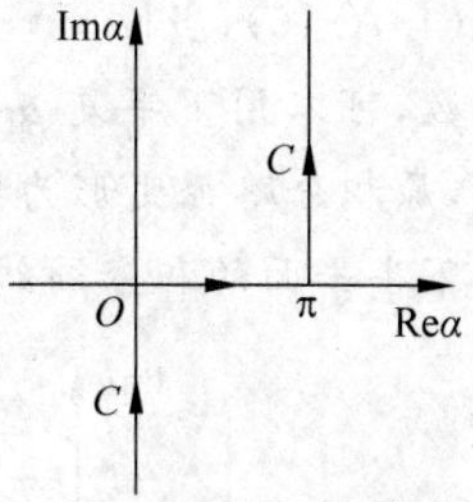

图 4.A.2 积分路径 C

对于第一段积分路径，利用三角函数的和差公式以及双曲函数与三角函数的关系，可以将式(4.A.7)～式(4.A.9)积分中的相位项表示为

$$\psi=\exp(-\mathrm{j}kx\cosh\beta)\exp(\mp ky\sinh\beta) \tag{4.A.10}$$

同理，对于第三段积分路径，式(4.A.7)～式(4.A.9)积分中的相位项可表示为

$$\psi=\exp(\mathrm{j}kx\cosh\beta)\exp(\mp ky\sinh\beta) \tag{4.A.11}$$

由此可知，当 $\alpha=-\mathrm{j}\beta$ 时，电磁波相位传播方向为 $+x$ 轴，电磁波的振幅沿 $\pm y$ 方向衰减；当 $\alpha=\pi+\mathrm{j}\beta$ 时，电磁波相位传播方向为 $-x$ 轴，电磁波的振幅沿 $\pm y$ 方向衰减。可见，当 α 为复数时，对应的电磁波为指数衰减的表面波，又称为凋落波，它们是

导体面感应电流所产生的近场成分。

利用上述电磁场的积分表示式,可以建立积分方程求解 $F(\alpha)$。在 $y=0$ 平面的导体半平面($x>0$)和自由空间半孔平面($x<0$)上的电磁场切向分量连续条件为

$$E_z^{\mathrm{i}}+E_z^{\mathrm{s}}=0,\quad x>0 \tag{4.A.12}$$

$$H_x^{\mathrm{s}}=0,\qquad x<0 \tag{4.A.13}$$

将式(4.A.1)以及式(4.A.7)和式(4.A.8)分别代入式(4.A.12)与式(4.A.13),并令 $\phi=0,\rho=x$,同时为了简单起见,令 $E_0=1$,可得

$$\exp[\mathrm{j}kx\cos(\phi_{\mathrm{i}})]+\int_C F(\alpha)\exp(-\mathrm{j}kx\cos\alpha)\mathrm{d}\alpha=0,\quad x>0 \tag{4.A.14}$$

$$\frac{1}{Z}\int_C F(\alpha)\sin\alpha\exp(-\mathrm{j}kx\cos\alpha)\mathrm{d}\alpha=0,\qquad x<0 \tag{4.A.15}$$

为了便于求解,利用变量代换 $\mu=\cos\alpha,\mu_0=\cos\phi_{\mathrm{i}}$,将上式变换为

$$\exp(\mathrm{j}kx\mu_0)+\int_{-\infty}^{+\infty}\frac{F(\mu)}{\sqrt{1-\mu^2}}\exp(-\mathrm{j}kx\mu)\mathrm{d}\mu=0,\quad x>0 \tag{4.A.16}$$

$$\frac{1}{Z}\int_{-\infty}^{+\infty}F(\mu)\exp(-\mathrm{j}kx\mu)\mathrm{d}\mu=0,\qquad x<0 \tag{4.A.17}$$

下面采用回路积分法,求解上式。不难知道,$\mu=\pm1$ 是积分路径 C 的分支点,为了保证被积函数的单值性,需要对 μ 作切割,如图 4.A.3 所示。

对于式(4.A.17),因为在上半复 μ 平面上,μ 有正虚部,当 $|\mu|\to+\infty$ 时,若有 $F(\mu)\to0$,则可以用上半复 μ 平面上半径为无穷大半圆将积分路径变为闭合积分路径。因此,上半复 μ 平面上的任何规则函数 $F(\mu)$ 均可满足积分式(4.A.17)。对于式(4.A.16),当 $|\mu|\to+\infty$ 时,若 $F(\mu)/\sqrt{1-\mu^2}\to0$,在下半复 μ 平面上,由于 μ 有负虚数,可以用下半复 μ 平面上半径为无穷大半圆将积分路径变为闭合积分路径。这样,原积分路径变形为图 4.A.4 所示形式。变形后的积分路径已将 $\mu=-\mu_0$ 点包含于下半平面的积分围线内。

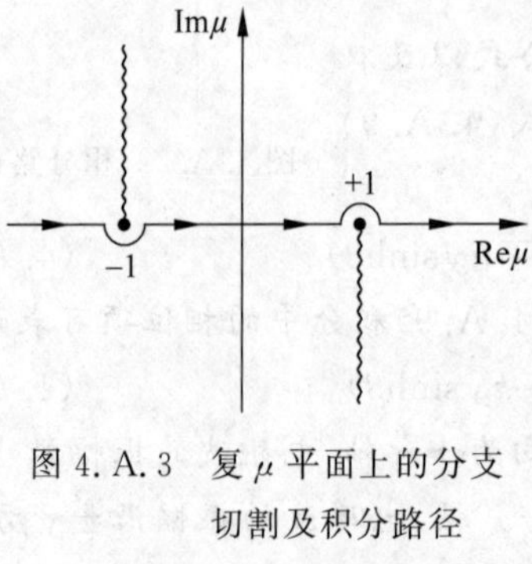

图 4.A.3 复 μ 平面上的分支切割及积分路径

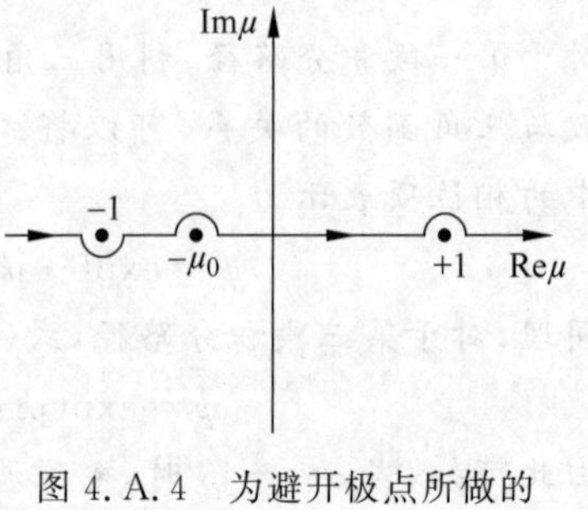

图 4.A.4 为避开极点所做的积分路径变形

设$U(\mu)$是在下半平面上无奇异性的任意函数，则依据留数定理，下式即式(4. A. 16)的解：

$$\frac{F(\mu)}{\sqrt{1-\mu^2}}=\frac{1}{2\pi \mathrm{j}}\frac{U(\mu)}{U(-\mu_0)}\frac{1}{\mu+\mu_0} \tag{4. A. 18}$$

为了得出$F(\mu)$的具体形式，将式(4. A. 18)变形为

$$\frac{F(\mu)}{\sqrt{1-\mu}}(\mu+\mu_0)=\frac{1}{2\pi \mathrm{j}}\frac{U(\mu)}{U(-\mu_0)}\sqrt{1+\mu} \tag{4. A. 19}$$

式(4. A. 19)左侧在积分路径以上的上半平面内无奇异性，右侧在积分路径以下的下半平面内具有相同的性质。由于已知当$|\mu|\to+\infty$时，在上半平面内$F(\mu)\to 0$，故上式左侧的函数在上半平面内为有界函数，而在下半平面内无奇异性的右侧的函数与它相等，这两个有界函数构成了全复μ平面上的解析有界函数，依据刘维尔(Liouville)定理，右侧函数应为常数。则令$\mu=-\mu_0$，可计算右侧函数的数值为$\frac{1}{2\pi \mathrm{j}}\sqrt{1-\mu_0}$，代回式(4. A. 19)则可以求出

$$F(\mu)=\frac{1}{2\pi \mathrm{j}}\frac{\sqrt{1-\mu}\sqrt{1-\mu_0}}{\mu+\mu_0} \tag{4. A. 20}$$

将变量μ还原为α，则式(4. A. 20)可表示为

$$F(\alpha)=\frac{1}{\pi \mathrm{j}}\frac{\sin\dfrac{\alpha}{2}\sin\dfrac{\phi_{\mathrm{i}}}{2}}{\cos\alpha+\cos\phi_{\mathrm{i}}} \tag{4. A. 21}$$

将式(4. A. 21)代入式(4. A. 7)，即可求出散射电场：

$$E_z^{\mathrm{s}}(\rho,\phi)=\frac{1}{\pi \mathrm{j}}\int_C\frac{\sin\dfrac{\alpha}{2}\sin\dfrac{\phi_{\mathrm{i}}}{2}}{\cos\alpha+\cos\phi_{\mathrm{i}}}\exp[-\mathrm{j}k\rho\cos(\phi\mp\alpha)]\mathrm{d}\alpha \tag{4. A. 22}$$

对于$y>0$空间，上式相位项“$\mp$”中取负号；对于$y<0$空间，则取正号。为了便于数值求解以及理解散射场的物理意义，下文将上述积分形式转换为菲涅耳(Fresnel)积分表示形式。利用三角函数关系，将式(4. A. 22)表示为

$$E_z^{\mathrm{s}}(\rho,\phi)=\frac{1}{4\pi \mathrm{j}}\int_C\left[\sec\left(\frac{\alpha+\phi_{\mathrm{i}}}{2}\right)-\sec\left(\frac{\alpha-\phi_{\mathrm{i}}}{2}\right)\right]\exp[-\mathrm{j}k\rho\cos(\phi\mp\alpha)]\mathrm{d}\alpha \tag{4. A. 23}$$

式(4. A. 23)的积分，可以采用最速下降法近似求解。对于$y>0$半空间，散射场的鞍点为$\alpha=\phi$，通过鞍点的最速下降路径记为$S(\phi)$，如图 4. A. 5 所示。

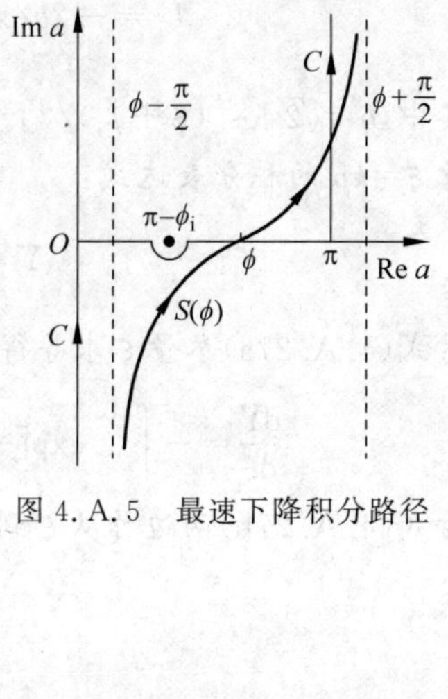

图 4. A. 5　最速下降积分路径

当 $\phi<\pi-\phi_i$ 时,极点 $\alpha=\pi-\phi_0$ 在 $S(\phi)$ 和原积分路径所包区域内,因此积分式(4. A. 23)还应包括该极点的留数项。这样,对于 $\phi<\pi-\phi_i$,式(4. A. 22)可以表示为

$$E_z^s(\rho,\phi)=\frac{1}{4\pi j}\int_{S(\phi_s)}\left[\sec\left(\frac{\alpha+\phi_i}{2}\right)-\sec\left(\frac{\alpha-\phi_i}{2}\right)\right]\exp\left[-jk\rho\cos(\phi-\alpha)\right]d\alpha+$$
$$2\pi j\mathrm{Res}\left[\frac{1}{\pi j}\oint\{\cdot\}\,d\alpha\right]\tag{4. A. 24}$$

其中,$\{\cdot\}$表示式(4. A. 22)中的被积函数。式(4. A. 24)中沿 $S(\phi)$ 积分只需计算方括号中的第一项便可,第二项可在第一项计算结果中,将 $-\phi_i$ 代替 ϕ_i 直接得到。而且,由图 4. A. 5 可知,$\mathrm{Re}\alpha$ 的积分范围是 $(\phi-\pi/2,\phi+\pi/2)$,因此利用变量代换 $\alpha'=\alpha-\phi$,$\mathrm{Re}\alpha'$ 的积分范围可变为 $(-\pi/2,\pi/2)$,且式(4. A. 24)中第一项积分变为

$$I_1=\int_{S(\phi)}\sec\left(\frac{\alpha'+\phi+\phi_i}{2}\right)\exp(-jk\rho\cos\alpha')\,d\alpha'\tag{4. A. 25a}$$

利用 α' 积分路径关于原点的对称性以及正割函数 sec 的偶函数性质,可知

$$\int_{S(\phi)}\left[\sec\left(\frac{\alpha'+\phi+\phi_i}{2}\right)\right]\exp(-jk\rho\cos\alpha')\,d\alpha'$$
$$=\int_{S(\phi)}\sec\left(\frac{\alpha'-\phi-\phi_i}{2}\right)\exp(-jk\rho\cos\alpha')\,d\alpha'\tag{4. A. 25b}$$

这样 I_1 可以进一步简化为

$$I_1=\frac{1}{2}\int_{S(\phi)}\left[\sec\left(\frac{\alpha'+\phi+\phi_i}{2}\right)+\sec\left(\frac{\alpha'-\phi-\phi_i}{2}\right)\right]\exp(-jk\rho\cos\alpha')\,d\alpha'$$
$$=2\int_{S(\phi)}\frac{\cos\left(\frac{\alpha'}{2}\right)\cos\left(\frac{\phi+\phi_i}{2}\right)}{\cos\alpha'+\cos(\phi+\phi_i)}\exp(-jk\rho\cos\alpha')\,d\alpha'\tag{4. A. 25c}$$

依据鞍点法(附录 G),作变换 $-j\cos\alpha'=-j\cos0-t^2$,即 $\cos\alpha'=1-jt^2$,则式(4. A. 25c)可表示为

$$I_1=-2b\exp\left[-j\left(k\rho+\frac{\pi}{4}\right)\right]\int_{-\infty}^{+\infty}\frac{\exp(-k\rho t^2)}{t^2+jb^2}dt\tag{4. A. 26}$$

其中,$b=\sqrt{2}\cos[(\phi+\phi_i)/2]$。为了对式(4. A. 26)积分作进一步化简,引入下面含参量 $\xi=k\rho$ 的积分表达式:

$$Y=\int_{-\infty}^{+\infty}\frac{\exp[-\xi(t^2+jb^2)]}{t^2+jb^2}dt\tag{4. A. 27a}$$

对式(4. A. 27a)参量 ξ 求导得

$$\frac{dY}{d\xi}=-\int_{-\infty}^{+\infty}\exp[-\xi(t^2+jb^2)]dt=-\exp(-j\xi b^2)\sqrt{\frac{\pi}{\xi}}\tag{4. A. 27b}$$

对式(4. A. 27b)两边作从 ξ 到 $+\infty$ 的积分,可得

$$Y(\xi)=\int_{\xi}^{+\infty}\exp(-\mathrm{j}\xi' b^2)\sqrt{\frac{\pi}{\xi'}}\,\mathrm{d}\xi' \tag{4.A.27c}$$

令 $\tau^2=b^2\xi'$，则 Y 进一步可表示为

$$Y=\frac{2\sqrt{\pi}}{|b|}\int_{|b|\sqrt{k\rho}}^{+\infty}\exp(-\mathrm{j}\tau^2)\,\mathrm{d}\tau \tag{4.A.27d}$$

若定义菲涅耳积分为

$$F(\alpha)=\int_{\alpha}^{\infty}\exp(-\mathrm{j}\tau^2)\,\mathrm{d}\tau \tag{4.A.28}$$

那么依据式(4.A.27a)和式(4.A.27d)可以知道

$$b\int_{-\infty}^{+\infty}\frac{\exp(-k\rho t^2)}{t^2+\mathrm{j}b^2}\mathrm{d}t=\pm 2\sqrt{\pi}\exp(\mathrm{j}k\rho b^2)F(\pm b\sqrt{k\rho}) \tag{4.A.29}$$

其中，$b>0$ 时，取正号；$b<0$ 时，取负号。将式(4.A.29)以及 $b=\sqrt{2}\cos[(\phi+\phi_{\mathrm{i}})/2]$ 代入式(4.A.26)，可得

$$I_1=\mp 4\sqrt{\pi}\exp\left(-\mathrm{j}\frac{\pi}{4}\right)\exp[\mathrm{j}k\rho\cos(\phi+\phi_{\mathrm{i}})]F\left[\pm\sqrt{2k\rho}\cos\left(\frac{\phi+\phi_{\mathrm{i}}}{2}\right)\right] \tag{4.A.30}$$

其中，$\phi<\pi-\phi_{\mathrm{i}}$ 时，取正负或负正号上面的符号；$\phi>\pi-\phi_{\mathrm{i}}$ 时，取正负或负正号下面的符号。

同理，式(4.A.24)第二项积分结果为

$$\begin{aligned}I_2&=\int_{S(\phi)}\sec\left(\frac{\alpha-\phi_{\mathrm{i}}}{2}\right)\exp[-\mathrm{j}k\rho\cos(\phi-\alpha)]\mathrm{d}\alpha\\&=4\sqrt{\pi}\exp\left(-\mathrm{j}\frac{\pi}{4}\right)\exp[\mathrm{j}k\rho\cos(\phi-\phi_{\mathrm{i}})]F\left[\sqrt{2k\rho}\cos\left(\frac{\phi-\phi_{\mathrm{i}}}{2}\right)\right]\end{aligned} \tag{4.A.31}$$

再依据留数定理，可求得极点 $\alpha=\pi-\phi_{\mathrm{i}}$ 的贡献为

$$I_P=-\exp[\mathrm{j}k\rho\cos(\phi+\phi_{\mathrm{i}})] \tag{4.A.32}$$

此式表明，极点对散射场的贡献为几何光学近似下的反射波。这样，在 $y>0$ 的空间，总散射场可以表示为

$$\begin{aligned}E_z^{\mathrm{s}}(\rho,\phi)&=\frac{1}{4\pi\mathrm{j}}(I_1+I_2)+I_P\\&=\frac{1}{\sqrt{\pi}}\exp\left(\mathrm{j}\frac{\pi}{4}\right)\left\{\pm\exp[\mathrm{j}k\rho\cos(\phi+\phi_{\mathrm{i}})]F\left[\pm\sqrt{2k\rho}\cos\left(\frac{\phi+\phi_{\mathrm{i}}}{2}\right)\right]-\right.\\&\quad\left.\exp[\mathrm{j}k\rho\cos(\phi-\phi_{\mathrm{i}})]F\left[\sqrt{2k\rho}\cos\left(\frac{\phi-\phi_{\mathrm{i}}}{2}\right)\right]\right\}-\\&\quad\exp[\mathrm{j}k\rho\cos(\phi+\phi_{\mathrm{i}})]\end{aligned} \tag{4.A.33}$$

注意，上式最后一项仅当 $\phi<\pi-\phi_{\mathrm{i}}$ 时存在。利用下面等式：

$$F(a)+F(-a)=\sqrt{\pi}\exp\left(-\mathrm{j}\,\frac{\pi}{4}\right) \tag{4. A. 34}$$

将入射波和反射波并入菲涅耳积分,这样总场可化简成

$$E_z(\rho,\phi)=\frac{\exp\left(\mathrm{j}\,\frac{\pi}{4}\right)}{\sqrt{\pi}}\left\{-\exp[\mathrm{j}k\rho\cos(\phi+\phi_{\mathrm{i}})]F\left[-\sqrt{2k\rho}\cos\left(\frac{\phi+\phi_{\mathrm{i}}}{2}\right)\right]+\right.$$
$$\left.\exp[\mathrm{j}k\rho\cos(\phi-\phi_{\mathrm{i}})]F\left[-\sqrt{2k\rho}\cos\left(\frac{\phi-\phi_{\mathrm{i}}}{2}\right)\right]\right\} \tag{4. A. 35}$$

令 $u=-\sqrt{2k\rho}\cos[(\phi+\phi_{\mathrm{i}})/2]$,$v=-\sqrt{2k\rho}\cos[(\phi-\phi_{\mathrm{i}})/2]$,则式(4. A. 35)可简写为

$$E_z(\rho,\phi)=\frac{\exp\left(\mathrm{j}\,\frac{\pi}{4}\right)}{\sqrt{\pi}}\exp(-\mathrm{j}k\rho)[\exp(\mathrm{j}u^2)F(u)-\exp(\mathrm{j}v^2)F(v)] \tag{4. A. 36}$$

同样方式,可以求得在 $y<0$ 空间总场也可表示成式(4. A. 36)。式(4. A. 36)正是索末菲(Sommerfeld)在 1896 年首先得到的导体半平面散射问题的严格解。为了更清楚地了解导体半平面散射的机理,下面我们讨论远场条件下,即 $k\rho\gg 1$ 时总场在空间中的分布情况。根据菲涅耳积分性质,依据式(4. A. 36)中菲涅耳积分函数宗量的正负,可将空间分成三个区:①反射区:$0<\phi<\pi-\phi_{\mathrm{i}}$,此时 $u<0,v<0$;②照明区:$\pi-\phi_{\mathrm{i}}<\phi<\pi+\phi_{\mathrm{i}}$,此时 $u>0,v<0$;③阴影区:$\pi+\phi_{\mathrm{i}}<\phi<2\pi$,此时 $u>0,v>0$。利用下面大宗量情况下菲涅耳积分渐近式

$$F(a)=\int_a^{+\infty}\mathrm{e}^{-\mathrm{j}\tau^2}\mathrm{d}\tau=\frac{1}{2\mathrm{j}a}\mathrm{e}^{-\mathrm{j}a^2} \tag{4. A. 37}$$

以及菲涅耳积分恒等式,反射区总场可近似成

$$E_z(\rho,\phi)=\exp[\mathrm{j}k\rho\cos(\phi-\phi_{\mathrm{i}})]-\exp[\mathrm{j}k\rho\cos(\phi+\phi_{\mathrm{i}})]-$$
$$\frac{\exp\left(-\mathrm{j}\,\frac{\pi}{4}\right)}{2\sqrt{2\pi k}}\frac{\exp(-\mathrm{j}k\rho)}{\sqrt{\rho}}\left[\sec\left(\frac{\phi-\phi_{\mathrm{i}}}{2}\right)-\sec\left(\frac{\phi+\phi_{\mathrm{i}}}{2}\right)\right] \tag{4. A. 38a}$$

照明区总场可近似成

$$E_z(\rho,\phi)=\exp[\mathrm{j}k\rho\cos(\phi-\phi_{\mathrm{i}})]-$$
$$\frac{\exp\left(-\mathrm{j}\,\frac{\pi}{4}\right)}{2\sqrt{2\pi k}}\frac{\exp(-\mathrm{j}k\rho)}{\sqrt{\rho}}\left[\sec\left(\frac{\phi-\phi_{\mathrm{i}}}{2}\right)-\sec\left(\frac{\phi+\phi_{\mathrm{i}}}{2}\right)\right] \tag{4. A. 38b}$$

阴影区总场可近似成

$$E_z(\rho,\phi)=-\frac{\exp\left(-\mathrm{j}\,\frac{\pi}{4}\right)}{2\sqrt{2\pi k}}\frac{\exp(-\mathrm{j}k\rho)}{\sqrt{\rho}}\left[\sec\left(\frac{\phi-\phi_{\mathrm{i}}}{2}\right)-\sec\left(\frac{\phi+\phi_{\mathrm{i}}}{2}\right)\right] \tag{4. A. 38c}$$

由这些近似表达式可以清楚地看到:反射区总场由三部分组成,式(4. A. 38a)中第 1 项

为入射场，第 2 项为反射场，第 3 项为绕射场；照明区总场由两部分组成，式(4.A.38b)中第 1 项为入射场，第 2 项为绕射场；阴影区总场式(4.A.38c)只有绕射场一项。因为 $\phi=\pi-\phi_i$ 或 $\phi=\pi+\phi_i$ 时，$u=0$ 或 $v=0$，菲涅耳积分渐近式(4.A.37)不能使用，也就不再有上述近似表达式。因此，我们一般又将 $\phi=\pi-\phi_i$ 或 $\phi=\pi+\phi_i$ 附近区域分离出来，看成另外两个区域：反射区与照明区的过渡区，以及照明区与阴影区的过渡区，单独计算研究。图 4.A.6 示出了平面电磁波以 $\phi_i=\pi/6$ 方向入射到导体半平面所产生的电场总场，在 $\rho=0.5\lambda\sim25.5\lambda$ 近区以及 $\rho=1000.5\lambda\sim1025.5\lambda$ 远区，$\phi=0\sim2\pi$ 区域的电场强度分布图。由图可见，反射区主要由入射波和反射波形成明显的驻波分布或者说干涉条纹，同时兼有绕射波的影响；照明区虽有入射波与绕射波形成的波纹，但不如反射区那么明显，且远区条纹弱于近区。因为绕射场弱于入射场，且随距离减小。阴影区没有干涉条纹，且场弱。两个过渡区的菲涅耳积分没有渐近表达式，但是实际场强并无突变。

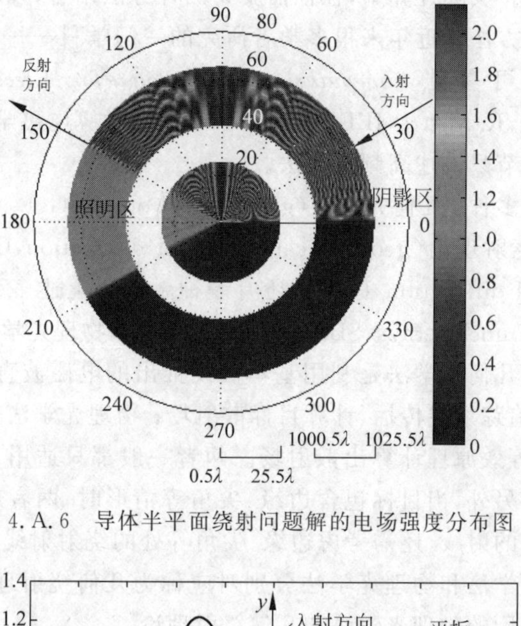

图 4.A.6 导体半平面绕射问题解的电场强度分布图

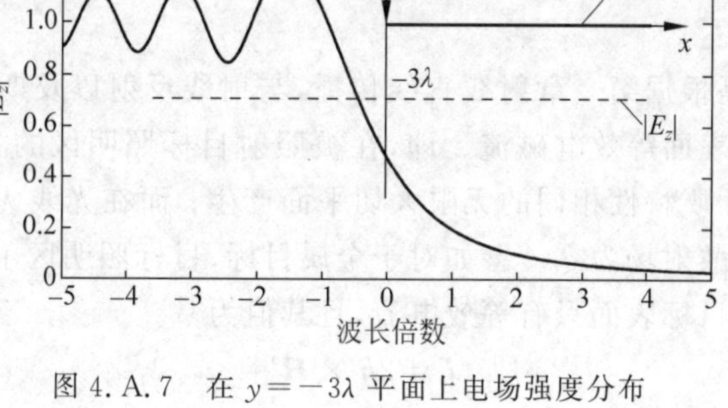

图 4.A.7 在 $y=-3\lambda$ 平面上电场强度分布

当垂直面极化波入射以角度 $\phi_i=\pi/2$ 垂直投射于半平面导体边缘上时，在 $y=-3\lambda$ 平面上电场强度分布如图 4.A.7 所示，可以看出在 $x<0$ 空间，出现了明显的干涉条纹。

思考：上述求半平面导体散射解时，为什么要分 $y>0$ 与 $y<0$ 两种情况进行？可以不分开讨论吗？

4.1.2 不规则形状目标的散射

规则目标的散射可用上述波函数展开法解析求解。对于不规则目标，由于无法找到对应于不规则目标的完备正交波函数系，所以无法利用上述方法求解。一般只能通过全波数值法或高频近似法求解。全波数值法能系统地控制计算精度，但计算效率低，需要大量计算机资源；高频近似法计算效率高，对计算机资源需求较低，但无法控制计算精度。实际计算中，往往需要将两种方法结合，以获得计算精度和效率的平衡。全波数值方法是近年来很多学者研究的一门学科——计算电磁学的主要内容。详细的讨论可参见 *Computational Methods for Electromagnetics*（A. F. Peterson，S. L. Ray，R. Mittra，IEEE Press，1997）和《计算电磁学要论》（盛新庆，科学出版社，2018）。本节只讲述高频近似法。

高频近似法有多种：几何光学法（geometrical optics，GO）、物理光学法（physical optics，PO）、几何绕射理论（geometrical theory of diffraction，GTD）、物理绕射理论（physical theory of diffraction，PTD），还有一种融合了上述多种理论的弹射追踪方法（shooting and bouncing rays，SBR）。几何光学法和物理光学法的基本假设都是电磁波波长无穷小。几何光学法是利用基本假设推出的电磁波直线传播特征，将电磁波看成射线，通过追踪射线传播，计算目标散射场；物理光学法是先计算目标表面等效电磁流，再利用等效原理计算出散射场。两者一般都只适用于目标尺寸远大于电磁波波长的情形。另外，当目标包含边缘、尖角等情形时，两者也都需要修正方可应用。除了直线传播的射线，还需考虑边缘、尖角等处的绕射射线形成的散射场。经过这样修正的几何光学法和物理光学法分别对应称为几何绕射理论和物理绕射理论。下面将简要讲述常用的物理光学法和几何绕射理论。

1）物理光学法

物理光学法是根据第 2 章射线直线传播，与射线反射以及斯涅耳（Snell）折射定律，先计算出目标表面等效电磁流。即，在被照射目标照明区的各个点，其散射场均可看作由与该点介质特性相同的无限大切平面产生；而在光线无法到达的表面区域（所谓阴影区），其散射场为零。譬如对于金属目标，目标照明区上任何一处都视为无限大金属板，这样目标表面只有等效电流，且其值为

$$\boldsymbol{J}=2\hat{\boldsymbol{n}}\times\boldsymbol{H}^{\mathrm{i}}\big|_{s} \tag{4.1.122}$$

其中，$\hat{\boldsymbol{n}}$ 为目标表面外向单位法向矢量，$\boldsymbol{H}^{\mathrm{i}}$ 为目标表面的入射磁场。目标阴影区等效电磁流为 0。

将式(4.1.122)代入远场条件下的电场积分公式(3.1.55)即可求出散射场，如下式表示：

$$\boldsymbol{E}=-\mathrm{j}kZ\,\frac{\exp(-\mathrm{j}kr)}{4\pi r}\int(\hat{\boldsymbol{\theta}}\hat{\boldsymbol{\theta}}+\hat{\boldsymbol{\phi}}\hat{\boldsymbol{\phi}})\cdot\boldsymbol{J}\exp(\mathrm{j}k\boldsymbol{r}'\cdot\hat{\boldsymbol{r}})\mathrm{d}\tau' \tag{4.1.123}$$

下面列出几个计算典型目标，简化得到的后向雷达散射截面(RCS)近似计算公式。金属球的后向 RCS 计算公式见式(4.1.76)，金属矩形平板的后向 RCS 计算公式为

$$\sigma=4\pi\left|\frac{lw\cos\theta}{\lambda}\cdot\frac{\sin(kl\sin\theta\cos\phi)}{kl\sin\theta\cos\phi}\cdot\frac{\sin(kw\sin\theta\cos\phi)}{kw\sin\theta\cos\phi}\right|^2 \tag{4.1.124}$$

其中，l 和 w 分别为平板的长和宽，θ 为平板表面法向与雷达视线方向(line of sight, LOS)的夹角，ϕ 为包含视线的平面与长度为 l 的边缘的夹角。

金属圆形盘的后向 RCS 计算公式为

$$\sigma=16\pi\left|\frac{\pi a^2\cos\theta}{\lambda}\cdot\frac{\mathrm{J}_1(k2a\sin\theta)}{k2a\sin\theta}\right|^2 \tag{4.1.125}$$

其中，a 为圆盘的半径，$\mathrm{J}_1(\cdot)$为第一类一阶贝塞尔函数，θ 为雷达视线方向与圆盘法向的夹角。

金属圆柱的后向 RCS 计算公式为

$$\sigma=kal^2\left|\cos\theta\cdot\frac{\sin(kl\sin\theta)}{kl\sin\theta}\right|^2 \tag{4.1.126}$$

其中，a 和 l 分别为圆盘的半径和高度，θ 为雷达视线方向与圆柱侧面法向的夹角。

2) 几何绕射理论

导体半平面、圆柱等规则几何体的解析解是几何绕射理论的基石。依据 4.A 节“半平面导体边缘绕射解析解”，我们已经清楚边缘绕射的机理：当射线投射到导体边缘时，会产生绕射射线，绕射射线按几何光学传播。绕射波阵面是以边缘为中心轴的平行锥，通常称为 Keller 锥，即入射射线和绕射射线在绕射点处与边缘的夹角相等，分布于入射线与边缘相交成的平面的两侧，如图 4.7 所示。当入射线与边缘垂直时，则 Keller 锥退化为柱面。图 4.7 具体示出了边缘绕射的机理。根据此机理，可以构建几何绕射理论。即边缘绕射场可以表示成

$$E^{\mathrm{d}}=E_0^{\mathrm{i}}DA(\rho)\mathrm{e}^{-\mathrm{j}k\rho} \tag{4.1.127}$$

其中，D 为绕射系数，$A(\rho)$为波的扩散因子。由半平面导体衍射场的解可知，当入射波与边缘垂直时，衍射波是以边缘为轴的柱面波，如图 4.7(a)所示。因此式(4.1.127)中的扩散因子取 $A(\rho)=1/\sqrt{\rho}$。再根据式(4.A.38c)便可知绕射系数为

$$D(\phi,\phi_{\mathrm{i}})=\frac{\exp\left(-\mathrm{j}\dfrac{\pi}{4}\right)}{2\sqrt{2\pi k}}\left[\sec\left(\frac{\phi+\phi_{\mathrm{i}}}{2}\right)-\sec\left(\frac{\phi-\phi_{\mathrm{i}}}{2}\right)\right] \tag{4.1.128}$$

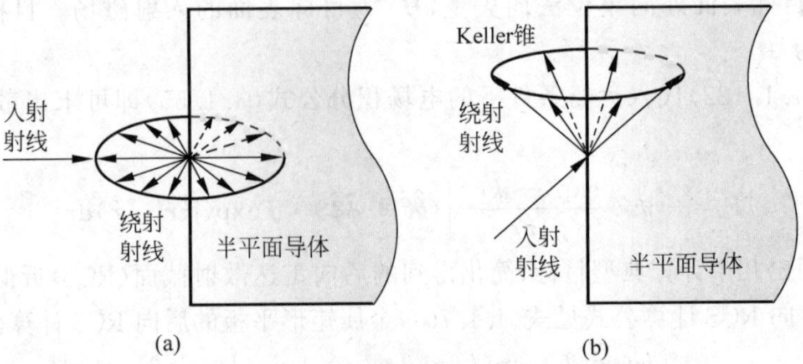

图 4.7　平面波入射导体半平面边缘时产生的绕射射线

(a) 垂直入射；(b) 斜入射

很明显在过渡区 $\phi=\pi-\phi_i$ 或 $\phi=\pi+\phi_i$，上述绕射系数不成立。依据精确解(式(4.A.35))，这些情况下的绕射系数可以形式上表示为

$$D(\phi,\phi_i)=\frac{\exp\left(-j\frac{\pi}{4}\right)}{2\sqrt{2\pi k}}\left\{\frac{F_-\left[2k\rho\cos^2\frac{1}{2}(\phi+\phi_i)\right]}{\cos\frac{1}{2}(\phi+\phi_i)}-\frac{F_-\left[2k\rho\cos^2\frac{1}{2}(\phi-\phi_i)\right]}{\cos\frac{1}{2}(\phi-\phi_i)}\right\}$$

(4.1.129)

这里的菲涅耳积分 $F_-(X)$ 定义为

$$F_-(X)=2j\sqrt{X}\exp(jX)\int_{\sqrt{X}}^{+\infty}\exp(-j\tau^2)\mathrm{d}\tau \tag{4.1.130}$$

与前面 $F(X)$ 的区别在于，此处菲涅耳积分 $F_-(X)$ 的宗量为正值，这样无论是反射区还是照明区、绕射区，都有统一的绕射系数，且与式(4.1.128)有相同的形式。

上述讨论的是入射波方向与边缘垂直情形。当入射波以与边缘夹角为 β_0，与导体半平面夹角 ϕ_i 的方向斜入射时，如图 4.8 所示。此时，虽然半平面导体是二维结构，但斜入射波已使问题变成了三维问题。为了仍然能够使用上述二维问题的分析，我们将斜入射波针对 z 方向进行分解，分解成 TM 波和 TE 波。依据分解原则，可以计算出 TM 波的 z 方向入射电场矢量为 $\sin\beta_0\exp[jk\rho\sin\beta_0\cos(\phi-\phi_i)+jkz\cos\beta_0]$(这里与前面一致，假设入射波电场幅值为 1)。此 TM 波产生的绕射，式(4.1.127)同样能用，只需将电场幅度、传播常数都乘上 $\sin\beta_0$，再乘上相位因子 $\exp(jkz\cos\beta_0)$便可。TE 波的绕射场，可以仿照 TM 波绕射场求解得到。最终斜入射波的绕射场，便由 TE 波与 TM 波绕射场叠加得到。

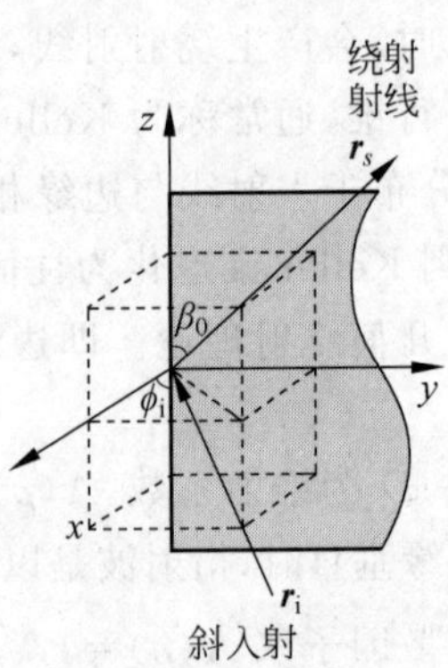

图 4.8　斜入射时入射线和绕射线的几何表示

4.1.3　典型结构散射机理

上面讲述了目标散射问题的分析计算。本节将讲述一些典型结构的散射机理。图 4.9 示出了目标上各部分的主要散射机理，有散射较强的镜面反射，包括一次反射、多次反射（腔反射、导波反射等）；也有相对而言散射较弱的顶点绕射、边缘绕射、爬行波反射，以及表面不连续处引起的散射。

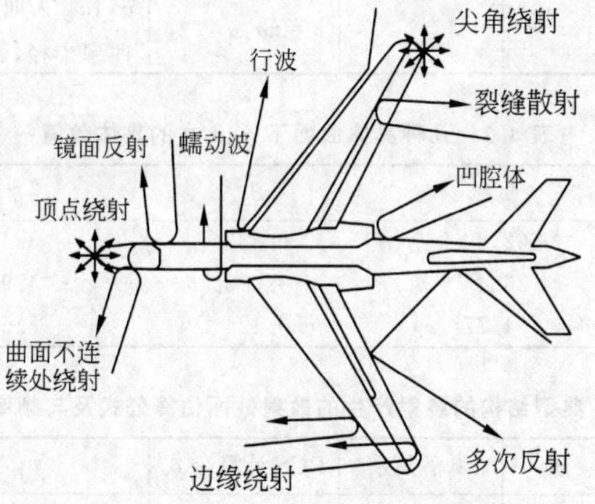

图 4.9　复杂目标上各部分的散射机理示意图

镜面反射机理，即电磁波在光滑表面的反射机理，通常可用物理光学法近似分析。反射电磁波的传播方向满足反射定律，反射波的散射强度见表 4.1，其中列出了几种典型表面结构的镜面 RCS 估算公式。表 4.1 的计算公式仅在物理光学法基本假设成立的条件下近似成立。从表 4.1 可以看出，对于平板、等效平板（角反射器）、单曲面结构，频率提高而其 RCS 均增大；而对于双曲面结构，其 RCS 不随频率变化。

爬行波为物体表面上传播的绕射波，绕射线传播路径满足费马原理，其产生散射的散射截面估算公式为

$$\sigma_{\text{cw}}/\sigma_{\text{op}}=\alpha(ka)^{\beta}\exp[-\gamma(ka/2)^{1/3}] \tag{4.1.131}$$

其中，常数 α、β、γ 由具体曲面类型决定，σ_{op} 表示曲面的镜向反射产生的散射截面。表 4.2 给出了几种具体曲面下 α、β、γ 的具体数值。

棱边和顶点绕射散射机理产生的散射场可用绕射理论近似计算。表 4.3 列出了几种典型结构的绕射产生的散射截面估算公式。由表 4.3 可见，随着频率提高，顶点和曲棱边绕射的散射幅度降低，而直棱边绕射的散射幅度基本不变。

上述对镜面反射、绕射散射机理的分析可适用于对目标散射波成分的定性分析，而目标散射场定量分析需要精确的数值计算或暗室测量。

表 4.1　典型结构的镜面散射截面的估算公式及与频率的关系

结构特点	例　　子	频率关系	RCS 计算公式	备　　注
角反射	二面、三面角反射器	f^2	$\sigma=4\pi A_{\mathrm{eff}}^2/\lambda^2$	A_{eff} 为有效反射面积，对称轴垂直于 LOS
板状	平板	f^2	$\sigma=4\pi A^2/\lambda^2$	A 为平板面积，表面垂直于 LOS
单曲率结构	圆柱	f^1	$\sigma=kal^2$	a，l 分别为半径和长度，表面垂直于 LOS
双曲率结构	类球体	f^0	$\sigma=\pi a_1 a_2$	a_1，a_2 为曲面在正交平面内的主曲率半径，表面垂直于 LOS

表 4.2　几种具体曲面下 **α、β、γ** 的具体数值

曲 面 类 型	α	β	γ	σ_{op}
圆盘	62.8	0.333	3.43	$a\lambda/2\pi$
球	26.4	−0.0058	4.98	πa^2
圆柱	4.77	−0.124	5.67	πa

表 4.3　典型结构的绕射产生的散射截面估算公式及与频率的关系

结构特点	例　　子	频率关系	RCS 计算公式	备　　注
直边缘	直劈边缘	f^0	$\sigma=L^2/\pi$	L 为直边的长度，LOS 垂直于前边缘，并且电场平行于边缘
曲边缘	圆柱底面边缘	f^{-1}	$\sigma=a\lambda/2\pi$	a 为曲率半径，LOS 垂直于前边缘，并且电场平行于边缘
平面顶点	平板的角	f^{-2}	$\sigma=(\lambda/6)^2$	LOS 垂直于后边缘
			$\sigma=(\lambda/40)^2$	LOS 沿角的等分角线
立体顶点	锥尖	f^{-2}	$\sigma=\dfrac{\lambda^2}{16\pi}\tan^4\theta$	θ 为锥角，LOS 沿角的等分角线

4.2　随机目标的散射

在实际应用中，通常所说的随机目标可分为两类：随机介质目标和随机面。随机介质目标一般指的是：在均匀背景介质中，随机分布着一些介质颗粒，像云层、植被等。随机面指的是：表面形状是随机的均匀目标，像土壤、海洋都可近似为随机面模型。这两类随机目标散射的求解方法很不一样。随机介质目标散射可用简单粗糙的等效介电常数法求解，也可用较为复杂、精细的辐射转移方程来求解，当然也可用最为严格、求解最为困难的体积分方程来求解。有兴趣者可参看 *Scattering of Electromagnetic Waves*（L. Tsang 和 J. A. Kong，John Wiley & Sons，2001）。下面着重讲述如何求解随机面的散射。

4.2.1 随机面的几何模型

要求解随机面散射，首先需要弄清如何表述随机面的几何形状。为了叙述方便，不妨考虑如图 4.10 所示的一维随机面。此表面的轮廓，即不同位置 x 下的高度 z，可看成是一个由一系列随机变量 z 形成的随机过程。此随机过程可用一个关于 x 的随机函数 $z=f(x)$ 表示。根据概率统计理论，要描述随机量 z，一般需给出其概率密度函数(PDF)$p(z)$。一般取 $p(z)$ 为高斯密度函数：

图 4.10 一维随机面

$$p(z)=\frac{1}{\sigma\sqrt{2\pi}}\exp\left[-\frac{(z-\mu)^2}{2\sigma^2}\right] \tag{4.2.1}$$

其中，μ 是 z 的均值，σ 是 z 的方差。

表面形成的随机过程可用任意两个随机量的联合概率密度函数 $p(z_1,z_2)$表征，一般取

$$p(z_1,z_2)=\frac{1}{2\pi\sigma_1\sigma_2}\exp\left\{-\frac{\left[\frac{(z-\mu_1)^2}{\sigma_1^2}-\frac{2C(z-\mu_1)(z-\mu_2)}{\sigma_1\sigma_2}+\frac{(z-\mu_2)^2}{\sigma_2^2}\right]}{2(1-C^2)}\right\} \tag{4.2.2}$$

其中，μ_1 和 μ_2 分别是 z_1 和 z_2 的均值，σ_1 和 σ_2 分别是 z_1 和 z_2 的方差，C 是两个随机变量的相关系数。一般$|C|\leqslant 1$。如果 $C=0$，则表示随机变量 z_1 和 z_2 相互独立。

在实际应用中，为表示随机过程的特征，通常还定义下列随机过程 $f(x)$中的相关函数：

$$R_f(x_1,x_2)=\langle f(x_1)f(x_2)\rangle \tag{4.2.3}$$

在 $\mu_1=\mu_2=0$，以及 $\sigma_1=\sigma_2=\sigma$ 下，不难算出式(4.2.3)表征的随机过程的相关函数为

$$R_f(x_1,x_2)=\sigma^2 C(x_1,x_2) \tag{4.2.4}$$

其中，$C(x_1,x_2)$就是式(4.2.2)中的 C，它是一个关于 x_1 和 x_2 的函数。由此可知，如果确定了随机过程 $f(x)$中的相关函数，那么就确定了随机过程中任意两个随机量的联合概率密度函数(式(4.2.2))。对于静态随机过程，一般相关函数只取决于 x_1-x_2，因此有

$$R_f(x_1,x_2)=R_f(x_1-x_2) \tag{4.2.5}$$

随机过程中的相关函数 $R_f(x_1,x_2)$有很多形式。对于土壤表面通常可取下列高斯形式：

$$R_f(x_1,x_2)=\sigma^2\exp\left[-\frac{(x_1-x_2)^2}{l^2}\right] \tag{4.2.6}$$

其中,l 是相关长度。对于某些粗糙面,譬如海洋,直接确定其相关函数 $R_f(x_1-x_2)$ 较困难,而确定相关函数 $R_f(x=x_1-x_2)$ 的谱密度相对较容易。为此定义下列随机过程的**谱密度**:

$$W(k)=\frac{1}{2\pi}\int_{-\infty}^{+\infty}R_f(x)\exp(-\mathrm{j}kx)\mathrm{d}x \tag{4.2.7}$$

对于海洋,一种常见谱密度形式为下列经过试验拟合得出的 Pierson-Moskowitz 谱形式:

$$W_{\mathrm{PM}}(k,\phi)=\frac{a_0}{2k^4}\exp\left(-\frac{\beta g^2}{k^2U_{19.5}^4}\right)\frac{\cos^2\phi}{\pi} \tag{4.2.8}$$

其中,$a_0=0.0081$,$\beta=0.74$;g 是重力加速度,为 $9.81\ \mathrm{m/s^2}$;$U_{19.5}$ 是离平均海面 19.5 m 处测得的风速。

概括言之,要描述随机面的几何外形,关键在于确定形成表面随机过程的相关函数或谱密度函数。一旦相关函数或谱密度函数确定,随机面的几何外形便可由式(4.2.1)和式(4.2.2)确定了。

4.2.2 光滑型随机面的散射

计算上述随机面的散射,大致也有解析法和数值法两类。计算随机面的数值法,通常所用的就是蒙特卡罗(Monte Carlo)方法。这种方法适用面广,但特别耗计算资源,将在 4.2.4 节讲述。解析法只适用于特殊类型随机面,目前能给出最终散射系数表达式的随机面有两类。一类是光滑型随机面。这种随机面在面展开方向的变化很缓慢,具体来说,随机面的曲率半径大于入射波波长,这样入射波在随机面某点的反射和透射可视为由此点的切平面决定,也就是说随机面上的等效源可以用基尔霍夫(Kirchhoff)近似方法求得。本节将具体讲述如何求解这种随机面的散射。另一类是微粗糙型随机面。这种随机面虽然在面展开方向的变化较快,但起伏幅度不大,平均变化幅度在 0.05 波长以内。这种随机面散射的计算可用微扰法,将在 4.2.3 节讲述。

由第 3 章远场辐射公式(3.1.55)可知,只要随机面上的等效源确定,随机面的散射便可确定。假设入射波为

$$\boldsymbol{E}^{\mathrm{i}}=\boldsymbol{E}_0^{\mathrm{i}}\exp(-\mathrm{j}k_1\hat{\boldsymbol{k}}_{\mathrm{i}}\cdot\boldsymbol{r})=\hat{\boldsymbol{a}}E_0\exp(-\mathrm{j}k_1\hat{\boldsymbol{k}}_i\cdot\boldsymbol{r}) \tag{4.2.9}$$

其中,$\hat{\boldsymbol{a}}$ 为任意极化单位矢量,k_1 为介质 1 中的传播常数,$\hat{\boldsymbol{k}}_{\mathrm{i}}$ 为入射波传播方向上的单位矢量。为了利用基尔霍夫近似计算随机面上的等效电流,下面引入随机面上的局部坐标系($\hat{\boldsymbol{k}}_{\mathrm{i}},\hat{\boldsymbol{v}},\hat{\boldsymbol{n}}$),如图 4.11 所示。图中 $\hat{\boldsymbol{n}}$ 是随机面的单位法向

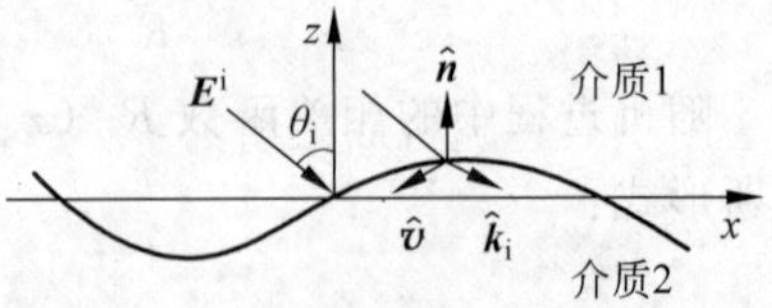

图 4.11 光滑型随机表面的散射

矢量，$\hat{\boldsymbol{v}}$ 和 $\hat{\boldsymbol{n}}$ 满足

$$\hat{\boldsymbol{v}}=\frac{\hat{\boldsymbol{k}}_{\mathrm{i}}\times\hat{\boldsymbol{n}}}{|\hat{\boldsymbol{k}}_{\mathrm{i}}\times\hat{\boldsymbol{n}}|} \tag{4.2.10}$$

$$\hat{\boldsymbol{n}}=\hat{\boldsymbol{k}}_{\mathrm{i}}\times\hat{\boldsymbol{v}} \tag{4.2.11}$$

这样入射波电场便可在局部坐标系($\hat{\boldsymbol{k}}_{\mathrm{i}}$,$\hat{\boldsymbol{v}}$,$\hat{\boldsymbol{n}}$)分解成下列垂直极化和水平极化：

$$\boldsymbol{E}_0^{\mathrm{i}}=(\boldsymbol{E}_v^{\mathrm{i}}+\boldsymbol{E}_h^{\mathrm{i}})\exp(-\mathrm{j}k_1\hat{\boldsymbol{k}}_{\mathrm{i}}\cdot\boldsymbol{r}) \tag{4.2.12}$$

其中，

$$\boldsymbol{E}_v^{\mathrm{i}}=(\hat{\boldsymbol{a}}\cdot\hat{\boldsymbol{v}})\,\hat{\boldsymbol{v}}E_0 \tag{4.2.13}$$

$$\boldsymbol{E}_h^{\mathrm{i}}=(\hat{\boldsymbol{a}}\cdot\hat{\boldsymbol{n}})\hat{\boldsymbol{n}}E_0 \tag{4.2.14}$$

对应的磁场分量为

$$\boldsymbol{H}_v^{\mathrm{i}}=\frac{1}{Z_1}\hat{\boldsymbol{k}}_{\mathrm{i}}\times\boldsymbol{E}_v^{\mathrm{i}}=\frac{1}{Z_1}(\hat{\boldsymbol{a}}\cdot\hat{\boldsymbol{v}})\hat{\boldsymbol{n}}E_0 \tag{4.2.15}$$

$$\boldsymbol{H}_h^{\mathrm{i}}=\frac{1}{Z_1}\hat{\boldsymbol{k}}_{\mathrm{i}}\times\boldsymbol{E}_h^{\mathrm{i}}=-\frac{1}{Z_1}(\hat{\boldsymbol{a}}\cdot\hat{\boldsymbol{n}})\,\hat{\boldsymbol{v}}E_0 \tag{4.2.16}$$

利用 2.1.2 节讲述的层状介质中平面波传播规律可分别求得水平极化和垂直极化的反射波为

$$\boldsymbol{E}_v^{\mathrm{r}}=R_v\boldsymbol{E}_v^{\mathrm{i}} \tag{4.2.17}$$

$$\boldsymbol{H}_h^{\mathrm{r}}=R_h\boldsymbol{H}_h^{\mathrm{i}} \tag{4.2.18}$$

其中，R_v 和 R_h 已在 2.1.2 节给出。这样根据第 1 章中讲述的惠更斯等效原理，随机面的散射场可归结为下列等效源产生的辐射场：

$$\begin{aligned}\boldsymbol{M}&=\boldsymbol{E}\times\hat{\boldsymbol{n}}=(\boldsymbol{E}_0\times\hat{\boldsymbol{n}})\exp(-\mathrm{j}k_1\hat{\boldsymbol{k}}_{\mathrm{i}}\cdot\boldsymbol{r})\\&=\{[(1+R_v)\boldsymbol{E}_v^{\mathrm{i}}+(1-R_h)\boldsymbol{E}_h^{\mathrm{i}}]\times\hat{\boldsymbol{n}}\}\exp(-\mathrm{j}k_1\hat{\boldsymbol{k}}_{\mathrm{i}}\cdot\boldsymbol{r})\end{aligned} \tag{4.2.19}$$

$$\begin{aligned}\boldsymbol{J}&=\hat{\boldsymbol{n}}\times\boldsymbol{H}=(\hat{\boldsymbol{n}}\times\boldsymbol{H}_0)\exp(-\mathrm{j}k_1\hat{\boldsymbol{k}}_{\mathrm{i}}\cdot\boldsymbol{r})\\&=\{\hat{\boldsymbol{n}}\times[(1-R_v)\boldsymbol{H}_v^{\mathrm{i}}+(1+R_h)\boldsymbol{H}_h^{\mathrm{i}}]\}\exp(-\mathrm{j}k_1\hat{\boldsymbol{k}}_{\mathrm{i}}\cdot\boldsymbol{r})\end{aligned} \tag{4.2.20}$$

将式(4.2.19)和式(4.2.20)代入式(3.1.55a)，便可计算出随机面在远区的散射场：

$$\boldsymbol{E}^{\mathrm{s}}=D\hat{\boldsymbol{k}}_{\mathrm{s}}\times\int[\hat{\boldsymbol{n}}\times\boldsymbol{E}_0-\eta_1\hat{\boldsymbol{k}}_{\mathrm{s}}\times(\hat{\boldsymbol{n}}\times\boldsymbol{H}_0)]\exp[\mathrm{j}k_1(\hat{\boldsymbol{k}}_{\mathrm{s}}-\hat{\boldsymbol{k}}_{\mathrm{i}})\cdot\boldsymbol{r}']\mathrm{d}S' \tag{4.2.21}$$

为了表述随机面散射的强弱，引入下面散射系数概念：

$$\gamma^{\mathrm{s}}=\frac{4\pi R^2\langle|\boldsymbol{E}^{\mathrm{s}}|^2\rangle}{A|\boldsymbol{E}_0|^2} \tag{4.2.22}$$

其中，A 为电磁波照射区域面积，R 是观察点到照射区域中心的距离，符号〈·〉表示

随机量的均值。依据散射系数定义(式(4.2.22))以及散射场计算式(4.2.21),可计算出随机表面的散射系数 γ^s 的具体计算过程见 *Microwave Remote Sensing: Active and Passive*(F. T. Ulaby, R. K. Moore, A. K. Fung, Addison-Wesley, 卷Ⅱ)。

实际中经常用的后向散射系数,即入射方向和观察方向满足 $\theta_s=\theta_i=\theta$; $\phi_s=\pi$, $\phi_i=0$。垂直极化时,随机面的后向散射系数为

$$\gamma^s(\theta)=\frac{|R_v(0)|^2\exp\left(-\dfrac{\tan^2\theta}{2\sigma^2|C''(0)|}\right)}{2\sigma^2|C''(0)|\cos^4\theta} \tag{4.2.23}$$

其中,$R_v(0)$是垂直入射时的反射系数。对于水平极化,同样可以算出随机面的后向散射系数也为式(4.2.23)。

注意,式(4.2.23)只是随机面粗糙度 σ 的函数,与随机面的相关长度 $C(\rho)$无关。这是因为式(4.2.23)是在 σq_z 较大(一般大于4)的假设下得到,此时相干散射远小于非相干散射,故在式(4.2.23)中没有考虑相干散射。在 $\sigma q_z<4$ 时,此时相干散射和非相干散射需同时考虑,式(4.2.23)也就不再成立。此时可用4.2.4节的蒙特卡罗方法。

4.2.3 微粗糙型随机面的散射

4.2.2节中的基尔霍夫近似方法,一般只适用于相关长度 $C(\rho)$较大的光滑型随机面,依据一般经验,具体成立条件是 $kl>6$, $l^2>2.76\sigma\lambda$。对于一般粗糙型随机面的散射计算,则要依靠4.2.4节的蒙特卡罗方法。但对于某些特殊情形,具体来说,就是 $k\sigma<0.3$, $\sqrt{2}\sigma/l<0.3$,此时可用微扰法解析求解。

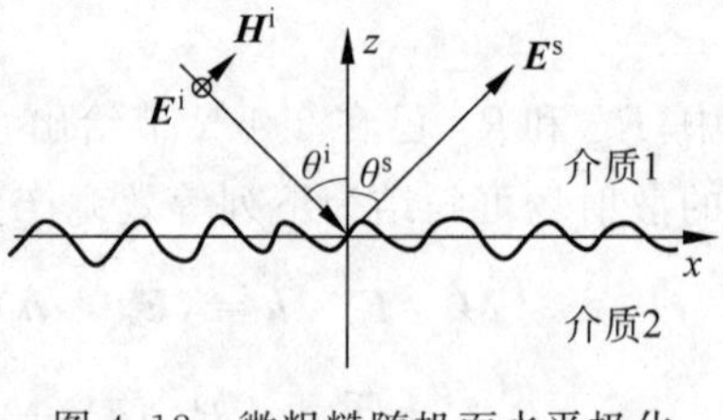

图4.12 微粗糙随机面水平极化入射下的散射

如图4.12所示,考虑 x-z 平面内的水平极化入射波。不难知道,此入射波在介质1区内产生的总场可表示成

$$E_x=\frac{1}{2\pi}\int_{-\infty}^{+\infty}\int_{-\infty}^{+\infty}U_x(k_x,k_y)f\,\mathrm{d}k_x\mathrm{d}k_y \tag{4.2.24}$$

$$E_y=\frac{1}{2\pi}\int_{-\infty}^{+\infty}\int_{-\infty}^{+\infty}U_y(k_x,k_y)f\,\mathrm{d}k_x\mathrm{d}k_y+\mathrm{e}^{-\mathrm{j}kx\sin\theta}(\mathrm{e}^{\mathrm{j}kz\cos\theta}+R_h\mathrm{e}^{-\mathrm{j}kz\cos\theta}) \tag{4.2.25}$$

$$E_z=\frac{1}{2\pi}\int_{-\infty}^{+\infty}\int_{-\infty}^{+\infty}U_z(k_x,k_y)f\,\mathrm{d}k_x\mathrm{d}k_y \tag{4.2.26}$$

其中,$f=\exp(\mathrm{j}k_xx+\mathrm{j}k_yy+\mathrm{j}k_zz)$, $k_z=\sqrt{k^2-k_y^2-k_x^2}$, R_h 是水平极化波的反射系数。注意,这里将总场写成关于空间位置的谱域积分形式,其目的是便于利用任意

k_x 和 k_y 谐波分量，介质交界面两侧的场都应保持连续。同样可写出在介质 2 区内产生的电场：

$$E'_x=\frac{1}{2\pi}\int_{-\infty}^{+\infty}\int_{-\infty}^{+\infty}D_x(k_x,k_y)g\,\mathrm{d}k_x\mathrm{d}k_y \tag{4.2.27}$$

$$E'_y=\frac{1}{2\pi}\int_{-\infty}^{+\infty}\int_{-\infty}^{+\infty}D_y(k_x,k_y)g\,\mathrm{d}k_x\mathrm{d}k_y+T_h\mathrm{e}^{-\mathrm{j}k'x\sin\theta+\mathrm{j}k'z\cos\theta'} \tag{4.2.28}$$

$$E'_z=\frac{1}{2\pi}\int_{-\infty}^{+\infty}\int_{-\infty}^{+\infty}D_z(k_x,k_y)g\,\mathrm{d}k_x\mathrm{d}k_y \tag{4.2.29}$$

其中，$g=\exp(\mathrm{j}k_xx+\mathrm{j}k_yy+\mathrm{j}k'_zz)$，$T_h=1+R_h$，$k'\sin\theta'=k\sin\theta$。

利用电磁场在介质交界面切向场连续，可确定 U_p，$D_p(p=x,y,z)$。具体过程见 *Microwave Remote Sensing*：*Active and Passive*（F. T. Ulaby，R. K. Moore，A. K. Fung，Addison-Wesley，卷Ⅱ）。

进一步，可求出水平同向极化散射场 E^{s}_{hh} 为

$$E^{\mathrm{s}}_{hh}=\hat{\boldsymbol{\phi}}\cdot\boldsymbol{E}^{\mathrm{s}}=\frac{1}{2\pi}\iint[U_{y1}\cos\phi_{\mathrm{s}}-U_{x1}\sin\phi_{\mathrm{s}}]f\,\mathrm{d}k_x\mathrm{d}k_y \tag{4.2.30}$$

其中，U_{x1} 和 U_{y1} 分别为 U_x 和 U_y 写成关于 k_z 的泰勒展开形式后的一阶分量，且有

$$U_{y1}\cos\phi_{\mathrm{s}}-U_{x1}\sin\phi_{\mathrm{s}}=\mathrm{j}2k\cos\theta\alpha_{hh}Z \tag{4.2.31}$$

这里，Z 是 $z(x,y)$ 的二维傅里叶变换，且

$$\alpha_{hh}=\{[k'_z(\mu_{\mathrm{r}}\varepsilon_{\mathrm{r}}-\sin^2\theta)^{1/2}\cos\phi_{\mathrm{s}}-\mu_{\mathrm{r}}\sin\theta\sin\theta_{\mathrm{s}}](\mu_{\mathrm{r}}-1)-\mu_{\mathrm{r}}^2(\varepsilon_{\mathrm{r}}-1)\cos\phi_{\mathrm{s}}\}\cdot (\mu_{\mathrm{r}}\cos\theta_{\mathrm{s}}+k'_z)^{-1}[\mu_{\mathrm{r}}\cos\theta+(\mu_{\mathrm{r}}\varepsilon_{\mathrm{r}}-\sin^2\theta)^{1/2}]^{-1} \tag{4.2.32}$$

根据随机面散射系数定义式(4.2.22)可推导出微粗糙度随机面的散射系数为

$$\sigma^{\mathrm{s}}_{hh}=8\mid k^2\sigma^2\cos\theta\cos\theta_{\mathrm{s}}\alpha_{hh}\mid^2W(k_x+k\sin\theta,k_y) \tag{4.2.33}$$

同样方法可以求出 σ^{s}_{vh}、σ^{s}_{vv}、σ^{s}_{hv}。它们的计算表达式形式与上式一样，只要将其中的 α_{hh} 换成下列对应的 α_{vh}、α_{vv}、α_{hv}：

$$\begin{cases}\alpha_{vh}=[(\mu_{\mathrm{r}}-1)\varepsilon_{\mathrm{r}}(\mu_{\mathrm{r}}\varepsilon_{\mathrm{r}}-\sin^2\theta)^{1/2}-\mu_{\mathrm{r}}(\varepsilon_{\mathrm{r}}-1)k'_{z\mathrm{s}}]\times(\varepsilon_{\mathrm{r}}\cos\theta_{\mathrm{s}}+k'_z)^{-1}\cdot\\ \quad[\mu_{\mathrm{r}}\cos\theta+(\mu_{\mathrm{r}}\varepsilon_{\mathrm{r}}-\sin^2\theta)^{1/2}]^{-1}\sin\phi_{\mathrm{s}}\\ \alpha_{vv}=\{[k'_z(\mu_{\mathrm{r}}\varepsilon_{\mathrm{r}}-\sin^2\theta)^{1/2}\cos\phi_{\mathrm{s}}-\varepsilon_{\mathrm{r}}\sin\theta\sin\theta_{\mathrm{s}}](\varepsilon_{\mathrm{r}}-1)-\varepsilon_{\mathrm{r}}^2(\mu_{\mathrm{r}}-1)\cos\phi_{\mathrm{s}}\}\cdot\\ \quad(\varepsilon_{\mathrm{r}}\cos\theta_{\mathrm{s}}+k'_z)^{-1}[\varepsilon_{\mathrm{r}}\cos\theta+(\mu_{\mathrm{r}}\varepsilon_{\mathrm{r}}-\sin^2\theta)^{1/2}]^{-1}\\ \alpha_{hv}=[(\varepsilon_{\mathrm{r}}-1)\mu_{\mathrm{r}}(\mu_{\mathrm{r}}\varepsilon_{\mathrm{r}}-\sin^2\theta)^{1/2}-\varepsilon_{\mathrm{r}}(\mu_{\mathrm{r}}-1)k'_{z\mathrm{s}}]\times(\mu_{\mathrm{r}}\cos\theta_{\mathrm{s}}+k'_z)^{-1}\cdot\\ \quad[\varepsilon_{\mathrm{r}}\cos\theta+(\mu_{\mathrm{r}}\varepsilon_{\mathrm{r}}-\sin^2\theta)^{1/2}]^{-1}\sin\phi_{\mathrm{s}}\end{cases} \tag{4.2.34}$$

实际应用中，人们最为关心的一种特殊情形是后向散射系数，即 $\theta_{\mathrm{s}}=\theta$，$\phi_{\mathrm{s}}=\pi$。此时，散射系数表达式可简化为

$$\sigma_{pq}^{s}=8k^{4}\sigma^{4}\cos^{4}\theta\mid\alpha_{pq}\mid^{2}W(2k\sin\theta,0) \tag{4.2.35}$$

其中,

$$\begin{cases}\alpha_{hh}=R_{h}\\ \alpha_{vv}=(\varepsilon_{r}-1)\dfrac{\sin^{2}\theta-\varepsilon_{r}(1+\sin^{2}\theta)}{[\varepsilon_{r}\cos\theta+(\varepsilon_{r}-\sin^{2}\theta)^{1/2}]^{2}}\\ \alpha_{vh}=\alpha_{hv}=0\end{cases} \tag{4.2.36}$$

由式(4.2.35)可知,微粗糙度随机面的一阶近似后向散射系数只取决于随机面谱密度函数某特定的空间谐波分量,与其他分量无关。因此,只通过观察特定角度和频率的随机面后向散射系数是无法获知随机面的整体特征的。

4.2.4 蒙特卡罗方法

前文已提及,对于一般随机面散射的分析要依靠蒙特卡罗方法。本节就对这种方法作简要的介绍。这种方法就是:首先,利用计算机产生的随机数,结合随机面的谱密度函数,多次产生所要分析的随机面;然后,对每一个产生的随机面用全波数值方法计算出其远处散射场;最后,对多次产生的随机面散射场进行叠加平均,求出统计平均散射场,进而求出随机面的散射系数。下面以求解标准方差为σ、相关函数为高斯函数的金属随机面散射系数为例来具体讲解蒙特卡罗方法。

首先,用标准函数生成服从高斯分布的二维独立随机数组$\{R_{i,j}\}$,各维的均值为零,方差为σ。接着,将该数组$\{R_{i,j}\}$同相关函数作相关,得到满足相关函数的$\{Z_{i,j}\}$。这可理解成:用相关函数作滤波器对二维独立随机数组$\{R_{i,j}\}$进行滤波。基于此理解,相关操作在谱空间,就是它们对应谱的积;在坐标空间,便是它们的卷积;具体说来,随机面的高度函数$\{Z_{i,j}\}$可用下式得到:

$$\{Z_{i,j}\}=\sum_{p=-M}^{M}\sum_{q=-M}^{M}C_{p,q}R_{i+p,j+q} \tag{4.2.37}$$

其中,$C_{p,q}$为高斯相关函数,可以表示成

$$C_{p,q}=\left(\frac{4}{l_{x}l_{y}\pi}\right)^{1/2}\exp[-2(p/l_{x})^{2}-2(q/l_{y})^{2}] \tag{4.2.38}$$

式中,l_x和l_y分别是x方向和y方向的相关长度。图4.13给出了用这种方法生成的典型三维随机粗糙面。

对于每次产生的随机粗糙面,其散射计算完全已变成确定性目标的散射计算,可用全波数值方法计算。最后对所有产生的随机面散射场进行统计平均而获得随机面的散射特征。

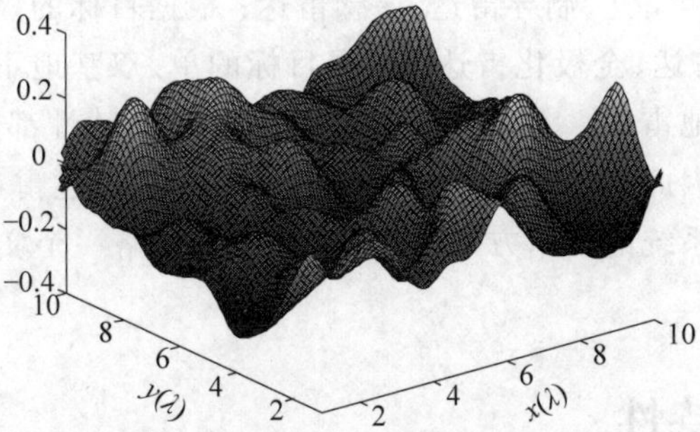

图 4.13 标准方差为 0.1λ、相关长度为 1λ 的随机粗糙面

4.2.5 随机面散射和辐射的关系

在很多实际问题中,要获知随机面的辐射强弱,譬如在被动遥感监测土壤湿度中,就是利用土壤热辐射强弱来确定土壤湿度的。以土壤为例,根据能量守恒定律,土壤在某一角度吸收的 α 极化能量 $P_{\alpha}^{a}(\theta_i,\phi_i)$ 等于入射到土壤的能量 $P_{\alpha}^{i}(\theta_i,\phi_i)$ 减去土壤在空间中散射的所有极化、所有方向能量总和,即

$$P_{\alpha}^{a}(\theta_i,\phi_i)=P_{\alpha}^{i}(\theta_i,\phi_i)-\sum_{\beta=v,h}\int_0^{\pi/2}\sin\theta_s\,d\theta_s\int_0^{2\pi}P_{\beta\alpha}^{s}(\theta_s,\phi_s;\ \theta_i,\phi_i)r^2\,d\phi_s \tag{4.2.39}$$

将式(4.2.39)两边同除以 $P_{\alpha}^{i}(\theta_i,\phi_i)$,并定义**吸收系数** $a_{\alpha}(\theta_i,\phi_i)=P_{\alpha}^{a}(\theta_i,\phi_i)/P_{\alpha}^{i}(\theta_i,\phi_i)$,这样就有

$$a_{\alpha}(\theta_i,\phi_i)=1-\frac{1}{4\pi}\sum_{\beta=v,h}\int_0^{\pi/2}\sin\theta_s\,d\theta_s\int_0^{2\pi}\gamma_{\beta\alpha}(\theta_s,\phi_s;\ \theta_i,\phi_i)\,d\phi_s \tag{4.2.40}$$

其中,$\gamma_{\beta\alpha}(\theta_s,\phi_s;\ \theta_i,\phi_i)$为随机面的散射系数。又根据热平衡原理,辐射系数一定等于吸收系数,故辐射系数 $e_{\alpha}(\theta_i,\phi_i)$可用下式计算:

$$e_{\alpha}(\theta_i,\phi_i)=1-\frac{1}{4\pi}\sum_{\beta=v,h}\int_0^{\pi/2}\sin\theta_s\,d\theta_s\int_0^{2\pi}\gamma_{\beta\alpha}(\theta_s,\phi_s;\ \theta_i,\phi_i)\,d\phi_s \tag{4.2.41}$$

上式给出了辐射系数和散射系数的关系,从数量上阐明了被动遥感和主动遥感之间的关系。

4.3 雷达

雷达是一种利用电磁波探测、追踪、感知目标的系统,具有全天时、全天候、探测距离较远等特点。其种类繁多,有很多分类方式:根据发射电磁波带宽可分为窄带雷达和宽带雷达;根据信号处理可分为连续波雷达、脉冲压缩雷达、合成孔径雷达;

根据功能可分为探测雷达、制导雷达、遥感雷达；根据目标的极化特性可分为水平极化雷达、垂直极化雷达、全极化雷达；根据目标的单、双基地不同散射特征又可分为单基地雷达和双基地雷达。无论哪一种雷达，目标电磁特性都是其基础，是雷达体制创新的源头之一。因此，本节先讲述目标电磁特性，再论述雷达工作原理，最后通过剖析一个典型雷达系统的技术方案与构成，让读者领略一个实际系统从原理到技术实现的过程。

4.3.1 目标特性

目标电磁特性主要由以下三个物理概念表述：雷达散射截面、角闪烁、散射中心。雷达散射截面是雷达探测的基础，直接影响雷达能否探测到目标，以及雷达可探测的最远距离；角闪烁是影响雷达测角精度的关键因素；散射中心是雷达目标识别的重要依据之一。下面分别阐述这三个重要的物理概念及其分析方法。

1. 雷达散射截面

雷达散射截面(RCS)定义已在4.1.1节给出。雷达的最大作用距离是雷达的一项关键指标。这个指标直接与目标雷达散射截面相关。当雷达收、发天线共用时，雷达最大作用距离可由下面**雷达方程**计算得到：

$$R_{\max}=\left[\frac{P_t G_t^2\lambda^2\sigma}{(4\pi)^3 S_{i\min}}\right]^{1/4} \tag{4.3.1}$$

其中，P_t 为发射机输出端口的平均功率，G_t 为收、发天线增益，λ 为工作波长，σ 为目标的RCS，$S_{i\min}$ 为接收机阈值功率。$S_{i\min}$ 又可写为

$$S_{i\min}=KT_0BFD_0 \tag{4.3.2}$$

其中，K 为玻尔兹曼常量，T_0 为热力学温度，B 为接收机带宽，F 为放大器噪声系数，D_0 为检测因子。

雷达是依靠目标散射的回波来探测目标的。散射回波功率的大小由目标RCS表征。RCS越大，雷达最大作用距离 $R_{\max}$ 越大，探测距离就越远。实际上，目标RCS不是一个单值，对于每个视角，不同的雷达频率等都对应不同的数值，也就是说RCS具有方位和频率起伏特性。由于目标RCS的起伏特性，估算雷达最大探测距离时应采用RCS的统计平均值。检测因子与发现概率、虚警概率、目标RCS起伏特性之间有着复杂的函数关系，目标的起伏使得目标检测更加困难。

为了直观地展示目标的方位和频率特性，常采用二维极坐标作图，极角表示雷达视线相对于目标的方位变化，径向坐标表示频率的大小，灰度数值表示RCS或散射场相位。这里以金属球、球头锥、半椭球体为例，给出了这三个典型目标的方位-频率特性展示图。金属球在高频区相当于理想点散射源，其RCS不随频率和方位起伏，

如图 4.14(a)所示。而球头锥、半椭球体具有更复杂的方位和频率散射特性,分别如图 4.14(b)和(c)所示。

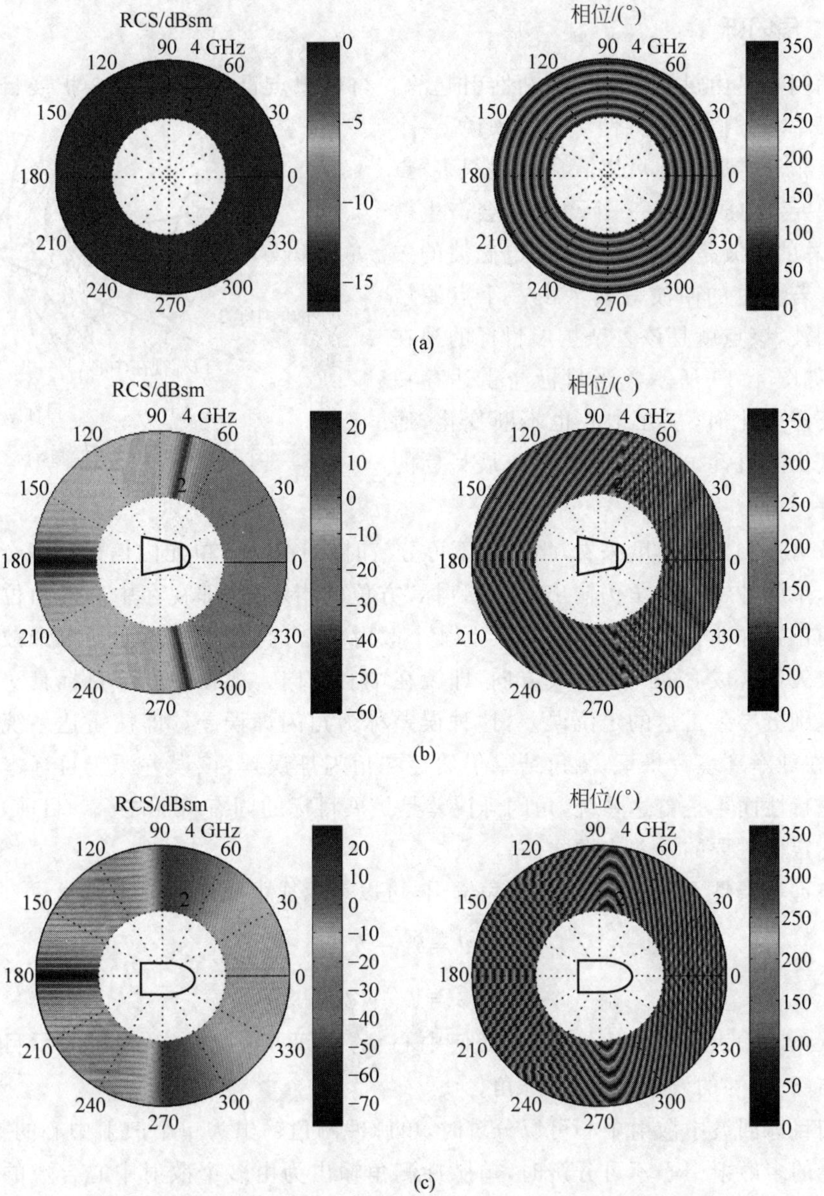

图 4.14 目标后向散射的方位-频率特性(左: RCS; 右: 相位)

(a) 金属球,频率 2～4 GHz,俯仰角 0～2π; (b) 球头锥,频率 3～4 GHz,俯仰角 0～2π;

(c) 半椭球,频率 3～4 GHz,俯仰角 0～2π

除了后向散射特性,有时还需要知道目标在其他方向的散射功率,例如双基地雷达工作时的情况。可以按照同样的概念和方法来定义目标的双基地雷达截面积 σ_b。

2. 角闪烁

角闪烁是由目标散射的复杂性引起的。与理想点目标不同,复杂扩展目标具有复杂频率和方位电磁特性。一般来说,一个形状复杂的扩展目标可以看成是由很多"点散射单元"构成的,每一个单元都会产生散射波,总的回波是各个散射单元电磁波的矢量和。若将总的回波等效为由一个点源散射的回波,该点就是该复杂扩展目标的视在中心,如图 4.15 所示。当目标与雷达存在相对姿态变化时,视在中心也不断变化,通常呈现出随机性,这种现象称为扩展目标的角闪烁。

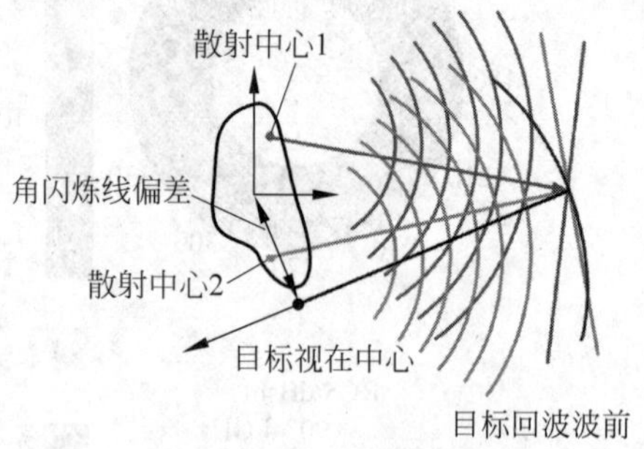

图 4.15 角闪烁示意图

从雷达测角的角度来看,当目标不可分辨时(即在分辨单元内信号有多个散射中心时),单脉冲雷达测角仍输出一个"目标"方位的指示角(即视在中心的角位置),然而此角位置并非目标几何中心或其上某个散射中心的空间方位,而是多个散射中心散射波矢量合成后的一个合成方向,即视在中心方向。视在中心与目标真实方位之间的差别会导致雷达的定位误差,这种误差称为角闪烁误差。即使雷达系统为理想系统,在纯净环境背景下,测角结果仍然存在角闪烁误差,该误差源于目标本身的复杂电磁特性而不是雷达系统,角闪烁误差是扩展目标的固有特征之一。目前,角闪烁是雷达定位主要的误差来源之一。

在远场条件下,扩展目标的测角输出,可以表示成下面两部分相加:

$$\begin{cases}\hat{\theta}=\theta_o+\theta_g \\ \hat{\phi}=\phi_o+\phi_g\end{cases} \tag{4.3.3}$$

其中,(θ_o,ϕ_o)表示目标相位中心(几何中心)的空间方位角;(θ_g,ϕ_g)表示目标视在中心与(θ_o,ϕ_o)的误差角,即闪烁角。

当目标回波中散射中心可以分辨时,单脉冲测角输出为单个散射中心的空间角;当目标的多散射中心不可分辨时,单脉冲测角输出为由多个散射中心合成的视在中心方向的空间角。目前,角闪烁计算的方法有两种:坡印亭矢量法(Poynting vector method,PVM)和相位梯度法(phase gradient method,PGM),下面分而述之。

1) 坡印亭矢量法

雷达系统一般都是依据目标散射回波的传播方向来确定目标所在方向。若目标为理想点目标，其散射回波的传播方向在球坐标系下一定是径向。换言之，散射回波的坡印亭矢量只有 $\hat{\boldsymbol{r}}$ 方向分量，没有$\hat{\boldsymbol{\theta}}$ 和 $\hat{\boldsymbol{\phi}}$ 方向分量。因此雷达依据目标散射回波传播方向所确定的方向是目标所在方向。若目标是多散射中心目标，其散射回波的坡印亭矢量就不仅有 $\hat{\boldsymbol{r}}$ 方向分量，而且有$\hat{\boldsymbol{\theta}}$ 和 $\hat{\boldsymbol{\phi}}$ 方向分量。此时雷达依据散射回波传播方向所确定的方向并非目标中心所在方向，其偏离程度称为**角闪烁线偏差**，可由$\hat{\boldsymbol{\theta}}$ 和 $\hat{\boldsymbol{\phi}}$ 方向分量与 $\hat{\boldsymbol{r}}$ 方向分量的比值确定。角闪烁线偏差 e_θ 和 e_ϕ 可定义为

$$e_\theta=\frac{rS_\theta}{S_r},\quad e_\phi=\frac{rS_\phi}{S_r} \tag{4.3.4}$$

其中，S_r、S_θ、S_ϕ 为平均坡印亭矢量的三个分量，其定义如下：

$$\boldsymbol{P}_{\mathrm{av}}=\frac{1}{2}\mathrm{Re}[\boldsymbol{E}^{\mathrm{s}}\times\boldsymbol{H}^{\mathrm{s}*}]=S_r\hat{\boldsymbol{r}}+S_\theta\hat{\boldsymbol{\theta}}+S_\phi\hat{\boldsymbol{\phi}} \tag{4.3.5}$$

角闪烁线偏差定义式(4.3.4)中分子之所以乘上 r，是因为 S_r 量级为 $O(1/r^2)$，而 S_θ 和 S_ϕ 量级都为 $O(1/r^3)$。这样依据定义式(4.3.4)，角闪烁线偏差是一个与距离无关的量。

若复杂金属目标在雷达波照射下的感应电流已被(譬如矩量法)求出，那么经过冗长推导(见阅读与思考 4.B)，角闪烁线偏差可进一步表示为

$$e_\theta=-\mathrm{Re}\left[\frac{U}{W}\right]+\sin2\theta_{\mathrm{R}}\sin\delta_{\mathrm{R}}\mathrm{Im}\left[\frac{V}{W}\right] \tag{4.3.6}$$

$$e_\phi=-\mathrm{Re}\left[\frac{V}{W}\right]-\sin2\theta_{\mathrm{R}}\sin\delta_{\mathrm{R}}\mathrm{Im}\left[\frac{U}{W}\right] \tag{4.3.7}$$

其中，θ 和 δ 为定义极化方向的参数，如电场极化方向定义为 $\hat{\boldsymbol{p}}=\hat{\boldsymbol{\theta}}\cos\theta+\hat{\boldsymbol{\phi}}\sin\theta\mathrm{e}^{\mathrm{j}\delta}$，$W$、$U$、$V$ 的表达式为

$$\begin{cases}W=\int_{S'}(\hat{\boldsymbol{p}}\cdot\boldsymbol{J})\mathrm{e}^{\mathrm{j}\boldsymbol{k}\cdot\boldsymbol{r}'}\mathrm{d}S'\\U=\int_{S'}(\boldsymbol{r}'\cdot\hat{\boldsymbol{\theta}})(\hat{\boldsymbol{p}}\cdot\boldsymbol{J})\mathrm{e}^{\mathrm{j}\boldsymbol{k}\cdot\boldsymbol{r}'}\mathrm{d}S'\\V=\int_{S'}(\boldsymbol{r}'\cdot\hat{\boldsymbol{\phi}})(\hat{\boldsymbol{p}}\cdot\boldsymbol{J})\mathrm{e}^{\mathrm{j}\boldsymbol{k}\cdot\boldsymbol{r}'}\mathrm{d}S'\end{cases} \tag{4.3.8}$$

2）相位梯度法

雷达系统中实际测量的一般不是坡印亭矢量，而是目标散射场的幅值和相位。因此，实际测量中往往用另一种方法来测量角闪烁线偏差。可以证明，在几何光学条件下($\lambda\to0$ 或 $k\to+\infty$)，目标散射回波的坡印亭矢量方向就是回波相位的梯度方向，因此角闪烁线偏差又可定义为

$$e_\theta=\frac{r\Phi_\theta}{\Phi_r},\quad e_\theta=\frac{r\Phi_\phi}{\Phi_r} \tag{4.3.9}$$

其中，Φ_θ、Φ_ϕ、Φ_r 是目标回波相位的梯度$\nabla\Phi$ 的三个球坐标分量，可表示成

$$\nabla\Phi=\hat{\boldsymbol{r}}\,\frac{\partial\Phi}{\partial r}+\hat{\boldsymbol{\theta}}\,\frac{1}{r}\,\frac{\partial\Phi}{\partial\theta}+\hat{\boldsymbol{\phi}}\,\frac{1}{r\sin\theta}\,\frac{\partial\Phi}{\partial\phi}\tag{4.3.10}$$

3. 散射中心

1）概念与内涵

理论计算和实验测量均表明，在高频区目标电磁散射可以近似认为是由多个关键点处的散射源散射合成的，这些关键点处的散射源通常称为散射中心。散射中心的概念源于高频近似理论分析的结论，后被测量以及实际雷达图像证实。

目标散射中心模型研究始于20世纪50年代。最初，雷达系统的分辨率较低，目标可以近似看作一个点散射中心，且假设该散射中心的位置和散射幅度与雷达频率和雷达视线方向无关。随着雷达系统分辨率的提高和电磁散射机理研究的深入，人们发现目标散射中心的位置和幅度与频率、视线方向、极化方式等紧密相关，呈现出复杂的变化特性。针对目标的一些典型特征，目前已提出其对应的散射中心模型，应用于雷达回波模拟与雷达目标识别。下面将具体介绍这些散射中心模型。

2）散射中心模型

一个复杂目标，往往有很多散射中心。其形成机理多种多样，频率与方位性质也各有特点。下面从形成机理角度分成四类来介绍常用的散射中心模型，分析说明它们随频率与方位变化的特点，最后给出每类散射中心的数学模型。

(1) 局部型散射中心(localized scattering center，LSC)。

局部型散射中心一般指位置固定且集中于很小区域内、散射幅度随方位变化缓慢的散射中心，如光滑小球面(尺寸小于分辨单元)反射、平面顶点(边缘顶点)绕射、立体顶点绕射形成的散射中心。图4.16为球头锥的球形顶部反射形成的局部型散射中心示意图，图(a)为球头锥锥旋(以 y 轴为旋转轴，在 x-z 平面旋转，角速度为 πrad/s，后面的时频像若未作特殊说明都是以这样的旋转方式)时单基地远场雷达回波的时频像。时频像的成像算法见4.3.2节4.。时频像展示了散射中心位置与雷达相对运动所形成的时变多普勒频率曲线，曲线的亮度代表散射中心的散射幅度强弱。由图可见，局部型散射中心的幅度变化虽有起伏，但呈现出连续性。因此又将这种散射中心称为“连续型”散射中心(即散射幅度随方位变化缓慢)。

若局部型散射中心的散射幅度随方位和频率变化缓慢，则在一定带宽和观测角度范围内，局部型散射中心可以用下面理想点散射中心的数学模型描述：

$$E^{s}(f,\psi)=A\exp[\mathrm{j}2k\boldsymbol{r}\cdot\hat{\boldsymbol{r}}_{\mathrm{los}}(\psi)]\tag{4.3.11}$$

其中，$\hat{\boldsymbol{r}}_{\mathrm{los}}(\psi)$和 $\boldsymbol{r}$ 分别表示雷达和散射中心在目标本地坐标系中的方向和位置，ψ 表示空间方位。$\boldsymbol{r}$ 和 A 分别为散射中心位置和散射幅度，均为常数。对于频率和方位依赖性不能忽略的局域型散射中心，可采用基于几何绕射理论(GTD)的散射中心的数学模型描述

$$E^{s}(f,\psi)=A\left(\mathrm{j}\frac{f}{f_c}\right)^{\alpha}\exp(\gamma f)\exp(\beta\psi)\exp[\mathrm{j}2k\boldsymbol{r}\cdot\hat{\boldsymbol{r}}_{\mathrm{los}}] \tag{4.3.12}$$

其中，f_c 为中心频率；γ 和 β 分别为频率和方位依赖因子(待定参数)；α 为与散射机理有关的因子，一般为 $-1/2$ 的整数倍。形成局部型散射中心的散射机理不同，则对应的 α 值也不同。α 的取值实际上是参考简单体目标 RCS 随频率的变化特性，详见 4.1.3 节中的表 4.1 和表 4.3。对于小球反射所形成的局部型散射中心，α 取 0；对于边缘顶点形成的局部型散射中心，α 取 $-1/2$；对于立体顶点形成的散射中心，α 取 -1。

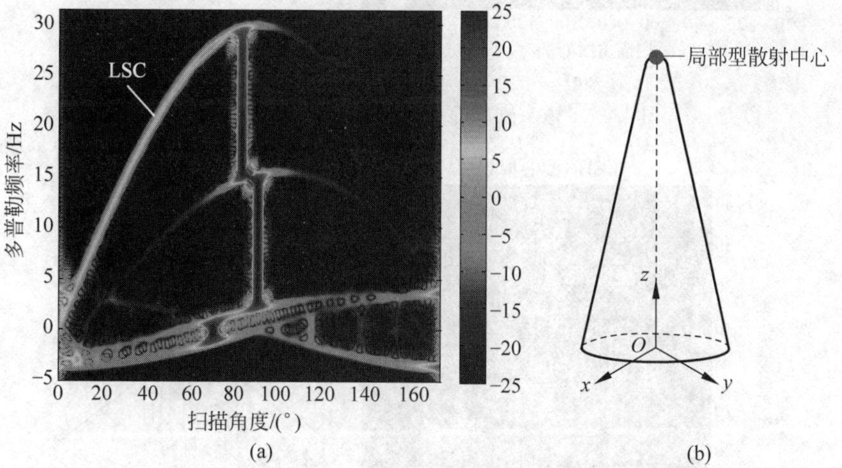

图 4.16　球头锥光滑顶部反射形成的局部型散射中心

(2) 分布型散射中心(distributed scattering center，DSC)。

分布型散射中心一般指散射中心位置分布于一定区域内，其散射幅度在很窄的观测范围内较强，而在其他角度急剧减小的散射中心，如平面反射、单曲面反射、直棱边散射等形成的散射中心。该类散射中心的散射幅度方位角依赖性可采用 sinc 函数描述。通常又称这种散射中心为"快闪型"散射中心(即散射幅度仅在很窄的方位角范围内较大，而在其他角度急剧减小)。由于该散射中心只在很窄的角度内可见，所以在时频像中呈现为竖直的亮线或条带。图 4.17 展示了球头锥底面反射形成的分布型散射中心(图(a)为球头锥旋时单基地远场雷达回波的时频像)，图 4.18 为机翼直棱边散射形成的分布型散射中心(图(a)为飞机在水平面内转动时单基地远场雷达回波的时频像)。

分布型散射中心可采用下面属性散射中心数学模型描述：

$$E^{s}(\psi,f)=A\left(\mathrm{j}\frac{f}{f_c}\right)^{\alpha}\mathrm{sinc}[kL\sin(\psi-\bar{\psi})]\exp\{\mathrm{j}2k[\boldsymbol{r}\cdot\hat{\boldsymbol{r}}_{\mathrm{los}}(\psi)]\} \tag{4.3.13}$$

其中，f_c 表示中心频率，L 表示分布型散射的长度，$\bar{\psi}$ 表示散射中心可被观测到的角度。对于平面反射所形成的分布型散射中心，α 取 1；对于单曲面反射所形成的分布型散射中心，α 取 1/2；对于直棱边散射所形成的分布型散射中心，α 取 $-1/2$。

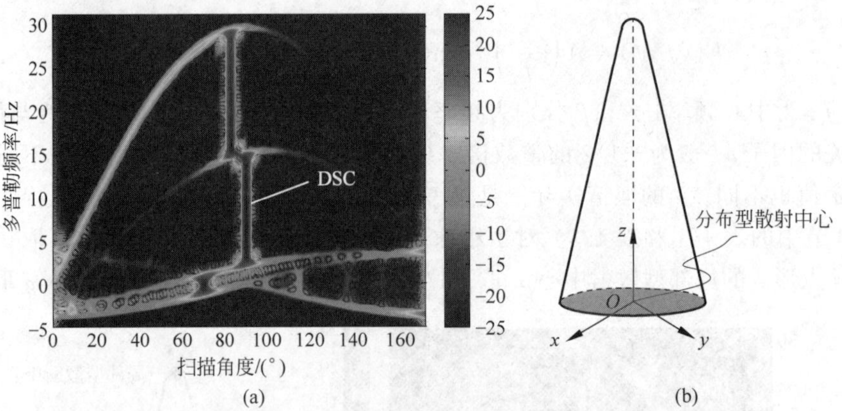

图 4.17 球头锥底面反射形成的分布型散射中心

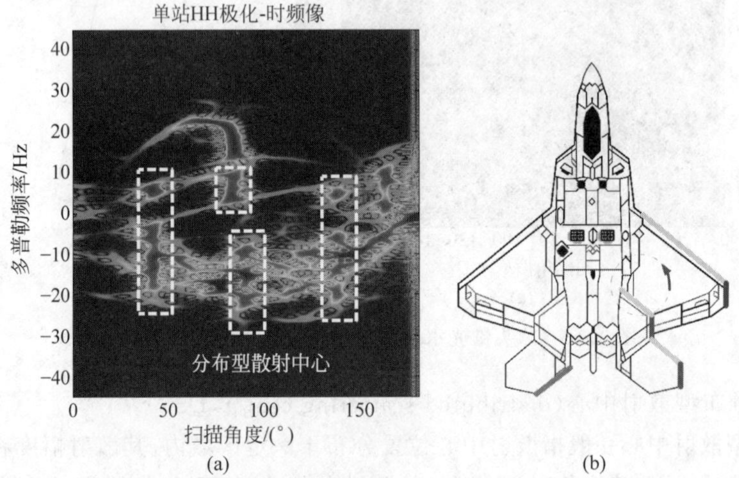

图 4.18 机翼直棱边散射形成的分布型散射中心

(3) 滑动型散射中心(sliding scattering center, SSC)。

滑动型散射中心指散射中心的位置随雷达观测方位连续变化的散射中心。比如光滑曲面反射、曲边缘散射所形成的散射中心,当雷达入射、观测方位改变时,散射中心位置会在曲面、曲线上滑动。显然,此类散射中心相对于目标自身的"非刚体"运动,会对目标的真实运动的估计带来误差。图 4.19 展示了流线型弹头曲面反射形成的滑动型散射中心(图(a)为弹头在绕 x 轴旋转时单基地远场雷达回波的时频像),图 4.20 为隐身飞机机舱三维曲面形成的滑动型散射中心(图(a)为飞机在水平面内旋转时单基地远场雷达回波的时频像)。

曲面反射与局域曲率半径有关,滑动型散射中心的幅度较为复杂,其数学模型一般采用下面形式描述:

$$E^{s}(\psi,f)=A(\psi,P,Q)\left(\mathrm{j}\,\frac{f}{f_{c}}\right)^{\alpha}\exp\{\mathrm{j}2k[\boldsymbol{r}(\psi)\cdot\hat{\boldsymbol{r}}_{\mathrm{los}}(\psi)]\}\tag{4.3.14}$$

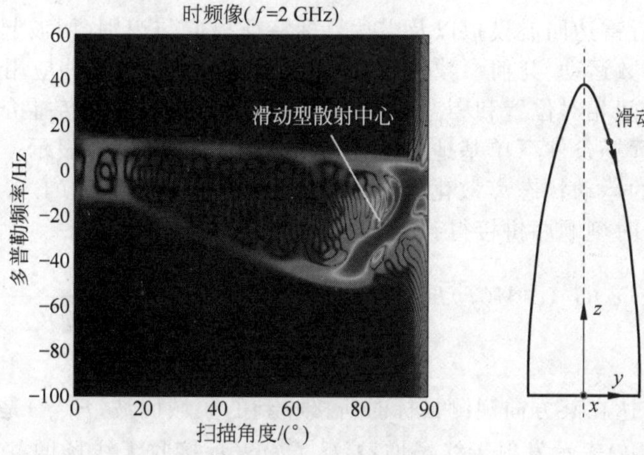

图 4.19　流线型弹头的滑动型散射中心

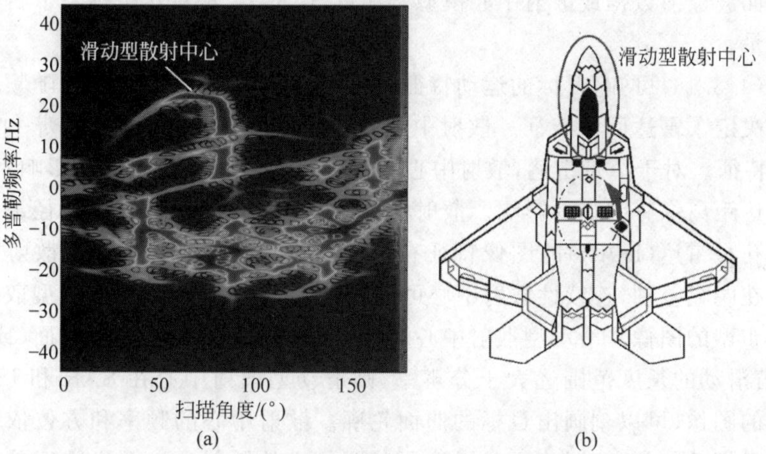

图 4.20　飞机驾驶舱表面的滑动型散射中心

$$A(\psi, P, Q)=\frac{\sum_{i=0}^{n} P_i \psi^i}{\sum_{i=0}^{m-1} Q_i \psi^i+\psi^m} \tag{4.3.15}$$

其中，$P=(P_0, P_1, \cdots, P_n)$，$Q=(Q_0, Q_1, \cdots, Q_{m-1})$为有理多项式的系数向量，需要通过参数估计获得。注意，这里散射中心位置 $\boldsymbol{r}(\psi)$是观察方位角 ψ 的函数，这与局部型散射中心和分布型散射中心是不同的。对于光滑曲面所形成的散射中心，其位置为局部反射的位置。对于曲边缘散射形成的散射中心，其散射中心的位置为雷达视线方向与边缘所在平面法向所构成的平面与曲边缘的交点。

3）散射中心模型的应用

散射中心模型是雷达目标特性分析和目标识别研究的理论基础。利用目标散射模型,可以方便地进行雷达回波模拟以及雷达目标特征提取与识别(回波起伏统计特征、雷达图像理解、参数运动、几何参数估计等)。下面将分别讲述这些应用。

在雷达与目标空间相对位置和姿态确定的情况下,雷达、目标和传播介质可看成时不变系统,这样在远场条件下单基地雷达的回波可由式(4.3.16)表示。动态雷达回波模拟,可将连续的运动状态离散化,离散时刻的回波分别采用式(4.3.16)模拟,再将离散回波数据按时刻顺序拼接得到。

$$S(f,\psi)=F(f)G_{\mathrm{t}}(\psi)G_{\mathrm{r}}(\psi)V(f)H(f)E^{\mathrm{s}}(\psi,f)\frac{\exp\{-\mathrm{j}2k[\boldsymbol{r}_{\mathrm{o}}(\psi)\cdot\hat{\boldsymbol{r}}_{\mathrm{los}}(\psi)]\}}{r_0^2(\psi)} \tag{4.3.16}$$

其中,$S(f,\psi)$表示雷达在某方向观测目标时所接收到的频域回波,$F(f)$是雷达发射波形的频域表示,$G_{\mathrm{t}}(\psi)$表示发射天线场增益,$G_{\mathrm{r}}(\psi)$表示接收天线场增益;$V(f)$表示电磁波传播受到的环境干扰,$H(f)$表示雷达接收机系统的频率响应,$E^{\mathrm{s}}(\psi,f)$为目标的平面波散射数据或散射中心模型。注意,这里$\boldsymbol{r}_{\mathrm{o}}$是雷达坐标系下目标几何中心位置矢量。

从式(4.3.16)可知,目标的运动特征、目标散射中心(位置和幅度)随频率和方位的依赖性决定了雷达回波特征。散射中心的频率依赖性,决定了高分辨一维距离像(HRRP)特征。对于窄带雷达,散射中心的频率特性对距离像的特征影响不大,而对超宽带雷达距离像有明显的影响。散射中心的方位依赖性对于合成孔径雷达(SAR)和逆合成孔径雷达(ISAR)的图像特征有很大影响。连续型与快闪型散射中心的图像特征存在明显差别,连续性散射中心可以聚焦成孤立的像点,而快闪型散射中心则呈现出分布型的图像。滑动型散射中心随雷达视线方向变化在光滑曲面(或曲边缘)上滑动,若滑动的长度范围远大于分辨率,则滑动型散射中心在SAR和ISAR中呈现曲线型的图像,可以刻画出目标的曲面轮廓。散射中心的频率和方位依赖性隐含了丰富的目标几何信息,因此通过提取雷达图像中的散射中心图像特征并与相应的散射中心模型进行对比,可以实现目标相应几何参数的精确提取,进而实现目标的精确识别。

雷达目标识别依赖于雷达回波中目标特征的获取。从式(4.3.16)可知,雷达回波包含两大特征:运动特征和散射中心特征。散射中心特征与目标的结构特征密切相关。利用散射中心模型以及雷达回波可以提取雷达回波中隐含的目标运动特征;反之,利用已知的运动特征以及雷达回波可以提取雷达回波中隐含的几何结构信息。无论是运动特征,还是几何特征,都对目标分类和识别具有重要的价值。

下面用导弹脱靶量测量的实例来说明散射中心模型的应用。脱靶量是指导弹和目标交会时两者之间的最小距离,该数值是衡量导弹的制导精确性的重要参数。目前常用的脱靶量估计方法为基于多普勒频率的方法,将雷达回波变换到时频域,以同一时刻幅度最大点的多普勒偏移量为原则,提取各个时刻的多普勒偏移量,画出整个时段的多普勒曲线，再与点目标的多普勒频率模型进行拟合匹配，估计脱靶量。然而，由于导弹上往往含有多个散射中心，不同的散射中心对应不同的多普勒频率曲线，而且散射中心的散射幅度也有起伏，则利用幅度最大点的多普勒偏移提取得到的多普勒曲线，可能来源于不同的散射中心，所以对于具有多个散射中心的导弹，传统方法会存在误差。即使导弹仅有单个散射中心，若该散射中心为滑动型散射中心时，则忽略滑动对多普勒频率的影响，也会对脱靶量估计引入误差。因此，对于多散射中心或滑动型散射中心导弹，可以利用导弹散射中心模型代替单点模型与雷达回波的时频像进行匹配估计，便既可修正传统方法将目标视为单散射中心时所引入的原理性误差，也可避免从时频像中提取多普勒曲线时所引入的附加误差。

4.3.2 雷达原理

雷达的基本功能包括测距、测速和测角。随着对目标识别需求的增加，成像雷达越来越普遍。下面先讲述雷达测距、测速和测角原理，然后介绍不同雷达图像的成像原理。

1. 测距原理

脉冲雷达可实现目标精确测距，基本原理为：雷达发射单一载频的脉冲信号，在发射休止时间内接收回波，通过比较回波与发射波的时间延迟算出目标与雷达之间的距离。如 t_r 为时间延迟，则距离为 $R=t_r c/2$。为了提高雷达的测距精度，一般采用脉冲压缩雷达测距，即发射具有大带宽的调频信号，接收回波后通过匹配滤波获得目标的高分辨一维距离像，即扩展目标局部的径向距离信息。

设 $G_t(\psi)=G_r(\psi)=V(f)=H(f)=1$，目标可视为理想点散射中心，且不考虑平面波的距离衰减，则单频雷达回波可简化为

$$S(\psi,f)=E^s(\psi,f)\exp\{-j2k[\boldsymbol{r}_o(\psi)\cdot\hat{\boldsymbol{r}}_{los}(\psi)]\} \tag{4.3.17}$$

雷达测距的精度依赖于时间延时的精度。对于发射信号为调频信号时，雷达回波脉冲压缩处理表示为

$$RP(\psi,t)=\mathrm{FFT}_f[S(\psi,f)] \tag{4.3.18}$$

其中，$\mathrm{FFT}_f[*]$表示对 * 函数作傅里叶逆变换，$\boldsymbol{r}_o(\psi)$表示雷达坐标系内扩展目标几何中心位置矢量。由于信号带宽有限，脉压后的时域脉冲具有一定的时宽，所以需要选择标准来确定脉冲到达时刻。

脉冲到达时刻标准可以选脉冲的前沿，或最大值，或脉冲中心等。对于一般扩展目标，不同方位下回波的脉压后波形会存在差异，包括幅度起伏和长度变化。因此不论采用上述何种标准，均会造成到达时刻计算误差。有效的解决方法是找出目标固定位置上某散射中心在一维距离像中对应的像点，以该像点的时刻作为回波到达时

刻,测算出该散射中心与雷达的距离后,再依据该散射点与目标几何中心的位置,可以获得目标几何中心与雷达之间的精确距离。

2. 测速原理

测定目标的运动速度是雷达的一个基本功能。雷达测速可以分为连续波雷达测速和脉冲雷达测速两大类,其基本原理均是利用多普勒效应,即当目标和雷达之间存在相对位置运动时,目标回波的频率就会发生改变,频率改变量(多普勒频移)与目标径向速度成正比。依此,通过测量多普勒频移,便可确定目标的相对径向速度。

设雷达回波为单频信号,频率为 f_0。若目标是理想点散射中心,则回波经傅里叶变换可得到多普勒频率可表示为

$$\mathrm{FFT}_t\{A\exp[-\mathrm{j}2k((\boldsymbol{r}_{\mathrm{o}}+\boldsymbol{v}t)\cdot\hat{\boldsymbol{r}}_{\mathrm{los}})]\}\sim A\delta(f-f_{\mathrm{D}}) \tag{4.3.19}$$

其中,δ 表示狄拉克函数;f_{D} 表示多普勒频率,且 $f_{\mathrm{D}}=2\boldsymbol{v}\cdot\hat{\boldsymbol{r}}_{\mathrm{los}}/\lambda_0$。若电场随"时间"(方位)变化,即 $A\sim E^{\mathrm{s}}[\psi(t),f_0]$,则此时即使目标作匀速直线运动,多普勒频率也可能为时变的。而且,对于不同的散射特性,其多普勒频率的变化特征也不同。对于时变多普勒频率,可以采用时频变换代替傅里叶变换而获得。另外值得注意的是,依据时变多普勒频率计算得出的径向速度为目标上对应散射中心的速度,当散射中心相对于目标本体存在相对运动时,该速度与目标本体速度之间存在差别。有效的解决方法是找出目标固定位置上的散射中心,由该散射中心的多普勒频率信息计算目标的运动信息。

3. 测角原理

雷达定向的物理基础是电磁波在均匀介质中传播的直线性和雷达天线的方向性。最大信号法是一种粗略测量目标角位置的方法,它通过驱动天线扫掠目标,并记录信号回波的最大幅度所对应的角位置,这种方法常用于搜索雷达。该方法存在两个问题:第一,所记录的幅度数值变化,仅能表述电轴偏离目标程度的增大或减小,并不能指示电轴偏离目标的确切方位,因此不能有效地驱动雷达对目标进行跟踪;第二,最大幅度一般对应波束的主瓣,其幅度随角度变化的灵敏度很小,因此依据主瓣幅度变化的测角精度很低。

跟踪雷达需要对运动中的目标进行连续的精确测角。早期,跟踪雷达多采用顺序波瓣扫描法,该方法很好地改进了最大波束法的两个问题。顺序波瓣法包括:俯仰和方位向上的波束转化法和圆锥扫描法,分别如图 4.21(a)和(b)所示。顺序波瓣扫描法通过将雷达波束指向按照一定的方式(在俯仰和方位向或圆锥上)进行转换,记录不同波束位置所接收信号的幅度。依据幅差值与正负判断目标偏离等信号轴的角度和方向,然后将该信息反馈给雷达伺服系统,可驱动雷达实现对目标的连续跟踪。另外,幅度差的数值随目标偏离等信号轴角度变化灵敏,因此这种测角方法的精

度比最大信号法更高，其精度一般远小于雷达波束宽度。

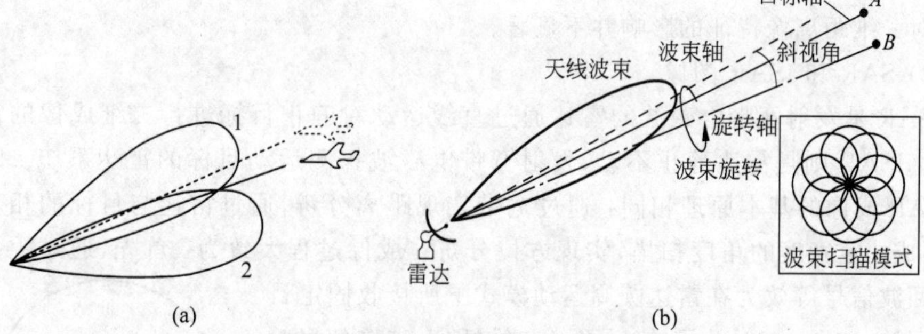

图 4.21　俯仰角上的顺序波瓣测角原理
(a) 波束转换；(b) 波束扫描

顺序波瓣法存在两个问题：第一，目标散射场随距离、方位起伏会造成顺序波瓣法幅度差的附加误差；第二，由于每次测角都至少需要按顺序获取四次回波信号，所以对于高机动目标而言，雷达处理数据速率会限制跟踪能力。针对顺序波瓣扫描法的不足，1944 年，美国海军实验室首次提出了单脉冲雷达的测角方案。单脉冲雷达从根本上很好地克服了顺序波瓣方法的不足，是目前测角精度最高的雷达体制，其精度可达到波束宽度的 1/200 量级。单脉冲雷达体制是同时形成多个波束，接收信号分“和通道”和“差通道”，通过单个脉冲的“差通道”与“和通道”信号比值可获得目标的角位置信息。关于单脉冲雷达测角，4.3.3 节将详细介绍。

4. 雷达成像原理

随着分辨率的提高，雷达可以实现对目标的清晰成像，从而大大提高了雷达的目标识别能力。雷达图像包括：一维距离像(range profile，RP)，合成孔径雷达(synthetic aperture radar，SAR)图像，逆合成孔径雷达(inverse synthetic aperture radar，ISAR)图像，时频像(time-frequency repreasention，TFR)，下面将分别讲述其成像原理。

1) 一维距离像

一维距离像就是对目标在某一观测方位下、一定带宽的入射波激励下所产生的散射回波作如下傅里叶逆变换：

$$RP(t)=\mathrm{IFFT}_f[S(f,\psi)H(f)] \tag{4.3.20}$$

其中，$S(f,\psi)$为宽带雷达回波的频率形式，见式(4.3.17)；$H(f)$为匹配滤波器的频域表示，是雷达发射波形的共轭。由式(4.3.20)可见，一维距离像的图像特征由目标散射场的频率特性所决定。当 $S(f,\psi)$中散射模型 $E^s(f,\psi)$的幅度和相位变化率都不随频率变化时，一维距离像的结果为 $\sum_i \mathrm{sinc}[\pi B(t-t_i)]$，$t_i$ 表示第 i 个散射中心回波的双程延迟时间。一维距离像的距离分辨率为 $\delta_r = c/2B$。若 $E^s(f,\psi)$ 随频率呈现复杂变化时,一维距离像的特征也会变化。然而,对于窄带雷达而言,目标频率特性对一维距离像特征的影响并不显著。

2) SAR 和 ISAR 图像

SAR 是发射宽带电磁波的雷达通过直线运动对静止目标进行二维成像的雷达系统。ISAR 则是雷达静止不动,发射宽带电磁波探测运动目标的雷达系统。SAR 和 ISAR 成像的基本原理相同:通过宽带实现距离分辨,通过雷达与目标的相对转动,形成一定宽度的角度扫描,实现方位分辨。成像过程大致为:首先,通过距离补偿将回波信号等效为在雷达圆周运动模式下所接收固定目标的回波,如图 4.22 所示,然后再经二维插值、二维傅里叶变换(或分别进行距离向脉冲压缩、方位向傅里叶变换),获得目标的方位-距离像。由于 SAR 和 ISAR 雷达的工作模式不同,所以其具体的距离补偿算法是不同的,如 SAR 距离徙动补偿、ISAR 平动补偿等。虽然 SAR 和 ISAR 具体成像算法流程不同,但是只要雷达发射信号频带和雷达角度扫描的范围相同,则两种雷达最终的二维成像结果是相同的。

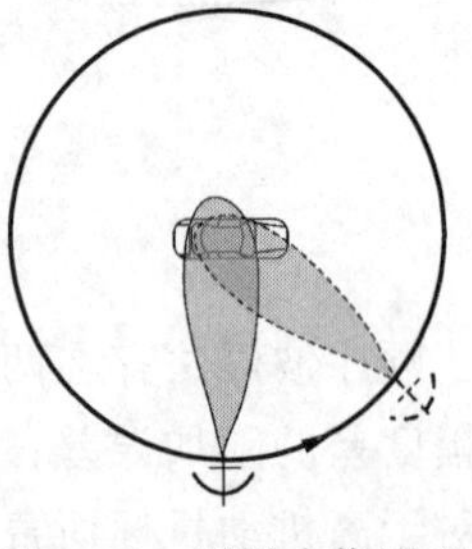

图 4.22　圆周成像原理

均匀圆周运动模式下静止目标回波的二维成像算法可简述如下:

(1) 首先将极坐标(k,ψ)下的雷达回波 $S(k,\psi)$,通过插值转化到直角坐标(k_x,k_y)下的雷达回波 $S(k_x,k_y)$;

(2) 然后对直角坐标下的雷达回波 $S(k_x,k_y)$作下列二维傅里叶逆变换:

$$I(x,y) = \mathrm{IFFT}_{k_x,k_y}[S(k_x,k_y)] \tag{4.3.21}$$

上述中,$S(k,\psi)$为目标宽带、多扫描角度下的散射场;k 为波数;$I(x,y)$为方位-距离维图像。由成像算法可知,二维图像特征由目标散射场 $S(k,\psi)$的频率和方位特性所决定。当 $S(k,\psi)$幅度和相位变化率不随频率和方位变化时,式(4.3.21)的结果为理想点目标的成像结果:$\mathrm{sinc}[\Delta k_x(x-x_i)/2]\mathrm{sinc}[\Delta k_y(y-y_i)/2]$,其中,$\Delta k_x = \max(k_x)-\min(k_x)$,$\Delta k_y = \max(k_y)-\min(k_y)$。当方位角度扫描范围很小时,二维差值处理常可忽略,此时二维像的距离分辨率由带宽决定,$\delta_r = c/(2B)$;方位分辨率由扫描角度范围决定,$\delta_a = \lambda/(2\Delta\psi)$。当方位扫描范围为全角度时($\psi = 2\pi$),二维分辨率近似为 1/4 波长,此时分辨率与带宽无关。对于不同类型的散射中心,由于其频率和方位特性不同,在二维像中会呈现出点、线、块等不同特征的像。

3) 时频像

雷达通过发射单频连续波探测运动目标,所接收的目标回波经时频变换可获得时频像。时频像通过时间和频率二维信息展示了目标上各散射中心相对雷达运行所形成的时变多普勒频率曲线,曲线亮度表征了散射中心的幅度强弱。常用的时频变换算法分为线性和非线性两类。线性变换代表性算法为短时傅里叶变换(STFT),可表示成

$$\mathrm{STFT}(t',\omega)=\int s(t)W\left(\frac{t-t'}{T}\right)\exp(-\mathrm{j}\omega t)\mathrm{d}t \tag{4.3.22}$$

其中，t'表示短时傅里叶变换分段时刻，即时频像中的时间变量；$s(t)$为单脉冲雷达时域回波；$W(\cdot)$为窗函数。由于短时傅里叶变换为线性算法，所以多散射中心的多普勒成分之间不存在交叉项，但是缺点是不能同时具有较高的频率和时间分辨率。若时间分辨率为 T，则频率分辨率为 $1/T$。

非线性变换代表性算法为 WVD(Wigner-Ville distribution)，可表示成

$$\mathrm{WVD}(t',\omega)=\int s\left(t'+\frac{t}{2}\right)s^*\left(t'-\frac{t}{2}\right)\exp(-\mathrm{j}\omega t)\mathrm{d}t \tag{4.3.23}$$

WVD 算法可以获得很高的联合二维分辨率，但由于 WVD 为非线性算法，所以多散射中心的多普勒成分之间存在严重的交叉项。基于 WVD 有很多修正算法，如 CWVD(Cohen Class WVD)算法就是常用的一种，可表示成

$$\mathrm{CWVD}(t',\omega)=\iint s\left(u+\frac{t}{2}\right)s^*\left(u-\frac{t}{2}\right)\psi(t'-u,t)\exp(-\mathrm{j}\omega t)\mathrm{d}u\mathrm{d}t \tag{4.3.24}$$

其中，$\psi(t'-u,t)$为核函数。采用低通线性滤波核函数，可以在一定程度上抑制交叉项，同时保证较高的多普勒频率和时间分辨率。Cohen 类中的 SPWVD(pseudo-Wigner-Ville distribution)是一种较为优秀的时频变换方法。MATLAB 时频工具箱(TFTB)，涵盖了很多种现有的时频变换方法，详见 http://tftb.nongnu.org/。

4.3.3 单脉冲雷达系统

从简单的工作原理到复杂的技术实现方案，雷达系统制作是极其艰辛复杂的过程，需要考虑很多因素，往往需要通过一系列技术的攻关才能实现，系统也往往需要通过不断的技术改进才能日益成熟。本节将以目前广泛采用的单脉冲比幅式测角雷达系统为例，通过详细剖析其技术方案与系统构成，领略一个系统从原理设想到技术实现的演化过程。

1. 单脉冲测角的技术方案

单脉冲雷达同时形成四个接收波束，经混合器获得"和通道""俯仰差通道""方位差通道"的信号，通过和差通道信号的比值确定目标的空间角位置信息。一般地，目标散射特性起伏对各子波束回波引入的影响相同，因此不会对和差通道的比值造成影响。可见，与顺序波瓣法相比，单脉冲雷达通过同时形成四个接收波束，避免了波束顺序扫描的数据率限制问题；通过和差通道比值而非幅度差计算空间角，避免了目标散射特性起伏所引入的误差问题。

四个倾斜子波束的空间分布示意图如图 4.23 所示。四个波束(方向图相同)记为 A、B、C、D，而且 4 个子波束最大方向偏离和波束最大方向的角度相等。因此，和波束最大方向也称为等信号轴。依此，由四个子波束方向图便可给出和波束方向图与差波束方向图。

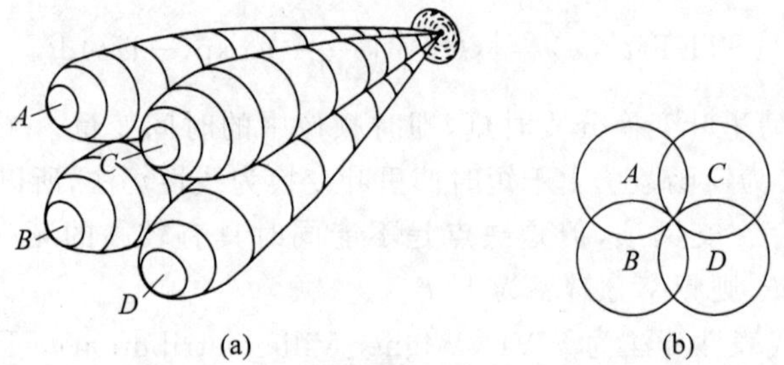

图 4.23 比幅单脉冲的 4 个倾斜子波束(a)，及其截面的交叠关系(b)

单脉冲天线和差通道电压信号可表示为

$$\begin{cases} S_{\Sigma}=\dfrac{1}{2}(A+B+C+D) & (4.3.25) \\ S_{\Delta\theta}=\dfrac{1}{2}[(C+D)-(A+B)] & (4.3.26) \\ S_{\Delta\phi}=\dfrac{1}{2}[(A+C)-(B+D)] & (4.3.27) \end{cases}$$

其中，A、B、C、D 分别表示四个子波束的电压。和差通道电压信号比值可表示成

$$\Gamma_1=\frac{S_{\Delta\theta}}{S_{\Sigma}} \tag{4.3.28}$$

$$\Gamma_2=\frac{S_{\Delta\phi}}{S_{\Sigma}} \tag{4.3.29}$$

下面我们来建立这个技术方案的理论分析模型。假设四个子波束的方向图是一致的，都是 $f(\theta,\phi)$。四个子波束的等信号轴方向为(θ_c,ϕ_c)，其主瓣方向偏离等信号轴的角度分别为$(-\theta_0,\phi_0)$，$(-\theta_0,-\phi_0)$，(θ_0,ϕ_0)，$(\theta_0,-\phi_0)$。目标回波方向偏离等信号轴方向的角度为$(\Delta\theta,\Delta\phi)$，则回波方向偏离四个子波束主瓣方向分别为$(\theta_0+\Delta\theta,\phi_0-\Delta\phi)$，$(\theta_0+\Delta\theta,-\phi_0-\Delta\phi)$，$(\theta_0-\Delta\theta,\phi_0-\Delta\phi)$，$(\theta_0-\Delta\theta,-\phi_0-\Delta\phi)$。故四个子波束对应的接收信号可表示成

$$\begin{cases} f_A=f(\theta_0+\Delta\theta,\phi_0-\Delta\phi)\approx f(\theta_0,\phi_0)+\left.\dfrac{\partial f}{\partial\theta}\right|_{\theta=\theta_0}(\Delta\theta)+\left.\dfrac{\partial f}{\partial\phi}\right|_{\phi=\phi_0}(-\Delta\phi) \\ f_B=f(\theta_0+\Delta\theta,\phi_0+\Delta\phi)\approx f(\theta_0,\phi_0)+\left.\dfrac{\partial f}{\partial\theta}\right|_{\theta=\theta_0}(\Delta\theta)+\left.\dfrac{\partial f}{\partial\phi}\right|_{\phi=\phi_0}(\Delta\phi) \\ f_C=f(\theta_0-\Delta\theta,\phi_0-\Delta\phi)\approx f(\theta_0,\phi_0)+\left.\dfrac{\partial f}{\partial\theta}\right|_{\theta=\theta_0}(-\Delta\theta)+\left.\dfrac{\partial f}{\partial\phi}\right|_{\phi=\phi_0}(-\Delta\phi) \\ f_D=f(\theta_0-\Delta\theta,\phi_0+\Delta\phi)\approx f(\theta_0,\phi_0)+\left.\dfrac{\partial f}{\partial\theta}\right|_{\theta=\theta_0}(-\Delta\theta)+\left.\dfrac{\partial f}{\partial\phi}\right|_{\phi=\phi_0}(\Delta\phi) \end{cases} \tag{4.3.30}$$

因此和通道、差通道的信号可表示成

$$\begin{cases} S_{\Sigma}=\dfrac{1}{2}(A+B+C+D)\approx 2f(\theta_0,\phi_0) \\ S_{\Delta\theta}=\dfrac{1}{2}[(C+D)-(A+B)]\approx -2\left.\dfrac{\partial f}{\partial\theta}\right|_{\theta=\theta_0}\Delta\theta \\ S_{\Delta\phi}=\dfrac{1}{2}[(A+C)-(B+D)]\approx -2\left.\dfrac{\partial f}{\partial\phi}\right|_{\phi=\phi_0}\Delta\phi \end{cases} \tag{4.3.31}$$

由式(4.3.31)可以看出，目标偏离等值轴的角度 $\Delta u=\Delta\theta$ 或 $\Delta\phi$ 与差和比 Γ 有线性关系，可表示为 $\Gamma\approx K\Delta u$，这里 K 称为相对差斜率，可表示成

$$K=\left.\left[\frac{1}{f(u)}\frac{\mathrm{d}}{\mathrm{d}u}(f(u))\right]\right|_{u=u_0} \tag{4.3.32}$$

其中，$u_0=\theta_0$ 或 ϕ_0。

因此依据差和比值大小和正负，可以判断目标偏离等信号轴的程度和方向。相对差斜率越大，单脉冲测角的灵敏度就越好。为了更清楚地了解上述单脉冲雷达测角精度，我们以一个具有代表性的方向图为例来具体说明。这里取 $f(u)=\mathrm{sinc}(u)$。据此我们可以具体画出和波束、俯仰差波束，如图 4.23 所示。利用式(4.3.31)和式(4.3.32)，进一步可以估算出相对差斜率为

$$K=\left.\left|\frac{1}{\mathrm{sinc}(u)}\frac{\mathrm{d}}{\mathrm{d}u}\mathrm{sinc}(u)\right|\right|_{u=u_0}=\left|\cot(u_0)-\frac{1}{u_0}\right| \tag{4.3.33}$$

即有

$$\Gamma=\left|\cot(u_0)-\frac{1}{u_0}\right|\Delta u \tag{4.3.34}$$

为了比较，下面也给出最大信号测角法的分析模型。最大方向与偏离最大方向的幅值差可以表示为

$$\begin{aligned}\Gamma&=f(u_c)-f(u_c+\Delta u)\\&\approx f(u_c)-f(u_c)-\left.\frac{\mathrm{d}f}{\mathrm{d}u}\right|_{u=u_c}\Delta u-\frac{1}{2}\left.\frac{\mathrm{d}^2f}{\mathrm{d}u^2}\right|_{u=u_c}\Delta u^2\\&=-\left.\frac{\mathrm{d}f}{\mathrm{d}u}\right|_{u=u_0}\Delta u-\frac{1}{2}\left.\frac{\mathrm{d}^2f}{\mathrm{d}u^2}\right|_{u=u_0}\Delta u^2\end{aligned} \tag{4.3.35}$$

其中，u_c 为最大方向，Δu 为偏离最大方向的角度。又因为 u_c 为最大方向，所以一般有 $\left.\dfrac{\mathrm{d}f}{\mathrm{d}u}\right|_{u=u_0}=0$，故最大信号测角法中最大方向与偏离最大方向的幅值差为

$$\Gamma\approx-\frac{1}{2}\left.\frac{\mathrm{d}^2f}{\mathrm{d}u^2}\right|_{u=u_0}\Delta u^2 \tag{4.3.36}$$

若方向图为上述 sinc 函数，就有

$$\Gamma \approx -\frac{1}{2}\frac{\mathrm{d}^2}{\mathrm{d}u^2}\mathrm{sinc}(u)\bigg|_{u=u_c=0}\Delta u^2 \approx \frac{1}{6}\Delta u^2 \tag{4.3.37}$$

实际情况下，方向图函数通常为 $f(u)=\mathrm{sinc}(Wu)$，这里 W 决定方向图波瓣宽窄。典型情况下 $W=120$，对应波瓣宽度为 1.5°，约等于 0.026 rad。设波束偏离等值轴的角度为 3/5 波瓣宽度，即 $u_0^{\mathrm{agl}}=3/5\times1.5°$，这样对应式(4.3.35)中的 $u_0=Wu_0^{\mathrm{agl}}=0.6\pi$，于是单脉冲雷达测角关系 $\Gamma=|\cot(0.6\pi)-1/(0.6\pi)|\Delta u\approx0.86\Delta u$，在 Δu 取波瓣宽度的情况下，最大信号测角法中的 $\Gamma\approx(1/6)\Delta u^2\approx0.0043\Delta u$。由此可知，单脉冲雷达测角精度比最大信号测角法高出近两个量级。

2. 单脉冲雷达系统各部件功能实现

依据上述比幅式单脉冲雷达测角的技术方案，可以设计出如图 4.24 所示的单脉冲雷达实现系统。由图可见，单脉冲雷达系统主要由天线、混合器、接收机、处理器等器件构成。要具体实现此雷达系统，还需给出每个器件的技术方案以及分析模型。此过程与上述从雷达原理到雷达系统技术方案过程相似。实际上，任何一个复杂系统，都是由最基本的原理到整体粗略技术方案，再由整体技术方案各分系统的功能要求到分系统的技术方案，此过程不断由粗向细推进，直至分解到已有现成器件。下面只简略介绍单脉冲雷达系统主要器件的技术方案，更为具体的可参见 *Monopulse Principles and Techniques*(S. M. Sherman 和 D. K. Barton，第 2 版，Artech House，2011 年)，中译本为《单脉冲测向原理与技术》(S. M. Sherman 和 D. K. Barton；周颖、陈远征、赵锋等译，国防工业出版社，2013 年)。

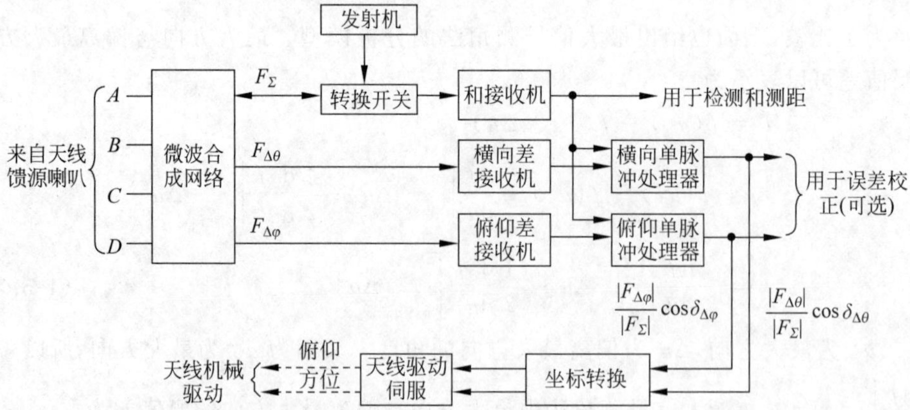

图 4.24 单脉冲系统框图

1) 天线

实现比幅单脉冲雷达中的天线有很多技术方案。这里主要介绍一种四馈源喇叭簇的反射面天线，用于美国 AN/FPS-16 跟踪雷达。天线结构示意图见图 4.25，四馈源图片见图 4.26。馈源是位于焦平面的四个矩形喇叭，对称分布在轴向两侧。这四个馈源生成了 4 个倾斜的子波束。

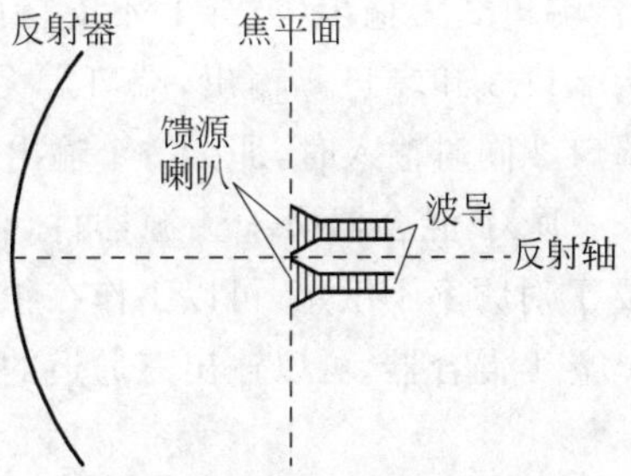

图 4.25　四馈源喇叭簇的反射面天线示意图

为了达到最优的测角精度和灵敏度，天线设计需要重点考虑如下设计要求：和差方向图具有共同的相位中心，否则会引入测角误差；对于和方向图，主射束轴增益最大化，从而具有较好的雷达威力；对于差方向图，主射束轴上的波束斜率最大化，从而具有较高的测角灵敏度。值得注意的是，子波束方向图与单个喇叭（或其他天线形式）独自产生的方向图是不同的，这是由于多个喇叭天线之间存在耦合。

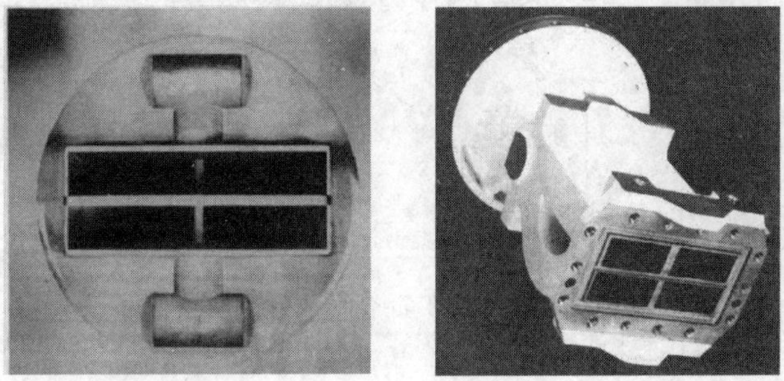

(a)　　(b)

图 4.26　AN/FPS-16 馈源

(a) 前视图；(b) 后视图

2）混合器

理论上讲，4 个子波束馈源的输出连接到 4 个完全一致的接收机，其输出可以直接用于比较，但实际不然，即使这些接收机的幅度和相位已经在初始化时调整好，但使用中却是随时间、信号电平、频率和环境变化的函数，这直接造成电轴的偏移和目标测角误差。因此，目前通常采用混合接头（魔 T）与馈源直接相接，在射频段就输出形成和通道、俯仰差通道、方位差通道信号。魔 T 相对于接收机具有较小漂移，零信号轴更加稳定。

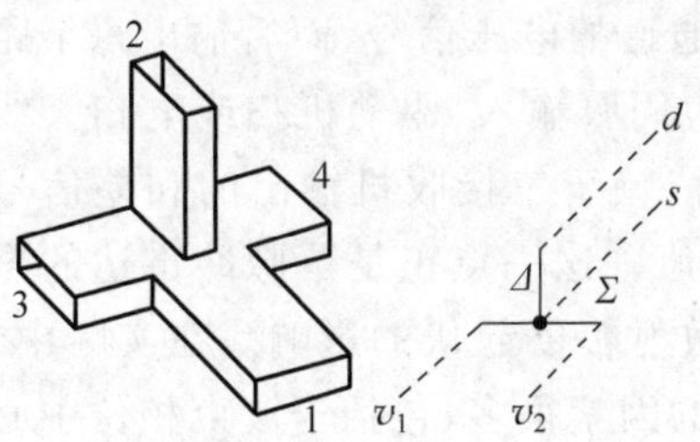

(a)　　(b)

图 4.27　魔 T 混合器(a)及其符号表示(b)

魔 T 接头的结构图和符号图，见图 4.27。在具有完全匹配终端的混合器中，由端口 1 输入的信号被分为两等份，从端口 3 和端口 4 输出,端口 2 无输出(波导 2 不支持此传输模式);由端口 2 输入的信号被分为两等份,从端口 3 和端口 4 输出,端口 1 无输出。当具有适当相对相位的两信号,从端口 1 和端口 2 同时输入时,那么一个输出端口将输出和信号,另一个输出端口将输出差信号。

魔 T 混合器属于无源器件,器件本身所引入的信号漂移小,零信号轴更加稳定。魔 T 对频率不敏感,可以工作在很宽的频带。输出总能量与输入总能量相等。采用两个魔 T 混合器,可以输出三通道的信号:和通道、俯仰差、方位差,符号表示见图 4.28。

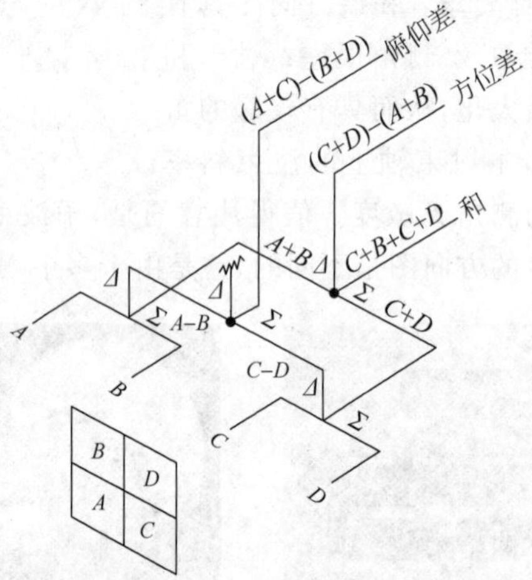

图 4.28 采用魔 T 混合形成的三通道信号

3)接收机

由混合器获得三通道信号后,由接收机实现将射频电压的混频转化为中频,然后在中频进行放大和匹配滤波(脉冲压缩)。为了尽量减小角度测量结果的误差,要求接收机的热噪声尽可能小,三个接收机通道在增益和相位上保持一致性,即在适当的输入电平、器件和环境温度、雷达调谐带宽内,三个通道的增益和相位保持相等。一些单脉冲采用控制脉冲来保持幅度和相位的匹配,控制脉冲从接收机的前端注入。三个接收机间不一致性通过可调节的衰减器和移相器自动检测和校正。

4)单脉冲处理器

单脉冲处理器位于接收机之后,用于处理三通道的电压信号,而后输出每个距离门内的俯仰和方位角度信息。输出角度信息作为伺服输入,驱动机扫或电扫天线指向单脉冲输出减小的方向。处理器的测角输出依赖于三接收机输出的和差信号之比,而不是依赖于各通道信号幅度和相位的绝对值。这一点正是单脉冲雷达的重要性能,测角输出可以不受目标与雷达距离、目标散射幅度起伏的影响。在实际中,和通道和差通道信号通常是不同相的,造成不同相的因素很多,包括子波束相位中心误差、接收机噪声、目标角闪烁误差、多径、杂波等。因此差和之比为复数,称为复比。

为了获得精确的复比,应尽量减少器件实现比值计算所引入的误差。如果采用模拟过程实现,那么精确的除法实现非常困难。如果用数字化实现除法计算,可以获得任意期望的精度,仅取决于字节数。当然,天线误差、接收机的误差都会对除法计算后的结果造成影响,但这不是单脉冲处理器设计所要考虑的内容。单脉冲处理器仅需要在输入信号很大的动态范围内,都可以获得精确的复比结果。

从整个雷达系统的功能和性能而言,单脉冲处理器输出需要满足如下要求:角度坐标的输出应当是角度偏移量的奇函数,即给出目标相对于射束轴左右或上下的偏移量。对于小角度而言,单脉冲处理器输出应近似正比于偏轴角。处理器应当在输入信号较大的动态范围内保持其性能。这一点在实际操作中非常重要,从而可确保在目标散射截面和距离任意变化下,测角输出仍保证一定的精度。每个角坐标的输出应当尽可能地近似独立于其他坐标系的目标角度,减少测角误差的相互影响。

在实际应用中,单脉冲输出一般处理实部而忽略虚部。其原理是目标只对实部有贡献,而噪声、干扰和杂波对实部和虚部贡献相同。因此,只利用实部,在零值附近的角精度在信噪比上可改善约 3 dB。并且,余弦值会在通过射束轴时改变符号,它能够提供与偏轴角大小相当的灵敏度。尽管不常用虚部,但它在某些特定的应用场合下包含了有用的信息,特别是在检测不可分辨目标的存在或多径以及减少测量误差方面。

3. 系统测角误差分析

因为每个器件都存在实现误差,所以要精确控制系统测角误差,就需建立每个器件误差对测角误差影响的分析模型。下面以建立天线误差对测角误差影响分析模型为例,来阐释误差分析模型的建立过程。

由于天线设计误差和耦合效应,可能存在的波束误差有:子波束偏置角误差、子波束增益误差、相位中心误差、方向图误差。设在有误差情况下,各子波束方向图为

$$
\begin{aligned}
F_1(\theta) &= f_1(\theta-\theta_0) \\
F_2(\theta) &= g f_2(\theta+\theta_0+\varepsilon_0)\exp[\mathrm{j}\Phi(\theta)]
\end{aligned}
\tag{4.3.38}
$$

和波束与差波束方向图分别为:$F_\Sigma(\theta)=F_1(\theta)+F_2(\theta)$;$F_\Delta(\theta)=F_1(\theta)-F_2(\theta)$。则和差波束比值(复比的实部)为

$$
\Gamma=\mathrm{Re}\left[\frac{F_\Delta(\theta)}{F_\Sigma(\theta)}\right]=\mathrm{Re}\left\{\frac{f_1(\theta-\theta_0)-g f_2(\theta+\theta_0)\exp[\mathrm{j}\Phi(\theta)]}{f_1(\theta-\theta_0)+g f_2(\theta+\theta_0+\varepsilon_0)\exp[\mathrm{j}\Phi(\theta)]}\right\}
\tag{4.3.39}
$$

理想情况下,$f_1=f_2=f$,$\varepsilon_0=0$,$g=1$,$\exp[\mathrm{j}\Phi(\theta)]=1$ 时,多波束天线一般可满足:差和通道信号比值随目标偏角的变化近似为线性,变化率为 K。当存在上述误差时,差和通道信号比值随目标偏角的变化关系会受到影响。

阅读与思考

4.B 扩展目标角闪烁的计算公式推导

下面将按四个步骤来推导扩展金属目标角闪烁的计算公式。第1步,目标散射场计算表达式的严格展开;第2步,远场条件下散射场的横向和纵向分量表达式;第3步,任意极化状态下散射场的横向和纵向分量表达式;第4步,角闪烁的计算公式。

第1步:目标散射场计算表达式的展开

$$\begin{cases} \boldsymbol{E}=L(\boldsymbol{J})=-\mathrm{j}kZ_0\int_{S'}\left(1+\frac{1}{k^2}\nabla\nabla\cdot\right)(\boldsymbol{J}G)\mathrm{d}s' \\ \boldsymbol{H}=K(\boldsymbol{J})=\int_{S'}\boldsymbol{J}\times\nabla G\mathrm{d}s' \end{cases} \tag{4.B.1}$$

其中,$G(\boldsymbol{r},\boldsymbol{r}')=\mathrm{e}^{-\mathrm{j}k|\boldsymbol{r}-\boldsymbol{r}'|}/|\boldsymbol{r}-\boldsymbol{r}'|$。令 $R=|\boldsymbol{r}-\boldsymbol{r}'|$,首先计算式(4.B.1)中格林函数的梯度:

$$\nabla G=-\frac{(1+\mathrm{j}kR)}{R}G\hat{\boldsymbol{R}} \tag{4.B.2}$$

所以

$$\nabla\cdot(\boldsymbol{J}G)=-\frac{(1+\mathrm{j}kR)}{R}G(\boldsymbol{J}\cdot\hat{\boldsymbol{R}}) \tag{4.B.3}$$

故

$$\nabla[\nabla\cdot(\boldsymbol{J}G)]=-k^2\left[\left(1+\frac{2}{\mathrm{j}kR}-\frac{2}{k^2R^2}\right)G(\boldsymbol{J}\cdot\hat{\boldsymbol{R}})\hat{\boldsymbol{R}}+\frac{\mathrm{j}}{k}\left(\frac{1}{\mathrm{j}kR}+1\right)G\,\nabla(\boldsymbol{J}\cdot\hat{\boldsymbol{R}})\right] \tag{4.B.4}$$

将式(4.B.4)代入电场表达式得

$$\boldsymbol{E}=-\mathrm{j}kZ_0\int_{S'}\left[G\boldsymbol{J}-\left(1+\frac{2}{\mathrm{j}kR}-\frac{2}{k^2R^2}\right)G(\boldsymbol{J}\cdot\hat{\boldsymbol{R}})\hat{\boldsymbol{R}}-\frac{\mathrm{j}}{k}\left(\frac{1}{\mathrm{j}kR}+1\right)G\,\nabla(\boldsymbol{J}\cdot\hat{\boldsymbol{R}})\right]\mathrm{d}S' \tag{4.B.5}$$

令

$$\begin{cases} \mathrm{I}=G\boldsymbol{J} \\ \mathrm{II}=-\left\{1+\frac{2}{\mathrm{j}kR}-\frac{2}{k^2R^2}\right\}G(\boldsymbol{J}\cdot\hat{\boldsymbol{R}})\hat{\boldsymbol{R}} \\ \mathrm{III}=-\frac{\mathrm{j}}{k}\left(\frac{1}{\mathrm{j}kR}+1\right)G\,\nabla(\boldsymbol{J}\cdot\hat{\boldsymbol{R}}) \end{cases} \tag{4.B.6}$$

先计算 Ⅰ+Ⅱ:

$$\mathrm{I}+\mathrm{II}=-(\boldsymbol{J}\times\hat{\boldsymbol{R}})\times\hat{\boldsymbol{R}}G-\left(\frac{2}{\mathrm{j}kR}-\frac{2}{k^2R^2}\right)G(\boldsymbol{J}\cdot\hat{\boldsymbol{R}})\hat{\boldsymbol{R}} \tag{4.B.7}$$

再计算Ⅲ中$\nabla(\boldsymbol{J}\cdot\hat{\boldsymbol{R}})$：

利用第1章思考题1.2的结论，可知

$$\nabla(\boldsymbol{J}\cdot\hat{\boldsymbol{R}})=-\frac{1}{R}[(\boldsymbol{J}\times\hat{\boldsymbol{R}})\times\hat{\boldsymbol{R}}] \tag{4.B.8}$$

将式(4.B.8)代入Ⅲ计算得

$$\text{Ⅲ}=\frac{\mathrm{j}}{k}\frac{1}{R}\left(\frac{1}{\mathrm{j}kR}+1\right)G[(\boldsymbol{J}\times\hat{\boldsymbol{R}})\times\hat{\boldsymbol{R}}] \tag{4.B.9}$$

所以

$$\text{Ⅰ}+\text{Ⅱ}+\text{Ⅲ}=\left(-1-\frac{1}{\mathrm{j}kR}+\frac{1}{k^2R^2}\right)G(\boldsymbol{J}\times\hat{\boldsymbol{R}})\times\hat{\boldsymbol{R}}-\frac{2}{\mathrm{j}kR}\left(1+\frac{1}{\mathrm{j}kR}\right)G(\boldsymbol{J}\cdot\hat{\boldsymbol{R}})\hat{\boldsymbol{R}} \tag{4.B.10}$$

将式(4.B.10)代入式(4.B.5)可得电场计算表达式的展开式：

$$\boldsymbol{E}=\frac{\mathrm{j}kZ_0}{4\pi}\int_{S'}\left(1+\frac{1}{\mathrm{j}kR}-\frac{1}{k^2R^2}\right)\frac{\mathrm{e}^{-\mathrm{j}kR}}{R}(\boldsymbol{J}\times\hat{\boldsymbol{R}})\times\hat{\boldsymbol{R}}\mathrm{d}S'+\frac{Z_0}{2\pi}\int_{S'}\left(1+\frac{1}{\mathrm{j}kR}\right)\frac{\mathrm{e}^{-\mathrm{j}kR}}{R}\frac{(\boldsymbol{J}\cdot\hat{\boldsymbol{R}})\hat{\boldsymbol{R}}}{R}\mathrm{d}S' \tag{4.B.11}$$

磁场计算表达式的展开式：

$$\boldsymbol{H}=\frac{\mathrm{j}k}{4\pi}\int_{S'}\left(1+\frac{1}{\mathrm{j}kR}\right)\frac{\mathrm{e}^{-\mathrm{j}kR}}{R}\boldsymbol{J}\times\hat{\boldsymbol{R}}\mathrm{d}S' \tag{4.B.12}$$

第2步：在远场条件下散射场的横向和纵向分量表达式

在$r\gg r'$条件下，忽略$O\left(\frac{1}{R^n}\right)$，$n\geqslant 2$，则电场和磁场的表达式可近似为

$$\boldsymbol{E}\approx\frac{\mathrm{j}kZ_0}{4\pi}\int_{S'}\frac{\mathrm{e}^{-\mathrm{j}kR}}{R}(\boldsymbol{J}\times\hat{\boldsymbol{R}})\times\hat{\boldsymbol{R}}\mathrm{d}S' \tag{4.B.13}$$

$$\boldsymbol{H}\approx\frac{\mathrm{j}k}{4\pi}\int_{S'}\frac{\mathrm{e}^{-\mathrm{j}kR}}{R}\boldsymbol{J}\times\hat{\boldsymbol{R}}\mathrm{d}S' \tag{4.B.14}$$

将$\boldsymbol{R}=\boldsymbol{r}-\boldsymbol{r}'$代入式(4.B.13)，且分母项作近似处理$R\approx r$，则电场表达式变为

$$\boldsymbol{E}\approx\frac{\mathrm{j}kZ_0}{4\pi}\int_{S'}\frac{[\boldsymbol{J}(\boldsymbol{r}')\times(\boldsymbol{r}-\boldsymbol{r}')]\times(\boldsymbol{r}-\boldsymbol{r}')}{r^3}\mathrm{e}^{-\mathrm{j}kR}\mathrm{d}S' \tag{4.B.15}$$

上式中矢量项可近似为

$$\begin{aligned}&\frac{[\boldsymbol{J}\times(\boldsymbol{r}-\boldsymbol{r}')]\times(\boldsymbol{r}-\boldsymbol{r}')}{r^3}\\&=\frac{(\boldsymbol{J}\times\boldsymbol{r})\times\boldsymbol{r}}{r^3}-\frac{(\boldsymbol{J}\times\boldsymbol{r}')\times\boldsymbol{r}}{r^3}-\frac{(\boldsymbol{J}\times\boldsymbol{r})\times\boldsymbol{r}'}{r^3}+\frac{(\boldsymbol{J}\times\boldsymbol{r}')\times\boldsymbol{r}'}{r^3}\\&\approx\frac{(\boldsymbol{J}\times\hat{\boldsymbol{r}})\times\hat{\boldsymbol{r}}}{r}-\frac{(\boldsymbol{J}\times\boldsymbol{r}')\times\hat{\boldsymbol{r}}}{r^2}-\frac{(\boldsymbol{J}\times\hat{\boldsymbol{r}})\times\boldsymbol{r}'}{r^2}\end{aligned} \tag{4.B.16}$$

将式(4. B. 16)代入式(4. B. 15)得

$$\boldsymbol{E} \approx \frac{\mathrm{j}kZ_0}{4\pi}\int_{S'}\left[\frac{(\boldsymbol{J}\times\hat{\boldsymbol{r}})\times\hat{\boldsymbol{r}}}{r}-\frac{(\boldsymbol{J}\times\boldsymbol{r}')\times\hat{\boldsymbol{r}}}{r^2}-\frac{(\boldsymbol{J}\times\boldsymbol{r})\times\boldsymbol{r}'}{r^2}\right]\mathrm{e}^{-\mathrm{j}kR}\,\mathrm{d}S' \tag{4. B. 17}$$

其横向分量为

$$\boldsymbol{E}_t \approx \frac{\mathrm{j}kZ_0}{4\pi r}\int_{S'}[(\boldsymbol{J}\times\hat{\boldsymbol{r}})\times\hat{\boldsymbol{r}}]\mathrm{e}^{-\mathrm{j}kR}\,\mathrm{d}S' \tag{4. B. 18}$$

纵向分量为

$$E_r \approx \frac{\mathrm{j}kZ_0}{4\pi r^2}\int_{S'}\{-[(\boldsymbol{J}\times\hat{\boldsymbol{r}})\times\boldsymbol{r}']\cdot\hat{\boldsymbol{r}}\}\mathrm{e}^{-\mathrm{j}kR}\,\mathrm{d}S' \tag{4. B. 19}$$

同理,磁场表达式(4. B. 14)可变为

$$\boldsymbol{H} \approx \frac{\mathrm{j}k}{4\pi}\int_{S'}\left(\frac{\boldsymbol{J}\times\hat{\boldsymbol{r}}}{r}-\frac{\boldsymbol{J}\times\boldsymbol{r}'}{r^2}\right)\mathrm{e}^{-\mathrm{j}kR}\,\mathrm{d}S' \tag{4. B. 20}$$

其横向和径向分量分别为

$$\boldsymbol{H}_t \approx \frac{\mathrm{j}k}{4\pi r}\int_{S'}(\boldsymbol{J}\times\hat{\boldsymbol{r}})\mathrm{e}^{-\mathrm{j}kR}\,\mathrm{d}S' \tag{4. B. 21}$$

$$H_r \approx \frac{\mathrm{j}k}{4\pi r^2}\int_{S'}[-(\boldsymbol{J}\times\boldsymbol{r}')\cdot\hat{\boldsymbol{r}}]\mathrm{e}^{-\mathrm{j}kR}\,\mathrm{d}S' \tag{4. B. 22}$$

第3步:确定极化下散射场的横向和纵向分量表达式

若雷达接收的电场极化为 $\hat{\boldsymbol{p}}$,相应的磁场极化为 $\hat{\boldsymbol{q}}$,且有 $\hat{\boldsymbol{p}}\times\hat{\boldsymbol{q}}=\hat{\boldsymbol{r}}$。因为

$$(\boldsymbol{J}\times\hat{\boldsymbol{r}})\times\hat{\boldsymbol{r}}=-(\boldsymbol{J}\cdot\hat{\boldsymbol{p}})\hat{\boldsymbol{p}}-(\boldsymbol{J}\cdot\hat{\boldsymbol{q}})\hat{\boldsymbol{q}} \tag{4. B. 23}$$

所以式(4. B. 18)所示的横向电场可分解成 $\hat{\boldsymbol{p}}$ 和 $\hat{\boldsymbol{q}}$ 两个方向电流共同贡献的。因此,极化 $\hat{\boldsymbol{p}}$ 下辐射场的远场横向分量为

$$\boldsymbol{E}_t = -\hat{\boldsymbol{p}}\frac{\mathrm{j}kZ_0}{4\pi r}\int_{V'}(\boldsymbol{J}\cdot\hat{\boldsymbol{p}})\mathrm{e}^{-\mathrm{j}kR}\,\mathrm{d}S' \tag{4. B. 24}$$

又因为径向电场(4. B. 19)中被积函数分子可分解成

$$[(\boldsymbol{J}\times\hat{\boldsymbol{r}})\times\boldsymbol{r}']\cdot\hat{\boldsymbol{r}}=\boldsymbol{r}'\cdot[\hat{\boldsymbol{r}}\times(\boldsymbol{J}\times\hat{\boldsymbol{r}})]=\boldsymbol{r}'\cdot[(\boldsymbol{J}\cdot\hat{\boldsymbol{p}})\hat{\boldsymbol{p}}+(\boldsymbol{J}\cdot\hat{\boldsymbol{q}})\hat{\boldsymbol{q}}] \tag{4. B. 25}$$

因此,极化 $\hat{\boldsymbol{p}}$ 下辐射场远场的纵向分量为

$$E_r = -\frac{\mathrm{j}kZ_0}{4\pi r^2}\int_{S'}[(\boldsymbol{r}'\cdot\hat{\boldsymbol{p}})(\boldsymbol{J}\cdot\hat{\boldsymbol{p}})]\mathrm{e}^{-\mathrm{j}kR}\,\mathrm{d}S' \tag{4. B. 26}$$

同样可得,在极化 $\hat{\boldsymbol{p}}$ 下散射磁场远场的横向分量为

$$\boldsymbol{H}_t = -\frac{\mathrm{j}k}{4\pi r}\hat{\boldsymbol{q}}\int_{S'}(\boldsymbol{J}\cdot\hat{\boldsymbol{p}})\mathrm{e}^{-\mathrm{j}kR}\,\mathrm{d}S' \tag{4. B. 27}$$

纵向分量为

$$H_r \approx -\frac{\mathrm{j}k}{4\pi r^2}\int_{S'}\{[(\boldsymbol{r}'\cdot\hat{\boldsymbol{q}})(\boldsymbol{J}\cdot\hat{\boldsymbol{p}})]\}\mathrm{e}^{-\mathrm{j}kR}\,\mathrm{d}S' \tag{4. B. 28}$$

第 4 步：角闪烁线偏差计算

由上可知，在电场极化 $\hat{\boldsymbol{p}}$ 下，散射场远场的各分量表达式分别为

$$\begin{cases} \boldsymbol{E}_t = CW\hat{\boldsymbol{p}} \\ E_r = \dfrac{C}{r}W_p \\ \boldsymbol{H}_t = \dfrac{C}{Z}W\hat{\boldsymbol{q}} \\ H_r = \dfrac{C}{Zr}W_q \end{cases} \tag{4.B.29}$$

其中，

$$\begin{cases} C = -\mathrm{j}kZ\,\dfrac{\mathrm{e}^{-\mathrm{j}kr}}{4\pi r} \\ W = \displaystyle\int_{S'} (\hat{\boldsymbol{p}}\cdot\boldsymbol{J})\mathrm{e}^{\mathrm{j}\boldsymbol{k}\cdot\boldsymbol{r}'}\mathrm{d}S' \\ W_p = \displaystyle\int_{S'} (\boldsymbol{r}'\cdot\hat{\boldsymbol{p}})(\hat{\boldsymbol{p}}\cdot\boldsymbol{J})\mathrm{e}^{\mathrm{j}\boldsymbol{k}\cdot\boldsymbol{r}'}\mathrm{d}S' \\ W_q = \displaystyle\int_{S'} (\boldsymbol{r}'\cdot\hat{\boldsymbol{q}})(\hat{\boldsymbol{p}}\cdot\boldsymbol{J})\mathrm{e}^{\mathrm{j}\boldsymbol{k}\cdot\boldsymbol{r}'}\mathrm{d}S' \end{cases} \tag{4.B.30}$$

为通用起见，我们将极化方向矢量定义为

$$\begin{cases} \hat{\boldsymbol{p}} = \hat{\boldsymbol{\theta}}\cos\theta + \hat{\boldsymbol{\phi}}\sin\theta\mathrm{e}^{\mathrm{j}\delta} \\ \hat{\boldsymbol{q}} = \hat{\boldsymbol{r}}\times\hat{\boldsymbol{p}} = \hat{\boldsymbol{\phi}}\cos\theta - \hat{\boldsymbol{\theta}}\sin\theta\mathrm{e}^{\mathrm{j}\delta} \\ \hat{\boldsymbol{p}}\times\hat{\boldsymbol{q}}^* = [\hat{\boldsymbol{\theta}}\cos\theta + \hat{\boldsymbol{\phi}}\sin\theta\mathrm{e}^{\mathrm{j}\delta}]\times[\hat{\boldsymbol{\phi}}\cos\theta - \hat{\boldsymbol{\theta}}\sin\theta\mathrm{e}^{-\mathrm{j}\delta}] = \hat{\boldsymbol{r}} \\ \hat{\boldsymbol{r}}\times\hat{\boldsymbol{q}}^* = \hat{\boldsymbol{r}}\times(\hat{\boldsymbol{\phi}}\cos\theta - \hat{\boldsymbol{\theta}}\sin\theta\mathrm{e}^{\mathrm{j}\delta})^* = (-\hat{\boldsymbol{\theta}}\cos\theta - \hat{\boldsymbol{\phi}}\sin\theta\mathrm{e}^{-\mathrm{j}\delta}) = -\hat{\boldsymbol{p}}^* \end{cases} \tag{4.B.31}$$

将式(4.B.31)代入式(4.B.30)可得

$$\begin{cases} W_p = U\cos\theta + V\sin\theta\mathrm{e}^{\mathrm{j}\delta} \\ W_q = V\cos\theta - U\sin\theta\mathrm{e}^{\mathrm{j}\delta} \end{cases} \tag{4.B.32}$$

其中，

$$\begin{cases} U = \displaystyle\int_{S'} (\boldsymbol{r}'\cdot\hat{\boldsymbol{\theta}})(\hat{\boldsymbol{p}}\cdot\boldsymbol{J})\mathrm{e}^{\mathrm{j}\boldsymbol{k}\cdot\boldsymbol{r}'}\mathrm{d}S' \\ V = \displaystyle\int_{S'} (\boldsymbol{r}'\cdot\hat{\boldsymbol{\phi}})(\hat{\boldsymbol{p}}\cdot\boldsymbol{J})\mathrm{e}^{\mathrm{j}\boldsymbol{k}\cdot\boldsymbol{r}'}\mathrm{d}S' \end{cases} \tag{4.B.33}$$

下面利用坡印亭矢量计算角闪烁线偏差。首先计算平均坡印亭矢量：

$$\begin{aligned} \boldsymbol{P} &= \frac{1}{2}\mathrm{Re}[(\boldsymbol{E}_t + \boldsymbol{E}_r)\times(\boldsymbol{H}_t^* + \boldsymbol{H}_r^*)] \\ &= \frac{1}{2}\mathrm{Re}[\boldsymbol{E}_t\times\boldsymbol{H}_t^* + \boldsymbol{E}_r\times\boldsymbol{H}_t^* + \boldsymbol{E}_t\times\boldsymbol{H}_r^*] \end{aligned} \tag{4.B.34}$$

复平均坡印亭各分量的计算：

$$P_r = \frac{1}{2}\mathrm{Re}(\boldsymbol{E}_t \times \boldsymbol{H}_t^* \cdot \hat{r}) = \frac{1}{2}\mathrm{Re}\left(\frac{C^2}{Z} \mid W \mid^2\right) = \frac{1}{2}\frac{C^2}{Z} \mid W \mid^2 \quad (4.\mathrm{B}.35)$$

$$\begin{aligned} P_\theta &= \frac{1}{2}\mathrm{Re}[(\boldsymbol{E}_r \times \boldsymbol{H}_t^* + \boldsymbol{E}_t \times \boldsymbol{H}_r^*)] \\ &= \frac{1}{2}\mathrm{Re}\left[\frac{C^2}{rZ}(-\cos\theta W_p W^* + \sin\theta \mathrm{e}^{\mathrm{j}\delta} W W_q^*)\right] \\ &= \frac{1}{2}\frac{C^2}{rZ}[\mathrm{Re}(UW^*) - \sin 2\theta \sin\delta \mathrm{Im}(VW^*)] \end{aligned} \quad (4.\mathrm{B}.36)$$

所以角闪烁线偏差计算：

$$e_\theta = r\frac{\mathrm{Re}[P_\theta]}{\mathrm{Re}[P_r]} = -\mathrm{Re}\left[\frac{U}{W}\right] + \sin 2\theta \sin\delta \mathrm{Im}\left[\frac{V}{W}\right] \quad (4.\mathrm{B}.37)$$

同理可以得到

$$e_\phi = r\frac{\mathrm{Re}[P_\phi]}{\mathrm{Re}[P_r]} = -\mathrm{Re}\left[\frac{V}{W}\right] - \sin 2\theta \sin\delta \mathrm{Im}\left[\frac{U}{W}\right] \quad (4.\mathrm{B}.38)$$

4.C 目标散射中心参数的估计方法

散射中心参数是指目标散射中心的位置、类型、幅度等信息。散射中心参数提取方法分为两大类：非参量方法和参量方法。非参量方法是指不通过建立散射中心模型，直接采用算法从雷达图像中估计散射中心参数。非参量方法虽然计算时间少，但其参数分辨率受限于雷达发射带宽，所以一般分辨率不高，且估计精度较低。复杂目标散射中心数目较多，各散射中心可能相互交叠，也不利于直接提取参量。参量方法是指通过建立散射中心相关模型，采用谱估计或多维参数估计方法提取散射中心参数的方法。目前采用的参量估计方法有谱估计方法和优化方法。

采用谱估计方法提取散射中心，其限制在于散射中心的幅度和相位随频率和雷达观测方位线的变化须为线性，若不满足线性关系则谱估计方法不再适用，比如，对于局部型、分布型、滑动型散射中心，散射中心的幅度和相位随频率和雷达观测方位变化复杂，不适于采用谱估计方法。

优化方法估计散射中心各项参数，其原理是建立散射模型的目标函数，对目标函数进行优化，按照位置、类型、散射幅度的顺序对各参数解耦合。为了得到精度较高的估计值，此类算法需要通过循环迭代的方式来优化，计算复杂度高。优化方法有：最大熵法(MPM)，最大似然估计，遗传算法，粒子群算法等。此类方法要求设定模型必须能正确地表述实际问题，目标函数必须保证可搜索得到最优解。该方法的不足在于必须已知正确的数学模型、恰当地选取目标函数、待定参数数目较少，否则可能只能得到局部最优解。

下面介绍采取 MATLAB 的遗传算法工具箱估计散射中心模型参数。该工具箱为遗传算法与直接搜索工具箱(genetic algorithm and direct search toolbox,GADS 工具箱),不仅可以处理传统优化技术难题,还可以解决目标函数较复杂的问题。GADS 工具箱有一个图形用户界面 GUI,打开方式为在命令窗口键入以下命令: gatool。

遗传算法应用的关键在于适应度函数即目标函数的构造。首先,需要明确散射中心参数最优的含义,即最优参数下散射中心模型所描述的回波与目标的真实回波达到最佳逼近。依据不同的应用需求,该最优条件又可描述为:散射中心模型所描述的回波与真实回波的雷达信号后处理结果(如一维数据(距离像、测角输出)、二维图像(二维雷达图像、时频像、一维距离像历程图))达到最佳逼近。值得一提的是,测角输出对散射中心参数的敏感度最高,因此基于测角输出的最优条件下的散射中心参数估计,精度要求最为严苛。二维图像可以直观地反映出散射中心的位置、幅度、类型等信息,因此目前常用于构造目标函数,这样散射中心参数估计的最优问题就转换为图像最优匹配问题。

两幅图像的匹配算法主要分为两大类,分别为基于灰度相关的匹配和基于特征的匹配。基于特征的匹配通过在原始图像中提取点、线、区域等显著特征,然后对所提取到的特征进行参数描述作为匹配基元,最后以此为依据进行特征匹配,此方法一般匹配速度较快,但匹配精度不高。基于灰度相关的匹配方法是将两幅图像的灰度矩阵按照某种或几种相似性度量方法进行相似性匹配,一般匹配率高,但计算量大,速度较慢。

基于灰度相关的匹配方法有最小误差法和相关系数法,前者强调两幅图像之间的差别程度,后者强调两幅图像之间的相似程度。最小误差法的思想是计算两幅图像的绝对差最小:

$$P(\vartheta)=\sum_{m=1}^{M}\sum_{n=1}^{N}\sqrt{S^{\vartheta 2}(m,n)-S^{c2}(m,n)} \tag{4.C.1}$$

其中,$M\times N$ 为图像大小; ϑ 为散射中心参数集; S^{ϑ} 为散射中心模型模拟回波的成像结果; S^{c} 为目标真实回波的成像结果。当 $P(\vartheta)$为最小值时,即得 ϑ 估计结果。该算法原理简单,计算速度快,但该算法中图像的每一点对匹配结果作出的贡献相同,易受个别点噪声等因素的影响,可靠性低。

相关系数法的思想是计算两幅图像的相关系数:

$$R(\vartheta)=\frac{\sum_{m=1}^{M}\sum_{n=1}^{N}[S^{\vartheta}(m,n)-\bar{S}^{\vartheta}][S^{c}(m,n)-\bar{S}^{c}]}{\sqrt{\sum_{m=1}^{M}\sum_{n=1}^{N}[S^{\vartheta}(m,n)-\bar{S}^{\vartheta}]^{2}\cdot\sum_{m=1}^{M}\sum_{n=1}^{N}[S^{c}(m,n)-\bar{S}^{c}]^{2}}} \tag{4.C.2}$$

其中,

$$\bar{S}^{\vartheta}=\frac{1}{MN}\sum_{m=1}^{M}\sum_{n=1}^{N}S^{\vartheta}(m,n) \tag{4.C.3}$$

$$\bar{S}^{c}=\frac{1}{MN}\sum_{m=1}^{M}\sum_{n=1}^{N}S^{c}(m,n) \tag{4.C.4}$$

相关系数 R 在[-1,1]范围,衡量二幅图像的相似性。当相关系数取得最大值时,即得 ϑ 估计结果。该方法精确度高,具有较强的局部抗干扰能力,但计算量很大,匹配速度慢。

GADS 工具箱的目标函数(objectives function),即适应度函数,约定为 0 最优。因此对式(4.C.2)简单变换,可以得到目标函数:

$$\text{fitness} = -R(\vartheta) + 1 \tag{4.C.5}$$

则此时的目标函数值越接近 0,代表相关系数越接近 1,两幅图的相似程度越高。经多次仿真实验发现,对图形进行匹配优化要处理大量的信息,速度较慢,影响参数估计进展。而在一幅时频图中,我们关注的是多普勒曲线上的散射中心情况,因此在匹配初期,我们可以提取时频图中多普勒曲线上的信息,只对其进行匹配,这样可以大大加快匹配速度。但毕竟多普勒曲线上的信息量有限,匹配后期还是要将目标函数变成全图的匹配优化才能得到理想的结果。

本章小结

核心问题

- 电磁波遇到目标如何散射?
- 如何利用目标散射探测目标?

核心概念

雷达散射截面、散射系数、吸收系数、辐射系数、角闪烁、散射中心

核心内容

- 平面波入射下无限长金属圆柱的散射分析方法及其特征
- 平面波入射下金属球的散射分析方法及其特征
- 一般目标与随机面的散射机理与特征
- 复杂目标角闪烁计算方法
- 典型目标散射中心模型
- 单脉冲雷达技术及其分析

练习题

4.1 编写无限长金属圆柱体散射场的解析解计算程序,计算并分析后向散射场随频率变化规律。

4.2 依据无限长金属圆柱体的散射场解析解,推导其等效散射中心数学模型。

4.3 编写金属球散射场的解析解计算程序,计算并分析后向散射场随频率的变化规律。

4.4 依据雷达方程计算：当目标散射截面从 1 m^2 下降到 0.1 m^2 时，雷达威力下降为原来的多少倍？

4.5 推导宽带、角度扫描雷达的距离分辨率、方位分辨率的计算公式。

4.6 分析：频率特性对于窄带雷达回波的一维距离像分辨率是否存在显著影响？

4.7 推导散射数据库的最小频率采样间隔、方位角度采样间隔的计算公式。

4.8 已知扩展目标存在两个散射中心，散射幅度分别为 0.5π(V/m)和 1π(V/m)，在目标坐标下其位置分别为(0,0,5)和(5,0,0)。设雷达发射窄脉冲信号，中心频率为 1 GHz、带宽为 0.5 GHz，使用 MATLAB 编写程序计算并画出雷达观测俯仰角 −180°～180°(间隔 1°)时的一维距离像历程图。(一维距离像历程图：将一维距离像按照时间先后顺序组成的二维图像，其横坐标为时间维，纵坐标为距离像维)

4.9 扩展目标与题 4.8 相同，设雷达发射连续波信号，频率为 1 GHz，使用 MATLAB 编写程序计算并画出雷达观测俯仰角 −180°～180°(间隔 1°)时的时频像。

4.10 扩展目标与题 4.8 相同，使用相位梯度法计算角闪烁线偏差结果。

4.11 两金属球(半径分别为 0.25 m 和 1 m)，分别位于(0,0,5)和(5,0,0)，试利用解析解计算中心频率为 1 GHz、带宽为 0.5 GHz 的宽带散射数据(两小球的耦合散射可以不考虑)，并画出当雷达观测俯仰角 −180°～180°(间隔 1°)时的一维距离像历程图，以及频率为 1 GHz、雷达观测俯仰角 −180°～180°时的时频像，并与练习题 4.9 和练习题 4.10 结果进行对比分析。

4.12 扩展目标与练习题 4.11 相同，使用相位梯度法计算角闪烁线偏差结果，并与练习题 4.11 结果进行对比分析。

思考题

4.1 平面电磁波 $E_z = E_0 e^{-jkx}$ 沿 x 方向入射至半径为 a 的介质圆柱体，介电常数为 ξ_d(图 4.29)，试求圆柱体外的散射场，并求 $ka \to 0$ 时散射场的表示式。

4.2 极化为 x 方向的平面电磁波 $E_x = E_0 e^{-jkz}$ 沿 z 方向入射至同心介质涂层球(图 4.30)，介质层的外径为 b，导体球的半径为 a，试求涂层球外的散射场。

4.3 在半径为 a 的导电圆柱体附近有一与其轴平行的无限长电流丝(图 4.31)，电流丝上的电流为 I，试求其产生的电磁场。

4.4 对于窄带雷达，试讨论：

(1) 单个散射中心幅度的频率依赖特性对其一维距离像的“像”影响有哪些？

提示：从分辨率、位置精度、幅度变化几个角度讨论。

(2) 多个具有不同频率依赖型的散射中心，考虑或不考虑其频率依赖型差异的影响，此时对一维距离像特征有无差别？若存在差别，那么差别是什么？

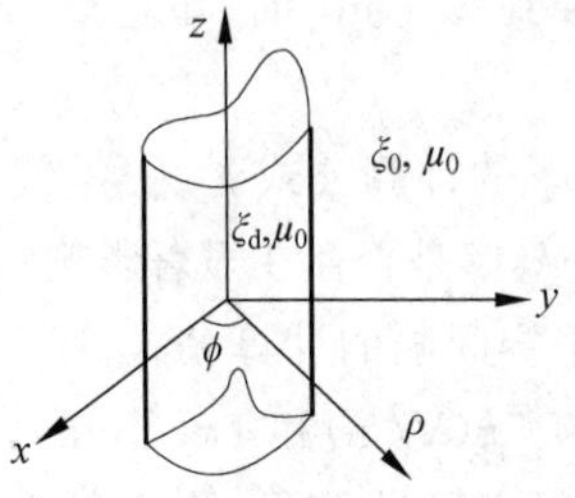

图 4.29　思考题 4.1 图

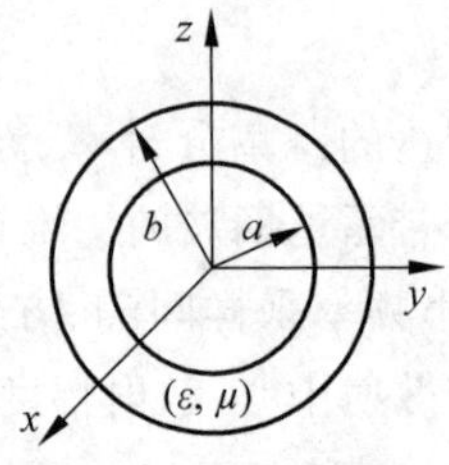

图 4.30　思考题 4.2 图

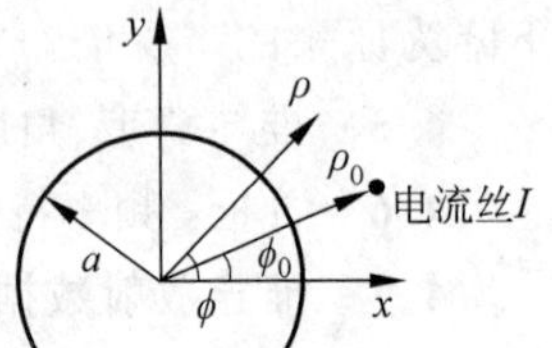

图 4.31　思考题 4.3 图

课程设计(四)

1. 已知电磁波频率 $f=0.1\sim1.1\ \mathrm{GHz}$,雷达视线方向 $\hat{\boldsymbol{r}}_{\mathrm{LOS}}(\theta,\phi)$:$\phi=90°$,$\theta=0°\sim180°$,直角坐标系下三个电流源,其复矢量标示为:$\boldsymbol{J}_1=\hat{\boldsymbol{y}}$,位于(0,0,6);$\boldsymbol{J}_2=-\hat{\boldsymbol{x}}$,位于(0,1,0);$\boldsymbol{J}_3=2\hat{\boldsymbol{z}}$,位于(0,−1,0)。求解:

(1) 散射场方向图(VV,HH 极化下);

(2) 散射回波的一维距离像历程图;

(3) 散射回波的时频像。

2. 单脉冲雷达的中心频率为 10 GHz,带宽为 200 MHz,俯仰向两个波束的等信号轴为 $-\hat{\boldsymbol{R}}$ 轴,各子波束方向图为:$F_1(\theta)=\mathrm{sinc}(\theta-\alpha_0)$;$F_2(\theta)=\mathrm{sinc}(\theta+\alpha_0)$,$\alpha_0=10°$。雷达与(目标本地坐标系)原点的斜距保持不变为:$R=100$;俯仰角由 $\theta=0\sim\pi$ 变化,如图 4.32 所示。目标由三个散射中心(SC1,SC2,SC3)组成,分别位于 $(0,y_1,z_1)$,(0,0,0),$(0,y_3,z_3)$。三个散射中心幅度分别为 A_1,A_2,A_3,不随频率和俯仰角变化。试分析:雷达测角结果随散射中心位置和幅度的变化;角闪烁线偏差随散射中心位置和幅度的变化;两个结果是否一致,什么情况下结果一致?要求:论证、数学推导、MATLAB 仿真。

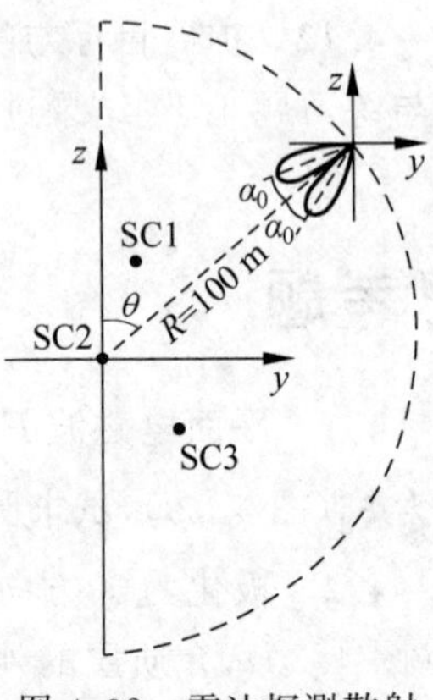

图 4.32　雷达探测散射中心模型

3. 研究无限薄圆柱腔体(半径为 0.5 m,深度为 2 m)的散射中心形成机理,分析散射中心的位置和幅度属性特点,建立散射中心模型。通过电磁计算建立该目标的散射数据库,由散射数据验证散射中心模型的合理性。

附录A 不同坐标系之间的变换

1. 直角坐标和柱坐标之间的变换

$$x=\rho\cos\phi,\quad \rho=\sqrt{x^2+y^2}$$

$$y=\rho\sin\phi,\quad \phi=\arctan\frac{y}{x}$$

$$z=z,\quad z=z$$

	$\hat{\boldsymbol{x}}$	$\hat{\boldsymbol{y}}$	$\hat{\boldsymbol{z}}$
$\hat{\boldsymbol{\rho}}$	$\cos\phi$	$\sin\phi$	0
$\hat{\boldsymbol{\phi}}$	$-\sin\phi$	$\cos\phi$	0
$\hat{\boldsymbol{z}}$	0	0	1

2. 直角坐标和球坐标之间的变换

$$x=r\sin\theta\cos\phi,\quad r=\sqrt{x^2+y^2+z^2}$$

$$y=r\sin\theta\sin\phi,\quad \theta=\arctan\frac{\sqrt{x^2+y^2}}{z}$$

$$z=r\cos\theta,\quad \phi=\arctan\frac{y}{x}$$

	$\hat{\boldsymbol{x}}$	$\hat{\boldsymbol{y}}$	$\hat{\boldsymbol{z}}$
$\hat{\boldsymbol{r}}$	$\sin\theta\cos\phi$	$\sin\theta\sin\phi$	$\cos\theta$
$\hat{\boldsymbol{\theta}}$	$\cos\theta\cos\phi$	$\cos\theta\sin\phi$	$-\sin\theta$
$\hat{\boldsymbol{\phi}}$	$-\sin\phi$	$\cos\phi$	0

3. 柱坐标和球坐标之间的变换

$$\rho = r\sin\theta, \quad r = \sqrt{\rho^2 + z^2}$$

$$\phi = \phi, \quad \theta = \arctan\frac{\rho}{z}$$

$$z = r\cos\theta, \quad \phi = \phi$$

	$\hat{\boldsymbol{\rho}}$	$\hat{\boldsymbol{\phi}}$	$\hat{\boldsymbol{z}}$
$\hat{\boldsymbol{r}}$	$\sin\theta$	0	$\cos\theta$
$\hat{\boldsymbol{\theta}}$	$\cos\theta$	0	$-\sin\theta$
$\hat{\boldsymbol{\phi}}$	0	1	0

附录B 矢量恒等式

$\boldsymbol{a}\cdot(\boldsymbol{b}\times\boldsymbol{c})=\boldsymbol{b}\cdot(\boldsymbol{c}\times\boldsymbol{a})=\boldsymbol{c}\cdot(\boldsymbol{a}\times\boldsymbol{b})$

$\boldsymbol{a}\times(\boldsymbol{b}\times\boldsymbol{c})=(\boldsymbol{a}\cdot\boldsymbol{c})\boldsymbol{b}-(\boldsymbol{a}\cdot\boldsymbol{b})\boldsymbol{c}$

$\nabla\cdot(\nabla a)=\nabla^2 a$

$\nabla^2\boldsymbol{a}=\nabla(\nabla\cdot\boldsymbol{a})-\nabla\times(\nabla\times\boldsymbol{a})$

$\nabla\times(\nabla a)=\boldsymbol{0}$

$\nabla\cdot(\nabla\times\boldsymbol{a})=0$

$\nabla(ab)=a\nabla b+b\nabla a$

$\nabla\cdot(a\boldsymbol{b})=\boldsymbol{b}\cdot\nabla a+a\nabla\cdot\boldsymbol{b}$

$\nabla\times(a\boldsymbol{b})=a\nabla\times\boldsymbol{b}-\boldsymbol{b}\times\nabla a$

$\nabla\cdot(\boldsymbol{a}\times\boldsymbol{b})=\boldsymbol{b}\cdot\nabla\times\boldsymbol{a}-\boldsymbol{a}\cdot\nabla\times\boldsymbol{b}$

$\nabla(\boldsymbol{a}\cdot\boldsymbol{b})=\boldsymbol{a}\times\nabla\times\boldsymbol{b}+\boldsymbol{b}\times\nabla\times\boldsymbol{a}+(\boldsymbol{a}\cdot\nabla)\boldsymbol{b}+(\boldsymbol{b}\cdot\nabla)\boldsymbol{a}$

$\nabla\times(\boldsymbol{a}\times\boldsymbol{b})=\boldsymbol{a}\nabla\cdot\boldsymbol{b}-\boldsymbol{b}\nabla\cdot\boldsymbol{a}-(\boldsymbol{a}\cdot\nabla)\boldsymbol{b}+(\boldsymbol{b}\cdot\nabla)\boldsymbol{a}$

附录C ▷▷ 积分定理

在这个附录里，我们分别用$\hat{\boldsymbol{l}}$ 和$\hat{\boldsymbol{m}}$ 表示曲面的切向，如果曲面不闭合，$\hat{\boldsymbol{l}}$ 表示和边缘相切的方向，$\hat{\boldsymbol{m}}$ 表示和边缘垂直的方向，但仍保持和曲面相切；$\hat{\boldsymbol{n}}$ 表示和曲面垂直的方向。

1. 高斯或体散度定理

$$\iiint \nabla \cdot \boldsymbol{F} \mathrm{d}V = \oiint \hat{\boldsymbol{n}} \cdot \boldsymbol{F} \mathrm{d}S$$

2. 体旋度定理

$$\iiint \nabla \times \boldsymbol{F} \mathrm{d}V = \oiint \hat{\boldsymbol{n}} \times \boldsymbol{F} \mathrm{d}S$$

3. 体梯度定理

$$\iiint \nabla f \mathrm{d}V = \oiint \hat{\boldsymbol{n}} f \mathrm{d}S$$

4. 面散度定理

$$\iint \nabla \cdot \boldsymbol{F} \mathrm{d}S = \oint \hat{\boldsymbol{m}} \cdot \boldsymbol{F} \mathrm{d}l$$

5. 面旋度定理

$$\iint \nabla \times \boldsymbol{F} \mathrm{d}S = \oint \hat{\boldsymbol{m}} \times \boldsymbol{F} \mathrm{d}l$$

6. 面梯度定理

$$\iint \nabla f \mathrm{d}S = \oint \hat{\boldsymbol{m}} f \mathrm{d}l$$

7. 叉乘梯度定理

$$\iint \hat{\boldsymbol{n}} \times \nabla f \mathrm{d}s = \oint f \hat{\boldsymbol{l}} \mathrm{d}\boldsymbol{l}$$

8. 斯托克斯(Stokes)定理

$$\iint \hat{\boldsymbol{n}} \cdot \nabla \times \boldsymbol{F} \mathrm{d}S = \oint \boldsymbol{F} \cdot \hat{\boldsymbol{l}} \mathrm{d}l$$

9. 第一类的标量格林(Green)定理

$$\iiint [f_1 \nabla^2 f_2 + (\nabla f_1) \cdot (\nabla f_2)] \mathrm{d}V = \oiint f_1 \frac{\partial f_2}{\partial n} \mathrm{d}S$$

10. 第二类的标量格林(Green)定理

$$\iiint [f_1 \nabla^2 f_2 - f_2 \nabla^2 f_1] \mathrm{d}V = \oiint \left(f_1 \frac{\partial f_2}{\partial n} - f_2 \frac{\partial f}{\partial n} \right) \mathrm{d}S$$

11. 第一类的矢量格林(Green)定理

$$\iiint [(\nabla \times \boldsymbol{F}_1) \cdot (\nabla \times \boldsymbol{F}_2) - \boldsymbol{F}_1 \cdot \nabla \times \nabla \times \boldsymbol{F}_2] \mathrm{d}V = \oiint (\boldsymbol{F}_1 \times \nabla \times \boldsymbol{F}_2) \cdot \mathrm{d}\boldsymbol{S}$$

12. 第二类的矢量格林(Green)定理

$$\iiint [\boldsymbol{F}_1 \cdot \nabla \times \nabla \times \boldsymbol{F}_2 - \boldsymbol{F}_2 \cdot \nabla \times \nabla \times \boldsymbol{F}_1] \mathrm{d}V = \oiint (\boldsymbol{F}_1 \times \nabla \times \boldsymbol{F}_2 - \boldsymbol{F}_2 \times \nabla \times \boldsymbol{F}_1) \cdot \mathrm{d}\boldsymbol{S}$$

附录D 各种坐标系下梯度、散度、旋度、拉普拉斯算子表达式

1. 直角坐标系下

$$\nabla f=\frac{\partial f}{\partial x}\hat{\boldsymbol{x}}+\frac{\partial f}{\partial y}\hat{\boldsymbol{y}}+\frac{\partial f}{\partial z}\hat{\boldsymbol{z}}$$

$$\nabla\cdot\boldsymbol{F}=\frac{\partial F_x}{\partial x}+\frac{\partial F_y}{\partial y}+\frac{\partial F_z}{\partial z}$$

$$\nabla\times\boldsymbol{F}=\left(\frac{\partial F_z}{\partial y}-\frac{\partial F_y}{\partial z}\right)\hat{\boldsymbol{x}}+\left(\frac{\partial F_x}{\partial z}-\frac{\partial F_z}{\partial x}\right)\hat{\boldsymbol{y}}+\left(\frac{\partial F_y}{\partial x}-\frac{\partial F_x}{\partial y}\right)\hat{\boldsymbol{z}}$$

$$\nabla^2 f=\frac{\partial^2 f}{\partial x^2}+\frac{\partial^2 f}{\partial y^2}+\frac{\partial^2 f}{\partial z^2}$$

2. 柱坐标系下

$$\nabla f=\frac{\partial f}{\partial \rho}\hat{\boldsymbol{\rho}}+\frac{1}{\rho}\frac{\partial f}{\partial \phi}\hat{\boldsymbol{\phi}}+\frac{\partial f}{\partial z}\hat{\boldsymbol{z}}$$

$$\nabla\cdot\boldsymbol{F}=\frac{1}{\rho}\frac{\partial(\rho F_\rho)}{\partial \rho}+\frac{1}{\rho}\frac{\partial F_\phi}{\partial \phi}+\frac{\partial F_z}{\partial z}$$

$$\nabla\times\boldsymbol{F}=\left(\frac{1}{\rho}\frac{\partial F_z}{\partial \phi}-\frac{\partial F_\phi}{\partial z}\right)\hat{\boldsymbol{\rho}}+\left(\frac{\partial F_\rho}{\partial z}-\frac{\partial F_z}{\partial \rho}\right)\hat{\boldsymbol{\phi}}+\frac{1}{\rho}\left[\frac{\partial(\rho F_\phi)}{\partial \rho}-\frac{\partial F_\rho}{\partial \phi}\right]\hat{\boldsymbol{z}}$$

$$\nabla^2 f=\frac{1}{\rho}\frac{\partial}{\partial \rho}\left(\rho\frac{\partial f}{\partial \rho}\right)+\frac{1}{\rho^2}\frac{\partial^2 f}{\partial \phi^2}+\frac{\partial^2 f}{\partial z^2}$$

3. 球坐标系下

$$\nabla f=\frac{\partial f}{\partial r}\hat{\boldsymbol{r}}+\frac{1}{r}\frac{\partial f}{\partial \theta}\hat{\boldsymbol{\theta}}+\frac{1}{r\sin\theta}\frac{\partial f}{\partial \phi}\hat{\boldsymbol{\phi}}$$

$$\nabla\cdot\boldsymbol{F}=\frac{1}{r^2}\frac{\partial(r^2F_r)}{\partial r}+\frac{1}{r\sin\theta}\frac{\partial(\sin\theta F_\theta)}{\partial \theta}+\frac{1}{r\sin\theta}\frac{\partial F_\phi}{\partial \phi}$$

$$\nabla\times\boldsymbol{F}=\frac{1}{r\sin\theta}\left[\frac{\partial(\sin\theta F_\phi)}{\partial\theta}-\frac{\partial F_\theta}{\partial\phi}\right]\hat{\boldsymbol{r}}+\frac{1}{r}\left[\frac{1}{\sin\theta}\frac{\partial F_r}{\partial\phi}-\frac{\partial(rF_\phi)}{\partial r}\right]\hat{\boldsymbol{\theta}}+\frac{1}{r}\left[\frac{\partial(rF_\theta)}{\partial r}-\frac{\partial F_r}{\partial\theta}\right]\hat{\boldsymbol{\phi}}$$

$$\nabla^2 f=\frac{1}{r^2}\frac{\partial}{\partial r}\left(r^2\frac{\partial f}{\partial r}\right)+\frac{1}{r^2\sin\theta}\frac{\partial}{\partial\theta}\left(\sin\theta\frac{\partial f}{\partial\theta}\right)+\frac{1}{r^2\sin^2\theta}\frac{\partial^2 f}{\partial\phi^2}$$

4. 一般正交坐标系(x_1,x_2,x_3)，对应度量系数(h_1,h_2,h_3)下

$$\nabla f=\sum_{i=1}^{3}\frac{1}{h_i}\frac{\partial f}{\partial x_i}\hat{\boldsymbol{x}}_i$$

$$\nabla\cdot\boldsymbol{F}=\frac{1}{\Delta}\sum_{i=1}^{3}\frac{\partial}{\partial x_i}\left(\frac{\Delta F_{x_i}}{h_i}\right),\quad \Delta=h_1h_2h_3$$

$$\nabla\times\boldsymbol{F}=\frac{1}{\Delta}\begin{vmatrix} h_1\hat{\boldsymbol{x}}_1 & h_2\hat{\boldsymbol{x}}_2 & h_3\hat{\boldsymbol{x}}_3 \\ \dfrac{\partial}{\partial x_1} & \dfrac{\partial}{\partial x_2} & \dfrac{\partial}{\partial x_3} \\ h_1F_1 & h_2F_2 & h_3F_3 \end{vmatrix}$$

$$\nabla^2 f=\frac{1}{\Delta}\sum_{i=1}^{3}\frac{\partial}{\partial x_i}\left(\frac{\Delta}{h_i^2}\frac{\partial f}{\partial x_i}\right)$$

附录E 贝塞尔函数

下面是 v 阶贝塞尔(Bessel)偏微分方程：

$$x\frac{\mathrm{d}}{\mathrm{d}x}\left(x\frac{\mathrm{d}y}{\mathrm{d}x}\right)+(x^2-v^2)y=0 \tag{E.1}$$

此方程的解为下面贝塞尔函数：

$$\mathrm{J}_v(x)=\sum_{m=0}^{\infty}\frac{(-1)^m x^{2m+v}}{m!(m+v)!2^{2m+v}} \tag{E.2}$$

$$\mathrm{J}_{-v}(x)=\sum_{m=0}^{\infty}\frac{(-1)^m x^{2m-v}}{m!(m-v)!2^{2m-v}} \tag{E.3}$$

在 v 不为整数时，以上两个函数是独立的。但在 v 为整数时，以上两个函数就不独立了，有下面关系：

$$\mathrm{J}_{-n}(x)=(-1)^n\mathrm{J}_n(x) \tag{E.4}$$

为此用 $\mathrm{J}_v(x)$ 和 $\mathrm{J}_{-v}(x)$，构造下面另一类独立的贝塞尔方程解函数：

$$\mathrm{N}_v(x)=\frac{\mathrm{J}_v(x)\cos v\pi-\mathrm{J}_{-v}(x)}{\sin v\pi} \tag{E.5}$$

对于整数 $v=n$，有

$$\mathrm{N}_n(x)=\lim_{v\to n}\mathrm{N}_v(x) \tag{E.6}$$

通常称 $\mathrm{J}_v(x)$ 为第一类贝塞尔函数，$\mathrm{N}_v(x)$ 为第二类贝塞尔函数。在解决电磁散射和辐射问题时，常常还用到另一种称为汉克尔函数的上述贝塞尔方程解函数形式，它们定义为

$$\mathrm{H}_v^{(1)}(x)=\mathrm{J}_v(x)+\mathrm{j}\mathrm{N}_v(x) \tag{E.7}$$

$$\mathrm{H}_v^{(2)}(x)=\mathrm{J}_v(x)-\mathrm{j}\mathrm{N}_v(x) \tag{E.8}$$

分别称为第一类和第二类汉克尔函数。为了增加对贝塞尔函数的具体了解，图 E.1 和图 E.2 分别给出了两类函数随宗量变化的曲线。

进一步，下面还给出这些函数在小、大宗量下的近似表达式。

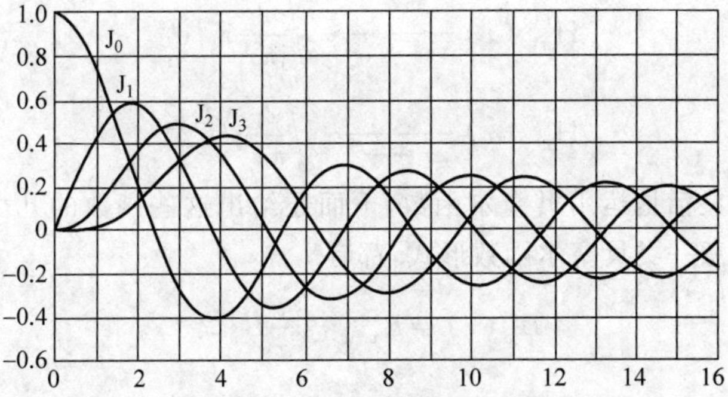

图 E.1 第一类贝塞尔函数随宗量变化曲线

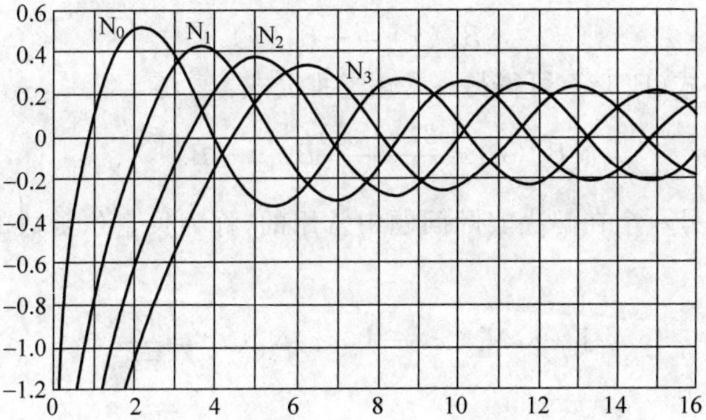

图 E.2 第二类贝塞尔函数随宗量变化曲线

在小宗量下

$$J_0(x) \xrightarrow[x\to 0]{} 1 \tag{E.9}$$

$$N_0(x) \xrightarrow[x\to 0]{} \frac{2}{\pi}\ln\frac{\gamma x}{2}, \quad \gamma = 1.781 \tag{E.10}$$

$$J_v(x) \xrightarrow[x\to 0]{} \frac{1}{v!}\left(\frac{x}{2}\right)^v, \quad \mathrm{Re}(v) > 0 \tag{E.11}$$

$$N_v(x) \xrightarrow[x\to 0]{} -\frac{(v-1)!}{\pi}\left(\frac{2}{x}\right)^v, \quad \mathrm{Re}(v) > 0 \tag{E.12}$$

在大宗量下，且$|\mathrm{phase}(x)| < \pi$

$$J_n(x) \xrightarrow[x\to +\infty]{} \sqrt{\frac{2}{\pi x}}\cos\left(x - \frac{\pi}{4} - \frac{n\pi}{2}\right) \tag{E.13}$$

$$N_n(x) \xrightarrow[x\to +\infty]{} \sqrt{\frac{2}{\pi x}}\sin\left(x - \frac{\pi}{4} - \frac{n\pi}{2}\right) \tag{E.14}$$

$$\mathrm{H}_n^{(1)}(x) \xrightarrow[x \to +\infty]{} \sqrt{\frac{2}{\mathrm{j}\pi x}}\,\mathrm{j}^{-n}\mathrm{e}^{\mathrm{j}x} \tag{E.15}$$

$$\mathrm{H}_n^{(2)}(x) \xrightarrow[x \to +\infty]{} \sqrt{\frac{2\mathrm{j}}{\pi x}}\,\mathrm{j}^{n}\mathrm{e}^{-\mathrm{j}x} \tag{E.16}$$

为了能更加灵活地运用贝塞尔函数，下面还给出这些函数的几个常用性质。令$B_v(x)$为上述任意一类贝塞尔函数形式，都有

$$B'_v(x) = B_{v-1} - \frac{v}{x}B_v \tag{E.17}$$

$$B'_v(x) = -B_{v+1} + \frac{v}{x}B_v \tag{E.18}$$

特别地有

$$B'_0(x) = -B_1(x) \tag{E.19}$$

将式(E.17)减去式(E.18)，可得另一常用递推公式：

$$B_v(x) = \frac{2(v-1)}{x}B_{v-1} - B_{v-2} \tag{E.20}$$

下面还给出另一个在解决实际问题中常用的，称为贝塞尔函数的 Wronskian 关系式：

$$\mathrm{J}_v(x)\mathrm{N}'_v(x) - \mathrm{J}'_v(x)\mathrm{N}_v(x) = \frac{2}{\pi x} \tag{E.21}$$

附录F ▷▷ 勒让德函数

下面是 v 阶勒让德(Legendre)偏微分方程：

$$(1-x^2)\frac{d^2y}{dx^2}-2x\frac{dy}{dx}+v(v+1)y=0$$

很多时候，我们关心的自变量变化范围是$-1\leqslant x\leqslant 1$。此时方程的解可用下面勒让德函数表示：

$$P_v(x)=\sum_{m=0}^{\infty}\frac{(-1)^m(v+m)!}{(m!)^2(v-m)!}\left(\frac{1-x}{2}\right)^m-$$

$$\frac{\sin v\pi}{\pi}\sum_{m=N+1}^{\infty}\frac{(m-1-v)!(m+v)!}{(m!)^2}\left(\frac{1-x}{2}\right)^m$$

其中，N 是最接近 v 的整数，$N<v$。在 v 不为整数时，$P_v(x)$和 $P_v(-x)$是勒让德偏微分方程的两个独立解函数。但在 v 为整数时，这两个函数就不独立了，有下面关系：

$$P_n(-x)=(-1)^nP_n(x)$$

为此用 $P_v(x)$和 $P_v(-x)$，构造下面另一类独立的勒让德方程解函数：

$$Q_v(x)=\frac{\pi}{2}\frac{P_v(x)\cos v\pi-P_v(-x)}{\sin v\pi}$$

对于整数 $v=n$，有

$$Q_n(x)=\lim_{v\to n}Q_v(x)$$

通常称 $P_v(x)$为第一类勒让德函数，$Q_v(x)$为第二类勒让德函数。对于整数 $v=n$，$P_n(x)$和 $Q_n(x)$还可写成下列形式：

$$P_n(x)=\frac{1}{2^n n!}\frac{d^n}{dx^n}(x^2-1)^n$$

$$Q_n(x)=P_n(x)\left[\frac{1}{2}\ln\frac{1+x}{1-x}-\phi(n)\right]+\sum_{m=1}^{n}\frac{(-1)^m(n+m)!}{(m!)^2(n-m)!}\phi(m)\left(\frac{1-x}{2}\right)^m$$

其中，$\phi(m)=1+1/2+1/3+\cdots+1/m$。为了增加对勒让德函数的具体了解，图 F.1

和图 F.2 分别给出了两类勒让德函数随宗量变化的曲线。

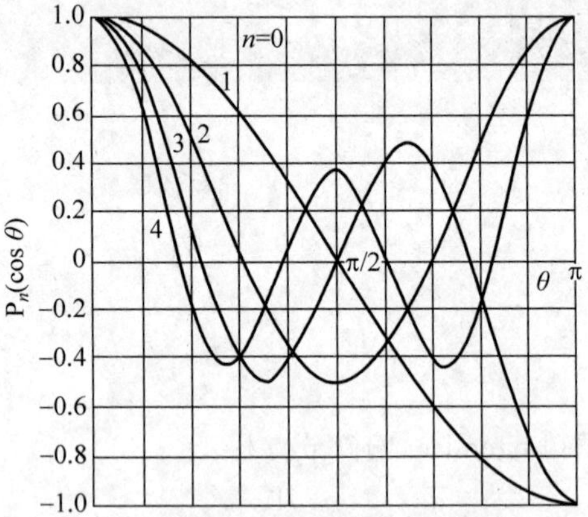

图 F.1　第一类勒让德函数随宗量变化曲线

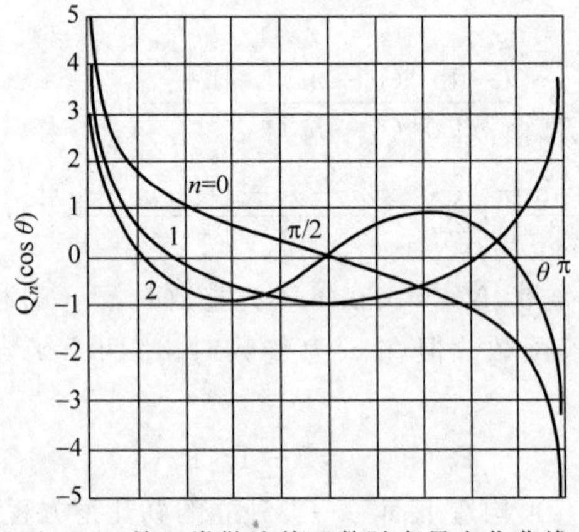

图 F.2　第二类勒让德函数随宗量变化曲线

有时也会遇到下面变形勒让德偏微分方程：

$$\left[(1-x^2)\frac{\mathrm{d}^2}{\mathrm{d}x^2}-2x(m+1)\frac{\mathrm{d}}{\mathrm{d}x}+(n-m)(n+m+1)\right]\frac{\mathrm{d}^m y}{\mathrm{d}x^m}=0$$

此方程的解函数为

$$\mathrm{P}_n^m(x)=(-1)^m(1-x^2)^{m/2}\frac{\mathrm{d}^m \mathrm{P}_n(x)}{\mathrm{d}x^m}$$

$$\mathrm{Q}_n^m(x)=(-1)^m(1-x^2)^{m/2}\frac{\mathrm{d}^m \mathrm{Q}_n(x)}{\mathrm{d}x^m}$$

下面给出两个常用于计算勒让德函数的递推公式。令 $L_n^m(x)$ 为任意形式的勒让德函数，对于 $|x|<1$，有

$$(m-n-1)L_{n+1}^{m}+(2n+1)xL_{n}^{m}-(m+n)L_{n-1}^{m}=0$$

$$L_{n}^{m+1}+\frac{2mx}{(1-x^{2})^{1/2}}L_{n}^{m}+(m+n)(n-m+1)L_{n-1}^{m}=0$$

下面再给出几个用于计算勒让德函数偏导数的公式：

$$\begin{aligned}L_{n}^{m'}(x)&=\frac{1}{1-x^{2}}\left[-nxL_{n}^{m}+(m+n)L_{n-1}^{m}\right]\\&=\frac{1}{1-x^{2}}\left[(n+1)xL_{n}^{m}-(n-m+1)L_{n+1}^{m}\right]\\&=\frac{mx}{1-x^{2}}L_{n}^{m}+\frac{(m+n)(n-m+1)}{(1-x^{2})^{1/2}}L_{n}^{m-1}\\&=-\frac{mx}{1-x^{2}}L_{n}^{m}-\frac{1}{(1-x^{2})^{1/2}}L_{n}^{m+1}\end{aligned}$$

让上式最后一个等式中的 $m=0$，便可得下面很有用的关系式：

$$L_{n}'(x)=-\frac{1}{(1-x^{2})^{1/2}}L_{n}^{1}(x)$$

下面几个特殊宗量的勒让德函数值也常用：

$$\mathrm{P}_{n}^{m}(1)=\begin{cases}1, & m=0\\0, & m>0\end{cases}$$

$$\mathrm{P}_{n}^{m}(0)=\begin{cases}(-1)^{(n+m)/2}\dfrac{1\cdot3\cdot5\cdot\cdots\cdot(n+m-1)}{2\cdot4\cdot6\cdot\cdots\cdot(n-m)}, & m+n\ \text{为偶数}\\0, & m+n\ \text{为奇数}\end{cases}$$

附录G ▷▷ 鞍点法

考虑下面积分式：

$$I(\Omega)=\int_C f(z)\mathrm{e}^{\Omega g(z)}\mathrm{d}z \tag{G.1}$$

其中，z 为复变量；$f(z)$，$g(z)$均为复变量 z 的解析函数；Ω 为很大的实数；积分路径的两个端点位于无穷远处。

所谓鞍点就是使 $g(z)$在复平面中导数为零的点。下面讨论解析函数 $g(z)$在鞍点 z_s 附近的变化特性。

设复变量 $z=x+\mathrm{j}y$，则解析函数 $g(z)$可表示成

$$g(z)=u(x,y)+\mathrm{j}v(x,y) \tag{G.2}$$

因为 $g'(z_s)=0$，所以 z_s 为 $u(x,y)$，$v(x,y)$的极值点。又 $g(z)$为解析函数，故 $u(x,y)$，$v(x,y)$为调和函数，即

$$\frac{\partial^2 u}{\partial x^2}=-\frac{\partial^2 u}{\partial y^2} \tag{G.3}$$

$$\frac{\partial^2 v}{\partial x^2}=-\frac{\partial^2 v}{\partial y^2} \tag{G.4}$$

由式(G.3)可知，若空间曲面 $u(x,y)$沿 x 方向为极大值，那么沿 y 方向就为极小值。同理，空间曲面 $v(x,y)$也是如此。所以不论是实部，还是虚部，曲面在鞍点附近的变化如图 G.1 所示。故称 z_s 为鞍点。

又根据柯西-黎曼方程，可得下面关系：

$$\nabla u\cdot\nabla v=0 \tag{G.5}$$

由此可见，函数 u 的梯度方向与函数 v 的梯度方向垂直。因此函数 u 变化最快的路径一定是函数 v 的等值线；反之，函数 v 变化最快的路径一定是函数 u 的等值线。

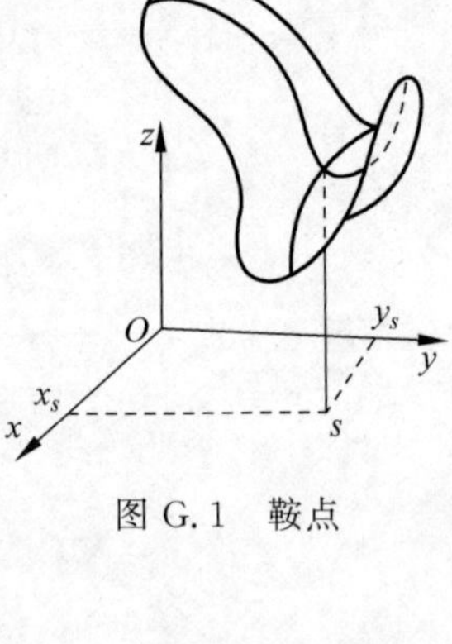

图 G.1　鞍点

为了便于计算，将复变量 z 按下式变换为复变量 s，即

$$g(z)=g(z_s)-s^2=\tau(s) \tag{G.6}$$

由式(G.6)可知,在鞍点 z_s 处,$s=0$。故在 s 平面内,解析函数 τ 的鞍点在原点 $s=0$。令 $s=s_r+js_i$,则

$$u=u(z_s)-(s_r^2-s_i^2) \tag{G.7}$$

$$v=v(z_s)-2s_rs_i \tag{G.8}$$

在复平面 s 上,u 和 v 的变化如图 G.2 所示。当 s 的实部或虚部为零时,v 为常数,即 v 的等值线,这意味着就是 u 的最速变化线。由式(G.7)可知,当虚部 $s_i=0$ 时,实部 s_r 绝对值增加时,u 值下降;当实部 $s_r=0$ 时,虚部 s_i 绝对值增加时,u 值上升,故复平面 s 上实轴对应最速下降线,虚轴对应最速上升线。

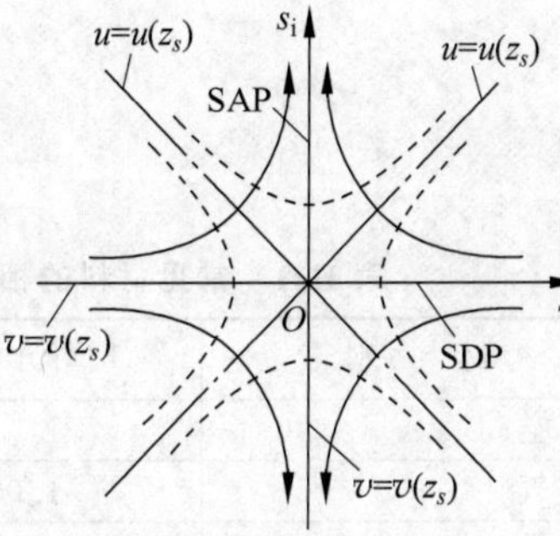

图 G.2　复平面 s 上 u 和 v 的变化特性

将式(G.6)代入式(G.1),得

$$I(\Omega)=e^{\Omega g(z_s)}\int_c F(s)e^{-\Omega s^2}ds \tag{G.9}$$

其中,

$$F(s)=f(z)\frac{dz}{ds} \tag{G.10}$$

附录H 常见材料的介质参数

表 H.1　常见材料的相对介电常数($\varepsilon=\varepsilon_r\varepsilon_0$，$\varepsilon_0=8.854\times10^{-12}$ F/m)

材　料	相对介电常数 ε_r	材　料	相对介电常数 ε_r
真空	1	干土	2.5～3.5
空气	1.0006	树脂玻璃	3.4
聚苯乙烯泡沫塑料	1.03	玻璃	4.5～10
聚四氟乙烯塑料	2.1	石英	3.8～5
石油	2.1	人造树胶	5
干木	1.5～4	瓷	5.7
石蜡	2.2	云母	6
纸	2～4	海水	72～80
橡胶	2.2～4.1	蒸馏水	81
在低频室温下测得			

注：对于大多数金属，$\varepsilon_r=1$。

表 H.2　常见材料的电导率

材　料	电导率 σ/(S/m)	材　料	电导率 σ/(S/m)
金	4.1×10^7	动物身体(平均)	0.3
银	6.2×10^7	纯硅	4.4×10^{-4}
铜	5.8×10^7	海水	4
铝	3.5×10^7	干土	10^{-4}
锌	1.7×10^7	湿土	10^{-2}
铁	10^7	玻璃	10^{-12}
碳	3×10^4	蜡	10^{-17}
在低频室温下测得			

索引

K

L

M

N

O

P

Q

R

X

Y

Z

参 考 文 献

[1] 谢处方，饶克谨. 电磁场与电磁波[M]. 4 版. 北京：高等教育出版社，2006.

[2] 陈抗生. 电磁场与电磁波[M]. 2 版. 北京：高等教育出版社，2010.

[3] 杨儒贵. 电磁场与电磁波[M]. 2 版. 北京：高等教育出版社，2007.

[4] 杨儒贵. 高等电磁理论[M]. 北京：高等教育出版社，2008.

[5] 龚中麟. 近代电磁理论[M]. 2 版. 北京：北京大学出版社，2010.

[6] 盛新庆. 电磁之美[M]. 北京：科学出版社，2019.

[7] 倪光正. 工程电磁场原理[M]. 2 版. 北京：高等教育出版社，2009.

[8] 冯慈璋，马西奎. 工程电磁场导论[M]. 北京：高等教育出版社，2000.

[9] 雷银照. 电磁场[M]. 北京：高等教育出版社，2010.

[10] KONG J A. Electromagnetic wave theory[M]. Cambridge，Massachusetts，USA：EMW Publishing，2005. 吴季，等译. 电磁波理论. 北京：电子工业出版社，2003.

[11] ULABY F T. Fundamentals of applied electromagnetics，应用电磁学基础[M]. 影印本. 北京：科学出版社，2002.

[12] CHENG D K. Field and wave electromagnetics[M]. 2ed. Beijing：Tsinghua University Press，2007.

[13] STRATTON J A. Electromagnetic theory[M]. Hoboken，New Jersey：IEEE Press，John Wiley & Sons Inc.，Hoboken，New Jersey，2007.

[14] TAI C T. Generalized vector and dyadic analysis[M]. Hoboken，New Jersey：IEEE Press，1992.

[15] RAO N N. Fundamentals of Electromagnetics for Electrical and Computer Engineering. 邵小桃，郭勇，王国栋，译. 电磁场基础. 北京：电子工业出版社，2010.

[16] 廖承恩. 微波技术基础[M]. 北京：国防工业出版社，1984.

[17] 黄宏嘉. 微波原理[M]. 北京：科学出版社，1963.

[18] BALANIS C A. Antenna theory：analysis and design[M]. Hoboken，New Jersey：John Wiley & Sons，2005.

[19] KRAUS J D，MARHEFKA R J. Antennas：for all applications[M]. 3ed. 章文勋，译. 天线(第 3 版). 北京：电子工业出版社，2006.

[20] MILLIGAN T A. Modern antenna design[M]. 2 版. 郭玉春，方加云，张光生，等译. 现代天线设计(第二版). 北京：电子工业出版社，2012.

[21] 盛新庆. 计算电磁学要论[M]. 北京：科学出版社，2004.

[22] 葛德彪，闫玉波. 电磁波时域有限差分方法[M]. 2 版. 西安：西安电子科技大学出版社，2006.

[23] 黄培康，殷红成，许小剑. 雷达目标特性. 北京：电子工业出版社，2005.

[24] SHERMAN S M，BARTUN D K. Monopulse principles and techniques[M]. 2ed. 周颖，陈远征，赵锋，等译. 单脉冲测向原理与技术(第 2 版). 北京：国防工业出版社，2013.

[25] CHEN V C. The Micro-doppler effect in radar[M]. Boston・London：Artech House，2011.

[26] 保铮，邢孟道，王彤. 雷达成像技术[M]. 北京：电子工业出版社，2005.

[27] 张德斌，周志鹏，朱兆麟. 雷达馈线技术[M]. 北京：电子工业出版社，2010.

[28] 张祖稷，金林，束咸荣. 雷达天线技术[M]. 北京：电子工业出版社，2013.